高等学校生物□□□□□□□材

中国轻工业"□□□□□□□

微生物学实验技术

（第二版）

路福平　李　玉　主编

中国轻工业出版社

图书在版编目（CIP）数据

微生物学实验技术/路福平，李玉主编．—2 版．—北京：
中国轻工业出版社，2020.12
中国轻工业"十三五"规划教材
ISBN 978-7-5184-3072-7

Ⅰ.①微…　Ⅱ.①路…②李…　Ⅲ.①微生物学—实验—高等
学校—教材　Ⅳ.①Q93-33

中国版本图书馆 CIP 数据核字（2020）第 124663 号

责任编辑：马　妍　责任终审：白　洁　整体设计：锋尚设计
策划编辑：马　妍　责任校对：李　靖　责任监印：张　可

出版发行：中国轻工业出版社（北京东长安街 6 号，邮编：100740）
印　　刷：三河市万龙印装有限公司
经　　销：各地新华书店
版　　次：2020 年 12 月第 2 版第 1 次印刷
开　　本：787×1092　1/16　印张：25.5
字　　数：570 千字
书　　号：ISBN 978-7-5184-3072-7　定价：58.00 元
邮购电话：010-65241695
发行电话：010-85119835　传真：85113293
网　　址：http://www.chlip.com.cn
Email：club@ chlip.com.cn
如发现图书残缺请与我社邮购联系调换
170143J1X201ZBW

本书编写人员

主　　编　路福平（天津科技大学）

　　　　　李　玉（天津科技大学）

副 主 编　王　玉（天津农学院）

　　　　　王晓杰（齐齐哈尔大学）

　　　　　唐文竹（大连工业大学）

参编人员　龚国利（陕西科技大学）

　　　　　黎　明（天津科技大学）

　　　　　肖　静（齐鲁工业大学）

　　　　　刘逸寒（天津科技大学）

　　　　　邓永平（齐齐哈尔大学）

　　　　　刘心妍（天津科技大学）

　　　　　王洪彬（天津科技大学）

　　　　　夏梦雷（天津科技大学）

　　　　　何希宏（天津科技大学）

　　　　　张会图（天津科技大学）

前言（第二版） | Preface

《微生物学实验技术》第一版自出版以来，已连续印刷9次，得到了国内多家高等院校教师、学生和企业研发人员的认可，荣获中国轻工业优秀教材一等奖，随着工业生物技术的迅猛发展，作为专业基础技能的微生物学实验方法也在不断改进、加深和拓宽，同时也快速渗透到生物学的各个领域。本教材以基础和验证性实验为前提，并在此基础上不断深入和拓展，旨在进一步提高学生的综合素质，发挥学生的创造性、自主性。书中收录了经典微生物学实验，内容全面、系统，图文并茂，兼顾理论性、科学性、系统性和实用性，其内容涉及微生物在工业、农业、医疗和食品等领域的应用。

《微生物学实验技术》作为普通高校生物工程、生物制药、食品科学与工程、生物技术、食品质量与安全等相关专业的使用教材，以及作为相关行业科研人员的参考实验指导，自出版以来收到一些反馈意见和改进建议。本次编写工作是根据教育部颁布的教学指导意见相关要求，满足适应微生物学课程的发展需要，并结合授课老师及读者的反馈建议，对第一版教材进行了全面修订。

本教材秉承了前一版的编写宗旨、编写风格和基本框架，完善了实验内容，更新了部分实验方法，突出了工业生产应用特色，便于学生学习和掌握最基本的微生物学实验技术，同时能了解本领域的相关新技术和新方法。在实验内容编排上，由浅入深，由基础验证实验到综合应用实验，符合学生和相关工作人员的学习习惯；更新了原有的实验项目、实验方法和执行标准，调整和重新整理了第二章微生物遗传育种基础实验，便于学生上课参考和使用；简化了第三章中的理论内容的陈述，删减了一些目前用得较少的方法和理论，增加了一些新的技术和实验方法，便于相关研究人员参考；在第一章补充了实验室安全教育内容，提高学生和科研人员的安全意识，保证进入实验室开展实验的安全性和有效性；另外，在每个实验的后面都补充了注意事项和思考题，便于学生和科研人员更好地掌握实验操作，理解实验原理，并积极优化实验方案和拓展实验方法的应用领域。

为顺利完成对第一版教材的修订工作，《微生物学实验技术》编写组集中了多名高校教师和科研人员的智慧和力量，对教材的编写工作做了明确、细致的分工：本教材的第一章由天津科技大学刘心妍、李玉、黎明、路福平编写，第二章由天津科技大学王洪彬、齐鲁工业大学肖静、天津科技大学夏梦雷、天津科技大学何希宏、天津农学院王玉、齐齐哈尔大学邓永平、天津科技大学刘逸寒、天津科技大学张会图、陕西科技大学龚国利、齐齐哈尔大学王晓杰、大连工业大学唐文竹编写。天津科技大学杜连祥教授、王春霞高级工程师，齐齐哈尔大学刘晓兰教授等对本教材全部内容进行了审查和修订，并提出了许多宝贵意见；天津科技大学刘业学、胡小妍、赵雅童、何光明、李登科、曹雪、史超硕等研究生对教材中的图表、附录等内容进行了修改和完善。天津科技大学以及生物工程学院的各级领导对本书的编写和出版给予了大力支持。在本书出版之际，对上述所有人员表示诚挚的谢意！

　　承担本教材的主要编写人员基本为从事微生物学教学与科研工作的高校教师，均有一定的专业背景、知识技能与教学经验，在完成本次教材编写的工作中，齐心协力，尽职尽责，发挥了积极作用。尽管如此，因编者教材编写经验和水平有限，教材中仍难免出现错误或不妥之处，恳望读者谅解和批评指正。

编者

2020 年 9 月

目录 | Contents |

第一章

基础微生物学实验技术

一、 微生物学实验室安全教育

实验室是高等学校和科研单位从事研究的重要场所，为了营造安全有效、秩序良好的实验室环境，达到"科学、规范、安全、高效"的目的，需要对初次进入实验室的学生、新教职员工进行实验室安全教育培训，以提高安全意识和事故应急处理能力。微生物学实验及实验室的安全关系到师生的人身安全，要求学生在正式开展实验课前学习相关实验室安全知识和应急处理方案，特别是需要熟知生物安全知识，学习结束组织全体上课学生进行实验室安全考试，通过者方可参加实验室的相关实验安排，未通过者需要参加补考，补考通过才能进行相关的实验。

（一） 微生物学实验中可能出现的安全问题

1. 微生物材料方面

微生物实验材料特殊，主要是微生物，甚至是一些条件致病菌或者病原微生物。如果在实验中操作不规范，有可能导致微生物的感染或者扩散。另外，微生物实验过程中或者实验结束后，会产生大量的含菌废弃物，比如含微生物的培养基，这些含菌废弃物如果不进行灭菌就直接废弃，会对环境造成污染。

2. 仪器设备方面

在微生物实验中，经常会用到高压灭菌锅、酒精灯、烘箱等仪器，这些仪器使用不当就会引起爆炸、火灾等事故。

3. 玻璃器皿方面

微生物实验中经常会接触到玻璃器皿（如盖玻片、载玻片），如操作不当，容易被这些器皿的碎片或尖锐的边缘轻微割伤、扎伤。

4. 试剂方面

微生物实验中会用到易燃易爆的试剂（如酒精、甲醇、乙醚等）、染料、致突变剂等，这些试剂存在一定的毒性或潜在的危险，若操作不当，会给操作人员带来很大危害。较常见的危险情况有：①危险化学品接触皮肤：常发生在取用化学药品、加热化学液体、清洗附有残余化学品的仪器、开启化学品容器或打碎装有化学药品的玻璃仪器时；②眼部意外：化学液体或者固体溅在眼睛上或者接触过化学品的手揉眼睛，导致眼部轻微刺痛或不适；③燃着物品：例如，误燃乙醇或者乙酸乙酯等易燃液体。

（二） 微生物学实验室安全重点提示

1. 进入实验室开始工作前应了解水阀门及电闸所在处，离开实验时一定将水电开关关好，门窗锁好。

2. 使用一般电器设备（如恒温箱、烘箱、恒温水浴、离心机、电炉等）时，严防触电，绝不可用湿手或在眼睛旁视时开关电闸和电器开关。凡是未装地线或漏电的仪器，一律不能使用。

3. 使用具有放射性的化学物质时，必须采取防护措施，并定期检查放射性物质操作房间的放射性强度，以确保操作过程在安全的环境中进行。

4. 使用高压蒸汽灭菌锅等高压设备时，一定要严格按照操作规程操作，对于超过使用年限的高压设备一律不能勉强使用。

5. 使用溴化乙啶、亚硝基胍等强诱变剂时应在特定区域、使用特定的移液器进行操作。

6. 使用酒精灯时，应做到火着人在，人走火灭。

7. 使用浓酸、浓碱等具有腐蚀性的化学药品时，必须防止溅失。用移液管吸量这些试剂时，必须使用橡皮球或洗耳球吸取。

8. 使用易燃物（如乙醚、乙醇、丙酮、苯等）时，应特别小心。不要大量堆放，不应靠近火源。

9. 各种染色的废液和易燃和易爆物质的残渣（如金属钠、白磷、火柴头等）不得倒入水槽，应收集在指定的容器内。

10. 毒物应按实验室规定及办理审批手续后领取，使用时严格操作，用后妥善处理。

11. 凡挥发性、有烟雾、有毒和有异味气体的实验，均应在通风柜内进行，用后严密封口，尽量缩短操作时间、减少外泄，操作者最好戴口罩、手套。

（三）微生物学实验室常见应急装置及标志

为有效预防实验室安全事故的发生，保障在实验室进行教学活动的师生的生命安全，防止事态的进一步扩大，遇到实验室安全事故时，必须采取有效措施，减少人身伤害，微生物学实验室应配备如下设备装置以备应急使用（图 1-1）。

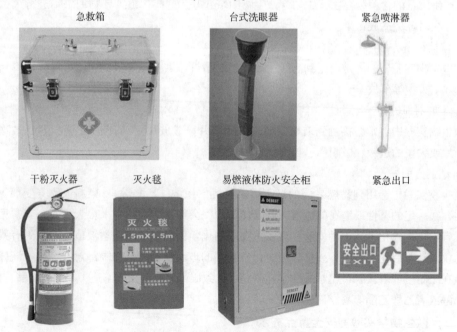

图 1-1　实验室常见应急装置及标志

（四）微生物学实验室常见突发事故处理方案

1. 玻璃划伤和机械损伤

首先必须检查伤口内有无玻璃或金属等物碎片。然后用硼酸水洗净，用创可贴包扎。若伤口较大或过深而大量出血，应迅速在伤口上部和下部扎紧血管止血，立即到医院诊治。

2. 烫伤

一般烫伤用消毒酒精消毒，然后涂上苦味酸软膏。如果伤处红痛或红肿（一级灼伤），可涂医用橄榄油或用棉花沾酒精敷盖伤处；若皮肤起泡（二级灼伤），不要弄破水泡，防止感染；若伤处皮肤呈棕色或黑色（三级灼伤），应用干燥而无菌的消毒纱布轻轻包扎好，急送医院治疗。

3. 强碱（如氢氧化钠，氢氧化钾等）触及皮肤而引起灼伤时，要先用大量自来水冲洗，再用 5% 硼酸溶液或 2% 乙酸溶液涂洗。

4. 强酸触及皮肤而致灼伤时，应立即用大量自来水冲洗，再以 5% 碳酸氢钠溶液或 5% 氢氧化铵溶液洗涤。

5. 如果化学品溅入眼睛，立即用流动的冷水或洗眼设备冲洗眼睛至少 10min；不要揉搓受伤眼睛；立刻把伤者送院救治。

6. 酚触及皮肤引起灼伤时，可用酒精洗涤。

7. 触电

触电时可按下列方法之一切断电路。

①关闭电源；

②用干木棍使导线与被害者分开；

③使被害者和土地分离。

④急救时急救者必须做好防止触电的安全措施，手或脚必须绝缘。

8. 火灾

实验中一旦发生了火灾，首先立即切断室内一切火源和电源。然后根据具体情况积极正确地进行抢救和灭火。常用的方法有：

①在可燃液体燃着时，应立即拿开着火区域内的一切可燃物质，关闭通风器，防止扩大燃烧。若着火面积较小，可用石棉布、湿布或沙土覆盖，隔绝空气使其熄灭。

②酒精灯使用过程中如发生意外（燃烧、爆炸）时，迅速用防火毯或手边的湿抹布覆盖，防止火势蔓延，或迅速拨报警电话。

③乙醚、甲苯等有机溶剂着火时，应用石棉布或沙土扑灭。绝对不能用水，否则反而会扩大燃烧面积。

④金属钠着火时，可把沙子倒在它的上面。

⑤导线着火时，不能用水或二氧化碳灭火器，应切断电源或用四氯化碳灭火器。

⑥如果烧着头发，则用湿毛巾或其他织物闷熄火焰。

⑦衣服被烧着时切忌奔走，可用衣服、大衣等包裹身体或躺在地上滚动灭火。

⑧较大的着火事故应立即报警。

二、实验准备——玻璃器皿的洗涤、包扎和灭菌

在配制培养基的过程中，首先要使用一些玻璃器皿，如三角瓶、试管、培养皿、烧杯、吸

管等，这些器皿在使用前都要根据不同的情况，经过一定的处理，洗刷干净，进行包装、灭菌后，才能使用。

（一）玻璃器皿的清洗

1. 新玻璃器皿

新玻璃器皿含有游离碱，一般先将其浸于 2% 的盐酸溶液中数小时，然后用自来水清洗干净。也可将器皿先用热水浸泡，再用去污粉或肥皂粉刷洗，最后经过热水洗刷、自来水清洗，待干燥后，灭菌备用。

2. 用过的玻璃器皿

（1）试管或三角瓶的洗刷　盛有废弃物的试管或三角瓶，因其内含大量微生物，洗刷前应先经过高压蒸汽灭菌。对只带有细菌标本或培养物的试管等玻璃器皿，用过后应立即将其浸于 2% 的来苏消毒水中，经 24h 后，才可以取出洗刷。

用蜡封口的试管或石油发酵用瓶，清洗前先将其置于高压蒸汽灭菌器消毒，然后取出，趁热拔去沾有蜡或油的棉花塞，立即倒去培养污物，再将试管投入温水中，稍加洗刷后浸于 5% 肥皂水内，煮沸 5min，以去除试管上的油污。也可将倒空的瓶子用汽油浸泡，待油溶解后再刷洗。

加过消泡剂的发酵瓶或做过通气培养的大三角瓶，一般先将倒空的瓶子用碱粉或用 100g/L NaOH 溶液去掉油污后，再行洗刷。

管壁或瓶壁上留有培养物的痕迹，用试管刷难以去除，此时可用一根粗铁丝把顶端弯曲，捆几层纱布，浸湿，蘸一点去污粉，或再蘸少许细砂，擦磨管壁或瓶壁，就可把器壁的痕迹擦掉。

（2）培养皿的清洗　用过的器皿中往往有废弃的培养基，需先经高压蒸汽灭菌或沸水煮沸 30min 后，倒掉污物，方可清洗。如果灭菌条件不便，可将皿中培养基刮出来，倒在一起，以便统一处理。洗刷时，先用热水洗一遍，再用洗衣粉或去污粉擦洗，然后用自来水冲洗干净，将平皿全部向下，一个压着一个，扣于洗涤架上或桌子上。

（3）吸管的清洗　吸过菌液的吸管，用完后应放入 5% 石炭酸溶液的高玻璃筒内消毒；未吸过菌液的吸管，用后放入清水中，防止干燥；吸过带油液体的吸管，应先在 10% 的氢氧化钠溶液中浸泡半小时，去掉油污，方可清洗。如果吸管经以上处理仍留有污垢，可再置于洗液中浸泡 1h，再进行清洗。

吸管上端的隔离棉花，可用普通钢针制成的小钩钩出，清洗时，将直径 6~7.5mm 的橡皮管一端连在自来水龙头上，另一端套在吸管的底端，放水冲洗即可。洗净的试管顶端向下，下面垫一块干净的厚布或几层纱布，使吸管的水分能迅速吸干。

附：洗液配制方法：

①浓洗液配方：重铬酸钾 40g、浓硫酸 800mL、水 160mL；
②稀洗液配方：重铬酸钾 50g、浓硫酸 100mL、水 850mL；
③配制方法：将重铬酸钾溶于水中，冷却后，边搅拌边将浓硫酸缓缓加入溶液中。

（二）器皿的包扎及灭菌

1. 试管和三角瓶

灭菌之前，试管口和三角瓶口均需先塞好棉塞或橡胶塞（棉塞具体做法如图 1-2 所示），塞子不可塞得过紧，也不得过松，和管壁和瓶壁紧贴的曲面不可出现裂纹。

待塞好塞子后，在三角瓶瓶口外面包一层牛皮纸，用线绳扎好。试管一般 10 个一包，在外面包一层牛皮纸，用线绳包扎好。进行干热（140~160℃，2~4h）或湿热（121℃，20min）灭菌。

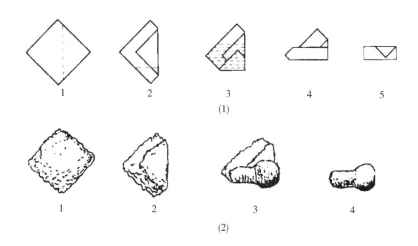

图 1-2　试管和三角瓶棉塞制作方法

（1）棉塞做法示意图　（2）棉塞做法实物示意图

2. 培养皿

洗净晾干的培养皿通常用报纸包装，根据报纸的大小和具体需求确定每包的数量，通常采用每包 6~10 套。具体方法是将培养皿按皿盖-皿底的统一朝向叠在一起置于报纸的一端，用报纸包裹培养皿向另一端滚卷成圆筒状，边滚边将两端的纸折叠成圆筒的底与盖，包裹好后，用线绳扎好（图 1-3）。一般干热灭菌（140~160℃，2~4h）后备用。或将培养皿每 10 套放入一个特制的铁皮圆形培养皿筒中，加盖，置烘箱中，干热灭菌备用。

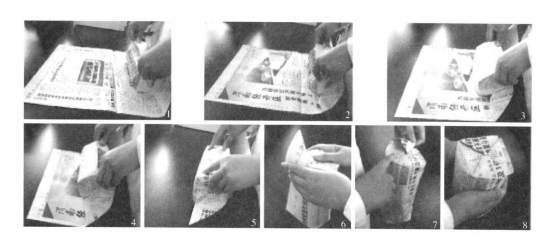

图 1-3　培养皿包扎过程

3. 移液管

包扎前吸管的粗头应先塞少许普通棉花，以避免使用时因不慎而将菌液吸入口中，或将口内物吹入培养液中。塞入的棉花应与吸管口保持5mm左右的距离，若距离太近，容易被唾液浸湿，造成通气不良。一般这段棉花全长不得短于10mm，棉花要塞得松紧恰当。塞好棉花的吸管要进行包装。将报纸裁成宽5~8cm的长纸条，先把试管的尖端放在纸条的一端，呈45°角折叠纸条，包住尖端，一手捏住管身，一手将试管压紧在桌面上，向前滚动，以螺旋式包扎，最后将剩余的纸条打结或折叠（图1-4）。一般干热灭菌（160℃，2h）后备用。

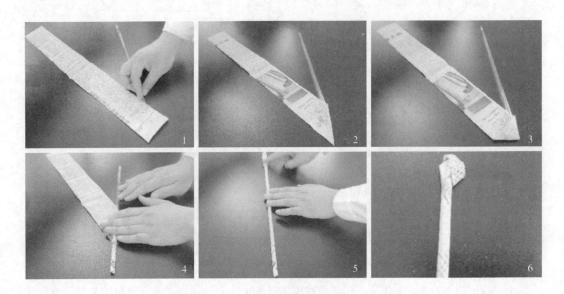

图1-4　移液管的包扎过程

三、 培养基的配制与灭菌

培养基的制备过程可简单描述为：配料—溶解—调pH—加凝固剂—融化—过滤—分装—加棉塞、包扎—灭菌—无菌检查，具体方法如下。

1. 溶解配料

制备培养基时，先在烧杯中放入所需水量的一半，按培养基配方称取各项材料，依次加入水中，逐个溶解，最后加足水量。在加料过程中，各种成分溶解的次序应该是先加缓冲化合物，然后是主要元素、微量元素，最后加维生素等。

2. 调pH

配料溶解完后，且冷到室温时，用精密pH试纸或酸度计测试溶液的pH，然后根据要求的pH确定需加酸或加碱。当加入酸或碱液时，要缓慢、少量、多加搅拌，防止局部过碱或过酸而破坏营养成分。常用100g/L NaOH或6mol/L HCl调整pH。

3. 加凝固剂

配制固体培养基时，需加入凝固剂（如琼脂、明胶等），若以琼脂为凝固剂时，一般先将琼脂加入煮沸的液体培养基中，不断搅拌至溶化为止，最后补足所蒸发的水分。

4. 过滤

在二层纱布中间夹入脱脂棉，趁热过滤。

5. 分装

按照试验要求进行分装，装入试管中的固体培养基不宜超过试管高度的1/5，装入三角瓶中的培养基以三角瓶总体积的一半为限。在分装过程中，应注意勿使培养基沾污管口、瓶口，以免造成污染。培养基的分装装置见图1-5。

6. 包扎

在分装好的试管、三角瓶上加塞子，若需通气培养时，可用6~8层纱布代替塞子，然后于其上包一层油纸。

7. 灭菌

根据要求，将包扎好的培养基进行湿热灭菌。灭菌完毕后，斜面试管摆放时，斜面长度不得超过试管长的一半。

8. 无菌检查

将经灭菌的培养基放入培养箱中培养一定时间，做无菌检查。无杂菌长出时，证明合格。

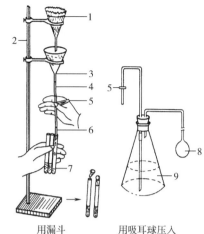

用漏斗　　　　用吸耳球压入

图1-5　培养基分装装置

1—过滤漏斗　2—铁架　3—三角漏斗
4—乳胶管　5—弹簧夹　6—玻璃滴管
7—试管　8—洗耳球　9—培养液

实验1　细菌培养基的配制与灭菌

一、实验目的

1. 掌握肉汤培养基的配制方法。

2. 了解半合成培养基的配制原理。

二、实验原理

培养基按成分可分为天然培养基、合成培养基、半合成培养基。按物理状态可分为固体培养基、半固体培养基和液体培养基。按适用于微生物的种类可分为细菌培养基、放线菌培养基、酵母菌培养基和霉菌培养基。

常用的细菌培养基有 LB 培养基、肉汤培养基等。本次实验介绍肉汤培养基的配制方法。肉汤培养基以牛肉膏、蛋白胨两种天然成分提供微生物生长所需的碳源、氮源和维生素等，而以 NaCl 来供给微生物生长所需的矿物质元素之一——钠离子。肉汤培养基按原料来源分，属于半合成培养基，即在天然培养基中加入适量的化学试剂而制成的培养基。

三、实验材料

1. 培养基组成

LB 培养基（附录Ⅱ-1）。

2. 试剂

6mol/L HCl、100g/L NaOH。

3. 其他

台秤、量筒、试管、三角瓶、烧杯、分装架等。

四、实验方法与步骤

1. 先取所需水量的一半放于烧杯中，然后称取蛋白胨加入水中，加热溶解。

2. 取一载玻片放于台秤上，将牛肉膏放于其上，称所需量，然后把牛肉膏和载玻片一同放入烧杯中，加热溶解。

3. 称量 NaCl，加入上述溶液中溶解，补足水量。

4. 待溶液冷至室温时，测 pH，用 NaOH 调 pH 至 7.2~7.4（加热灭菌以后，pH 下降 0.2 左右）。

5. 做固体培养基时，加 2% 琼脂，加热溶解，补足蒸发水量。

6. 灭菌，条件为 121℃，15~20min。

7. 无菌检查。将灭完菌的培养基放于 37℃ 的恒温箱中保温培养 24~48h，无杂菌长出时，证明合格。实验流程如图 1-6 所示。

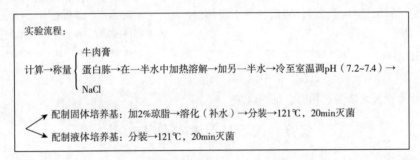

图 1-6　肉汤培养基的配制与灭菌的实验流程图

五、实验结果与分析

1. 对配制好的培养基的颜色、状态进行观察并记录。

2. 记录无菌检查的结果。

六、注意事项

1. 实验前请将试管和三角瓶上先贴好标签，注明培养基名称、组别和日期。

2. 在溶化琼脂的过程中，需要专人看管，以免培养基因沸腾而溢出烧杯。同时，需不断搅拌，以防止琼脂糊底。注意戴上手套防止烫伤。

3. 分装过程中注意不要使培养基粘在试管或瓶口上，以免培养基粘污塞子而引起污染。

七、思考题

1. 在配制培养基的操作过程中应注意些什么问题，为什么？

2. 培养基配好后，为什么必须立即灭菌？如何检查灭菌后的培养基是无菌的？

3. 培养细菌通常可采用什么培养基？细菌生长繁殖的最适 pH 一般为多少？

实验 2　酵母菌及霉菌培养基的配制与灭菌

一、实验目的

1. 掌握麦芽汁培养基的配制方法。

2. 了解天然培养基的配制原理。

二、实验原理

酵母菌一般生长在偏酸性的环境中，pH 为 5.0～6.0，生长温度范围 4～30℃，最适培养温度为 25～30℃，常用的培养基有麦芽汁培养基，酵母浸出粉胨葡萄糖培养基（YEPD）、马铃薯葡萄糖培养基（PDA）等。

霉菌适宜生长在酸性或微酸性的环境中，属好氧微生物，培养温度为 28～32℃，常用的培养基为麦芽汁培养基、马铃薯葡萄糖培养基、米曲汁、豆芽汁、察氏培养基等。察氏培养基主要用于霉菌的形态观察。

麦芽汁培养基既可用于酵母菌培养又可用于霉菌培养，故本次实验主要介绍麦芽汁培养基的配制方法和原理。麦芽汁培养基主要由大麦经发芽后加水糖化制得。大麦中含有淀粉、蛋白质、脂类及多种维生素等，经发芽，产生多种分解酶，然后糖化，使营养成分分解成微生物可以直接利用的小分子物质，属于天然培养基。

三、实验材料

1. 培养基组成

10～12°Bx 麦芽汁。

2. 原料

麦芽，琼脂。

3. 其他

糖度计、烧杯、台秤、滤布、量筒、恒温箱。

四、实验方法与步骤

1. 取麦芽烘干、粉碎；

2. 称取一定量的麦芽粉，加 4 倍量温度为 60℃的自来水，放于 55～60℃的恒温箱中保温糖化 4～6h，并不断搅拌；

3. 取一滴糖化液和碘液反应，碘呈色反应为无色，证明糖化完成；

4. 将糖化液用纱布过滤，去残渣，收回滤液并煮沸，再用滤布或脱脂棉过滤一次，即得澄清的麦芽汁；

5. 用糖度计测量原麦芽汁的糖浓度，一般为 15～18°Bx，然后加水稀释至糖度为 10～12°Bx，即得麦芽汁液体培养基，pH 自然。

6. 固体麦芽汁培养基需加琼脂 2%，煮沸，溶解，分装，灭菌。

7. 灭菌条件为 121℃，蒸汽杀菌 15～20min。

8. 将灭完菌的麦芽汁培养基放于 28℃的恒温箱中，培养 24～48h，观察无杂菌长出，即为合格的培养基。配制过程如图 1-7 所示。

配制过程：

　　麦芽烘干→粉碎→添加4倍量的60℃水→60℃恒温箱或水浴中加热，不断搅拌→用碘液检测不变色为止→过滤去残渣→煮沸→滤纸或脱脂棉过滤一次→得澄清麦芽汁（15～18°Bx）→稀释到糖度为10～12°Bx→得麦芽汁液体培养基，pH自然→固体培养基加2%琼脂→121℃，15～20min灭菌→无菌检查。

图 1-7　麦芽汁培养基的配制与灭菌的实验流程图

五、实验结果与分析

1. 对配制好的培养基的颜色、状态进行观察，并记录。

2. 记录无菌检查的结果。

六、注意事项

同"实验1　细菌培养基的配制与灭菌"。

七、思考题

培养酵母菌及霉菌通常可采用什么培养基？它们的生长繁殖的最适 pH 一般为多少？

实验3　放线菌培养基的配制与灭菌

一、实验目的

1. 掌握高氏 I 号培养基的配制方法。

2. 了解合成培养基的配制原理。

二、实验原理

常用的放线菌培养基为高氏 I 号培养基，本次实验主要介绍该培养基的配制方法和原理。高氏 I 号培养基适用于多数放线菌，孢子生长良好，宜作保藏菌种用。高氏 I 号是一种合成培养基，即由已知化学成分及数量的化学药品配制而成的培养基。

三、实验材料

1. 培养基组成

高氏 I 号培养基（Ⅱ-2）。

2. 试剂

6mol/L HCl，100g/L NaOH。

四、实验方法与步骤

1. 依次称取磷酸氢二钾、可溶性淀粉、硝酸钾、硫酸镁、硫酸铁和氯化钠所需量，分别加入已准备好的蒸馏水中，顺序溶解，最后补足水分。

2. 待溶液冷至室温时，用盐酸或氢氧化钠调 pH 至 7.4。

3. 加入琼脂2%，加热熔化，补足蒸发水，分装，包扎。

4. 灭菌，温度121℃，时间20min。

5. 无菌检查，将灭完菌的培养基放于30℃的恒温箱中培养 24~48h，若无杂菌长出，即为合格的培养基。

五、实验结果与分析

1. 对配制好的培养基的颜色、状态进行观察并记录。

2. 记录无菌检查的结果。

六、注意事项

同"实验1　细菌培养基的配制与灭菌"。

七、思考题

培养放线菌通常可采用什么培养基培养？放线菌的生长繁殖的最适 pH 一般为多少？

四、 微生物接种技术

微生物的接种技术是微生物学研究中的一项最基本的操作技术。在微生物学的科学试验及发酵生产中，都要把一种微生物移接到另一灭过菌的新鲜培养基中，使其生长繁殖并获得代谢产物。根据不同的目的，可采用不同的接种方法，如斜面接种、液体接种、平板接种、穿刺接种等。接种方法不同，常有不同的接种工具，如接种针、接种环、接种钩、滴管、移液管、涂布器等。接转的菌种都是纯培养的微生物，为了确保纯种不被杂菌污染，在接种过程中，必须进行严格的无菌操作。

（一）常用的微生物接种、分离工具及制备

微生物接种常用的工具如图 1-8 所示。

1. 接种针、接种环和接种钩

接种针、接种环和接种钩，通称为白金耳。最早都是用白金制作，因价格昂贵，现多用镍铬合金丝制得。

（1）接种针长度为 8cm，呈直线状，固定在长约 20cm 的金属柄上，多用于固体培养基的穿刺接种。

（2）接种环在接种针的末端，用镊子卷成一直径 2mm 密封圆圈，然后将圆环平面与金属柄之间弯成 160°～170°角，常用于细菌和酵母菌的斜面、平板等的接种。

（3）接种钩在接种针的末端弯成一个约 3mm 长的直角，即成接种钩。接种钩的针丝通常较粗、较硬，多用于霉菌和放线菌的接种。

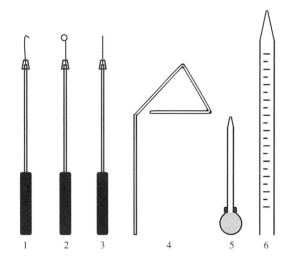

图 1-8　微生物常用接种工具
1—接种钩　2—接种环　3—接种针
4—涂布器　5—滴管　6—移液管

2. 涂布器

用直径 3~4mm、长 20cm 的普通玻璃棒（或不锈钢丝），在火焰上将棒的一端弯成边长约为 3cm 的等边三角形，最后将该平面与柄之间弯成 140°角，即成涂布器。用于涂布的一边要平滑，否则涂布不匀。涂布器多用于菌种分离或微生物平板活菌计数时涂布平板用。

3. 其他接种工具

（1）接种圈　将接种针的末端卷起数圈成为盘状，专用于从沙土管中移植菌种。

（2）吸管　0.1，0.2，0.5，1，5，10mL 等移液管常用于液体接种及菌悬液系列稀释。

（二）无菌操作

培养基经灭菌后，用经过灭菌的接种工具，在无菌条件下接种含菌材料于培养基上，这一过程的操作称无菌操作。

1. 无菌检查

灭过菌的新培养基，要经过无菌检查方能使用。此外，还要定期对接种室（无菌室）、实验室、发酵车间等处的空气进行无菌（含杂菌量）检查，做到心中有数，以便采用措施及时对

空气进行消毒灭菌，或改进接种的操作方法。

检查空气含菌程度的方法，通常采用平板法和斜面法。用普通肉汤或麦芽汁、曲汁琼脂培养基制备琼脂平板及斜面。取平板或斜面若干分别放置于被检测场所的四角和中间区域，每处同时放两个平板打开其中一个平板的盖或拔去斜面的棉塞（皿盖和棉塞用灭过菌的纸袋装好），另一个作为空白对照。平板暴露于环境5min后盖好皿盖；斜面经30min无塞暴露后，再将棉塞塞好。最后与空白平板或斜面一起置于30~32℃恒温箱内培养48h，观察有无菌落生长，并计数。一般要求平板开盖5min后应不超过三个菌落，斜面暴露30min后无菌落生长为合格。根据所测场所内空气中的含菌量及杂菌种类，采用相应的灭菌措施，提高灭菌效果。如霉菌较多，可先用5%石炭酸全面喷洒室内，再用甲醛熏蒸；如细菌较多，可采用乳酸与甲醛交替熏蒸。

2. 无菌操作原理和基本方法

空气中的杂菌在气流小时，由于也随灰尘落下，易造成污染。因此，在接种时打开培养皿的时间要尽量短，试管应倾斜，且放在火焰区的无菌范围内（酒精灯火焰中心半径5cm）操作，操作要熟练准确。用于接种的工具必须先经过干热、湿热或火焰灭菌。通常，在接种时将接种环在火焰上充分灼烧灭菌。

3. 无菌室中实验台的要求

接种用的实验台，不论是什么材料制成，必须要光洁、水平。光洁是便于用消毒剂擦拭；水平是为了制备琼脂平板时，有利于皿内培养基厚度均匀一致。

（三）细菌的接种方法

1. 接种前的准备工作

（1）接种室应经常保持无菌状态，定期用5%煤皂酚或75%酒精溶液擦拭桌面、墙壁、地面，或用乳酸、甲醛熏蒸，定期作无菌检查。

（2）接种前，将要接种的全部物品移入无菌室的缓冲间内，用75%酒精棉球擦拭干净，并在要接种的试管、平皿、三角瓶上贴好标签（斜面试管的标签贴在斜面的正上方，距管口2.5~3cm处，平皿的标签贴在皿盖的侧面），在标签上注明菌种名称、接种日期，有的还要注明培养基的名称。操作人员换上工作服、鞋和戴口罩及工作帽。最后将物品送到无菌室的工作台上。开启紫外线进行物品表面消毒灭菌20~30min。

（3）接菌完毕，清理物品，在缓冲间脱去工作服、鞋、帽等，将物品移出，打开紫外灯进行20~30min灭菌。工作服、鞋、帽为无菌室专用，不得穿出室外或做它用，并且要经常洗换和消毒灭菌。

2. 接种的操作流程

（1）斜面接种　斜面接种是从已保存菌种的斜面上挑取少量菌种移接到新鲜斜面培养基上的一种接种方法，其操作程序如图1-9所示。

①点燃酒精灯或煤气灯，再用75%酒精棉球擦手。

②在左手的中指、无名指间分别夹住原菌种试管和待转接斜面试管（斜面朝上）。

③右手拿接种针或环，在火焰上将针、环等金属丝部分烧红灭菌，然后将其余要伸入试管部分的针柄也反复通过火焰灭菌。然后用握有接种针的右手中指、无名指拔出试管上的棉塞，操作应在火焰区域进行。

④将接种环水平通过火焰并插入原菌试管内，先在管壁上或未长菌体的培养基表面冷却，然后用接种环轻轻沾取少量菌苔后，将接种环自原菌种管内抽出，抽出时勿碰管壁，也勿通过

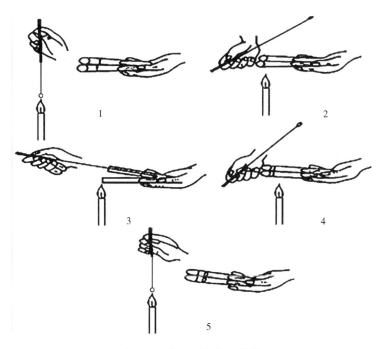

图 1-9　斜面接种操作程序

1—烧环　2—拔塞　3—接种　4—加塞　5—灭菌

火焰。

　　⑤在火焰旁将沾有菌苔的接种环迅速伸入另一只待接斜面试管中，自斜面培养基底部向上划线，使菌体沾附在培养基的斜面上。划线时环要放平，勿用力，否则会使培养基表面划破。

　　⑥根据微生物不同和试验目的不同，斜面划线的方法有许多，细菌常用的斜面划线方法如图 1-10 所示。

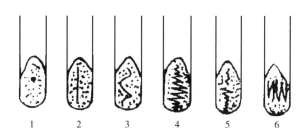

图 1-10　细菌斜面接种法

1—点接　把菌种点接在斜面中部，利于在一定时间内暂时保藏菌种。

2—中央划线　在斜面中部自下而上划一直线。比较细菌的生长速度时采用此法。

3—稀波状蜿蜒划线法　易扩散的细菌常用此法接种。

4—密波状蜿蜒划线法　此法能充分利用斜面，以获得大量的菌体细胞，细菌接种时常用此法。

5—分段划线　将斜面分成上下 3~4 段，在第 2~3 段划线接种前，先灼烧接种环进行灭菌，

待冷却后沾取前段接种处，再行划线，以分得单个菌落。

6—纵向划线　此法便于快速划线接种。

⑦接种完毕，将接种环由试管内抽出，同时将试管口在火焰上灼烧一下，塞上棉塞。注意不要用试管口去迎棉塞，以免试管口在移动时，杂菌侵入造成污染。

⑧接种环在放回原处前应在火焰上彻底灭菌。放下接种环后，再用右手将棉塞进一步塞牢，避免脱落。最后将已接种好的斜面试管放在试管架上。

（2）液体接种法　液体接种技术是用移液管、滴管或接种环等接种工具，将菌液移接到液体三角瓶、试管培养基中的一种接种方法。此法可用于观察细菌、酵母菌的生长特性，生化反应特性及发酵生产中菌种的扩大培养。

①由斜面培养基接入液体培养基：操作方法基本与斜面-斜面接种相同，但在接种时要注意略使试管口向上，以免使液体培养基流出。接入菌体后，要将接种环与管壁轻轻研磨使菌体擦下，接种后塞好棉塞，将试管在手掌中轻轻敲打，使菌体充分分散。

②由液体培养基接种到液体培养基：原菌种如为液体时，除用接种环外，还可以根据具体情况采用下列几种方法。

a. 用无菌滴管或移液管吸取菌液接种。

b. 直接把液体培养液摇匀后倒入液体培养基中。

c. 利用无菌空气被压后，把液体培养液注入另一容器的液体培养基中。

d. 利用负压将液体培养液吸到液体培养基中，如在抗生素生产中，从种子瓶接种到种子罐时就是采用此法。

（3）穿刺接种法　穿刺接种法用于接种试管深层琼脂培养基（柱状），经穿刺接种后的菌种常作为保藏菌种的一种形式，同时也是检查细菌运动能力的一种方法，作为鉴定细菌的特征之一。穿刺接种只适用于细菌和酵母菌的接种培养，其方法是用笔直的接种针，从原菌种斜面上挑取少量菌苔，再从柱状培养基中心自上而下刺入（试管口朝下），直到接近管底（勿穿到管底），然后，沿原穿刺途径慢慢抽出接种针。

穿刺接种有两种手持操作法：一种称作垂直法［见图1-11（1）］；另一种是水平法，类似于斜面接种法［见图1-11（2）］。穿刺时要做到手稳，动作轻巧、快速。

（4）平板接种法　平板接种法系指在平板培养基上点接、划线或涂布接种。平板接种前，需要先将已灭菌的琼脂培养基放在水浴锅中充分加热，待冷却到50℃左右后（手握三角瓶不觉得太烫为宜），用无菌操作法倒平板（见图1-12）。若溶化的琼脂培养基的温度太高时，会产生较多的冷凝水，影响观察。待培养基冷却后即可进行接种。

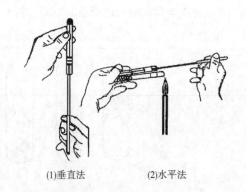

(1)垂直法　　(2)水平法

图1-11　试管穿刺接种法

①点接：用接种针从原菌种斜面上挑取少量菌苔，点接到平板的不同位置上，培养后观察巨大菌落形态（细菌、酵母菌）；

②划线接种：是一种使被接菌种达到菌落纯的方法，其基本原理是在固体培养基表面将含菌培养物做规则划线，含菌样品经多次划线逐渐被稀释，最后在接种针划过的线上得到一个个被分离的单独存在的细胞，经过培养后形成彼此独立的由单个细胞发育的菌落。

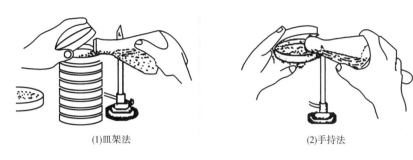

(1)皿架法 (2)手持法

图 1-12 倒平板的方法

图 1-13 是常用的平板划线接种方式。首先将平板分成 a、b、c 三个区域，用接种针从原菌种斜面上挑取少量菌苔，在 a 区中划折线，划满第一个区域后，接种针用火焰灼烧法杀灭其上残余的菌体，然后使接种针和第一次划的线交叉，通过第一次划的线使接种针上带上菌种，再在 b 区中划线，划线路线不再和第一次划过的线接触；同样，将接种针在火焰上杀灭其上残余的菌体，然后使接种针和第二次划的线交叉，并过第二次划的线使接种针上带上菌种，在 c 区中划线，划线路线不再和前两次划过的线接触。这种操作方式不断使接种针上的被接菌种越来越少，最终达到菌落纯的目的。

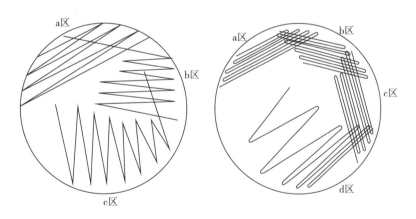

图 1-13 两种常用的平板划线分离法

③涂布接种：也是一种分离纯化菌种的方法，首先将被分离纯化的含菌培养物制成稀释菌悬液，用无菌移液管吸取 0.1mL 于固体培养基平板中，按图 1-14 所示的方法，将样品在琼脂培养基表面上均匀涂布，使样品中的菌体在培养基上经培养后能形成单个菌落。

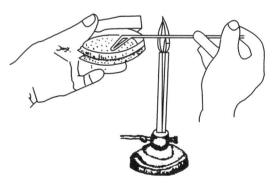

图 1-14 涂布分离法

实验 4 细菌的接种和培养

一、实验目的

1. 掌握无菌操作的概念和基本操作技术。
2. 了解细菌常用培养基以及培养条件。
3. 了解平板划线分离菌种的原理和操作要点。

二、实验原理

在保证无菌操作的条件下，将不同的细菌采用不同的接种方法接种于固体、液体培养基中，观察不同细菌的菌落形态特征，液体培养特征，以及半固体穿刺培养特征等，据此了解不同细菌的种属特异性，为菌种的快速识别和鉴定提供依据。

三、实验材料

1. 菌种

大肠杆菌（*Escherichia coli*），枯草芽孢杆菌（*Bacillus subtilis*），八叠球菌（*Sarcina* sp.），产气肠杆菌（*Enterobacter aerogenes*）。

2. 培养基

肉汤培养基（附录Ⅱ-20）固体斜面（2 个/菌），液体试管（2 管/菌），平板划线接种固体培养基（10~15mL/皿，2 块/菌），平板点接固体培养基（10~15mL/皿，4 种菌用 1 块），穿刺用半固体培养基（2 管/菌）。

3. 接种工具

接种针、接种环、酒精灯或煤气灯、消毒酒精棉球、镊子、试管架、标签纸、培养箱（37℃）。

四、实验方法与步骤

1. 斜面接种

首先标记空白斜面，标签贴于斜面上缘和试管口之间并与斜面正对的一面。标签内容包括菌种的名称、接种日期、组号等。

按照原理中所述的方法进行桌面和手的消毒、然后接种，接种时接种环从斜面的底部由下向上画折线（密波状蜿蜒划线）。

2. 液体管接种

首先用标签标记空白液体管。桌面、手以及接种环消毒同斜面接种，操作方法按照原理中所述液体接种法中"由斜面培养基接入液体培养基"方法进行。

3. 平板划线接种

用微波炉或沸水浴融化装于三角瓶中固体培养基，然后冷至 50℃ 左右，按原理中所述方法倒平板，每个平板中约 15mL 培养基，待凝固。标签标记平板。

按原理中所述的平板划线接种方法进行接种。

4. 平板点接

用记号笔或玻璃铅笔在已倒有肉汤培养基的平板的皿底标示四个记号，分别表示将要接种的四个菌。然后按照无菌操作，将四个菌分别点接在一个平皿的不同位置。注意每点接一个菌，接种环必须经过火焰灼烧灭菌。

5. 半固体穿刺接种

首先标记用于穿刺接种的柱状培养基试管，标签贴于培养基柱上和试管口之间的位置。然后按原理中所述方法接种。

6. 培养

接种完毕后，斜面、液体管、半固体培养基的穿刺接种管置于试管架上，于37℃培养箱中培养。平板倒置于37℃培养箱中培养，以避免培养过程中形成的冷凝水流到培养基表面上引起菌落冲流。

五、实验结果与分析

观察不同微生物菌种在培养基上的生长情况。

六、注意事项

1. 微生物接种时一定要注意无菌操作。

2. 采用平板法培养微生物时要注意倒置培养。

七、思考题

如何从混合菌中将单一菌种进行分离和纯化？

实验5 酵母和霉菌的接种与培养

一、实验目的

1. 掌握无菌操作的概念和基本操作技术。

2. 了解酵母和霉菌常用培养基以及培养条件。

二、实验原理

将微生物培养物或含有微生物的样品在无菌条件下移植到培养基上的操作技术称为接种。接种的关键是严格进行无菌操作。常用的接种方法有斜面接种、液体接种、穿刺接种、平板接种等。酵母菌和霉菌在接种时使用的工具和接种方法与实验1所述的细菌接种基本相同，但是也略有差异。斜面接种时，酵母菌常用中央划直线法接种，用来观察菌种的形态和培养特征。霉菌由于属扩散型生长、绒毛状气生菌丝，常用点接法，即点种在斜面中部偏下方处。在平板上进行点接时，对于霉菌巨大菌落的观察，通常先在其斜面内倒入少量无菌水，用接种环将孢子挑起，制成孢子悬液，用接种环点接到平板培养基上，培养后观察巨大菌落特征。

三、实验材料

1. 菌种

①酿酒酵母（*Saccharomyces cerevisiae*），八孢裂殖酵母（*Schizosaccharomyces octosporus*），热带假丝酵母（*Candida tropicalis*）。

②总状毛霉（*Mucor racemosus*），黑根霉（*Rhizopus nigricans*），黑曲霉（*Aspergillus niger*）、产黄青霉（*Penicillium chrysogenum*）。

2. 培养基

YPD培养基（附录Ⅱ-4）、察氏培养基（附录Ⅱ-5）；固体斜面（2个/菌），液体试管（2管/菌），平板点接固体培养基（10~15mL/皿，1块/菌），平板划线接种YEPD固体培养基（10~15mL/皿，2块），穿刺用YEPD半固体培养基（2管）。

3. 接种工具

接种钩、接种环、酒精灯或煤气灯、消毒酒精棉球、镊子、试管架、标签纸、培养箱（28℃）。

四、实验方法与步骤

1. 斜面接种

首先标记空白斜面，标签贴于斜面上缘和试管口之间并与斜面正对的一面。标签内容包括菌种的名称、接种日期、组号等。

按照实验 1 原理中所述的方法进行桌面和手的消毒、然后接种。酿酒酵母接种于 YEPD 培养基上，用接种环按照从斜面底部由下向上，在斜面中央划直线。黑曲霉接种于察氏培养基上，用接种钩点种在斜面中部偏下方处，若需获得大量孢子则从斜面的底部由下向上画折线（密波状蜿蜒划线）。

2. 液体管接种

首先用标签标记空白液体管。桌面、手以及接种环消毒同斜面接种，操作方法按照实验 1 原理中所述液体接种法中"由斜面培养基接入液体培养基"方法进行。

3. 平板点接

用微波炉或沸水浴融化装于三角瓶中固体培养基，然后冷至 50℃ 左右，按实验 1 原理中所述方法倒平板，每个平板中约 15mL 培养基，待凝固。标签标记平板。

酿酒酵母用接种环点接于 YEPD 培养基平板上，每皿最多可点接五下。黑曲霉则先制得孢子悬浮液后，用接种环点接于察氏培养基平板上。

4. 平板划线接种

制得 YPD 培养基平板，将酿酒酵母按照实验 1 所述原理划线后获得单菌落。

5. 半固体穿刺接种

首先标记用于穿刺接种的柱状培养基试管，标签贴于培养基柱上和试管口之间的位置。然后按实验 1 原理中所述方法接种酿酒酵母。

6. 培养

接种完毕后，斜面、液体管、半固体培养基的穿刺接种管置于试管架上，于 28℃ 培养箱中培养。平板倒置于 28℃ 培养箱中培养，以避免培养过程中形成的冷凝水流到培养基表面上引起菌落冲流，其中黑曲霉的点接平板，需先正放培养 2h 水分挥发后，再倒置培养。

五、实验结果与分析

观察不同酵母菌和霉菌菌种在培养基上的生长情况。

六、注意事项

1. 微生物接种时一定要注意无菌操作。

2. 采用平板法培养微生物时要注意倒置培养。

七、思考题

霉菌和酵母的接种和培养有何异同？

五、 微生物的制片染色及形态观察

实验 6　普通光学显微镜的结构和使用

一、实验目的

1. 了解普通光学显微镜的构造、原理、维护及保养方法。
2. 学会使用普通光学显微镜观察微生物标本片。

二、实验原理

显微镜的种类很多，其中普通光学显微镜是最常用的一种，是微生物学研究者不可缺少的工具之一。其成像原理如图 1-15 所示。

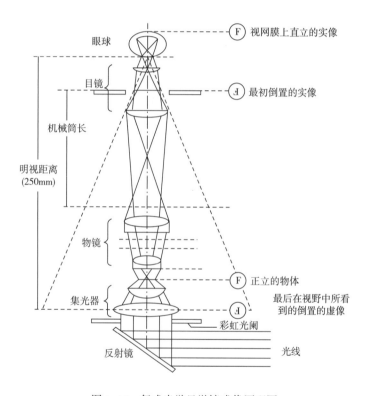

图 1-15　复式光学显微镜成像原理图

将被检物体置于集光器与物镜之间，平行的光线自反射镜折入集光器，光线经过集光器穿过透明的物体进入物镜后，即在目镜的焦点平面（光阑部位或附近）形成了一个初生倒置的实像。从初生实像射过来的光线，经过目镜的接目透镜而到达眼球。这时的光线已变成平行或接近平行光，再透过眼球的水晶体时，便在视网膜后形成一个直立的实像。

光学显微镜的构造如图 1-16 所示，分光学系统和机械系统两部分。

1. 光学系统

显微镜的光学系统主要包括物镜、目镜、集光器、彩虹光阑、反光镜和光源等。

（1）物镜　物镜通常称为镜头，是在金属圆筒内装有许多块透镜用特殊的胶粘在一起而形成的。根据物镜和标本之间的介质的性质不同，物镜分为干燥系物镜和油浸系物镜两种。

干燥系物镜指物镜和标本之间的介质是空气（折光率 $n=1.00$），包括低倍镜和高倍镜两种。油浸系物镜指物镜和标本之间的介质是一种和玻璃折光率（$n=1.52$）相近的香柏油（$n=1.515$）。这种物镜也称为油镜，放大倍数为 90× 或 100×，一般在镜头上标以"HI"或"OI"字样，镜头下缘刻有一圈黑线。使用油镜时需要将镜头浸在香柏油中，这是为了消除光由一种介质进入另一种介质时发生散射。

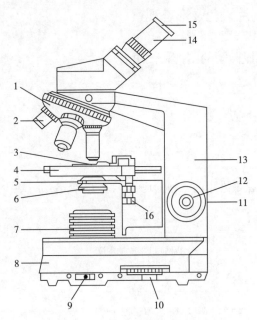

图 1-16　复式光学显微镜构造示意图

1—物镜转换器　2—物镜　3—游标卡尺　4—载物台

5—集光器　6—彩虹光阑　7—光源　8—镜座

9—电源开关　10—光源滑动变阻器　11—粗调螺旋

12—微调螺旋　13—镜臂　14—镜筒

15—目镜　16—标本移动螺旋

①放大倍数：物镜的放大倍数可由外形来辨别，镜头长度越短，口径越大，放大倍数越低。物镜的放大倍数都标在镜头上，常用的低倍镜为 10×、20×；高倍镜为 40×、45×；油镜为 90×、100×。

②分辨力：是指显微镜分辨被检物体细微结构的能力，也就是判别两个物体点之间最短距离的本领。分辨力以 R 表示，若两个物体之间距离大于 R，可被这个物镜分辨；若距离小于 R 时，就分辨不清了。所以，R 值越小，物镜的分辨力越高，物镜越好。

注意：用普通光学显微镜是无法观察到小于 0.2μm 的物体的。但是，大部分细菌直径在 0.5μm 以上，故用油镜就能清晰的观察到细菌的个体形态。

（2）目镜

①目镜的组成：目镜也称接目镜，通常由两块透镜组成。上面的一块与眼接触，称为接目透镜；下面的一块靠近视野，称为会聚透镜。在两块透镜中间，或在视野透镜的下端装有一个用金属制成的光阑，物镜或会聚透镜就在这个光阑的面上成像，在这个光阑的面上还可以安装目镜测微尺。

②目镜的放大倍数：实验室中常用的目镜的放大倍数为 5×、10×、15×、20×。若 10× 目镜与 40× 物镜配合使用，显微镜的总放大倍数为 400 倍，一般用 40×10 来表示，即显微镜的物镜和目镜放大倍数的乘积。但这是有条件的，只有在能分辨的情况下，上述乘积才有效。

（3）集光器　在较高级的显微镜的载物台下的次台上均装有集光器。集光器一般由 2~3 块透镜组成，其作用是会聚从光源射来的光线，集合成光束，以增强照明光度，然后经过标本射入物镜中去。利用升降调节螺旋可以调节光线的强弱。

（4）彩虹光阑　在集光器下方装有彩虹光阑。彩虹光阑能连续而迅速地改变口径，光阑越大，通过的光束越粗，光量也越多。在用高倍物镜观察时，应开大光阑，使视野明亮；若观察活体标本或未染色标本时，应缩小光阑，以增加物体明暗对比度，便于观察。

有些显微镜的彩虹光阑下方装有滤光片支持架，可以内外移动，以便安放滤光玻片。

（5）反光镜和光源　在显微镜最下方、镜座中央的底座内，装有灯泡，为显微镜的光源，目前显微镜都自身携带光源。而一些老式的显微镜需要采集外界光源，因此在镜座的中央装有反光镜。反光镜由凹、平两面圆形镜子组成，可以自由转动方向，将从外界光源来的光线送至集光器。在利用集光器时，通常用平面镜，因为集光器的构造最适于利用平行光，只有在照明条件较差或用油镜时，才用凹面镜。

2. 机械系统

显微镜的机械系统主要由镜座、镜臂、载物台、镜筒、物镜转换器和调节装置等组成。

（1）镜座　镜座是显微镜的基座，位于显微镜最底部，多呈马蹄形、三角形、圆形或丁字形。

（2）镜臂　镜臂是显微镜的脊梁，用以支持镜筒、载物台和照明装置。对于镜筒能升降的显微镜，镜臂是活动的；对于镜台活动的显微镜，镜臂和镜座是固定的。

（3）镜筒　镜筒是连接目镜和物镜的金属空心圆筒，圆筒的上端可插入目镜，下端与物镜转换器相连。镜筒长度一般为 160mm。有的镜筒有分枝呈双筒，可同时装两个日镜。

（4）物镜转换器　物镜转换器在镜筒下端与螺纹口相接，是一个可以旋转的圆盘，其上装有 3~4 个不同放大倍数的物镜，可以随时转换物镜与相应的目镜构成一组光学系统。由于物镜长度的配合，镜头转换后仅需稍微调焦即可观察到清晰的物像。

（5）载物台　载物台是放置被检标本的平台，呈方形或圆形，中心部位有孔可透过光线。一般方形载物台上装有标本移动器装置，转动螺旋可使标本前后、左右移动。有的在移动器上装有游标尺，构成精密的平面直角坐标系，以便固定标本位置重复观察。

（6）调焦装置　调焦装置在镜臂两侧装有使载物台或镜筒上下移动的调焦装置——粗、细（微调）螺旋。一般粗螺旋只做粗调焦距，使用低倍物镜时，仅用粗调便可获得清晰的物像；当使用高倍镜和油镜时，用粗调找到物像，再用微调调节焦距，才能获得清晰的物像。微调螺旋每转一圈，载物台上升或下降 0.1mm。因此，微调只在用粗调螺旋找到物像后，使其获得清晰物像时使用。

三、实验材料

普通光学显微镜、擦镜纸、标本片（可以用做好的酵母水浸片）等。

四、实验方法与步骤

1. 显微镜放置位置

显微镜应放在身体的正前方，镜臂靠近身体一侧，镜身向前，镜与桌边相距 10cm 左右。

2. 选择物镜

转动物镜转换器，将低倍镜（10×）转动到和光路对准的位置。

3. 调节光源

打开光源，通过底座上的光强度滑动开关来调节光的强度。

4. 调节集光器和物镜数值口径相一致

取下目镜，直接向镜筒内观察，先将可变光阑缩到最小，再慢慢打开，使集光器的孔径与视野恰好一样大。其目的是使入射光所展开的角度正好与物镜的镜口角相一致，以充分发挥物镜的分辨力，并把超过物镜所能接受的多余光挡掉，否则会发生干扰，影响清晰度。

在实际操作中，观察者往往只根据视野亮度和标本明暗对比度来调节可变光阑的大小，而不考虑集光器与所用物镜的数值口径的一致。只要能达到较好的效果，这种调节方法也是可取的，但对使用显微镜的工作者来说，必须了解这一操作的目的和原理，只有这样，当需要采用这一正规操作时，才能运用自如。

5. 放置标本

降低载物台，将标本片放在镜台上，用玻片夹夹牢，然后提升载物台，使其物镜下端接近标本片。

6. 调焦

双眼移向目镜，调节粗调节螺旋，当发现模糊的物像时，可以调节细螺旋（微调），使物像清晰为止。如发现视野太亮，切勿随意变动可变光阑，但可调节光的强度，或上下调节集光器。

7. 观察

左眼观察显微镜，右眼睁开同时绘图。用圆规在记录本上画直径为 4cm 的圆，再在圆内用铅笔绘出所观察到的物像，并在圆的下面标注放大倍数，一般以"物镜的放大倍数×目镜的放大倍数"表示。

低倍镜观察后，转动物镜转换器，换用高倍镜观察，这时只用轻轻调节微调就可观察到清晰的物像。进行观察和绘图。

转换油镜观察时，首先加一滴香柏油于细菌染色片上，下降镜筒，将油镜浸入香柏油中（操作时应从侧面仔细观察，避免镜头撞击载玻片），其调焦与观察同上。

8. 用毕后的处理

下降载物台，取下标本；用擦镜纸擦目镜和物镜，并用柔软的绸布擦拭机械部分；油镜使用完毕后，先用擦镜纸揩去香柏油，再用另一张蘸有少许二甲苯的擦镜纸去除残留的香柏油之后，再用干净的擦镜纸揩干；最后将物镜转成"八"字形，再将载物台提升到最高处。

五、实验结果与分析

1. 对配制好的培养基的颜色、状态进行观察，并记录。

2. 记录无菌检查的结果。

六、注意事项

1. 显微镜应放在通风干燥的地方，避免阳光直射或曝晒，通常用玻璃罩或红、黑两层布罩罩起来，放入箱内。为避免受潮，在箱内放有用小袋装的干燥剂，如氯化钙或硅胶，以便吸收水分。要经常更换干燥剂。

2. 显微镜要避免与酸、碱和易挥发的、具腐蚀性的化学试剂等放在一起。

3. 目镜和物镜必须保持清洁，如有灰尘应该用擦镜纸揩去，不得用布或其他物品擦拭。

4. 用油镜观察后，应先用擦镜纸将镜头上的油擦去，再用蘸有少许二甲苯的擦镜纸擦 2~3 次，最后用干净的擦镜纸将二甲苯擦去。二甲苯用量不能太多，这是因为物镜的几块透镜是用树胶黏合在一起的，一旦树胶溶解，透镜将脱落。

5. 显微镜应防止震动和暴力，否则会造成光学系统光轴的偏差而影响精度。从箱内取出或放入显微镜时，应一手提镜臂，另一只手托镜座，防止目镜从镜筒中滑出。

6. 粗、细调节螺旋和标本推进器等机械系统要灵活，如不灵活可在滑动部分滴加少许润滑油。

7. 显微镜用毕，需将物镜转成"八"字形，勿使物镜镜头与集光器相对放置，同时将物镜降至载物台或将载物台提升以缩短物镜和载物台之间的距离，以避免因镜筒脱落或操作不小心，损坏物镜和集光器。

8. 显微镜观察时以左眼为宜，但两眼务必同时睁开，否则容易产生疲劳。一般是左眼观察，右眼睁开，同时绘图。

9. 镜检时，首先提升载物台或降低物镜，使载玻片标本和物镜接近，然后将眼睛移至目镜观察，此时只允许降低载物台或提升物镜，以免物镜与载玻片相撞。为了快速找到物像，先用低倍镜观察，因为低倍镜视野大，易发现目的物。找到物像后，再转换为高倍镜或油镜，由于安装在物镜转换器上的多个物镜被设计成共焦点，因此物镜转换只要使用微调就能获得清晰图像。但此时需将集光器上升或开大光圈，以获得合适亮度。

七、思考题

1. 显微镜的构造分哪几部分？各部分有什么作用？
2. 如何区别显微镜的低倍镜、高倍镜和油镜？
3. 油镜和高倍镜在使用时应注意哪些问题？

实验 7 细菌染色与形态观察

一、实验目的

1. 掌握单染色法的原理和操作技术。
2. 掌握革兰氏染色的原理和操作技术。
3. 掌握油镜的使用方法。
4. 了解细菌的个体形态和菌落培养特征。

二、实验原理

细菌个体微小，观察个体形态时，一般必须经过染色。微生物的染色方法很多，各种方法所应用的染色剂也不尽相同，但是一般染色都要通过制片及一套染色操作过程。

（一）染色方法

微生物的染色方法一般分为单染色法、复染色法和负染色法三种。前者用一种染料使微生物着色，但不能鉴别微生物。后两种染色方法是用两种或两种以上染料，有协助鉴别微生物的作用，又称鉴别染色法。

1. 单染色法

单染色法，即用一种染色剂对涂片进行染色。该法简便易行，但仅能显示细胞的外部形态，而不能辨别其内部结构，适用于微生物的形态观察。在一般情况下，细菌菌体多带负电荷，易于和带正电荷的碱性染料结合而被染色。因此常用碱性染料（如美蓝、孔雀绿、碱性复红、结晶紫和中性红等）进行单染色。

2. 复染色法

用两种或两种以上的染料染色的方法，称为复染色法或鉴别染色法，主要的复染色法有革兰氏染色法和抗酸性染色法及特殊染色法。

革兰氏染色法是细菌学中广泛使用的一种重要的鉴别染色法。1884 年由丹麦医师 Gram 创立。细菌先经碱性染料结晶紫染色，再经碘液媒染（以增加染料与细胞的亲和力）后，用酒精脱色，再用复染剂染色。不被脱色而保持原染料颜色者为革兰氏阳性菌（G⁺）；被脱色而后又被染上复染剂的颜色者为革兰氏阴性菌（G⁻）。此法可将细菌分成两大类。

革兰氏染色的机理主要是利用两类细菌的细胞壁成分和结构的不同。革兰氏阴性菌的细胞壁中含有较多的类脂质，而肽聚糖的含量较少。当用乙醇或丙酮脱色时，类脂质被溶解，增加了细胞壁的通透性，使初染后的结晶紫和碘的复合物易于渗出，结果细胞被脱色，经复染后，又染上复染剂的颜色。而革兰氏阳性菌细胞壁中肽聚糖的含量多且交联度大，类脂质含量少，经乙醇或丙酮洗脱后，肽聚糖的孔径变小，通透性降低，因此细胞仍保留初染时的颜色。

3. 负染色法

负染色法也是一种特殊的染色方法，是指背景着色而细菌本身不着色。一般使用酸性染料，如刚果红或水溶性苯胺黑。固定染色涂片可浸于酸性酒精中，因刚果红经酸性酒精处理后，涂片的背景便从红色（盐类的颜色）转变为蓝色（即刚果红游离酸的颜色），这样可使对比性更为鲜明。

负染色法除用于观察细胞形态外，还可区别死菌与活菌，因死菌可被酸性染料着色，部分自溶的细菌，也能轻度染上酸性染料，而活菌却不着色。

（二）菌落特征

各种微生物在一定条件下形成的菌落具有一定的稳定性和专一性，其形态是细胞表面状况、排列方式、代谢产物、好气性和运动性的反映，并受培养条件尤其是培养基成分的影响。培养时间的长短对菌落也有影响，观察时务必注意。

细菌的菌落特征包括大小、形状（圆形、假根状、不规则状）、表面状态（光滑、皱褶、颗粒状、龟裂状、同心环状等）、隆起形状（扩展、台状、低凸、凸面、乳头状）、边缘状况（整齐、波状、裂叶状、锯齿状等）、表面光泽（闪光、金属光泽、无光泽等）、质地（油脂状、膜状等）、颜色、透明度等（如图1-17所示）。

三、实验材料

1. 菌种

大肠杆菌（*Escherichia coli*）、枯草芽孢杆菌（*Bacillus subtilis*）、八叠球菌（*Sarcina* sp.）和产气肠杆菌（*Enterobacter aerogenes*）的培养物。

2. 染色液

草酸铵结晶紫染色液（附录Ⅰ-1），路哥氏碘液（附录Ⅰ-2），番红染色液（附录Ⅰ-3），95%乙醇。

3. 其他

显微镜、载玻片、接种环、镊子、香柏油、玻璃缸、二甲苯、酒精灯、擦镜纸、吸水纸。

四、实验方法与步骤

（一）简单染色

一般经过六个步骤：涂片 → 干燥 → 固定 → 染色 → 水洗 → 干燥。

1. 涂片

在干净的载玻片（平时放在95%酒精中）上滴一滴蒸馏水或无菌水，用接种工具进行无菌操作，挑取培养物少许，置载玻片的水滴中与水混合做成悬液并涂成直径约1cm的薄层。为避

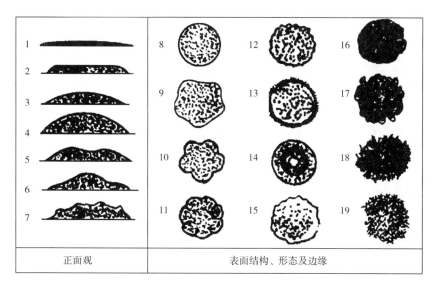

图 1-17 细菌菌落特征

正面观：1—扁平 2—隆起 3—低凸起 4—高凸起 5—脐状 6—草帽状 7—乳头状

表面结构、形态及边缘 8—圆形，边缘完整 9—不规则，边缘波状 10—不规则，颗粒状，边缘叶状

11—规则，放射状，边缘呈叶状 12—规则，边缘呈扇边状 13—规则，边缘呈齿状

14—规则，有同心环，边缘完整 15—不规则，似毛毡状 16—规则，似菌丝状

17—不规则，卷发状，边缘波状 18—不规则，呈丝状 19—不规则，根状

免因菌数过多聚成菌团而不利于观察个体形态，可在载玻片一端再加一滴水，从已涂布的菌液中再取一环于此水滴中进行稀释，涂布成薄层。若材料为液体培养物或自固体培养物中洗下制备的菌液，则可直接涂布于载玻片上，也可根据菌体浓度进行适当稀释后涂布于载玻片上。涂布要均匀，菌体间少重叠。因为制片是染色的关键，如不注意菌体涂布的均匀度，会造成染料的大面积堆积，而使观察结果不理想。

2. 干燥

涂片最好在室温下使其自然干燥，有时为了使之干燥得快些，可将标本面向上，手持载玻片一端的两边，小心地在酒精灯火焰高处微微加热，使水分蒸发，但切勿靠火焰太近或加热时间过长，以防标本烤枯而使菌体变形。

3. 固定

染色前必须将细胞固定，其目的是：①杀死微生物，固定细胞结构。②保证菌体能更牢固地黏附在载玻片上，防止标本被水洗掉。③改变染料对细胞的通透性，因此死细胞的原生质比活细胞的原生质易于染色。常用的有加热和化学固定两种方法。无论用哪种方法都应尽量使细菌维持原有的形态，防止细胞的膨胀或收缩。

较为普遍的固定方法是加热固定法，即手执载玻片的一端（涂有标本的远端），标本向上，在酒精灯火焰外层尽快地来回通过 3~4 次，共 2~3s，并不时的以载玻片的加热面触及皮肤，不觉过烫为宜（不超过 60℃），待冷却后，进行染色。

应当注意的是，加热固定法在研究微生物细胞结构时不适用，应采用化学固定法。

4. 染色

标本固定后，用草酸铵结晶紫（或其他染色液）染色。染色时，取一滴或数滴染色剂于菌体上，整个标本应该全部浸在染液中，染色约 1min，然后水洗、干燥。

5. 水洗

染色到时后，用细小的水流从标本表面把多余的染料冲洗干净，只留下均匀吸附在菌体上的染料，以获得清晰的视野画面。

6. 干燥

着色标本洗净后，将标本晾干，或用吸水纸把多余的水吸去，然后微热烘干，以备显微镜观察用。

7. 镜检

利用油镜观察微生物的染色结果和菌体形态，并绘图记录。

（二）革兰氏染色法

1. 涂片

同"单染色法"。

2. 干燥

同"单染色法"。

3. 固定

同"单染色法"。

4. 初染

用草酸铵结晶紫染色 1min 后水洗。

5. 媒染

加路哥氏碘液作用 1min 后水洗、吸干。

6. 脱色

用 95% 乙醇脱色直至滴加的酒精不呈紫色为止。一般脱色时间约为 30s。脱色时可轻轻摇动载玻片使乙醇分布均匀。这一步是革兰氏染色法的关键，必须严格掌握好。如果脱色过度则会把阳性菌误认为阴性菌；如果脱色不够，则会把阴性菌误认为是阳性菌。

7. 水洗、吸干

8. 复染

加 0.5% 的番红染色液染色 10~30s 后，用自来水冲洗。

9. 干燥、油镜镜检观察，描述并绘制菌体个体形态。革兰氏染色的操作步骤和关键环节如图 1-18 所示。

革兰氏染色的操作步骤和关键环节：

涂片→固定→初染（草酸铵结晶紫，1min）→媒染（路哥氏碘液，1min）→脱色（95% 乙醇，30s）→水洗、吸干→复染（0.5% 的番红，10~30s）→干燥→油镜镜检观察

图 1-18　革兰氏染色的操作步骤和关键环节

（三）群体形态观察

1. 菌落形态

观察菌落的大小、表面光滑或粗糙、透明度、色泽、边缘整齐或不规则等特征。比较四种

菌的斜面培养物、平板划线中的单菌落，并列表说明。

2. 穿刺培养观察

观察每种菌沿穿刺线生长的特征（如果菌体只在穿刺线底部生长，表示菌体为厌氧微生物；只在顶部生长，表示菌体为好氧微生物；如在上下都生长，表示为兼性厌氧微生物）；观察菌体是否向和穿刺线垂直的方向在培养基中扩散（若扩散，表示菌体有鞭毛，可以运动）。比较四种菌的差异，并列表说明。

3. 液体培养特征

观察培养液的表面是否形成菌环，或菌膜，或菌岛等，培养液底部是否有沉淀，培养液的颜色，培养液是否均匀浑浊等。比较四种菌的差异，并列表说明。

五、实验结果与分析

1. 染色结果

（1）单染结果　草酸铵结晶紫染色液染色时，染色迅速，着色深，菌体呈紫色。如果选用石炭酸复红染色液，菌体着色快，染色时间短，菌体呈红色。如选用美蓝染色液，菌体着色慢，染色时间长，效果清晰，菌体呈蓝色。

（2）革兰氏染色结果

菌种	革兰氏阳性	革兰氏阴性	形态
大肠杆菌		G$^-$	
枯草芽孢杆菌	G$^+$		
八叠球菌	G$^+$		
产气肠杆菌		G$^-$	

（3）各菌体形态需绘图说明。

2. 群体形态列表说明

菌种	大小	形状	表面状态	隆起形状	边缘状况	表面光泽	质地	颜色	透明度
大肠杆菌									
枯草芽孢杆菌									
八叠球菌									
产气肠杆菌									

六、注意事项

1. 载玻片要洁净无油，否则菌液涂不开，且固定效果不好，水洗时易被水冲掉。

2. 菌量宜少，涂片宜薄，过厚则不易观察。

（1）当要确证一株未知菌的革兰氏染色阳性或阴性时，必须有已知菌做对照。

（2）在染色过程中不可使染色液干燥。

（3）不宜使用放置时间过久的碘液。

（4）选用适龄培养物，以培养 18~24h 为宜。因为菌龄过长，细菌的死亡或自溶也常使革兰氏阳性菌呈阴性反应。

七、思考题

1. 革兰氏染色的关键步骤是什么？
2. 当对未知菌进行革兰氏染色鉴定时，如何保证染色技术正确，结果可靠？

实验 8　放线菌的接种与形态观察

一、实验目的

1. 掌握放线菌的一般接种方法。
2. 掌握插片法、压印法的操作技术，学会如何观察放线菌个体的特征。
3. 了解放线菌的菌落特征。

二、实验原理

放线菌属原核微生物，其菌落一般为圆形，大小介于细菌和霉菌之间，形状随菌种而异。可分为两型：一种类型产生大量分枝的基内菌丝和气生菌丝，基内菌丝伸入培养基内，菌落紧贴培养基表面，并由于它们的菌丝体比较紧密，交织成网，因而使菌落极其坚硬，用针能将整个菌落自培养基挑起而不破裂，菌落起初是光滑或如发状缠结，当在其上产生孢子后，表面呈粉状、颗粒状或絮状，其典型的代表属是链霉菌属（*Streptomyces*）。另一种类型是不产生大量菌丝的菌种，其菌落黏着力不如前一型结实，结构呈粉质，用针挑时易粉碎，典型代表为诺卡氏菌属（*Nocardia*），其接种方式和菌体观察同细菌。

放线菌的菌丝和孢子会产生各种色素，所以使菌落呈各种颜色，而且平皿培养的表面和背面的颜色往往不同，色素产生和菌种的种类、培养基的成分有关。放线菌的气生菌丝（孢子丝）及形成孢子的方式，孢子的形态及颜色是分类的重要依据之一。

链霉菌由于呈菌丝生长，而且菌丝很细，若用接种针直接挑取，易将菌丝挑断，所以，观察放线菌形态时，多用插片法和压印法。但有时也可以采取水浸片法直接观察放线菌的个体形态。

三、实验材料

1. 菌种

灰色链霉菌（*Streptomyces griseus*），天蓝色链霉菌（*Streptomyces coelicolor*）。

2. 培养基

高氏 I 号培养基（附录 II -2）。

3. 器皿

培养皿，载玻片，盖玻片，无菌滴管，显微镜，镊子，接种针，小刀等。

四、实验方法与步骤

1. 斜面接种

同细菌，用接种环刮取菌落表面的孢子，然后在斜面培养基上蜿蜒划折线。置 28℃ 培养 6d，观察菌落生长的情况。

2. 插片法

（1）倒平板 将高氏Ⅰ号培养基熔化后，倒10~12mL左右于灭菌培养皿中，待凝固。

（2）插片 将灭菌盖玻片以45°角度插入培养皿内的培养基中，然后用接种针将菌种接种在盖玻片与琼脂相接的沿线，放置28℃培养6~15d。

（3）观察 培养后的菌丝体生长在培养基及盖玻片上，小心地用镊子将盖玻片取出，擦去较差一面的菌丝体，放在载玻片上（菌丝体覆盖在载玻片上），直接置于显微镜下观察，也可在玻片间滴一滴水，制成假的水封片。

3. 平板划线接种

按照细菌平板划线方式将菌种划线接种于高氏Ⅰ号培养基的平板上，倒置于28℃培养6~15d。观察分离培养得到单一的放线菌落的大小、表面形状（崎岖、皱褶或平滑）、气生菌丝的形状（粉状、绒状或茸毛状等）、有无同心环、菌落的颜色等特征。

4. 压印法

（1）挑取菌落小块 从上述划线分离的平板中，用小刀切取培养基及其上面的单个菌落一块，放于洁净的载玻片上。

（2）盖玻片压印 用镊子取一盖玻片在火焰上稍微加热，然后把玻片盖在有菌落的培养基小块上，用镊子轻轻压几下，使小块培养基上的部分菌丝体印压在盖玻片上。

（3）观察 将上述经压印有菌丝体的盖玻片放于洁净的载玻片上（盖玻片印有菌体的一面贴向载玻片），然后放于显微镜下用高倍镜观察。

五、实验结果与分析

观察并绘图说明两种放线菌的孢子丝形态、菌落形态。

六、注意事项

1. 插片时要有一定的角度。

2. 镜检时，宜用略暗光线；先用低倍镜找到适当视野，再换高倍镜观察。

七、思考题

镜检时如何区分放线菌基内菌丝、气生菌丝及孢子丝？

实验 9 酵母菌水浸片制备、形态观察及死亡率的测定

一、实验目的

1. 掌握酵母水浸片的制作方法。

2. 进一步熟悉低倍镜和高倍镜的使用方法。

3. 了解酵母菌个体形态和群体形态特征。

4. 学会并掌握酵母菌的活体染色方法。

二、实验原理

酵母菌是单细胞真菌，细胞呈圆形、卵圆形，有的呈柱状，甚至呈分枝的假丝状。酵母菌的繁殖多为出芽繁殖、少数为裂殖、极少数为芽裂。在较老的细胞中有液泡存在。酵母菌个体依菌种和培养条件而异，多数酵母长 5~30μm、宽 1~5μm。一般成熟的酵母比幼嫩的细胞大，在液体中培养的酵母大于固体中培养的酵母。

酵母菌的个体形态观察一般采用水浸片，即将酵母细胞置于一滴生理盐水中，盖上盖玻片而制成。有些形成假菌丝的假丝酵母，用接种针挑取时容易断裂，通过水浸片无法看到假菌丝的形成全过程，因此可用小室培养（又称载玻片培养）来使酵母在一个相对独立的环境中生长，随时观察酵母菌假菌丝形成情况。

酵母菌在液体培养基中生长时，能利用其中的可发酵性糖，并产生气体，有些产生挥发性的酯香味，菌体可沉于管的底部或悬浮在培养液中，或漂浮在培养液上形成菌膜或菌醭等。当生长在固体培养基上时，菌落表面一般光滑、湿润、有黏稠性，大多数是乳白色，只有少数为红色。随生长时间延长，菌落颜色往往变暗，有些酵母菌菌落边缘呈皱褶状。

三、实验材料

1. 菌种

酿酒酵母（*Saccharomyces cerevisiae*），热带假丝酵母（*Candida tropicalis*），八孢裂殖酵母（*Schizosaccharomyces octosporus*）。

2. 培养基

麦芽汁培养基（附录Ⅱ-6），马铃薯葡萄糖琼脂培养基（PDA）（附录Ⅱ-7）。

3. 其他工具

接种环、试管、培养皿、三角瓶、玻璃U形管、酒精灯或煤气灯、酒精棉球、镊子、载玻片、盖玻片、玻璃棒、显微镜、滤纸、擦镜纸等。

4. 试剂

以pH6.0的0.02mol/L磷酸缓冲液配制的0.05%美蓝染色液。

四、实验方法与步骤

（一）酵母接种与培养

1. 斜面接种

具体方法见实验2中斜面接种法。每个菌接两支斜面，于28℃培养2d。

2. 平板划线

按照实验1所述划线方法在麦芽汁平板上划线分离单个菌落。每个菌划线两套平板，倒置于28℃培养箱中培养培养2d。

3. 液体接种

按照实验1中所述液体接种方式进行操作，从酵母菌斜面移接一环到液体麦芽汁试管中。每个菌接两支液体试管，于28℃培养2d。

4. 小室培养

（1）取一培养皿，内放一层吸润20%甘油或水的滤纸，其上放一玻璃U形管（或一支架）[如图1-19（1）所示]；

（2）从酒精浸泡的干净载玻片中用镊子夹取一块，然后于火焰上灼烧灭菌，置于U形管上；

（3）首先将PDA半固体培养基熔化，冷却并于45℃保温；取热带假丝酵母一环按液体接种的方式接种于其中，用酒精消毒的玻璃棒蘸取一滴已接种假丝酵母的PDA，迅速滴到已灭过菌的干净载玻片上，待凝固后，用火焰灼烧法灭菌的盖玻片轻轻盖于其上，轻压，要求中央培养基直径不大于0.5cm，盖玻片和载玻片之间的距离不超过0.1mm。制好载玻片后，盖好皿盖。

（4）于28℃培养箱中保温培养，培养过程中切忌皿底滤纸干燥。

（二）酵母水浸片制备

取洁净载玻片，滴加无菌水或无菌生理盐水一滴。然后用接种环挑取一环培养在麦芽汁斜面上的酵母菌菌落少许，置于载玻片的无菌水滴内，并将菌体搅匀。取洁净盖玻片一块，先将盖玻片一端与液滴接触，然后将整个盖玻片慢慢放下避免气泡产生［如图1-19（2）所示］，渗出的液体用滤纸吸走。

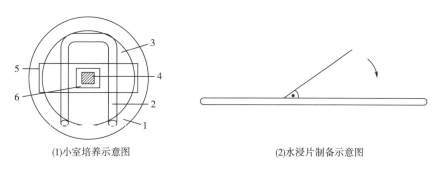

(1)小室培养示意图　　　　　　　　　　(2)水浸片制备示意图

图1-19　小室培养和水浸片制备方法示意图

1—培养皿　2—U形玻棒　3—滤纸　4—固体培养基　5—载玻片　6—盖玻片

液体培养的酵母菌液制作水浸片时，直接在洁净载玻片上滴加菌液一滴，然后用盖玻片小心盖好即可。

（三）酵母的个体形态观察

制好的水浸片用高倍镜观察，并绘图。注意观察菌体的形状、有无液泡、芽体、胞内内含物等。比较固体斜面和液体中菌体的大小差异等。

小室培养可随时直接将载玻片取出，置于载物台上，先用低倍镜观察，再用高倍镜观察，观察过程中不要使镜头压到盖玻片。观察假菌丝形成过程，并绘图。

（四）酵母群体形态观察

液体培养特征的观察：观察菌体存在的位置，液面是否有菌膜、菌环、菌岛、底层是否有沉淀、菌液是否浑浊，培养液颜色以及有无气泡产生等，并列表记录。

固体平板划线分离单菌落形态的观察：观察菌落大小、形状、颜色、透明度、边缘、质地、湿润程度等，并记录。

（五）酵母菌的活体染色观察及死亡率的测定

活的微生物，由于不停地新陈代谢，使细胞内氧化还原值（Eh）低，且还原能力强。当某种无毒的染料进入活细胞后，可以被还原脱色；当染料进入死细胞后，这些细胞因无还原能力或还原能力差而被着色。在中性和弱酸性条件下，活的细胞原生质不能被染色剂着色，若着色则表示细胞已经死亡，故可以此来区别活菌与死菌。实验室常用美蓝等低毒性的、易与细胞结合的染料进行活体染色。

步骤：取0.05%美蓝液一滴，置载玻片中央，然后取酵母液少许加入美蓝液中混匀，染色2~3min，加盖玻片，于高倍镜下进行观察，并计数已变蓝的细胞（可计5~6个视野的细胞总数）。

五、实验结果与分析

1. 酵母的个体形态列表说明

菌种	形状	有无液泡	有无芽体	有无胞内内含物
酿酒酵母				
热带假丝酵母				
八孢裂殖酵母				

2. 酵母的群体形态列表说明（液体培养）

菌种	菌体存在的位置	菌膜	菌环	菌岛	底层是否有沉淀	菌液是否浑浊	培养液颜色	有无气泡产生
酿酒酵母								
热带假丝酵母								
八孢裂殖酵母								

3. 酵母的群体形态列表说明（固体培养）

菌种	菌落大小	形状	颜色	透明度	边缘	质地	湿润程度
酿酒酵母							
热带假丝酵母							
八孢裂殖酵母							

4. 酵母菌死亡率

酵母死亡率一般用百分数表示，即死亡细胞占总细胞的百分数。在显微镜下数一定视野的死、活细胞数，记录并计算。

$$死亡率 = \frac{死细胞总数}{死、活细胞总数} \times 100\%$$

六、注意事项

1. 酵母菌的菌液放置久了会有沉淀，取菌液前要轻轻摇匀培养基。

2. 盖玻片覆盖时要缓慢倾斜，以免产生气泡。

七、思考题

根据你的观察结果，美蓝染液浓度及作用时间与酿酒酵母死、活细胞比例变化是否有关系？试分析原因。

实验 10　霉菌的形态观察

一、实验目的

1. 掌握常见霉菌的具体形态。

2. 学会霉菌浸片的制作方法。

二、实验原理

霉菌菌丝直径 2~10μm，分无隔菌丝和有隔菌丝。霉菌的繁殖力很强，无性孢子包括分生孢子、孢子囊孢子、节孢子、厚垣孢子等，有性孢子包括卵孢子、接合孢子、子囊孢子等。

霉菌菌丝观察若用水作介质制片，常因渗透作用而膨胀；水也易使菌丝、孢子和气泡混合成团，难以观察。目前，霉菌制片时最理想的介质是乳酸苯酚油。霉菌菌丝染色常常不均匀，幼龄菌丝易着色，一般最简单的染色方法是将染料和乳酸苯酚油介质混合后染色，如棉蓝、苦味酸及苦味酸-对氮蒽黑等少数几种染料和乳酚油均匀混合即可染色。

霉菌和放线菌相似，由于其菌丝较粗，形成的菌落较疏松，呈绒毛状、絮状或蜘蛛网状，一般比细菌菌落大几倍到几十倍。有些霉菌的菌丝在固体培养基表面蔓延，菌落没有固定大小。菌落的表面和培养基背面往往呈现不同的颜色。霉菌菌落中，处于菌落中心的菌丝菌龄较大，位于边缘的则年幼。同一霉菌在不同成分的培养基上形成的菌落特征可能有变化。但各种霉菌在一定的培养基上形成的菌落大小、形态、颜色等却相对稳定。

三、实验材料

1. 菌种

总状毛霉（*Mucor racemosus*），黑根霉（*Rhizopus nigricans*），蓝色梨头霉（*Absidia coerulea*），黑曲霉（*Aspergillus niger*），产黄青霉（*Penicillium chrysogenum*）。

2. 培养基

10°Bx 麦芽汁斜面培养基和固体平板培养基。用于小室培养的马铃薯葡萄糖培养基（Ⅱ-7）（或察氏固体培养基，附录Ⅱ-5）。

3. 棉蓝乳酚油染色液（附录Ⅰ-34）

4. 器具

接种钩、显微镜、载玻片、酒精灯、盖玻片、吸水纸、大头针、玻璃纸、镊子、刮棒、玻棒、20%甘油（可以用水代替）等。

四、实验方法与步骤

（一）接种

1. 斜面接种

按照 3.2 中所述斜面接种方法进行操作（每支菌接两个斜面）。30℃培养 48h 以上。

2. 平板接种

按照 3.2 中所述平板接种方式进行操作。30℃倒置培养 48h 以上。

3. 曲霉和青霉的小室培养接种

取一培养皿，内放一层吸润 20%甘油（可以用水代替）的滤纸，放 U 形玻棒。取一干燥无菌的载玻片和盖玻片，于载玻片的一边滴加熔化的 PDA（或察氏培养基），点种孢子，并将盖玻片盖于其上，要求中央的培养基直径不大于 0.5cm，盖、载玻片间距离不高于 0.1mm。然后将制好的载玻片放入培养皿中的玻棒上，盖好皿盖，30℃正置培养。可以在培养不同时间后直接置干燥系物镜下观察。

（二）个体形态观察

1. 乳酸苯酚油浸片制备及个体形态观察

于清洁载玻片上滴加乳酸苯酚油棉蓝染色液。取生长好的霉菌平板，用两根大头针小心挑取含少量孢子的菌丝少许，并在染色液上摊开，小心盖上盖玻片，不要产生气泡。用低、高倍镜观察。记录、绘图。

2. 对于根霉、毛霉和梨头霉的培养物，可轻轻打开培养皿，将皿盖（有菌的一面朝上）置于显微镜低倍镜下直接观察，或将皿底（有菌的一面朝上）置于显微镜低倍镜下，观察皿边缘的菌丝。仔细观察三种菌的孢子囊、假根、菌丝等的生长情况，并绘图。

3. 观察曲霉和青霉小室培养的结果，记录并绘图。

（三）菌落形态观察

观察斜面和平板上的菌落蔓延状况、疏松程度，是呈绒毛状、棉絮状还是蜘蛛网状，以及菌落和培养基的颜色、菌落中心和边缘的颜色等，并记录。

五、实验结果与分析

1. 用棉蓝液染色时，菌丝呈蓝色，深度随菌龄增加而减弱。

2. 只用乳酸苯酚油作介质时，菌丝一般为无色或很淡的色彩。

3. 毛霉、根霉、梨头霉的形态特征比较如表 1-1 所示；曲霉和青霉个体形态特征如表 1-2 所示。

表 1-1　　　　　　　　　毛霉、根霉、梨头霉的形态特征比较

形态特征	菌名		
	毛霉	根霉	梨头霉
菌丝	絮状，乳白色	多网状，灰褐色	棉絮状，灰白色
匍匐枝	无	有	有
假根	无	有	有
孢子囊柄	菌丝任何处均可生出	从假根处生出	由匍匐枝弓背上生出
孢子囊	圆形	圆形，较大	洋梨形，较小
囊轴	有	有	有
囊托	无	有	有
囊领	有	无	无

表 1-2　　　　　　　　　曲霉和青霉的个体形态比较

形态特征	菌名	
	曲霉	青霉
无性孢子	分生孢子	分生孢子
分生孢子梗有无横隔	无	有

续表

形态特征	菌名	
	曲霉	青霉
顶囊	有	无
足细胞	有	无

4. 曲霉和青霉的显微镜下形态照片如图1-20、图1-21所示。

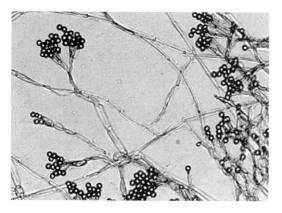

图1-20　青霉的显微镜下形态（40×10）

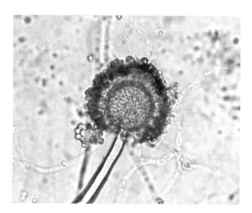

图1-21　黑曲霉的显微镜下形态（40×10）

六、注意事项

在制备乳酸苯酚油浸片时，用大头针取菌和分散菌丝时要细心，尽量减少菌丝断裂及形态被破坏，盖盖玻片时避免气泡产生。

七、思考题

黑曲霉和根霉在形态特征上有何区别？

六、　微生物的生长测定

实验11　酵母菌细胞大小的测定

一、实验目的

1. 学会测微尺的使用和计算方法。
2. 掌握酵母菌细胞体积的测定方法。

二、实验原理

细胞的大小是微生物分类鉴定的主要依据之一，然而微生物个体微小，必须借助显微镜测微技术才能观察清楚。因此，必须了解测微尺的构造。

显微测微尺由目镜测微尺和镜台测微尺组成。

目镜测微尺是一块圆形玻璃片，其中央有精确的等分刻度［如图1-22（1）所示］，测量时将其放在目镜中的隔板上。由于不同显微镜的放大倍数不同，故目镜测微尺每格实际代表的长度随使用目镜和物镜的放大倍数而改变，因此，在使用前必须用镜台测微尺对目镜测微尺进行标定。

镜台测微尺为一块中央有精确等分线的载玻片［如图1-22（2）所示］，一般将长为1mm的直线等分成100小格，每格长为0.01mm，即10μm。

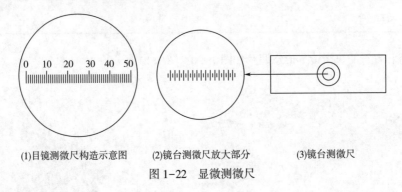

(1)目镜测微尺构造示意图　　　(2)镜台测微尺放大部分　　　(3)镜台测微尺

图1-22　显微测微尺

三、实验材料

1. 菌种

酿酒酵母（*Saccharomyces cerevisiae*）液体培养液。

2. 其他

显微镜、目镜测微尺、镜台测微尺、载玻片、盖玻片、酒精灯、无菌吸管、滤纸条等。

四、实验方法与步骤

1. 目镜测微尺的标定

（1）将一侧目镜从镜筒中拔出，旋开目镜下面的部分，将目镜测微尺轻轻放入目镜中隔板上，使有刻度的一面朝下。

（2）将镜台测微尺放在显微镜的载物台上，使有刻度的一面朝上。

（3）先用低倍镜观察，对准焦距，待看清镜台测微尺的刻度后，转动目镜，使目镜测微尺的刻度与镜台测微尺的刻度相平行，并使二尺左边的一条线重合，向右寻找另外二尺相重合的直线（如图1-23所示）。

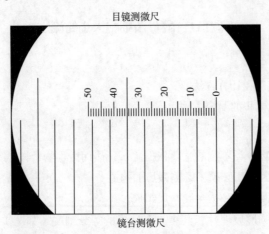

图1-23　目镜测微尺与镜台测微尺校正时情况

（4）记录两条重合刻度间的目镜测微尺的格数和镜台测微尺的格数。

（5）目镜测微尺每格的长度按下面的公式计算。

$$目镜测微尺每格长度（\mu m）= \frac{两条重合线间镜台测微尺的格数×10}{两条重合线间目镜测微尺的格数}$$

例如，目镜测微尺 20 小格等于镜台测微尺 3 小格，已知镜台测微尺每格为 $10\mu m$，则 3 小格的长度为 $3×10＝30\mu m$，那么相应地在目镜测微尺上每小格长度为：$3×10/20＝1.5$（μm）。

（6）以同样方法，分别在不同放大倍数的物镜下测定目镜测微尺每格代表的实际长度。比较不同放大倍数的物镜下目镜测微尺每格代表的实际长度。

2. 酵母菌大小的测定

（1）取下镜台测微尺，换上酵母菌水浸片。

（2）测量菌体的长轴和短轴各占目镜测微尺的格数（可不断转动目镜测微尺和移动载物台上的标本），然后换算出菌体的实际长度。

（3）在同一标本上测量 5~10 个酵母细胞，取其平均值。

五、实验结果与分析

1. 在物镜为 40×，目镜为 10×（或 15×）的显微镜上

（1）目镜测微尺____格＝镜台测微尺____格

（2）目镜测微尺每格实际长度＝____（μm）（取 2~3 次测量结果的平均值）

2. 在 10°Bx 麦芽汁液体培养基中，25℃培养 48h 后

酵母菌长＝目镜测微尺____格＝____（μm）；

酵母菌宽＝目镜测微尺____格＝____（μm）。

六、注意事项

1. 当更换不同放大倍数的目镜和物镜时，必须重新用镜台测微尺对目镜测微尺进行标定。若目镜不变，目镜测微尺也不变，只改变物镜，那么，目镜测微尺每格所测量的测台上酵母的实际长度（或宽度）不相同。

2. 测量同种酵母菌的培养液时，由于酵母菌在不断的生长，有些已成熟，有些刚刚出芽，因此大小不完全相同。

七、思考题

当目镜不变，目镜测微尺也不变，只改变物镜，目镜测微尺每格所量的镜台上物体的实际长度是否相同？为什么？

实验 12　酵母菌细胞计数和出芽率的测定

一、实验目的

1. 了解血球计数板的构造和使用方法。

2. 学会用血球计数板对酵母细胞进行计数和出芽率的测定。

二、实验原理

测定微生物生长的方法很多，对酵母菌来说，不外乎是总菌计数和活菌计数两大类，分别称为直接计数法和间接计数法。前者是利用血球计数板在显微镜下直接计数，能立即得到数值，但无论是死细胞还是活细胞都计算在内，故也称为总菌计数法；后者是在平板上长成菌落后再

计数，故又称为活菌计数法，该法反映真实，但费时较长。本实验是利用血球计数板对酵母细胞直接计数，在计数的同时，还可统计其出芽率。

血球计数板是一块比普通玻璃片厚的玻璃片，其上有四条平行槽而构成的三个平台，中间的平台较宽，其中间又被一短槽隔成两半，每边平台上面各刻有一个方格网，即为此计数板的计数室。计数室的长和宽各为 1mm，中间平台下陷 0.1mm，故盖上盖玻片后计数室的容积为 0.1mm³。血球计数板的构造如图 1-24 所示。

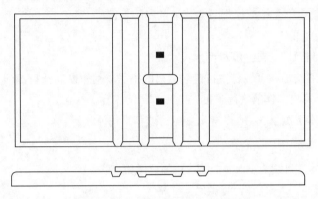

图 1-24　血球计数板构造示意图

常用血球计数板的计数室有两种规格。一种是 16×25 型，称为麦氏血球计数板，共有 16 个大格，每一个大格又分为 25 个小格［如图 1-25（1）所示］；另一种是 25×16 型，称为希里格式血球计数板，共有 25 个大格，每一个大格又分成 16 个小格［如图 1-25（2）所示］。但是，不管是哪种规格的血球计数板，它们都有一个共同点，即计数室的小格总数是相同的，都由400 个小方格组成。

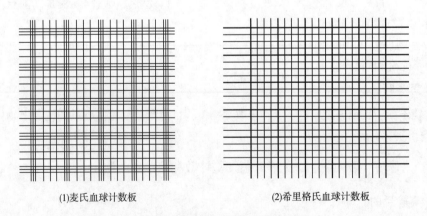

(1)麦氏血球计数板　　　　　　　　　(2)希里格氏血球计数板

图 1-25　不同规格血球计数板的计数室

利用血球计数板测定酵母浓度的步骤见本实验的方法。

三、实验材料

1. 菌种

酿酒酵母（*Saccharomyces cerevisiae*）液体培养液。

2. 其他

显微镜、血球计数板、盖玻片、酒精灯、无菌吸管、滤纸条等。

四、实验方法与步骤

1. 酵母菌细胞计数

（1）检查血球计数板 在正式计数前，先用显微镜检查计数板的计数室，看其是否沾有杂质或菌体，若有污物则需用脱脂棉蘸取 95% 酒精轻轻擦洗计数板的计数室，再用蒸馏水冲洗计数板，用滤纸吸干其上的水分（勿用火焰烤干），最后再用擦镜纸揩干净。

（2）稀释样品 稀释的目的在于便于计数，稀释后的样品以每小格内含有 4~5 个酵母细胞为宜，一般稀释 10 倍即可。

（3）加样 先将盖玻片放在计数室上面，用吸管吸取一滴已稀释好的菌液滴于盖玻片的边缘，让菌液自行渗入，多余的菌液用滤纸吸去，稍待片刻，待酵母细胞全部沉降到计数室底部，再进行计数。

（4）计数 将加好样的计数板放到显微镜载物台中央，然后按下列步骤寻找计数室并计数。

①找计数室：先在低倍镜下寻找计数板大方格网的位置。寻找时，显微镜的光圈要适当缩小，使视野偏暗，然后顺着大方格线移动计数板，使计数室位于视野中间。

②转换高倍镜：转至高倍镜后，适当调节光亮度，使菌体和计数室线条清晰为止，然后将计数室一角的小格移至视野中。

③计数：计数时，如用 16×25 规格的计数板，要按对角线方位，取左上、右上、左下、右下四个大格（共 4 个大格、100 个小格）内的细胞逐一进行计数；如果使用规格为 25×16 型的计数板，除了取左上、右上、左下、右下四个大格外，还需加数中央的一个大格（共 5 个大格、80 个小格）内的细胞。计数时当遇到位于大格线上的酵母细胞时，一般只计此大格的上方及右方线上的细胞（或只计下方及左方线上的细胞），将计得的细胞数填入表 1-3 中，对每个样品重复计数三次，取其平均值，按下列公式计算每毫升菌液中所含的酵母细胞数。

（5）计算

①16×25 型血球计数板的计算公式：

$$酵母菌细胞数（mL）= \frac{100 \text{ 小格内酵母菌细胞总数}}{100} ×400×10×1000× 稀释倍数$$

②25×16 型血球计数板的计算公式：

$$酵母菌细胞数（mL）= \frac{80h \text{ 内酵母菌细胞总数}}{80} ×400×10×1000× 稀释倍数$$

（6）清洗 计数板使用完毕后，用蒸馏水冲洗，绝不能用硬物洗刷，洗后待其自行晾干或用滤纸吸干，最后用擦镜纸揩干净。若计数的样品是病原微生物，则需先浸泡在 5% 石炭酸溶液中进行消毒，然后再行清洗。

2. 酵母菌出芽率的测定

（1）方法步骤同上（一般需平行计数 3 次）。观察酵母菌出芽率并计数时，如遇到芽体大小超过细胞本身 50% 时，不作芽体计数而作酵母细胞计数。将计得的数填入表 1-3 中。

（2）计算

$$酵母菌出芽率 = \frac{芽体数}{总酵母细胞数} ×100\%$$

将酵母菌出芽率填入表 1-4 中。

五、实验结果与分析

表 1-3   酵母细胞总数的测定

计算次数	各大格中细胞数					大格中细胞总数	稀释倍数	1mL 菌液中总菌数/（个/mL）
	左上	右上	右下	左下	中间			
第一次								
第二次								
第三次								

三次测定结果：每毫升菌液中酵母细胞平均值为____。

表 1-4   酵母细胞出芽率的测定

计算次数	总酵母细胞数	芽体数	出芽率/%
第一次			
第二次			
第三次			

三次测定结果平均值：出芽率=____%

六、注意事项

血球计数板所计数量包括了活菌和死菌。如果通过血球计数板计算酵母活菌数时，可以利用酵母活体美蓝染色技术计算不着色的酵母，也可以采用水浸片美蓝染色测定的死亡率来进行来计算。由于美蓝溶液直接加到计数板上时，计数板被染成蓝色，不容易洗涤，因此建议采用死亡率来计算活酵母数。

酵母出芽率也可以通过水浸片来测定，即测定 3~5 个视野下酵母总数和出芽细胞数，即可求出酵母细胞的出芽率。

七、思考题

1. 利用血球计数板测定的是总细胞数还是活细胞数，测定微生物活细胞数可采用哪种方法？

2. 用血球计数板进行计数时，其误差来自哪些方面？如何避免？

实验 13   比浊法测定大肠杆菌的生长曲线

一、实验目的

1. 了解比浊法测定细胞浓度的原理。

2. 掌握比浊法测定细菌生长曲线的方法，了解微生物在一定条件下生长、繁殖的规律。

二、实验原理

将一定量的细菌接种在恒体积的新鲜液体培养基中，在适宜的条件下培养，可观察到细菌的生长繁殖有一定规律性。如果以细菌的活菌数的对数或生长速率做纵坐标，以培养时间做横坐标，可绘成一条曲线，称为该细菌的生长曲线，它反映了细菌群体的生长规律。单细胞微生物的生长繁殖经历 4 个阶段，即延迟期、对数期、稳定期、衰亡期。不同种微生物有不同的生长曲线，同一种微生物在不同的培养条件下，其生长曲线也不一样。通过绘制生长曲线，可以掌握微生物群体的生长规律，对研究微生物的各种生理、生化和遗传等问题具有重要意义。

测定微生物生长曲线的方法很多，有血球计数板法、平板菌落计数法、称重法和比浊法。本实验采用比浊法测定大肠杆菌的生长曲线，由于菌悬液的浓度与吸光度（A）成正比，因此，可以利用分光光度计测定菌悬液的光密度来推知菌液的浓度。以不同培养时间细菌悬浮液的吸光度为纵坐标，以培养时间为横坐标，即可绘出该菌在一定条件下的生长曲线。注意，由于吸光度表示的是培养液中的总菌数，包括活菌和死菌，因此所测生长曲线的衰亡期不明显。

三、实验材料

1. 菌种

大肠杆菌（*E. coli*）。

2. 培养基

LB 培养基（附录Ⅱ-1）。

3. 仪器或其他用具

721 型分光光度计、水浴振荡摇床、无菌试管、无菌移液管等。

四、实验方法与步骤

1. 标记

取 11 支无菌大试管，用记号笔分别标明培养时间，即 0，1.5，3，4，6，8，10，12，14，16，20 h。

2. 接种

分别用 5mL 无菌吸管吸取 2.5mL 大肠杆菌过夜培养液（培养 10~12h）转入盛有 55mL 液体 LB 培养基的三角瓶内，混合均匀后分别用无菌移液管吸取 5ml 混合液转入上述标记的 11 支无菌大试管中。

3. 培养

将已接种的试管置摇床 37℃ 振荡培养（振荡频率 250r/min），分别培养 0，1.5，3，4，6，8，10，12，14，16，20h，将标有相应时间的试管取出，立即放冰箱中贮存，待测。

4. 光电比浊测定

用未接种的 LB 液体培养基做空白对照，选用 600nm 波长进行光电比浊测定。将冰箱中的待测培养液依次进行测定。测定前，将培养液充分振荡，使细胞均匀分布。对细胞密度大的培养液用 LB 液体培养基适当稀释后测定，使其测得的吸光度在 0.1~0.65。

五、实验结果与分析

1. 数据记录

培养时间/h	对照	0	1.5	3	4	6	8	10	12	14	16	20
吸光度 A_{600}												

2. 绘制大肠杆菌生长曲线

六、注意事项

1. 严格控制培养时间。

2. 测定吸光度前，振荡待测的培养液，使细胞分布均匀。

3. 测定吸光度后，将比色杯的菌液倾入容器中，用水冲洗比色杯，冲洗水也收集于容器中进行灭菌，最后用75%酒精冲洗比色杯。

七、思考题

1. 细菌生长繁殖所经历的四个时期中，哪个时期其代时最短？若细胞密度为 10^3 个/mL，培养 4.5h 后，其密度高达 $2×10^8$ 个/mL，请计算出其代时。

2. 在生长曲线中为什么会出现稳定期和衰亡期？

3. 次生代谢产物的大量积累在哪个时期？根据细菌生长繁殖的规律，采用哪些措施可使次生代谢产物积累更多？

七、 微生物鉴定技术

实验 14 细菌的生理生化实验

细菌的生理生化实验是菌种鉴定的重要依据，通过细菌的生理生化反应了解细菌在不同基质中的各种代谢途径和产生不同的代谢产物及在菌种鉴定中的重要性。本实验选做其中的 10 个试验，包括糖发酵试验（葡萄糖和乳糖发酵实验）、三糖铁高层斜面、柠檬酸盐利用试验、MR 试验、V-P 试验、吲哚试验、明胶液化试验、石蕊牛乳试验、硫化氢试验和硝酸盐利用试验。

一、实验目的

1. 了解生理生化实验的鉴定原理。

2. 掌握各种操作技术及结果分析方法。

3. 学会检索和使用《伯杰细菌鉴定手册》。

二、实验原理

1. 糖发酵试验

糖发酵试验是常用的生化反应，在肠道细菌的鉴定中尤为重要。绝大多数细菌都能利用糖类为碳源和能源，但是各种细菌在分解糖类的能力上有很大差别。某些细菌能分解某些单糖或双糖产酸（如乳酸、醋酸、甲酸、琥珀酸）并产生气体（如 CO_2、H_2、CH_4 等），或产酸不产气。产酸者可使培养基的酸碱指示剂变色，产气者可看见在杜氏管中形成气泡，否则无上述现象。

可供糖发酵试验的各种糖类有：

①戊糖木糖、阿拉伯糖、鼠李糖等；

②己糖葡萄糖、果糖、甘露糖、半乳糖等；

③双糖类麦芽糖、乳糖、蔗糖、纤维二糖、蜜二糖等；

④三糖类棉子糖、落叶松糖等；

⑤多糖类菊糖、淀粉、肝糖、糊精等；

⑥糖苷类水杨苷、七叶苷、马栗树皮苷、松柏苷等。

2. 三糖铁高层琼脂斜面培养试验

在肠道细菌中有的菌能分解乳糖和蔗糖，如大肠杆菌；而有的菌不能分解乳糖和蔗糖，如伤寒沙门氏菌。三糖铁高层琼脂斜面中含有指示剂酚红，它在 pH<6.8 时为黄色，pH 约为 7.3 时是土黄色，pH>8.4 为红色。

伤寒沙门氏菌在该培养基里生长时，分解葡萄糖产酸，培养基上下全变为黄色，由于该培养基中葡萄糖含量较少，仅有 0.1%，所以产酸量也小。处于高层琼脂斜面表面的有机酸有的挥发，有的被氧化，很快消失。因此，表面黄色在短时间内也消失了。又因伤寒沙门氏菌分解氨基酸等产生碱性物质，所以高层琼脂斜面表面又转成红色。而底层，有机酸挥发的慢，氧气又少，所以仍为黄色，但随着培养时间加长，渐渐的也会转成红色。

大肠杆菌、产气肠杆菌等情况不同。这些菌在该培养基中生长时，能利用其中所有的糖，不仅产酸产气，而且因乳糖，蔗糖含量均为葡萄糖的 10 倍，故产酸量很大，培养基上下全为黄色，表面也不因氧化、挥发作用而改变颜色。

另外，有的菌分解蛋白胨中的含硫氨基酸，产生 H_2S，由于硫代硫酸钠（存在于培养基中）是还原剂，故不至于使 H_2S 很快被氧化，而 H_2S 能和培养基中的铁离子生成黑色的 FeS 沉淀。不能分解含硫氨基酸的菌在此培养基中生长时，无黑色沉淀出现。

由于培养基中琼脂含量较少，而且为穿刺接种，也可用于观察有鞭毛细菌的运动情况。

3. 柠檬酸盐试验

某些细菌能利用柠檬酸盐作为唯一碳源，并且分解柠檬酸钠产生碳酸钠而显碱性，使培养基中含有的指示剂——溴麝香草酚蓝由草绿色变为蓝色（配制的培养基为草绿色，pH 6.8~7.2）。本试验是鉴别有关微生物的依据之一。

4. 甲基红（MR）试验

多数细菌能分解葡萄糖，但分解葡萄糖的途径和产物不完全相同。例如大肠杆菌和产气肠杆菌能分解葡萄糖产生丙酮酸，若继续代谢还能生成其他有机酸和醛，醇等化合物。其中，大肠杆菌所产生的酸能使培养液的 pH 降到 4.2 或更低，可使甲基红指示剂变成红色，并至少持续 4d 之久。因此，甲基红试验可测定细菌利用葡萄糖产酸能力的强弱。但这些微生物可将产生的酸进一步代谢，在 4d 或更长时间内生成中性化合物，不具有使甲基红变红的能力。因此进行这项试验时，观察时间显得很重要。肠道杆菌生长在 37℃ 下以 4d 观察为宜，其他细菌也可参照同样时间。

5. V-P 试验

与 MR 试验一样，V-P 试验也能够检验微生物利用葡萄糖产酸的能力。产气肠杆菌利用葡萄糖产生丙酮酸后，可进一步使一部分丙酮酸脱羧生成中性的乙酰甲基甲醇。乙酰甲基甲醇在强碱环境中，能被空气中的氧气氧化，生成双乙酰，双乙酰与蛋白胨中的精氨酸的胍基作用生成红色化合物。此即为 V-P 试验阳性。当在试管中加入萘酚时，可以促进反应的进行。其反应如下：

丙酮酸　　　乙酰甲基甲醇　双乙酰　　　　　胍　　　　　　红色化合物

如果某细菌在 4d 期间 MR 和 V-P 反应均为阳性，可延长培养时间，以确定生成的酸是否能转化成乙酰甲基甲醇。对于一些发酵迟缓的微生物可能实验结果均为阴性，也应延长培养时间，以判断微生物是否能利用葡萄糖产生大量酸。对于一种微生物，MR 试验阳性，V-P 反应一定阴性，反之亦然。

6. 产生吲哚试验

某些细菌具有色氨酸水解酶，能分解蛋白胨中的色氨酸生成吲哚（靛基质）。吲哚本身没有颜色，不能直接看见，但加入对二甲基氨基苯甲醛试剂，使之与吲哚作用，可生成红色的玫瑰吲哚。其反应如下：

吲哚　　　　　　对二甲基氨基苯甲醛　　　　　　　玫瑰吲哚（红色）

7. 石蕊牛奶试验

牛奶中主要含有乳糖和酪蛋白。在牛奶中加入石蕊是作为酸碱指示剂和氧化还原指示剂。石蕊在中性时呈淡紫色，酸性时呈粉红色，碱性呈蓝色。还原时，则随还原程度的大小，部分或全部脱色。

细菌对牛奶的作用有以下几种情况：

①产酸：细菌发酵乳糖产酸，使石蕊变红。

②产碱：细菌分解酪蛋白产生碱性物质，使石蕊变蓝。

③胨化：细菌产生蛋白酶，使酪蛋白分解，故牛奶变得比较澄清。

④酸凝固：细菌发酵乳糖产酸，使石蕊变红，当酸度很高时，可使牛奶凝固。

⑤凝乳酶凝固：有些细菌能产生凝乳酶使牛奶中的酪蛋白凝固，此时石蕊呈蓝色或不变色。

⑥还原：细菌生长旺盛时，使培养基氧化还原电位降低，因而石蕊褪色。

8. 明胶液化试验

明胶是一种动物性蛋白，明胶的水解是由于细菌所产生的蛋白酶的作用。明胶培养基在低于 20℃ 时凝固，高于 24℃ 则自行液化。明胶分解后，其分子变小，虽在低于 20℃ 的温度下，也不再凝固。

9. 硝酸盐还原试验

某些细菌具有硝酸盐还原酶，可把硝酸盐还原成亚硝酸盐。有些细菌还可使亚硝酸盐继续还原，最后生成氨和氮。硝酸盐在锌的催化下可直接还原成亚硝酸盐。

用于检测硝酸盐还原试验的试剂有两种：

（1）亚硝酸试剂 I　试剂为甲、乙液，甲液中的主要成分是对氨基苯磺酸，乙液是 α-萘胺。亚硝酸可使对氨基苯磺酸发生重氮化作用生成对重氮苯磺酸，后者又可与 α-萘胺化合成红色的 α-萘胺偶氮苯磺酸。因此如果反应体系中存在亚硝酸盐，反应结果应该是红色。

（2）亚硝酸试剂 II　试剂为 A、B、C 液，分别为 2% 淀粉、6mol/L 的盐酸溶液、5% 碘化钾溶液。在强酸性（盐酸）环境中，亚硝酸将碘化钾氧化成碘，碘遇淀粉呈蓝色。所以，加入试剂 A、B、C 后，出现蓝色，表明反应体系中有亚硝酸盐存在。

10. 硫化氢产生试验

某些细菌能分解含硫氨基酸（胱氨酸、半胱氨酸、精氨酸）生成硫化氢，硫化氢遇到铅（或铁、铋）等重金属盐，能形成黑色的硫化铅（或硫化亚铁、硫化铋）沉淀物。由于反应形成的硫化氢易被氧化，通常采用穿刺接种，以及在培养基中加入硫代硫酸钠，使硫化氢不致被氧化。

三、实验材料

1. 菌种

大肠杆菌（*Escherichia coli*）、枯草芽孢杆菌（*Bacillus subtilis*）、伤寒沙门氏菌（*Salmonella typhi*）、产气肠杆菌（*Enterobacter aerogenes*）、枯草杆菌（*Bacillus subtilis*）、八叠球菌（*Sprcina* sp.）。

2. 培养基

葡萄糖、乳糖发酵培养基（附录 II -8）、5% 乳糖发酵试验除培养基配方（附录 II -9）、三糖铁高层斜面培养基（见附录 II -10）、西蒙氏柠檬酸盐培养基（附录 II -11）、缓冲葡萄糖蛋白胨水培养基（附录 II -12）、缓冲葡萄糖蛋白胨水培养基（附录 II -12）、石蕊牛奶培养基试管（附录 II -14）、明胶培养基（附录 II -15）、硝酸盐培养基（附录 II -16）、硫酸亚铁琼脂培养基（附录 II -17）。

3. 试剂

甲基红试剂（附录 I -4）、柯凡克氏试剂（见附录 I -5）、欧-波试剂（见附录 I -6）、硝酸盐还原试剂 I 和 II（附录 I -7）、6% 萘酚酒精溶液，40% 氢氧化钾溶液。

4. 其他

酒精棉球、酒精灯、接种环、移液管及恒温箱等。

四、实验方法与步骤

1. 糖发酵试验

取葡萄糖发酵实验用培养基试管三支，于其上分别做好培养基名称和"大肠杆菌""枯草芽孢杆菌""空白对照"等标记。然后将大肠杆菌，枯草杆菌分别接种到相应的试管中去。取乳糖发酵实验用培养基三支，同上述方法进行标记和接种。将上述六支试管置（36±1）℃恒温箱中培养。24，48，72h 各观察一次，迟缓反应者需观察 14~30d，或补做 5% 乳糖发酵试验。与糖发酵不同外，其他均同糖发酵。

2. 三糖铁高层琼脂斜面培养试验

取三糖铁高层琼脂斜面三支，于其上分别做好培养基名称和"大肠杆菌""伤寒沙门氏菌""空白对照"等标记，然后分别于上述培养基中接入各菌种，接种时采用先穿刺接着划线的方式，最后连同空白对照于（36±1）℃恒温箱中培养24h后进行观察和记录。

3. 柠檬酸盐试验

取西蒙氏柠檬酸钠培养基斜面三支，于其上分别做好培养基名称和"大肠杆菌""产气肠杆菌""空白对照"等标记，将实验菌种相应的接入西蒙氏柠檬酸盐培养基斜面上，连同空白对照置（36±1）℃恒温箱中培养4d，每天观察一次。

4. 甲基红（MR）试验

取缓冲葡萄糖蛋白胨水培养基试管三支，于其上分别做好培养基名称和试验菌种、空白样等标记，然后无菌操作将实验菌种接入相应的试管中，连同空白对照置（36±1）℃恒温箱中培养2~4d后进行观察和记录结果。

5. V-P试验

甲基红（MR）试验。

6. 产生吲哚试验

将测试菌接种于蛋白胨水培养基中，37℃培养1~2d，必要时可培养4~5d，观察结果。

7. 石蕊牛奶试验

按从固体斜面到液体培养基中的接种方式接种待测菌株，空白对照和待测菌株试管于37℃恒温培养2~3d后观察结果，但切记观察时不要摇动试管。

8. 明胶液化试验

用穿刺法将试验菌接种在明胶培养基试管中，连同空白对照管一同在37℃温箱中培养4d，每天观察并记录结果。

9. 硝酸盐还原试验

取硝酸盐培养基试管5支，于其上分别做好培养基名称和试验菌、空白对照等标记，其中每支试验菌要求有2支试管。然后将试验菌接入相应的硝酸盐培养基试管中，连同空白对照置37℃培养1~4d，进行观察和记录。

10. 硫化氢产生试验

用穿刺接种法接试验菌于硫酸亚铁琼脂培养基中，37℃培养2~4d。

五、实验结果与分析

1. 糖发酵试验

紫色培养基变黄者，表明试管菌利用葡萄糖和乳糖产酸，记作"+"号；培养基变黄，杜氏管中又有气泡者，表明实验菌利用葡萄糖和乳糖产酸产气，记作"〇"号；气泡很小，似小米粒大小者，称为产酸微量产气，记作"+〇"号；上述情况，均称为"糖发酵试验阳性"。在指定的培养时间内（本次实验为72h）培养基不变色者，表明试验菌不分解实验用糖类，记作"–"号，称试验阴性。三天以后才出现1、2两种情况者称为"发酵迟缓"。做其他糖发酵时，可用其他糖代替葡萄糖或乳糖，其他成分不变。

2. 三糖铁高层琼脂斜面培养试验

观察时，先看高层斜面的表面，为黄色者，表明试验菌产酸，记"+"号，否则记"–"

号。再看高层斜面的底层，为黄色者，表明试验菌产酸，记作"+"号，又有气泡时，记作"+"号；气泡很小者，记作"+○"号，其他记为"-"号。第三，看试管中有无黑色物质，有黑色者，记"+"号，否则记"-"号。第四，看穿刺线的菌体扩散生长情况，扩散生长为"+"号，反之为"-"号。

3. 柠檬酸盐试验

实验菌生长良好，培养基由草绿色变成蓝色者，为柠檬酸盐利用试验阳性，即表明试验菌能利用柠檬酸盐，记"+"号，反之记"-"号。试验结果以表格方式记录。

4. 甲基红（MR）试验

在试验试管及空白管中，各加入甲基红试剂5~6滴，呈鲜红色者为甲基红试剂阳性，呈橘红色者为弱阳性，呈橘黄色者为阴性。

5. V-P 试验

在上述三支试管中分别按培养液一半的量加入6%萘酚酒精液，摇匀，再按培养液1/3的量加入40%氢氧化钾溶液，充分摇匀，观察结果，呈现红色者为 V-P 试验阳性，记作"+"号；不呈现红色者，为阴性，记作"-"号。但后者应放在（36±1）℃下培养4h再进行观察判定。

6. 产生吲哚试验

取培养好的试管，加入约0.5mL乙醚，振摇均匀后，静置分层，再沿管壁加入约1.5mL的吲哚试剂。阳性者，在上层的乙醚层呈玫瑰红色，否则为阴性。

7. 石蕊牛奶试验

试验结果以表格方式报告。观察时，应注意以下情况：牛奶的pH为6.7左右，石蕊在牛奶中由于牛奶的影响不呈蓝色而近于紫色，且随时间的延长而下沉，使用前要摇匀；接菌培养产酸时，一般不呈红色，是因石蕊被还原。牛奶培养基的浅紫色消退，培养时间长了，石蕊接触空气又被氧化，表面出现浅红色；该试验连续观察很重要，因为产酸、凝固、胨化各现象是连续出现的，往往是在清楚地看到某种现象时，另一现象已经消失。

8. 明胶液化试验

将试管从温箱中取出，不要摇动，置于冰箱中30min，取出后立即倾斜试管，观察试管中培养基的状态，若部分或全部呈液化状态，表明试验菌具有分解明胶的能力，结果为阳性；否则为阴性。

9. 硝酸盐还原试验

从空白对照管中取出一半培养基装入干净的试管中，向其中一支管内加入硝酸盐还原试剂Ⅰ中的甲液3~5滴，摇匀，再加乙液3~5滴，摇匀，若颜色变红色，说明培养基中本身含有亚硝酸盐，应重新配置，若颜色不变红色为合格；在另一空白试管中，加入锌粉少许，摇动，然后照上法加试剂，若培养基变红色，说明培养基良好，否则，应重新制备培养基。

在空白培养基合格的前提下，取已培养好的菌液试管一支，倒出一半到一干净的空试管中，其中一支按照上法直接加甲、乙试剂，变红色者说明试验菌能还原硝酸盐成亚硝酸盐；若不变红，则取另一半培养液，先加入锌粉，摇匀，再如上法加入甲、乙试剂，若变红，说明试验菌不能还原硝酸盐；若不变色，说明试验菌将硝酸盐还原成氮和氨，试验阳性。

采用硝酸盐还原试剂Ⅱ观察硝酸盐还原试验的结果，则在上述方法中应该加试剂甲液的时候，改为加3滴试剂A之后再加5滴试剂B，而在应该加试剂乙液的时候，改为加2滴试剂C，其他步骤与上述方法一样。如只加试剂A、B、C后变蓝，证明培养液中含有亚硝酸盐；如加入锌粉后再加 A、B、C 液，才出现变蓝现象，说明培养液中有硝酸盐；加入锌粉后仍不变蓝，则表示培养基中的硝酸盐被还原成氮和氨。

10. 硫化氢产生试验

培养基中有黑色物质者，为硫化氢试验阳性，否则为阴性。

六、注意事项

1. 接种时一定注意无菌操作，被研究对象确保是纯种。

2. 试剂的配制和保存一定按要求进行，否则很难观察到明显的实验现象和结果。

七、思考题

1. 一个未知菌通过上述几个实验能否鉴定到种或属？

2. 要鉴定一株细菌，需要开展哪些工作？如何确定具体需要做哪些生理生化实验？

实验 15　细菌的分子生物学鉴定

一、实验目的

1. 掌握采用 16S rDNA 对细菌进行分类的原理及方法。

2. 掌握 PCR 的原理及方法。

二、实验原理

随着分子生物学的迅速发展，细菌的分类鉴定从传统的表型、生理生化分类进入到分子水平。对于细菌而言，已经比较成熟的分子鉴定方法有很多，如 16S rDNA 序列分析、核酸分子杂交、全基因组测序等，目前最常用的是 16S rDNA 基因鉴定。

本次实验采用 16S rDNA 方法对细菌进行分子生物学鉴定。细菌的核糖体 RNA（rRNA）按沉降系数分为 3 种，分别为 5S、16S 和 23S rRNA。16S rDNA 是编码 16S rRNA 的基因，在结构与功能上具有高度的保守性，是细菌分类学研究中最常用、最有用的"分子钟"。16S rDNA 全长约 1550bp，是由交替的恒定区和可变区组成。恒定区序列保守，所以可以根据恒定区序列设计出细菌的通用引物，将 16S rDNA 片段扩增出来。可变区的差异因不同细菌而异，故可以用来对不同种属的细菌进行分类鉴定。

但是，用 16S rDNA 进行细菌鉴定也有一定的不足。例如，有的菌种由于种间差异小，用 16S rDNA 进行进化分析，虽可以明确其分类地位，但单独依靠 16S rDNA 不能鉴定到种，还需要生理生化实验加以补充。

三、实验材料

1. 菌种

待鉴定细菌。

2. 试剂

（1）10×PCR 反应缓冲液；

（2）四种 dNTP（含 dATP、dTTP、dCTP、dGTP 各 2mmol/L）；

（3）25mmol/L $MgCl_2$；

（4）引物 1 及引物 2；

（5）Taq^{TM} DNA 聚合酶；

（6）ddH₂O。

四、实验方法与步骤

1. 未知菌的培养

在无菌条件下，用接种环挑取平板上待鉴定细菌的单克隆，接种于 LB 液体培养基中，37℃摇床振荡培养。通过测量菌液在 600nm 的吸光度值来推知菌液的浓度，并绘出生长曲线。取对数生长期的菌液，提取基因组 DNA。

2. 基因组 DNA 的提取：方法详见本书"第二章实验 4 细菌基因组 DNA 的提取"。

3. 16S rDNA 的 PCR 扩增

（1）引物　从生物试剂公司购买引物，引物序列为

引物 1（27F）：5′-AGAGTTTGATCCTGGCTCAG-3′

引物 2（1492R）：5′-GGTTACCTTGTTACGACTT-3′

（2）16S rDNA 的 PCR 扩增　用微量移液器往 PCR 管中分别加入下列试剂，构建 50μL PCR 反应体系：

试剂	体积
ddH₂O	30μL
10×PCR 反应缓冲液	5μL
四种 dNTP	4μL
MgCl₂	3μL
上游引物（引物 1）及下游引物（引物 2）	各 1μL
Taq™ DNA 聚合酶	1μL
模板 DNA	4μL

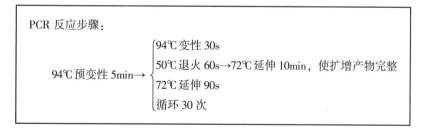

PCR 反应步骤：

94℃预变性 5min→ 94℃变性 30s
50℃退火 60s→72℃延伸 10min，使扩增产物完整
72℃延伸 90s
循环 30 次

（3）16S rDNA 序列的测定　将 PCR 反应扩增出的 16S rDNA 片段用 1% 琼脂糖凝胶电泳检测，观察是否有特异性目的片段。如果 PCR 扩增结果合适，用 PCR 纯化试剂盒进行 PCR 产物的纯化后，送至生物公司进行测序。

4. 根据测序结果，用 Blast 进行比对，从而确定该未知菌的种属。

（1）序列经 BLAST 进行相似性分析，找到与所测的未知菌序列相似性最高的种属。

具体步骤：打开网站 www.ncbi.nlm.nih.gov→点击选项 BLAST→选择核酸比对（nucleotide blast）→将序列粘贴到框中，下面的方框选 Nucleotide Collection（nr/nt），点击 BLAST→得到多个与未知菌序列相似性高的种属序列→下载这些序列。

NCBI 采用 BLAST 程序将未知菌序列与已知序列进行相似性分析。按相似性从高到低的顺

序，对已知序列进行排序，并列出相似性程度、已知序列对应的微生物种类等信息。根据相似性最高的几个序列的分类信息，可以初步确定待鉴定细菌的分类地位，但更为精确的微生物分类还取决于系统发育分析。

（2）系统发育分析　系统发育分析就是根据能反映微生物亲缘关系的生物大分子（如 16S rDNA、ATP 酶基因、18S rDNA、ITS）的序列同源性，计算不同物种之间的遗传距离，然后采用聚类分析等方法，将微生物进行分类，并将结果用系统发育树表示。构建进化树时有许多种方法，其中以邻接法（Neighbor-Joining，NJ）最为常用。

具体步骤：将已下载的数个 NCBI 中与未知菌序列相似性高的种属序列，导入到 CLUSTAL X 做多重序列比对，选取序列时要选模式菌株（www. bacterio. net）的 16S rDNA 序列。再用 Mega 软件的 Neighbor-Joining 法构建系统发育树。最后确定未知菌的种属地位。

五、实验结果与分析

未知菌的种属地位是＿＿＿＿＿＿＿＿＿＿＿＿。

六、注意事项

在采用 16S rDNA 序列进行菌种鉴定时，应注意同时做好阴性对照（无 DNA 模板），以保证 PCR 扩增体系中没有杂菌污染。

七、思考题

1. 为何采用 16S rDNA 序列分析可以鉴定细菌？
2. 相比生理生化实验，这种方法的优缺点是什么？

实验 16　真菌的分子生物学鉴定

一、实验目的

1. 掌握用 ITS 对真菌进行鉴定的原理及方法。
2. 掌握 PCR 的原理及方法。

二、实验原理

传统上，真菌主要依据形态结构进行分类，但真菌的形态特征复杂，而且少数形态特征和生理生化指标随着环境的变化而不稳定。因此，传统的真菌分类常引起分类系统的不稳定或意见分歧。随着分子生物学的迅速发展，真菌的分类鉴定从传统的分类进入到分子水平。对于真菌而言，已经比较成熟的分子鉴定方法有很多，如 DNA 碱基组成，限制片段多态性（RFLP），以及 18S rDNA 或 ITS 序列测定等。

本次实验采用 ITS 方法进行菌种鉴定。真菌的核糖体 RNA（rRNA）按沉降系数分为 3 种，分别为 5.8S、18S 和 28S rRNA。5.8S、18S 和 28S rRNA 的编码基因之间的片段称为基因内转录间隔序列（Internally Transcribed Spacer），英文缩写为 ITS，包括 ITS Ⅰ 区和 ITS Ⅱ 区。真菌的 ITS 区是中度保守区域，既在种内部相对保守，又在种间存在比较明显的差异。这种特点使 ITS 区域适合于真菌物种的分子鉴定以及属内物种间或种内差异较明显的菌群间的系统发育关系分析。本实验选取的用于扩增 ITS 区的引物为 ITS1 和 ITS4，这对引物扩增的是 ITS Ⅰ 区、5.8S rDNA 和 ITS Ⅱ 区的基因序列，如图 1-26 所示。根据实际情况也可以选择其他引物，比如 ITS4 和 ITS5 等。

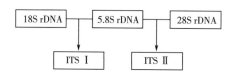

图 1-26　基因内转录间隔序列（Internally Transcribed Spacer, ITS）示意图

三、实验材料

1. 菌种

待鉴定真菌。

2. 试剂

（1）真菌基因组 DNA 提取试剂盒

（2）PCR 相关试剂

①10×PCR 反应缓冲液；

②四种 dNTP（含 dATP、dTTP、dCTP、dGTP 各 2mmol/L）；

③25mmol/L MgCl$_2$；

④引物 1 及引物 2；

⑤Taq^{TM} DNA 聚合酶；

⑥ddH$_2$O。

四、实验方法与步骤

1. 真菌 DNA 的提取

参照真菌基因组 DNA 提取试剂盒说明操作。

2. ITS 区的 PCR 扩增

（1）引物　引物用真菌通用引物，引物序列为

引物 1（ITS1）：5′-TCCGTAGGTGAACCTGCGG-3′

引物 2（ITS4）：5′-TCCTCCGCTTATTGATATGC-3′

（2）PCR 扩增　用微量移液器往 PCR 管中分别加入下列试剂，构建 25μL PCR 反应体系：

试剂	体积
ddH$_2$O	10μL
10 × PCR 反应缓冲液	2.5μL
四种 dNTP（各 2.5mmol/L）	4μL
MgCl$_2$	1.5μL
10μmol/L 引物 1 及引物 2	各 1μL
Taq^{TM} DNA 聚合酶	1μL（含有 1 个单位的 Taq 酶）
模板 DNA	4μL（含有 DNA 模板 1μg）

PCR 反应步骤：

94℃预变性 5min→
- 94℃变性 30s
- 50℃退火 60s→ 72℃延伸 10min，使扩增产物完整
- 72℃延伸 90s
- 循环 35 次

（3）ITS 序列的测定　将 PCR 反应扩增出的 ITS 片段用 1%琼脂糖凝胶电泳检测，观察是否有特异性目的片段。如果 PCR 扩增结果正常，用 PCR 纯化试剂盒进行 PCR 产物的纯化后，送至生物公司进行测序。

3. 根据测序结果，用 Blast 进行比对，从而确定该未知菌的种属。

（1）序列经 BLAST 进行相似性分析，找到与所测的未知菌序列相似度高的种属。

具体步骤：打开网站 www. ncbi. nlm. nih. gov→点击选项 BLAST→选择核酸比对（nucleotide blast）→将序列粘贴到框中，下面的方框选 Nucleotide Collection（nr/nt），点击 BLAST→得到与未知菌序列相似度高的种属序列→下载这些序列。

NCBI 采用 BLAST 程序将未知菌序列与已知序列进行相似性分析。按相似性从高到低的顺序，对已知序列进行排序，并列出相似度、已知序列对应的微生物种类等信息，但更为精确的微生物分类还取决于系统发育分析。

（2）系统发育分析　具体步骤：将已下载的 NCBI 中与未知菌序列相似度高的种属序列，导入到 CLUSTAL X 做多重序列比对，选取序列时尽量选模式菌株的 ITS 序列。再用 Mega 软件的 Neighbor-Joining 法构建系统发育树，并进行 1000 次自展抽值，检验分子进化树可靠性。最后确定未知菌序列的种属地位。

五、实验结果与分析

未知菌的种属地位是_____。

六、注意事项

进行菌种鉴定时，应注意同时做好阴性对照（无 DNA 模板），以保证 PCR 扩增体系中没有杂菌污染。

七、思考题

1. 为何采用 ITS 序列的测定来鉴定真菌？

2. 相比 18S rDNA 序列分析，ITS 序列的测定方法的优缺点是什么？

八、 样品中菌落总数和大肠菌群检测

实验 17　菌落总数的测定

一、实验目的

1. 学习和掌握测定菌落总数的基本方法。

2. 学会微生物实验中菌落总数的报告方式。

二、实验原理

菌落总数是指被检样品经过处理（如均质，研匀等），在一定条件下（如培养基、培养温度和培养时间等）培养后，所得每 g（mL）检样中形成的微生物菌落总数。菌落总数的多少主要作为判定食品的新鲜程度和被污染程度的标志。

由于一个活细胞能形成一个菌落，因此，菌落数就是待测样品所含的活菌数。每种微生物都有它一定的生理要求（如对氧的需求，培养温度，培养基的 pH 等），培养时应该用不同的培养条件及不同的生理条件去满足其要求，这样才能将各种微生物都培养出来。但在实际工作中，一般都只用一种常用的方法去作菌落总数的测定，所得结果，只包括一群能在平板计数琼脂培养基上生长的嗜中温性需氧微生物的菌落总数。

平板菌落计数法是教学、生产、科研中最常用的活菌计数法，常用于测定水、土壤、食品及一些发酵制品（如酱油、食醋、酸乳等）中的活菌数。在生产和科研中，测定细菌总数的目的一是为观察细菌在食品中或某种培养基中的繁殖动态（如繁殖速度），为对被检样品进行卫生学评价提供依据；二可以为微生物育种提供基础数据（如原生质体形成率，再生率的计算；诱变育种时存活率，死亡率曲线的制作等）。

菌落总数的测定常采用倾注法，测定的准确性与否，与操作有很大关系，若操作不慎，容易造成人为的误差。例如，样品在稀释过程中的误差；倾倒培养基时由于温度过高，致使不耐热的微生物死亡；菌落计数和报告方式的误差等。

三、实验材料

1. 被检样品

根据不同需要选择被检样品（如自来水、酱油、醋、啤酒等）。

2. 培养基

平板计数琼脂培养基：胰蛋白胨 5.0g，酵母浸膏 2.5g，葡萄糖 1.0g，琼脂 15.0g，蒸馏水 1000mL。配制方法将上述成分加于蒸馏水中，煮沸溶解，调节 pH 至 7.0±0.2。分装试管或锥形瓶，121℃高压灭菌 15min。

3. 生理盐水

9mL／支×10，225mL／瓶×1。

4. 其他

微量移液器，1mL 无菌吸头数个，无菌培养皿，水浴锅，酒精灯，试管架，培养箱等。

四、实验方法与步骤

方法与步骤见图 1-27。

1. 样品的制备及稀释

（1）固体和半固体样品 称取 25g 样品置盛有 225mL 生理盐水的无菌均质杯内，8000～10000r/min 均质 1～2min，或放入盛有 225mL 稀释液的无菌均质袋中，用拍击式均质器拍打 1～2min，制成 1：10 的样品匀液。

（2）液体样品 以无菌吸管吸取 25mL 样品置盛有 225mL 生理盐水的无菌锥形瓶（瓶内预置适当数量的无菌玻璃珠）中，充分混匀，制成 1：10 的样品匀液。

2. 10 倍系列稀释

（1）用微量移液器吸取 1：10 样品匀液 1mL，沿管壁缓慢注于盛有 9mL 稀释液的无菌试管

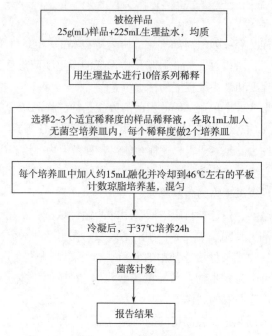

图 1-27　菌落总数的检验程序

中（注意吸头尖端不要触及稀释液面），振摇试管使其混合均匀，制成 1：100 的样品匀液。

（2）按上一步操作，制备 10 倍系列稀释样品匀液。每递增稀释一次，换用 1 次 1mL 无菌吸头。

3. 根据对样品污染状况的估计，选择 2~3 个适宜稀释度的样品匀液（液体样品可包括原液），在进行 10 倍递增稀释时，吸取 1mL 样品匀液于无菌平皿内，每个稀释度做两个平皿。同时，分别吸取 1mL 空白稀释液加入两个无菌平皿内做空白对照。

4. 倒平板

及时将 15~20mL 冷却至 46℃的平板计数琼脂培养基（可放置于 46℃±1℃恒温水浴箱中保温）倾注平皿，并转动平皿使其混合均匀。

5. 培养

（1）待琼脂凝固后，将平板翻转，（36±1）℃培养（48±2）h。水产品（30±1）℃培养（72±3）h。

（2）如果样品中可能含有在琼脂培养基表面弥漫生长的菌落时，可在凝固后的琼脂表面覆盖一薄层琼脂培养基（约 4mL），凝固后翻转平板，按上一步条件进行培养。

6. 菌落计数

菌落计数方法：可以用肉眼观察直接记数，必要时用放大镜或菌落计数器计数。记录稀释倍数和相应的菌落数量。菌落计数以菌落形成单位（colony-formingunits，CFU）表示（图 1-28）。

（1）选取菌落数在 30~300CFU、无蔓延菌落生长的平板——计数菌落总数；

（2）低于 30CFU 的平板——记录具体菌落数；

（3）大于 300CFU 的平板——记录为多不可计；

（4）其中一个平板有较大片状菌落生长时，则不宜采用，而应以无片状菌落生长的平板作为该稀释度的菌落数；

（5）若片状菌落不到平板的一半，而其余一半菌落分布又很均匀——可计算半个平板后×

2，代表一个平板菌落数；

（6）当平板上出现菌落间无明显界线的链状生长时——将每条单链作为一个菌落计数。

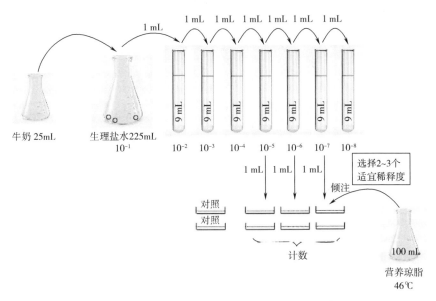

图 1-28　菌落总数测定过程示意图（以牛奶为例）

五、实验结果与分析

1. 菌落总数的计算方法

平板上菌落的生长情况	每 g（mL）样品中菌落总数的计算
只有一个稀释度平板上的菌落数在 30~300CFU	两个平板菌落数的平均值×相应稀释倍数
有两个连续稀释度的平板菌落数在 30~300CFU	$N = \dfrac{\sum C}{(n_1 + 0.1\,n_2)\,d}$，具体使用方法见解释
所有稀释度的平板上菌落数均大于 300CFU	最高稀释度平板的平均菌落数×最高稀释倍数
所有稀释度的平板菌落数均小于 30CFU	稀释度最低的平均菌落数×稀释倍数
所有稀释度（包括液体样品原液）平板均无菌落生长	小于 1×最低稀释倍数
所有稀释度的平板菌落数均不在 30~300CFU，其中一部分小于 30CFU 或大于 300CFU	最接近 30CFU 或 300CFU 的平均菌落数×稀释倍数

注：

$$N = \frac{\sum C}{(n_1 + 0.1\,n_2)\,d}$$

式中　N——样品中菌落数；

　　$\sum C$——平板（菌落数在适宜范围内的平板）菌落数之和；

　　n_1——第一稀释度（低稀释倍数）平板个数；

　　n_2——第二稀释度（高稀释倍数）平板个数；

　　d——稀释因子（第一稀释度）。

举例：

稀释度	1：100（第一稀释度）		1：1000（第二稀释度）	
菌落数（CFU）	237	208	45	53

$$N = \frac{\sum C}{(n_1 + 0.1\, n_2)d} = \frac{237 + 208 + 45 + 53}{[2 + (0.1 \times 2)] \times 10^{-2}} = \frac{543}{0.022} = 24681$$

上述数据按 5.2.2 数字修约后，表示为 25000 或 2.5×10^4。

2. 菌落总数的报告

（1）菌落总数的报告方法

菌落数 CFU	报告方式
<100CFU	按"四舍五入"原则修约，以整数报告
≥100CFU	第 3 位数字采用"四舍五入"原则修约后，取前 2 位数字，后面用 0 代替位数；也可用 10 的指数形式来表示，按"四舍五入"原则修约后，采用两位有效数字
所有平板上为蔓延菌落而无法计数	菌落蔓延
空白对照上有菌落生长	此次检测结果无效

注：称重取样以 CFU/g 为单位报告，体积取样以 CFU/mL 为单位报告。

（2）菌落总数的测定结果

稀释度						
平板	1	2	1	2	1	2
菌落数/CFU						
平均菌落数						
细菌总数/（CFU/mL）						

六、注意事项

1. 倾注培养基时，注意温度不要过高，不然容易造成已受损伤细菌死亡。

2. 为防止细菌增殖及产生片状菌落，在加入样液后，应尽早倾注培养基。

3. 培养基凝固后，应尽快将平皿翻转培养，保持琼脂表面干燥，尽量避免菌落蔓延生长，影响计数。

七、思考题

1. 菌落总数测定方法是否可以检测出检样中所有的活菌数？

2. 当平板上长出的菌落不是均匀分散的而是集中在一起时，你认为问题在哪里？

实验 18 大肠菌群计数

一、实验目的

1. 学习和掌握食品中的大肠菌群的计数方法。

2. 了解测定过程中每一步的反应原理。

二、实验原理

大肠菌群系指一群在一定培养条件下能发酵乳糖、产酸产气的需氧和兼性厌氧革兰氏阴性无芽孢杆菌。该类菌主要来源于人畜粪便，以此作为粪便污染指标来评价食品的卫生质量，具有广泛的卫生学意义。

食品中大肠菌群的计数方法有多种，本实验采用 MPN 法（图 1-29）。MPN 法是将待测样品系列稀释并培养后，根据其未生长的最低稀释度与生长的最高稀释度，应用统计学概率论推算出 1g（1mL）待测样品中大肠菌群的最大可能数。MPN 法适用于大肠菌群含量较低的食品中大肠菌群的计数。对于大肠菌群含量较高的食品应采用平板计数法进行大肠菌群的计数。

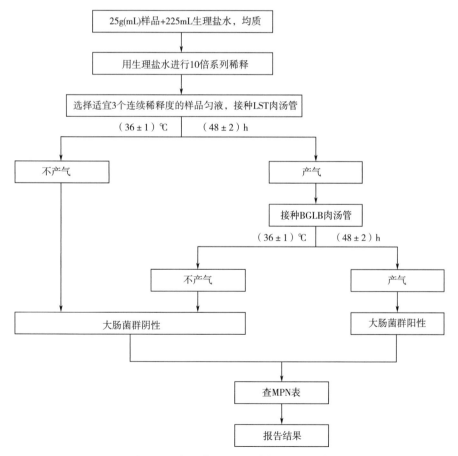

图 1-29　大肠菌群 MPN 计数法检验程序

本实验中月桂基硫酸盐胰蛋白胨培养基所含的月桂基硫酸钠可抑制革兰氏阳性菌；乳糖是

大肠菌群可发酵的糖类；胰蛋白胨提供碳源和氮源满足细菌生长的需求；氯化钠可维持均衡的渗透压；磷酸氢二钾和磷酸二氢钾是缓冲剂。煌绿乳糖胆盐培养基所含的牛胆粉和煌绿具有更强的抑制革兰氏阳性菌的作用；乳糖是大肠菌群可发酵的糖类；蛋白胨提供碳源和氮源。

三、实验材料

1. 被检样品

根据不同需要选择被检样品（如鲜奶、酱油、食醋、啤酒等）。

2. 培养基

（1）月桂基硫酸盐胰蛋白胨培养基（附录Ⅱ-18）。

（2）煌绿乳糖胆盐培养基（附录Ⅱ-19）。

3. 试剂

（1）无菌生理盐水。

（2）无菌 1mol/L NaOH 溶液。

（3）无菌 1mol/L HCl 溶液。

4. 其他

恒温培养箱、冰箱、恒温水浴锅、天平、均质器、杜氏管、试管、微量移液器、1mL 无菌吸头数个、无菌锥形瓶（容量 500mL）、无菌培养皿（直径 90mm）、精密 pH 试纸等。

四、实验方法与步骤

1. 样品的制备及稀释

（1）固体和半固体样品　称取 25g 样品，放入盛有 225mL 磷酸盐缓冲液或生理盐水的无菌均质杯内，8000~10000r/min 均质 1~2min，或放入盛有 225mL 磷酸盐缓冲液或生理盐水的无菌均质袋中，用拍击式均质器拍打 1~2min，制成 1:10 的样品匀液。

（2）液体样品　以无菌吸管吸取 25mL 样品置盛有 225mL 磷酸盐缓冲液或生理盐水的无菌锥形瓶（瓶内预置适当数量的无菌玻璃珠）或其他无菌容器中充分振摇或置于机械振荡器中振摇，充分混匀，制成 1:10 的样品匀液。

注意：样品匀液的 pH 应在 6.5~7.5，必要时分别用 1mol/L NaOH 或 1mol/L HCl 调节。

2. 10 倍系列稀释

（1）用微量移液器吸取 1:10 样品匀液 1mL，沿管壁缓缓注入含 9mL 生理盐水的无菌试管中（注意吸头尖端不要触及稀释液面），振摇试管，使其混合均匀，制成 1:100 的样品匀液。

（2）根据对样品污染状况的估计，按上述操作，依次制成 10 倍递增系列稀释样品匀液。每递增稀释 1 次，换用 1 次 1mL 无菌吸头。从制备样品匀液至样品接种完毕，全过程不得超过 15min。

3. 初发酵试验

（1）根据对样品污染状况的估计，选择适宜的 3 个连续稀释度（液体样品可以选择原液），将样品稀释液接种于月桂基硫酸盐胰蛋白胨（LST）肉汤中。每个稀释度接种 3 管 LST 肉汤，每管接种 1mL（如接种量超过 1mL，则用双料 LST 肉汤）。(36±1)℃培养（48±2）h，观察导管内是否有气泡产生。

（2）（24±2）h 产气者进行复发酵试验，如未产气则继续培养至（48±2）h，产气者进行复发酵试验。未产气者视为大肠菌群阴性。

4. 复发酵试验

用接种环从产气的 LST 肉汤管中分别取培养物 1 环，移种于煌绿乳糖胆盐肉汤（BGLB）管中，（36±1）℃培养（48±2）h，观察产气情况。产气者，计为大肠菌群阳性管。

5. 大肠菌群最可能数（MPN）的报告

根据复发酵试验得到的大肠菌群阳性管的管数，查 MPN 检索表（如表 1-5 所示），报告每克（毫升）样品中大肠菌群的最可能数（MPN）（图 1-30）。

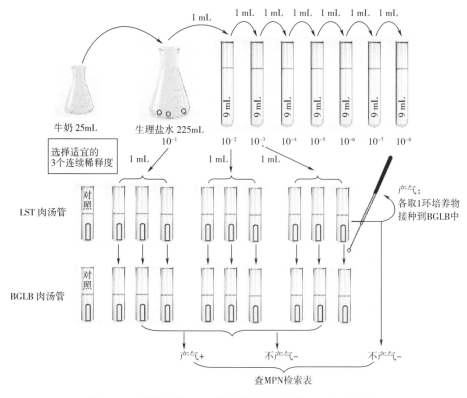

图 1-30 大肠菌群 MPN 计数法过程示意图（以牛奶为例）

表 1-5   大肠菌群最可能数（MPN）检索表

阳性管数			MPN	95%可信限		阳性管数			MPN	95%可信限	
0.10	0.01	0.001		下限	上限	0.10	0.01	0.001		下限	上限
0	0	0	<3.0	—	9.5	1	0	2	11	3.6	38
0	0	1	3.0	0.15	9.6	1	1	0	7.4	1.3	20
0	1	0	3.0	0.15	11	1	1	1	11	3.6	38
0	1	1	6.1	1.2	18	1	2	0	11	3.6	42
0	2	0	6.2	1.2	18	1	2	1	15	4.5	42
0	3	0	9.4	3.6	38	1	3	0	16	4.5	42
1	0	0	3.6	0.17	18	2	0	0	9.2	1.4	38
1	0	1	7.2	1.3	18	2	0	1	14	3.6	42

续表

阳性管数			MPN	95%可信限		阳性管数			MPN	95%可信限	
0.10	0.01	0.001		下限	上限	0.10	0.01	0.001		下限	上限
2	0	2	20	4.5	42	3	1	0	43	9	180
2	1	0	15	3.7	42	3	1	1	75	17	200
2	1	1	20	4.5	42	3	1	2	120	37	420
2	1	2	27	8.7	94	3	1	3	160	40	420
2	2	0	21	4.5	42	3	2	0	93	18	420
2	2	1	28	8.7	94	3	2	1	150	37	420
2	2	2	35	8.7	94	3	2	2	210	40	430
2	3	0	29	8.7	94	3	2	3	290	90	1000
2	3	1	36	8.7	94	3	3	0	240	42	1000
3	0	0	23	4.6	94	3	3	1	460	90	2000
3	0	1	38	8.7	110	3	3	2	1100	180	4100
3	0	2	64	17	180	3	3	3	>1100	420	—

注：1. 本表采用 3 个稀释度 [0.1g（mL）、0.01g（mL）和 0.001g（mL）]，每个稀释度接种 3 管。

2. 表内所列检样量如改用 1g（mL）、0.1g（mL）和 0.01g（mL）时，表内数字应相应降低 10 倍；如改用 0.01g（mL）、0.001g（mL）、0.0001g（mL）时，则表内数字应相应增高 10 倍，其余类推。

五、实验结果与分析

检测结果：阳性结果记"+"，阴性结果记"−"。一支管一个记号。

接种样品量/mL	0.1g（mL）	0.01g（mL）	0.001g（mL）
LST 中产气情况：+或−			
BGLB 中产气情况：+或−			
大肠菌群最可能数/ [（MPN）/g（mL）]			

六、注意事项

1. 对初发酵时未产气的发酵管有疑问时，可用手轻轻敲动或摇动试管，如有气泡沿管壁上升，应考虑有气体产生，做进一步试验。

2. MPN 检索表是采用三个稀释度九管法，较理想的结果是最低稀释度 3 管为阳性，最高稀释度 3 管为阴性。如无法估测样品中的菌数时，应做一定范围的稀释度。

3. MPN 检索表只提供了 3 个稀释度，若改用其他浓度时，表内数字应相应增高或降低。例如，表内所列检样量如改用 1g（mL）、0.1g（mL）和 0.01g（mL）时，表内数字应相应降低 10 倍；如改用 0.01g（mL）、0.001g（mL）、0.0001g（mL）时，则表内数字应相应增高 10 倍，其余类推。

七、思考题

1. 什么是大肠菌群？它主要包括哪些细菌属？

2. 大肠菌群中的细菌种类一般并非是病原菌，为什么要选用大肠菌群作为水和食品被污染的指标？

九、　细菌的分离筛选和发酵性能实验

实验 19　产蛋白酶的枯草芽孢杆菌的分离

一、实验目的

1. 学习和掌握枯草芽孢杆菌的分离技术。

2. 掌握高产蛋白酶菌株的初筛方法。

二、实验原理

枯草芽孢杆菌的多数种能产生蛋白酶和淀粉酶，是工业酶制剂生产的重要菌种。

由于芽孢具有较强的抗高热能力，因此通过高温加热可以杀死其中所有不生芽孢的菌类，使芽孢得到富集。同时利用枯草芽孢杆菌产生水解酶的特性，可以选择酪蛋白或淀粉为主要营养成分的分离培养基，因菌体分泌的酶可以将大分子的蛋白或淀粉水解而在菌落周围形成透明圈。根据透明圈直径（d_H）和菌落直径（d_C）之比值（d_H/d_C）可以初步确定酶活力，其比值越大，酶活力越高，进而可筛选出高产酶活的菌株。

枯草芽孢杆菌的营养细胞为杆状、杆端钝圆、单生或成短链，能运动，革兰氏染色阳性，芽孢中生、不膨大、呈椭圆或长筒形。菌落变化很大、扁平、扩展，表面干燥，污白色或微带黄色。

三、实验材料

1. 样品

从地表下 10~15 cm 的土壤中用无菌小铲、纸袋取土样，并记录取样的地理位置、pH、植被情况等。

2. 培养

基肉汤培养基（附录Ⅱ-20），酪素培养基（附录Ⅱ-21）。

3. 其他

平皿、温度计、水浴锅、吸管、涂布棒、显微镜、无菌水、革兰氏染色液等。

四、实验方法与步骤

1. 富集培养

取土样平摊于一干净的纸上，从四个角和中央各取一点土，混匀，称取 1g，置于装有 15mL 肉汤培养基的 250mL 三角瓶中，于 80~90℃热水浴中保温 10~15min，然后于 28℃摇床上振荡（120r/min）培养 24 h（过程如图 1-31 所示）。

2. 涂布分离

（1）将培养液再一次热处理后，以 10 倍稀释法适当稀释，取最后三个稀释度的稀释液各 0.1mL 于无菌的酪素平板中，每个稀释度平均两皿。

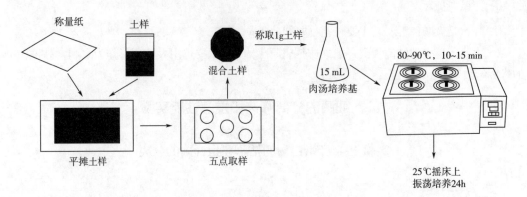

图1-31　富集培养过程示意图

（2）用灭菌的涂布棒将菌液均匀涂布在酪素平板上，倒置于30℃培养箱中培养24~48 h。

（3）挑菌落观察酪素平板上菌落周围的透明圈，挑（dH/dC）比值大的菌接入斜面培养基，30℃培养24h，备用。

3. 纯种鉴定菌种经革兰氏染色，油镜观察，根据细胞形态及菌落特征进行鉴别。

4. 纯化将选定的菌株于酪素平板上采用平板划线分离技术进行纯化。

五、实验结果与分析

绘制菌体形态图，计算 d_H/d_C。

六、注意事项

1. 涂布分离时，如果不容易判断稀释倍数，可以经过少量稀释后，取0.1mL稀释液于初筛平板（酪素平板）上，用涂布棒将其涂匀。然后使用这一根涂布棒（不经过火焰灼烧）继续涂布于酪素平板，其目的是使第一次粘在涂布棒上的少量微生物能够在第二个平板上得到稀释；如此连续涂布4~5块平板，最终能得到单一的菌落。

2. 筛选高产淀粉酶的枯草芽孢杆菌时，初筛平板换用淀粉培养基（附录Ⅱ-22），即将实验中的酪素平板全部换成淀粉培养基平板。但是在检测酶活力大小时，用0.02mol/L碘液滴加在具有单菌落的淀粉平板中的菌落周围，由于菌落周围淀粉被水解而为无色透明，远离菌落的淀粉会与碘液反应呈蓝色，因此可以根据透明圈直径和菌落直径比值（d_H/d_C）大小，挑取比值大的菌落接种于斜面，培养后可用于后续的实验。

七、思考题

为什么要对样品进行富集培养？

实验20　枯草芽孢杆菌产 α-淀粉酶发酵实验

一、实验目的

1. 学习掌握 α-淀粉酶发酵实验的基本原理和操作方法。

2. 学习 α-淀粉酶酶活力测定的具体操作方法。

二、实验原理

淀粉酶是能够分解淀粉糖苷键的一类酶的总称，包括 α-淀粉酶、β-淀粉酶、糖化酶和异淀粉酶。其中α-淀粉酶又称淀粉1,4-糊精酶，它能够以随机的方式切开淀粉分子内部的α-1,4-葡萄糖苷键，将淀粉链切断成为短链糊精和少量麦芽糖和葡萄糖，从而使淀粉的黏度迅速降低而还原力逐渐增加。

该酶作为安全高效的生物催化剂，是国内外应用最广、产量最大的酶制剂之一。广泛应用于食品、酿造等领域，如酶法生产葡萄糖及果葡糖浆、乙醇及味精等。α-淀粉酶的主要生产菌有枯草芽孢杆菌、地衣芽孢杆菌和淀粉液化芽孢杆菌等，但目前大多仍利用枯草杆菌菌株生产α-淀粉酶。

工业生产上，主要利用微生物液体深层通风发酵法大规模生产α-淀粉酶，本实验是以枯草芽孢杆菌为实验菌株，先进行种子扩大培养，再在淀粉液态培养基上摇瓶发酵，生产α-淀粉酶。通过发酵实验，我们可以通过测定不同发酵时间所生产的酶的酶活力，初步估计发酵的最佳时期和发酵终点。

本实验测酶活方法是参照了国家标准GB 1886.174—2016。α-淀粉酶制剂能将淀粉分子链中的α-1,4葡萄糖苷键随机切断成长短不一的短链糊精、少量麦芽糖和葡萄糖，而使淀粉对碘呈蓝紫色的特性反应逐渐消失，呈现棕红色，其颜色消失的速度与酶活力有关，据此可通过反应后的吸光度计算酶活力。

三、实验材料

1. 实验菌株

枯草芽孢杆菌（*Bacillus subtilis*）。

2. 培养基

（1）马铃薯斜面培养基（PDA）

①培养基组成：马铃薯20g、蔗糖2g、琼脂2g、水100mL，自然pH；

②配制方法：马铃薯去皮，切成块煮沸30min，然后用纱布过滤，再加糖类及琼脂，溶化后补足水至100mL，分装试管，于121℃灭菌20min，摆成斜面。

（2）种子培养基

①培养基组成：豆饼粉3%、玉米粉2%、Na_2HPO_4 0.6%、$(NH_4)_2SO_4$ 0.3%、NH_4Cl 0.1%，pH6.5。

②配制方法：分装入250mL锥形瓶中（50mL/瓶），于121℃灭菌20min，冷却后备用。

（3）产淀粉酶发酵培养基

①培养基组成：可溶性淀粉8%、豆饼粉4%、玉米浆2.0%、Na_2HPO_4 0.4%、$(NH_4)_2SO_4$ 0.3%、NH_4Cl 0.1%、$CaCl_2$ 0.2%，pH6.5。

②配制方法：分装入500mL锥形瓶中（50mL/瓶），于121℃灭菌20min，冷却后备用。

3. 试剂

（1）原碘液　称取11.0g碘和22.0g碘化钾，用少量水使碘完全溶解，定容至500mL，贮存于棕色瓶中。

（2）稀碘液　吸取原碘液2.00mL，加20.0g碘化钾用水溶解并定容至500mL，贮存于棕色瓶中。

（3）可溶性淀粉溶液（20g/L）　称取2.000g（精确至0.001g）可溶性淀粉（以绝干计）于烧杯中，用少量水调成浆状物，边搅拌边缓缓加入70mL沸水中，然后用水分次冲洗装淀粉的烧杯，洗液倒入其中，搅拌加热至完全透明，冷却定容至100mL。溶液现配现用。

注：可溶性淀粉应采用酶制剂分析专用淀粉。

（4）磷酸缓冲液（pH6.0） 称取 45.23g 磷酸氢二钠（$Na_2HPO_4 \cdot 12H_2O$）和 8.07g 柠檬酸（$C_6H_8O_7 \cdot H_2O$），用水溶解并定容至 1000mL。用 pH 计校正后使用。

（5）0.1mol/L 盐酸溶液。

4. 实验仪器

离心机、水浴锅、250mL 三角瓶、试管。

四、实验方法与步骤

1. 培养基的制备

分别按培养基配方配制 PDA、种子培养基和产淀粉酶发酵培养基。

2. 液体种子的制备

（1）斜面菌种活化 取枯草芽孢杆菌菌苔 1 环，转接于新鲜马铃薯斜面培养基上。37℃培养 12~16h，作菌种。

（2）液体种子的制备 在无菌操作条件下，取活化的枯草芽孢杆菌斜面菌种 2 环，接种于装有 50mL 种子培养基的 250mL 锥形瓶中，于 37℃ 120r/min 振荡培养 16h 做成种子液。

3. α 淀粉酶的发酵

（1）吸取液体种子培养物 5mL，接种于装有 50mL 发酵培养基的 500mL 三角瓶中，37℃振荡培养 36h。

（2）在无菌操作条件下，每 4h 取样 1mL，测定发酵培养液的吸光度、pH，计算 α 淀粉酶的酶活，并做记录。

（3）40~48h 酶活力降低后结束实验。

4. α 淀粉酶的酶活力测定

（1）待测酶液的浓度调整 用磷酸缓冲液稀释待测液，将其中的中温 α-淀粉酶酶活力控制在 3.4~4.5U/mL 范围内。如果测高温 α-淀粉酶的酶活力值，则酶活力控制在 60~65U/mL 范围内。

（2）α 淀粉酶的酶活测定

①吸取 20.0mL 可溶性淀粉溶液于试管中，加入磷酸缓冲液 5.00mL，摇匀后，置于（60±0.2）℃ [耐高温 α-淀粉酶制剂置于（70±0.2）℃] 恒温水浴中预热 8min；

②加入 1.00mL 稀释好的待测酶液，立即计时，摇匀，准确反应 5min；

③立即用移液器吸取 1.00mL 反应液，加到预先盛有 0.5mL 盐酸溶液和 5.00mL 稀碘液的试管中，摇匀，并以 0.5mL 盐酸溶液和 5.00mL 稀碘液为空白，于 660nm 波长下，用 10mm 比色皿迅速测定其吸光度（A）。根据吸光度，查吸光度与 α-淀粉酶酶浓度对照表（表1-6），求得测试酶液的浓度。

5. 计算酶活力

（1）中温 α-淀粉酶制剂的酶活力 X_1，单位为 U/mL 或 U/g，按下式计算：

$$X_1 = c \times n$$

式中 c——测试酶样的浓度，单位为 U/mL 或 U/g；

n——样品的稀释倍数。

表 1-6　　　　　　　　　　　　吸光度与 α-淀粉酶酶浓度对照表

吸光度 (A)	酶浓度 (c) / (U/mL)	吸光度 (A)	酶浓度 (c) / (U/mL)	吸光度 (A)	酶浓度 (c) / (U/mL)	吸光度 (A)	酶浓度 (c) / (U/mL)	吸光度 (A)	酶浓度 (c) / (U/mL)
0.100	4.694	0.132	4.534	0.164	4.375	0.196	4.231	0.228	4.101
0.101	4.689	0.133	4.529	0.165	4.370	0.197	4.227	0.229	4.097
0.102	4.684	0.134	4.524	0.166	4.366	0.198	4.222	0.230	4.093
0.103	4.679	0.135	4.518	0.167	4.361	0.199	4.218	0.231	4.089
0.104	4.674	0.136	4.513	0.168	4.356	0.200	4.214	0.232	4.085
0.105	4.669	0.137	4.507	0.169	4.352	0.201	4.210	0.233	4.082
0.106	4.664	0.138	4.502	0.170	4.347	0.202	4.205	0.234	4.078
0.107	4.659	0.139	4.497	0.171	4.342	0.203	4.201	0.235	4.074
0.108	4.654	0.140	4.492	0.172	4.338	0.204	4.197	0.236	4.070
0.109	4.649	0.141	4.487	0.173	4.333	0.205	4.193	0.237	4.067
0.110	4.644	0.142	4.482	0.174	4.329	0.206	4.189	0.238	4.063
0.111	4.639	0.143	4.477	0.175	4.324	0.207	4.185	0.239	4.059
0.112	4.634	0.144	4.472	0.176	4.319	0.208	4.181	0.240	4.056
0.113	4.629	0.145	4.467	0.177	4.315	0.209	4.176	0.241	4.052
0.114	4.624	0.146	4.462	0.178	4.310	0.210	4.172	0.242	4.048
0.115	4.619	0.147	4.457	0.179	4.306	0.211	4.168	0.243	4.045
0.116	4.614	0.148	4.452	0.180	4.301	0.212	4.146	0.244	4.041
0.117	4.609	0.149	4.447	0.181	4.297	0.213	4.160	0.245	4.037
0.118	4.604	0.150	4.442	0.182	4.292	0.214	4.156	0.246	4.034
0.119	4.599	0.151	4.438	0.183	4.288	0.215	4.152	0.247	4.030
0.120	4.594	0.152	4.433	0.184	4.283	0.216	4.148	0.248	4.026
0.121	4.589	0.153	4.428	0.185	4.279	0.217	4.144	0.249	4.023
0.122	4.584	0.154	4.423	0.186	4.275	0.218	4.140	0.250	4.019
0.123	4.579	0.155	4.418	0.187	4.270	0.219	4.136	0.251	4.016
0.124	4.574	0.156	4.413	0.188	4.266	0.220	4.132	0.252	4.012
0.125	4.569	0.157	4.408	0.189	4.261	0.221	4.128	0.253	4.009
0.126	4.564	0.158	4.404	0.190	4.257	0.222	4.124	0.254	4.005
0.127	4.559	0.159	4.399	0.191	4.253	0.223	4.120	0.255	4.002
0.128	4.554	0.160	4.394	0.192	4.248	0.224	4.116	0.256	3.998
0.129	4.549	0.161	4.389	0.193	4.244	0.225	4.112	0.257	3.995
0.130	4.544	0.162	4.385	0.194	4.240	0.226	4.108	0.258	3.991
0.131	4.539	0.163	4.380	0.195	4.235	0.227	4.105	0.259	3.988

续表

吸光度 (A)	酶浓度 (c) / (U/mL)	吸光度 (A)	酶浓度 (c) / (U/mL)	吸光度 (A)	酶浓度 (c) / (U/mL)	吸光度 (A)	酶浓度 (c) / (U/mL)	吸光度 (A)	酶浓度 (c) / (U/mL)
0.260	3.984	0.292	3.894	0.324	3.797	0.356	3.704	0.388	3.615
0.261	3.981	0.293	3.891	0.325	3.794	0.357	3.701	0.389	3.612
0.262	3.978	0.294	3.888	0.326	3.791	0.358	3.699	0.390	3.610
0.263	3.974	0.295	3.885	0.327	3.788	0.359	3.696	0.391	3.607
0.264	3.971	0.296	3.881	0.328	3.785	0.360	3.693	0.392	3.604
0.265	3.968	0.297	3.878	0.329	3.782	0.361	3.690	0.393	3.602
0.266	3.964	0.298	3.875	0.330	3.779	0.362	3.687	0.394	3.599
0.267	3.961	0.299	3.872	0.331	3.776	0.363	3.684	0.395	3.596
0.268	3.958	0.300	3.869	0.332	3.774	0.364	3.682	0.396	3.594
0.269	3.954	0.301	3.866	0.333	3.771	0.365	3.679	0.397	3.591
0.270	3.951	0.302	3.863	0.334	3.768	0.366	3.676	0.398	3.588
0.271	3.948	0.303	3.860	0.335	3.765	0.367	3.673	0.399	3.585
0.272	3.944	0.304	3.857	0.336	3.762	0.368	3.670	0.40	3.583
0.273	3.941	0.305	3.854	0.337	3.759	0.369	3.668	0.401	3.580
0.274	3.938	0.306	3.851	0.338	3.756	0.370	3.665	0.402	3.577
0.275	3.935	0.307	3.848	0.339	3.753	0.371	3.662	0.403	3.575
0.276	3.932	0.308	3.845	0.34	3.750	0.372	3.659	0.404	3.572
0.277	3.928	0.309	3.842	0.341	3.747	0.373	3.656	0.405	3.569
0.278	3.925	0.310	3.839	0.342	3.744	0.374	3.654	0.406	3.567
0.279	3.922	0.311	3.836	0.343	3.741	0.375	3.651	0.407	3.564
0.280	3.919	0.312	3.833	0.344	3.739	0.376	3.648	0.408	3.559
0.281	3.915	0.313	3.830	0.345	3.736	0.377	3.645	0.409	3.556
0.282	3.913	0.314	3.827	0.346	3.733	0.378	3.643	0.410	3.554
0.283	3.922	0.315	3.824	0.347	3.730	0.379	3.640	0.411	3.551
0.284	3.919	0.316	3.821	0.348	3.727	0.38	3.639	0.412	3.548
0.285	3.915	0.317	3.818	0.349	3.724	0.381	3.634	0.413	3.546
0.286	3.912	0.318	3.815	0.350	3.721	0.382	3.632	0.414	3.543
0.287	3.909	0.319	3.812	0.351	3.718	0.383	3.629	0.415	3.541
0.288	3.906	0.320	3.809	0.352	3.716	0.384	3.626	0.416	3.538
0.289	3.903	0.321	3.806	0.353	3.713	0.385	3.623	0.417	3.535
0.290	3.900	0.322	3.803	0.354	3.710	0.386	3.621	0.418	3.533
0.291	3.897	0.323	3.800	0.355	3.707	0.387	3.618	0.419	3.530

续表

吸光度 (A)	酶浓度 (c) / (U/mL)	吸光度 (A)	酶浓度 (c) / (U/mL)	吸光度 (A)	酶浓度 (c) / (U/mL)	吸光度 (A)	酶浓度 (c) / (U/mL)	吸光度 (A)	酶浓度 (c) / (U/mL)
0.420	3.528	0.452	3.447	0.484	3.371	0.516	3.300	0.548	3.233
0.421	3.525	0.453	3.444	0.485	3.369	0.517	3.298	0.549	3.231
0.422	3.522	0.454	3.442	0.486	3.366	0.518	3.295	0.550	3.229
0.423	3.520	0.455	3.440	0.487	3.364	0.519	3.293	0.551	3.227
0.424	3.517	0.456	3.437	0.488	3.362	0.520	3.291	0.552	3.225
0.425	3.515	0.457	3.435	0.489	3.359	0.521	3.289	0.553	3.223
0.426	3.512	0.458	3.432	0.490	3.357	0.522	3.287	0.554	3.221
0.427	3.509	0.459	3.430	0.491	3.355	0.523	3.285	0.555	3.219
0.428	3.507	0.460	3.427	0.492	3.353	0.524	3.283	0.556	3.217
0.429	3.504	0.461	3.425	0.493	3.350	0.525	3.280	0.557	3.215
0.430	3.502	0.462	3.423	0.494	3.348	0.526	3.278	0.558	3.213
0.431	3.499	0.463	3.420	0.495	3.346	0.527	3.276	0.559	3.211
0.432	3.497	0.464	3.418	0.496	3.344	0.528	3.274	0.560	3.209
0.433	3.494	0.465	3.415	0.497	3.341	0.529	3.272	0.561	3.207
0.434	3.492	0.466	3.413	0.498	3.339	0.530	3.270	0.562	3.205
0.435	3.489	0.467	3.411	0.499	3.337	0.531	3.268	0.563	3.204
0.436	3.487	0.468	3.408	0.500	3.335	0.532	3.266	0.564	3.202
0.437	3.484	0.469	3.406	0.501	3.333	0.533	3.264	0.565	3.200
0.438	3.482	0.470	3.404	0.502	3.330	0.534	3.262	0.566	3.198
0.439	3.479	0.471	3.401	0.503	3.328	0.535	3.260	0.567	3.196
0.440	3.477	0.472	3.399	0.504	3.326	0.536	3.258	0.568	3.194
0.441	3.474	0.473	3.397	0.505	3.324	0.537	3.255	0.569	3.192
0.442	3.472	0.474	3.394	0.506	3.321	0.538	3.253	0.570	3.190
0.443	3.469	0.475	3.392	0.507	3.319	0.539	3.251	0.571	3.188
0.444	3.467	0.476	3.389	0.508	3.317	0.540	3.249	0.572	3.186
0.445	3.464	0.477	3.387	0.509	3.315	0.541	3.247	0.573	3.184
0.446	3.462	0.478	3.385	0.510	3.313	0.542	3.245	0.574	3.183
0.447	3.459	0.479	3.383	0.511	3.311	0.543	3.243	0.575	3.181
0.448	3.457	0.480	3.380	0.512	3.308	0.544	3.241	0.576	3.179
0.449	3.454	0.481	3.378	0.513	3.306	0.545	3.239	0.577	3.177
0.450	3.452	0.482	3.376	0.514	3.304	0.546	3.237	0.578	3.175
0.451	3.449	0.483	3.373	0.515	3.302	0.547	3.235	0.579	3.173

续表

吸光度 (A)	酶浓度 (c) / (U/mL)	吸光度 (A)	酶浓度 (c) / (U/mL)	吸光度 (A)	酶浓度 (c) / (U/mL)	吸光度 (A)	酶浓度 (c) / (U/mL)	吸光度 (A)	酶浓度 (c) / (U/mL)
0.580	3.171	0.612	3.114	0.644	3.062	0.676	3.014	0.708	2.971
0.581	3.169	0.613	3.112	0.645	3.060	0.677	3.012	0.709	2.969
0.582	3.168	0.614	3.111	0.646	3.058	0.678	3.011	0.710	2.968
0.583	3.166	0.615	3.109	0.647	3.057	0.679	3.010	0.711	2.967
0.584	3.164	0.616	3.107	0.648	3.055	0.680	3.008	0.712	2.966
0.585	3.162	0.617	3.106	0.649	3.054	0.681	3.007	0.713	2.964
0.586	3.160	0.618	3.104	0.650	3.052	0.682	3.005	0.714	2.963
0.587	3.158	0.619	3.102	0.651	3.051	0.683	3.004	0.715	2.962
0.588	3.157	0.620	3.101	0.652	3.049	0.684	3.003	0.716	2.961
0.589	3.155	0.621	3.099	0.653	3.048	0.685	3.001	0.717	2.959
0.590	3.153	0.622	3.097	0.654	3.046	0.686	3.000	0.718	2.958
0.591	3.151	0.623	3.096	0.655	3.045	0.687	2.998	0.719	2.957
0.592	3.149	0.624	3.095	0.656	3.043	0.688	2.997	0.720	2.956
0.593	3.147	0.625	3.094	0.657	3.042	0.689	2.996	0.721	2.955
0.594	3.146	0.626	3.092	0.658	3.040	0.690	2.994	0.722	2.953
0.595	3.144	0.627	3.089	0.659	3.039	0.691	2.993	0.723	2.952
0.596	3.142	0.628	3.087	0.660	3.037	0.692	2.992	0.724	2.951
0.597	3.140	0.629	3.086	0.661	3.036	0.693	2.990	0.725	2.950
0.598	3.139	0.630	3.084	0.662	3.034	0.694	2.989	0.726	2.949
0.599	3.137	0.631	3.082	0.663	3.033	0.695	2.988	0.727	2.947
0.600	3.135	0.632	3.081	0.664	3.031	0.696	2.986	0.728	2.946
0.601	3.133	0.633	3.079	0.665	3.030	0.697	2.985	0.729	2.945
0.602	3.131	0.634	3.078	0.666	3.028	0.698	2.984	0.730	2.944
0.603	3.130	0.635	3.076	0.667	3.027	0.699	2.982	0.731	2.943
0.604	3.128	0.636	3.074	0.668	3.025	0.700	2.981	0.732	2.941
0.605	3.126	0.637	3.073	0.669	3.024	0.701	2.980	0.733	2.940
0.606	3.124	0.638	3.071	0.670	3.022	0.702	2.978	0.734	2.939
0.607	3.123	0.639	3.070	0.671	3.021	0.703	2.977	0.735	2.938
0.608	3.121	0.640	3.068	0.672	3.020	0.704	2.976	0.736	2.937
0.609	3.119	0.641	3.066	0.673	3.018	0.705	2.975	0.737	2.936
0.610	3.118	0.642	3.065	0.674	3.017	0.706	2.973	0.738	2.935
0.611	3.116	0.643	3.063	0.675	3.015	0.707	2.972	0.739	2.933

续表

吸光度 (A)	酶浓度 (c) / (U/mL)	吸光度 (A)	酶浓度 (c) / (U/mL)	吸光度 (A)	酶浓度 (c) / (U/mL)	吸光度 (A)	酶浓度 (c) / (U/mL)	吸光度 (A)	酶浓度 (c) / (U/mL)
0.740	2.932	0.746	2.926	0.752	2.919	0.758	2.913	0.764	2.907
0.741	2.931	0.747	2.925	0.753	2.918	0.759	2.912	0.765	2.906
0.742	2.930	0.748	2.923	0.754	2.917	0.760	2.911	0.766	2.905
0.743	2.929	0.749	2.922	0.755	2.916	0.761	2.910		
0.744	2.928	0.750	2.921	0.756	2.915	0.762	2.909		
0.745	2.927	0.751	2.920	0.757	2.914	0.763	2.908		

（2）耐高温 α-淀粉酶制剂的酶活力 X_2，单位为 U/mL 或 U/g，按下式计算：

$$X_2 = c \times n \times 16.67$$

式中　c——测试酶样的浓度，单位为 U/mL 或 U/g；

　　　n——样品的稀释倍数；

16.67——根据酶活力定义计算的换算系数。

（3）注意

①所得结果表示至整数。

②试验结果以平行测定结果的算术平均值为准。在重复性条件下获得的两次独立测定结果的相对误差不得超过 5%。

③中温 α-淀粉酶活力单位定义：1g 固体酶粉（或 1mL 液体酶），于 60℃、pH6.0 条件下，1h 液化 1g 可溶性淀粉，即为 1 个酶活力单位，以 U/g（U/mL）表示。

④耐高温 α-淀粉酶活力单位定义：1g 固体酶粉（或 1mL 液体酶），于 70℃、pH6.0 条件下，1min 液化 1mg 可溶性淀粉，即为 1 个酶活力单位，以 U/g（U/mL）表示。

五、实验结果与分析

取样时间/h	0	4	8	12	16	20	24	28	32	36	40	44	48
吸光度													
α-淀粉酶酶浓度													
酶活力													
酶液的 pH													

六、注意事项

α-淀粉酶酶活力测定中用到的可溶性淀粉要冰箱低温保存，溶液应当天使用当天配制。

七、思考题

1. 为什么枯草芽孢杆菌发酵培养基中用的碳源是可溶性淀粉而不是葡萄糖？

2. 发酵生产 α-淀粉酶，除采用枯草芽孢杆菌外，还可采用哪些菌种？

实验 21　乳酸细菌的乳酸发酵实验

一、实验目的

1. 了解乳酸菌的特点、乳酸发酵条件和产物。

2. 学习乳酸发酵的基本原理。

3. 掌握制作酸奶的基本原理和方法。

二、实验原理

乳酸菌是一群能利用碳水化合物（以葡萄糖为主）发酵产生乳酸的细菌的统称。乳酸菌多是兼性厌氧菌，但只在厌氧条件下才进行乳酸发酵。

由于菌种不同，代谢途径不同，生成的产物不同，将乳酸发酵分为同型乳酸发酵、异型乳酸发酵和双歧杆菌发酵。在乳酸的工业发酵生产中，一般选择同型乳酸发酵菌，因为同型乳酸发酵的产物主要是乳酸，副产物少，便于分离提纯，有较高的回收率。生产中常用的菌种有德氏乳杆菌、保加利亚乳杆菌、植物乳杆菌等。

酸奶又称酸乳，是以牛奶为主要原料，经巴氏灭菌后冷却，接种乳酸菌经保温发酵而制成的乳制品。乳酸菌将牛奶中的乳糖发酵成乳酸，乳酸使牛奶中的酪蛋白变性凝固，使整个奶液呈凝乳状态。另外，乳酸菌代谢可以产生双乙酰、乙偶姻、乙醛等酸奶特有的香味和风味物质。

三、实验材料

1. 微生物菌种

嗜热链球菌、保加利亚乳酸杆菌、凝结芽孢杆菌。

2. 培养基与试剂

全脂乳粉、蔗糖。

四、实验方法与步骤

（一）制备培养基质

1. 将全脂乳粉（不含抗生素）和水以 1 : 8（质量比）的比例配成乳液，加入 6% 的蔗糖，充分混合、均质。

2. 分装

（1）分装于 2 支试管中，每管 10mL，其中 1 管加入酵母菌抽提液 0.2mL，混匀。

（2）分装于 500mL 锥形瓶中，1 瓶，装量为 400mL/瓶。

3. 灭菌

80℃ 消毒 15min，注意要将牛乳全部泡在 80℃ 温水浴中，不时摇动。到 15min 时，立即取出，用冷水冲洗器皿外壁，使温度冷却至 40℃，备用。或置于高压灭菌锅内 115℃ 下灭菌 5~10min。冷却至 40℃ 以下，备用。

（二）酸奶发酵剂的制备

1. 在无菌操作条件下，将纯种嗜热链球菌、保加利亚乳酸杆菌按 1 : 1 的比例接种于 1 支装有 10mL 牛奶的试管中。置于 40℃ 恒温箱中培养 5~6h，转入 4~5℃ 的冰箱中冷藏，作为发酵剂备用。

2. 将纯种凝结芽孢杆菌接入 1 支装有 10mL 牛奶（含酵母菌抽提液）的试管中。置于 32℃

恒温箱中培养24h，作为发酵剂备用。

（三）酸奶的制作

1. 接种

将含有凝结芽孢杆菌的发酵剂（10mL），接入装有400mL灭菌乳液的500mL锥形瓶中。再将含有嗜热链球菌和保加利亚乳酸杆菌的发酵剂（10mL）接入上述锥形瓶中。

2. 装瓶

接种后充分摇匀，分装到已灭菌的2个酸奶瓶中，随后将瓶盖拧紧密封。

3. 培养

置于40~42℃恒温箱中培养6~8h，培养时注意观察，发酵至出现凝乳后停止培养，。

4. 后熟

转入4℃的冰箱中冷藏12~24h，此为后熟阶段。即得酸奶成品（含3种活性乳酸菌）。

5. 以感官检测为标准评定酸乳质量

酸乳制品常为凝块状态，表层光洁度好，无泡，具有人们喜爱的风味和口感。如品尝时有异味，表明酸乳可能被杂菌污染，则不可饮用。

五、实验结果与分析

将制作酸奶的工艺过程用简图表示。

六、注意事项

1. 牛奶的消毒应掌握适宜温度和时间，防止长时间过高温度消毒破坏酸奶风味。

2. 后熟阶段可使酸奶达到适中酸度（pH4~4.5），凝块均匀致密，无乳清析出，无气泡，以获得较好的口感和特有风味。品尝时若出现异味，表明酸奶受到杂菌污染。

七、思考题

1. 牛奶经过乳酸发酵为什么能发生凝乳？

2. 为什么采用两种乳酸菌混合发酵的酸奶比单菌发酵的酸奶口感和风味更佳？

第二章

微生物遗传育种实验技术

实验1 紫外线诱变育种——绘制细胞存活率和突变率曲线

一、实验目的

1. 理解诱变剂对微生物的杀菌和诱变双重生物学效应。

2. 学习紫外线诱变的方法和测定诱变剂最适剂量的方法。

二、实验原理

紫外线的生物学效应主要是它能引起 DNA 结构的变化而造成的。

紫外线具有杀菌和诱变双重生物学效应，随着紫外线照射时间的增加，杀菌率和突变率随之提高。但当照射时间延长到某一程度时，继续延长照射时间，其杀菌率虽然增加，突变率却下降。

紫外线的强度单位（剂量）为尔格/毫米^2（erg/mm^2），由于测定困难，在实际诱变育种中，常用紫外线照射时间或细胞的死亡率表示相对剂量，其中以细胞死亡率表示方法具有实际意义。

本实验以枯草芽孢杆菌为出发菌株，以营养缺陷的突变作为诱变效应的指标，测定紫外线诱变剂的最适剂量。以照射时间为横坐标，以细胞存活率或死亡率和突变率为纵坐标作图，突变率最高值相对应的照射时间即为最适剂量。

实验过程如图 2-1 所示。

三、实验材料

1. 菌种

枯草芽孢杆菌（*Bacillus subtilis*）。

2. 培养基

肉汤培养基（附录Ⅱ-20）；

细菌基本培养基（附录Ⅱ-23）。

3. 其他

生理盐水、诱变箱、磁力搅拌器、涂布棒、离心管、离心机、培养皿等。

四、实验方法与步骤

1. 菌体的培养

取斜面菌种 1 环，接种于盛有 20mL 肉汤培养基的 250mL 三角瓶中，37℃ 振荡培养

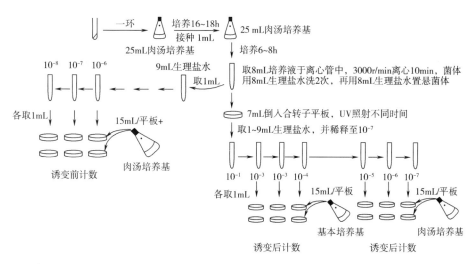

图 2-1　诱变及计数示意图

（120r/min）16~18h。取 1mL 培养液转接于另一只盛有 20mL 肉汤培养基的 250mL 三角瓶中，37℃振荡培养（120r/min）6~8h。

2. 细胞悬浮液的制备

取 8mL 培养液，3000r/min 离心 10min，收集菌体，沉淀用 10mL 生理盐水洗涤离心 2 次，之后将菌体充分悬浮于 12mL 生理盐水中。

3. 活菌计数法

测定细胞悬浮液的浓度取 1mL 细胞悬浮液，逐步稀释为 10^{-1}、10^{-2}、10^{-3}……。取最后 3 个稀释度的菌液各 1mL，置于无菌空平皿中，然后倾注 15mL 融化并冷却至 45~50℃ 的肉汤固体培养基，轻轻充分混匀，凝固后于 37℃ 倒置培养 1~2d，计数每皿的菌落数（每个稀释度作两个平行）（N_0）。按下式计算每毫升细胞悬浮液菌体的浓度。

$$菌体浓度（个/mL）= 菌落数（按杂菌总数计数原则）×稀释倍数$$

4. 诱变处理

（1）取 10mL 菌液于 φ90mm 的培养皿中（带有磁棒），将皿放置于诱变箱内的磁力搅拌器上。

（2）开启紫外灯，预热 20min，开启磁力搅拌器，打开皿盖，分别照射 15，30，45，60，75，90s。

（3）取不同时间诱变处理的菌液 1mL，以肉汤固体培养基平板，按照上述菌落计数的方法进行适当稀释后，采用肉汤固体培养基倾注法测定处理液中存活的细胞浓度（每个照射剂量做三个稀释度，每一稀释度平行做两个平皿）。将结果填入表 2-1。

表 2-1　　　　　　　　　　紫外线对枯草芽孢杆菌存活率的影响

照射时间/s	稀释度	平板菌落（个/mL）		细胞浓度平均值 N_1（个/mL）	存活率（%）（N_1/N_0）
		平板 1	平板 2		
15	①				
	②				
	③				

续表

照射时间/s	稀释度	平板菌落（个/mL）		细胞浓度平均值 N_1（个/mL）	存活率（%）（N_1/N_0）
		平板 1	平板 2		
30	①②③				
45~90	①②③				
0（对照）	①②③				100

（4）取上述稀释好的不同诱变剂量的处理液各 1mL，分别置于不同的培养皿中，倾注融化并冷却至 45~50℃ 的细菌基本固体培养基 15mL，充分混匀。凝固后于 37℃ 倒置培养 1~2d，计数每皿的菌落数（每个稀释度作两个平行）。之后，计算每毫升处理液中发生营养缺陷突变的细胞浓度。将结果填入表 2-2 中。

表 2-2 细胞发生营养缺陷的突变率

照射时间/s	稀释度	肉汤培养基中活菌数 N_1/（个/mL）	基本培养基平板菌落/（个/mL）		基本培养基中的活菌数/浓度（N_2）（个/mL）	发生突变的细胞浓度（N_1-N_2）（个/mL）	突变率（N_1-N_2）/N_1/%
			平板 1	平板 2			
0（对照）	①②③					0	0
15	①②③						
30	①②③						
45~90	①②③						

五、实验结果与分析

绘制细胞存活率和突变率曲线，并注意诱变剂量与存活率、突变率的关系。

六、注意事项

在计算发生营养缺陷的突变率时，可以同时做出发菌株细胞自发突变率。但由于自发突变率一般为 10^{-8}，所以可以忽略不计。

实验选择诱变时间时，全班共同绘制一条致死曲线，每个组或几个组选择一个诱变处理时间，最后统一进行绘制。

七、思考题

为了提高目标产物的产量，是不是诱变剂量越高越好？

实验2　紫外线诱变育种——筛选蛋白酶高产菌株

一、实验目的

1. 理解诱变剂对微生物的杀菌和诱变双重生物学效应。
2. 学习紫外线诱变筛选高产蛋白酶菌株的方法。

二、实验原理

诱变育种就是利用物理或化学因素处理微生物细胞群体，促使其中少数细胞中遗传物质的结果发生变化，从而引起微生物遗传性状发生变化。然后从菌体中筛选出少数优良突变株的过程。紫外线是一种最常用有效的物理诱变剂，其光谱比较集中在 253.7nm 处，这与 DNA 的吸收波长一致。DNA 和 RNA 的嘌呤和嘧啶吸收紫外光后，DNA 分子形成嘧啶二聚体，二聚体出现会减弱双键间氢键的作用，并引起双链结构扭曲变形，阻碍碱基间的正常配对，从而有可能引起突变或死亡。另外二聚体的形成，会妨碍双链的解开，因而影响 DNA 的复制和转录。总之紫外辐射可以引起碱基转换、颠换、移码突变或缺失，即是所谓的诱变。在生产和科研中可利用此法获得突变株并筛选出符合目的性状的菌株。紫外线诱变一般采用 15W 或 30W 紫外线灯，照射距离为 20～30cm，照射时间依菌种而异，一般为 1～3min，死亡率控制在 50%～80% 为宜。特别是经过多次诱变后的高产菌株，更应该控制其死亡率在较低的范围。

本实验以紫外线处理产蛋白酶的枯草芽孢杆菌，利用蛋白酶能水解牛奶中的乳蛋白产生透明圈的特性，根据透明圈直径（d_H）和菌落直径的比值（d_C）进行初筛，比值越大，产蛋白酶的活力可能越高，从而选择蛋白酶活力较高的菌株，然后通过摇瓶发酵进行复筛。

实验过程如图 2-2 所示。

三、实验材料

1. 菌种

产蛋白酶的枯草芽孢杆菌（*Bacillus subtilis*）。

2. 培养基

（1）肉汤培养基（附录Ⅱ-20）。

（2）牛奶培养基：在肉汤培养基的基础上再添加脱脂奶粉 1%、琼脂粉 2%。

3. 其他

生理盐水、诱变箱、磁力搅拌器、涂布棒、离心管、离心机、培养皿等。

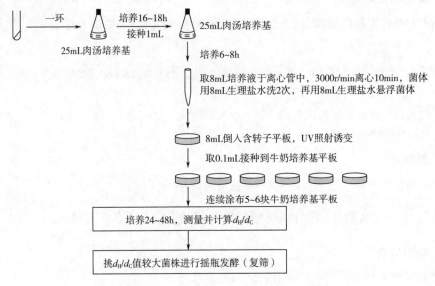

图 2-2　诱变筛选高产蛋白酶菌株示意图

四、实验方法与步骤

1. 菌体的培养

取斜面菌种 1 环，接种于盛有 20mL 肉汤培养基的 250mL 三角瓶中，37℃振荡培养（120r/min）16~18h。取 1mL 培养液转接于另一只盛有 20mL 肉汤培养基的 250mL 三角瓶中，37℃振荡培养（120r/min）6~8h。

2. 细胞悬浮液的制备

取 8mL 培养液，3000/min 离心 10min，收集菌体，沉淀用 10mL 生理盐水洗涤离心 2 次，之后将菌体充分悬浮于 10mL 生理盐水中。

3. 死亡率曲线的制作

根据"第二章实验 1"，制作菌株的死亡率曲线。根据死亡率曲线，确定合适的诱变时间。

4. 诱变处理

重复实验的第一和第二步。取 10mL 菌液于 φ70mm 的培养皿中（带有磁棒），将皿放置于诱变箱内的磁力搅拌器上。根据死亡率曲线确定的诱变时间进行照射。取 0.1mL 照射后的菌液，连续涂布 6 块牛奶平板，置于 37℃培养 24~48h。

5. 初筛（透明圈法）

挑选 200 个菌落测定透明圈和菌落直径，并计算其比值。将比值较大的 50 个菌落接种斜面，培养完成后于冰箱中保存，并作为复筛菌株。

6. 复筛（摇瓶培养法）

将初筛获得的菌株接种一环于三角瓶的肉汤培养基中，37℃培养 24~48h，分别测定发酵液中的中性、碱性和酸性蛋白酶的含量。经过复筛后选择 5 株优良菌株，作为再次诱变处理的出发菌株。

五、实验结果与分析

筛选的产蛋白酶菌株的酶活力及菌种保藏

六、注意事项

1. 紫外线对人体的细胞，尤其是人的眼睛和皮肤有伤害，长时间与紫外线接触会造成灼伤。故操作时要戴防护眼镜，操作尽量控制在防护罩内。

2. 空气在紫外灯照射下，会产生臭氧，臭氧也有杀菌作用。臭氧过高，会引起人不舒服，同时也会影响菌体的成活率。臭氧在空气中的含量不能超过 0.1%~1%。

七、思考题

1. 利用紫外诱变育种，应注意哪些因素？

2. 为什么诱变育种后要挑选出的 dH/dC 值最大者不能认为是最高产的蛋白酶菌株，而是需要挑选一系列比值较大者进行复筛？

实验 3　枯草芽孢杆菌营养缺陷型遗传标记的制作

一、实验目的

1. 理解选育营养缺陷型突变株的选育原理。

2. 掌握营养缺陷型突变株的筛选方法。

二、实验原理

营养缺陷型是野生型菌株由于基因突变，致使细胞合成途径出现某些缺陷，丧失合成某些物质的能力，必须在基本培养基中外源补加该营养物质，才能正常生长的一类突变株。其本质是一种减低或消除末端产物浓度，以解除反馈控制的代谢调控方式，使代谢途径中间产物或分支合成途径中末端产物得以积累。营养缺陷型菌株广泛应用于氨基酸、核苷酸、维生素的生产中，也广泛应用于基因定位，杂交及基因重组等研究中的遗传标记制作。

营养缺陷型菌株制作过程如图 2-3 所示。

三、实验材料

1. 菌种

枯草芽孢杆菌（*Bacillus subtilis*）。

2. 培养基

（1）细菌完全培养基（CM）（附录Ⅱ-24）。

（2）细菌基本培养基（MM）（附录Ⅱ-23）。

琼脂是从海藻类提取的一种多糖类物质。商品琼脂中除含有少量矿物质如钙、镁、钠、钾等外，还含有少量蛋白质，维生素等营养成分。如果不除去这些营养成分会影响营养缺陷型的筛选结果，故该实验使用处理琼脂，其处理方法参照附录Ⅱ-1.9。

配制基本培养基的药品均用分析纯；使用的器皿要洗净，用蒸馏水冲洗 2~3 次，必要时用重蒸馏水冲洗。

（3）无氮基本培养基　在基本培养基中不加（NH$_4$）$_2$SO$_4$ 和琼脂。

（4）二倍氮源基本培养基　在基本培养基中加入 2 倍（NH$_4$）$_2$SO$_4$，不加琼脂。

（5）限制培养基（SM）　向配好的液体基本培养基中加入 0.1%~0.5% 的完全培养基，加入 2% 琼脂。

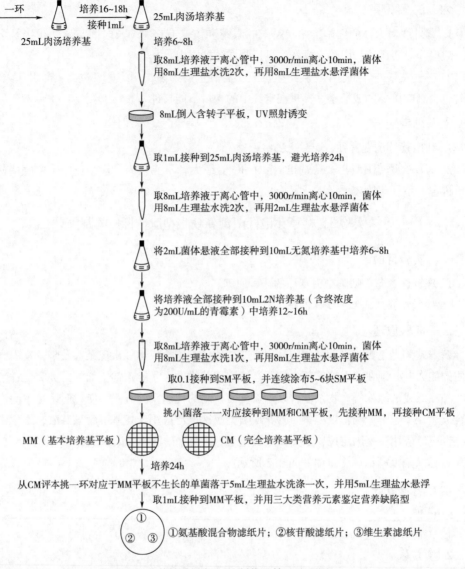

图 2-3 营养缺陷型标记的制作及筛选流程图

3. 溶液

（1）无维生素的酪素水解物或氨基酸混合液。

（2）水溶性维生素混合液。

（3）**核酸水解液** 取 2g RNA，加入 15mL 1mol/L NaOH；另取 2g RNA，加入 15mL 1mol/L HCl，分别于 100℃水浴加热水解 20min 后混合，调整 pH 为 6.0，过滤后调整体积为 40mL。

4. 其他

无菌小滤纸片，干净镊子，无菌移液管，培养皿，酒精灯等。

四、实验方法与步骤

1. 菌体前培养

取新活化的枯草芽孢杆菌斜面菌种 1 环，接入装有 20mL 完全培养基的 250mL 三角瓶中，

30℃振荡培养 16~18h。

2. 对数培养

取 1mL 培养液转接于另一只装有 20mL 完全培养基的 250mL 三角瓶中，30℃振荡培养 6~8h，使细胞处于对数生长状态。

3. 细胞悬浮液的制备

（1）取 8mL 培养液，离心（3000r/min、10min）收集菌体，菌体用生理盐水离心洗涤 2 次，最后将菌体充分悬浮于 11mL 生理盐水中，调整细胞浓度 10^8 个/mL。

（2）取 1mL 菌悬液以倾注法进行活菌计数，测定细胞悬浮液的菌体浓度。

4. 诱变处理 取剩余的 10mL 细胞悬浮液于直径 90mm 培养皿中（带磁棒），以紫外线照射 60s。

5. 中间培养 取 1mL UV 处理过的菌液于装有 20mL 完全培养基的 250mL 三角瓶中，30℃振荡培养过夜。

6. 淘汰野生型（青霉素法）

（1）取 8mL 中间培养液，离心（3000r/min、10min）收集菌体，菌体用生理盐水离心洗涤 2 次，最后将菌体转入 10mL 无氮基本培养基中，30℃振荡培养 6~8h。

（2）将全部菌液转入 10mL 二倍氮源基本培养基中，30℃振荡培养 1~2h，加入终浓度为 200U/mL 的青霉素（母液浓度为 2000U/mL），继续培养 5~6h，使青霉素杀死野生型细胞，达到浓缩缺陷型细胞的目的。

（3）取 8mL 菌液，离心收集菌体，将菌体用生理盐水离心洗涤 1 次，最后将菌体充分悬浮于 8mL 生理盐水中。

7. 营养缺陷型菌株的检出

（1）取 0.1mL 菌悬液，涂布于限制培养基平板上（3 皿或更多），30℃培养 48h，野生型形成大菌落，缺陷型为小菌落。

（2）制备完全培养基和基本培养基平皿各 4 皿，并在皿的背面划好方格（每皿以 30 个格为好）。

（3）用牙签从限制培养基平板上逐个挑取小菌落，对应点接在基本培养基和完全培养基上（先点接 MM 平板，位置一定要对应）。30℃培养 48h。将在完全培养基平板上生长，而在基本培养基平板上相应位置不生长的菌落，挑入完全培养基斜面，30℃培养 24h，作为营养缺陷型鉴定用菌株。

8. 营养缺陷型菌株的鉴定（采用生长谱法）

（1）取待测菌种斜面 1 环接于 5mL 生理盐水中，充分混匀，离心（3500r/min、10min）收集菌体，将菌体充分悬浮于 5mL 生理盐水中。

（2）取 1mL 菌悬液于平皿中，倾入约 15mL 融化并冷却至 45~50℃的基本培养基，摇匀，待凝固后即为待测平板。

（3）将待测平板底背面划分为三个区域，在培养基表面三个区域分别贴上蘸有氨基酸混合液、维生素混合液、核酸水解液的滤纸片，30℃培养 24h，观察滤纸片周围菌落生长情况。只有蘸有氨基酸混合液纸片周围生长的菌株，即为氨基酸缺陷型菌株。

五、实验结果与分析

确定经 UV 诱变后获得的营养缺陷属三大类营养物质的哪一大类。如果要对缺陷株的具体营养要素化学组成进行确定，通常也需采用生长谱法测定。以氨基酸缺陷型菌株的营养要求的鉴定为例加以说明。

首先将属于氨基酸缺陷的突变株用基本培养基经倾注而制成待测平板。

将待测平板背面用记号笔划为六个区域，在其上六个区域分别贴上蘸有如表 2-3 所示的各组氨基酸混合液的滤纸片，培养后观察滤纸片周围微生物生长圈。按表 2-4 所示的位置，确定该待测菌株对单一氨基酸营养的要求。

表 2-3　　　　　　　　　　　　　分组的氨基酸混合液

组别	1	组氨酸	苏氨酸	谷氨酸	天冬氨酸	亮氨酸	甘氨酸
	2	赖氨酸	苏氨酸	甲硫氨酸	异亮氨酸	缬氨酸	丙氨酸
	3	苯丙氨酸	谷氨酸	甲硫氨酸	酪氨酸	色氨酸	丝氨酸
	4	胱氨酸	天冬氨酸	异亮氨酸	酪氨酸	精氨酸	脯氨酸
	5		亮氨酸	缬氨酸	色氨酸	精氨酸	
	6		甘氨酸	丙氨酸	丝氨酸	脯氨酸	

表 2-4　　　　　　　　　　　　缺陷型菌株对营养要求的位置

生长圈位置	营养要求	生长圈位置	营养要求	生长圈位置	营养要求
1	组氨酸	1, 4	天冬氨酸	2, 6	丙氨酸
2	赖氨酸	1, 5	亮氨酸	3, 4	酪氨酸
3	苯丙氨酸	1, 6	甘氨酸	3, 5	色氨酸
4	胱氨酸	2, 3	甲硫氨酸	3, 6	丝氨酸
1, 2	苏氨酸	2, 4	异亮氨酸	4, 5	精氨酸
1, 3	谷氨酸	2, 5	缬氨酸	4, 6	脯氨酸

六、注意事项

该实验可以和"第三章实验 1、实验 2"联合进行，在实验材料的准备和时间安排上注意协调。"第三章实验 1"的菌体前培养、细胞悬浮液的制备、诱变处理都可以用于本实验。每个组根据已选用的诱变时间来观察营养缺陷型获得的情况。

七、思考题

1. 营养缺陷型的筛选方法有哪些？

2. 何为中间培养？中间培养的目的是什么？

实验 4　细菌基因组 DNA 的提取

一、实验目的

1. 了解提取细菌基因组 DNA 的原理。

2. 学习提取细菌基因组的基本技术。

二、实验原理

细菌基因组 DNA 提取是分子生物学研究的基础，DNA 提取的质量和效率可直接影响后续实验结果的准确性和精确性。目前提取细菌基因组 DNA 的方法主要有酚-氯仿抽提法、加热煮沸法、Chelex-100 抽提法、试剂盒提取法以及其他一些改良的提取方法等。提取方法不同，所提取的基因组 DNA 的浓度、纯度及降解程度也不同。可以根据后续的实验需要，选择合适、快速的基因组 DNA 的提取方法。

酚-氯仿提取法是先有 SDS（十二烷基硫酸钠）溶解破坏细胞膜蛋白和细胞内蛋白，并沉淀蛋白质；然后用蛋白酶 K 水解消化蛋白质，特别是与 DNA 结合的组蛋白，使 DNA 得以释放；再用有机溶剂去除蛋白质和其他细胞组分；最后用乙醇沉淀核酸。这是一种最传统的细菌基因组 DNA 提取方法。

三、实验材料、试剂及器具

1. 菌株

大肠杆菌 DH5α。

2. 试剂

TE 缓冲液（10mmol/L Tris-HCl pH8.0，1mmol/L EDTA pH8.0）、LB 液体培养基（胰蛋白胨 1%，酵母提取物 0.5%，NaCl 1%，pH7.0）、裂解液（40mmol/L Tris-醋酸，20mmol/L 醋酸钠，1mmol/L EDTA，1%SDS，pH8.0）、5mol/L NaCl、Tris-饱和酚、氯仿、RNA 酶 A、无水乙醇等。

3. 设备

eppendorf 管、移液器、高速冷冻离心机、涡旋振荡器等。

四、实验方法与步骤

1. 接种大肠杆菌 DH5α 于 LB 液体培养基中，37℃培养过夜。

2. 取 1.5mL 菌液 4℃ 12000r/min 离心 30s，弃去上清，倒置试管于吸水纸上吸干。

3. 每管加入 400μL 裂解液，用移液枪枪头反复抽吸辅助裂解，37℃水浴 30min。

4. 每管加入 132μL 的 5mol/L NaCl 溶液，颠倒试管，充分混匀后，13000r/min 离心 15min。小心取出上清液至新的 eppendorf 管中。

5. 加入等体积的饱和苯酚/氯仿，充分混匀后，12000r/min 离心 3min，离心后的水层如混浊则说明仍含有蛋白质，则需将上清液转入新的试管，重复上述步骤直到水层透明，水层和酚层之间不再白色沉淀物为止（约 2 次）。

6. 将上层清液转入新的 eppendorf 管，加等体积的氯仿，混匀后 13000r/min 离心 3min。

7. 小心吸出上清液转入新的 eppendorf 管，用预冷的两倍体积的无水乙醇沉淀，放置-20℃冰箱 30min，然后 13000r/min 离心 15min，可见白色丝状沉淀物。

8. 小心吸出液体，弃上清液，用预冷的 400μL 70%乙醇洗涤 2 次，室温干燥后，用 50μL TE（含 20μg/mL 的 Rnase）溶解 DNA，-20℃冰箱放置备用。

五、实验结果与分析

绘制或拍照提取的细菌基因组电泳图，如何根据电泳图判断提取基因组的质量。

六、注意事项

1. 材料应适量，过多会影响裂解，导致 DNA 量少，纯度低。

2. 采用有机（酚/氯仿）抽提时应充分混匀，但动作要轻柔。

3. 当沉淀时间有限时，用预冷的乙醇或异丙醇沉淀，沉淀会更充分，沉淀时加入 1/10 体积的 NaAc（pH5.2，3mol/L），有利于充分沉淀。

七、思考题

1. 提取过程中 DNA 降解的原因有哪些，如何预防 DNA 的降解？

2. 提取基因组 DNA 的量少的原因有哪些，如何解决？

实验 5　DNA 浓度和纯度的检测

一、实验目的

1. 了解利用分光光度法检测 DNA 纯度和浓度的原理。

2. 熟练掌握分光光度法检测 DNA 纯度和浓度的方法。

二、实验原理

测定 DNA 浓度和纯度的方法有两种：分光光度法和荧光光度法（溴化乙锭法或琼脂糖凝胶电泳法）。

组成 DNA 或 RNA 的碱基均具有一定的吸收紫外线特性，最大吸收波长在 250~270nm。腺嘌呤、胞嘧啶、鸟嘌呤、胸腺嘧啶和尿嘧啶的最大紫外吸收波长分别为 260.5nm、267nm、276nm、264.5nm 和 259nm。这些碱基与戊糖、磷酸形成核苷酸后其最大吸收峰不会改变，但核酸的最大吸收波长是 260nm，最小吸收波长是 230nm。这个物理特性为测定核酸溶液浓度提供了基础。对标准样品来说，当 $A_{260}=1$ 时，dsDNA 浓度为 50μg/mL，ssDNA 浓度约为 37μg/mL，RNA 浓度约为 40μg/mL。单链寡核苷酸浓度约为 30μg/mL。

紫外分光光度法只用于测定浓度大于 0.25μg/mL 的核酸溶液。分光光度法不但能够确定核酸的浓度，还可以通过测定核酸的纯度。当 DNA 样品中含有蛋白质、酚或其他小分子污染物时，会影响 DNA 吸光度的准确测定。一般情况下同时检测同一样品的 A_{260}、A_{280} 和 A_{230}，计算其比值来衡量样品的纯度。一般情况下，纯 DNA：$A_{260}/A_{280} \approx 1.8$（>1.9，表明有 RNA 污染；<1.6，表明有蛋白质、酚等污染）。纯 RNA：1.7 <A_{260}/A_{280}<2.0（<1.7 时表明有蛋白质或酚污染；>2.0 时表明可能有异硫氰酸残存）。若样品不纯，则比值发生变化，此时无法用分光光度法对核酸进行定量，可使用荧光光度法或其他方法进行估算。

荧光光度法的原理是：溴化乙锭在紫外光照射下能发射荧光，它插入到 DNA 分子中形成荧光结合物，使发射的荧光增强几十倍，而荧光的强度正比于 DNA 的含量，将已知浓度的标准样品作为电泳对照，就可以估计出待测样品的浓度。该法的灵敏度 5~10ng DNA。该方法只是估计水平，另外还应考虑 DNA 或 RNA 样品中分子大小与标准对照中核酸分子的长度。

三、实验材料、试剂及器具

1. 材料

提取的 pUC19 样品、pUC19 标准品。

2. 试剂

灭菌重蒸水，TE 缓冲液。

3. 器皿

石英比色皿、UV-240 紫外分光光度计。

四、实验方法与步骤

1. UV-240 紫外分光光度计开机预热 10min。

2. 用蒸馏水洗涤比色皿，吸水纸吸干，加入 TE 缓冲液后，放入样品室的 S 池架上，关上盖板。

3. 设定吸光值并进行仪器调零。

4. 将标准样品和待测样品适当稀释（DNA 5μL 或 RNA 4μL 用 TE 缓冲液稀释至 1000μL）后，记录编号和稀释度。

5. 把装有标准样品或待测样品的比色皿放进样品室的 S 架上，关闭盖板。

6. 设定紫外光波长，分别测定 230nm、260nm、280nm 波长时的吸光度。

7. 计算待测样品的浓度与纯度。

DNA 样品的浓度（μg/μL）：A_{260}×稀释倍数×50/1000

RNA 样品的浓度（μg/μL）：A_{260}×稀释倍数×40/1000

五、实验结果与分析

测定提取的基因组的浓度及纯度，并分析提取基因组的污染情况

六、注意事项

1. 紫外分光光度计使用前必须开机预热 10min 使其稳定。

2. 每次使用时必须先调零，而且注意样品浓度在仪器测定的线性范围之内，否则必须进行样品稀释。

七、思考题

如何根据 A_{260}、A_{280} 和 A_{230} 的值分析样品的浓度和纯度？

实验 6 琼脂糖凝胶电泳实验

一、实验目的

1. 学习使用琼脂糖凝胶电泳分离、测定 DNA 的方法。

2. 了解不同构型的质粒在琼脂糖凝胶电泳中的移动速率的区别。

二、实验原理

琼脂糖是从海藻中提取出来的一种线状高聚物，可作为电泳支持物，适用于分离大小范围在 0.2~50kb 的 DNA 片段。DNA 分子在碱性环境中带负电荷，在电场作用下向正极移动。不同的 DNA 片断由于其分子质量大小及构型不同，在电泳时的泳动速率不同。DNA 分子的迁移率与分子量的对数值成反比关系。观察其迁移距离，与标准 DNA 片段进行对照，就可获知该样品分子量大小。在质粒抽提过程中，由于各种因素的影响，使质粒 DNA 呈现超螺旋的共价闭合环状、开环状分子、线状分子三种不同的构型，这三种分子有不同的迁移率。在一般情况下，超螺旋形迁移速度最快，其次为线状分子，最慢的为开环状分子。用荧光染料溴化乙锭（ethidium bromide，EB）进行检测，溴化乙锭嵌入碱基对之间形成荧光络合物，在紫外线激发下发出红色荧光。

三、实验材料

1. 主要仪器

电泳仪、水平电泳槽、紫外检测仪。

2. 主要试剂

（1）提取的质粒 DNA。

（2）50×TAE（储存液）242gTris 碱，57.1mL 冰乙酸，100mL 0.5mol/L EDTA（pH8.0），用无菌水定容至 1000mL 用前稀释 50 倍。

（3）溴化乙锭（EB）10mg/mL 溶液。

（4）溴酚蓝配制含 0.1% 溴酚蓝溶液，加入等体积甘油混匀。

四、实验方法与步骤

1. 称取 1g 琼脂糖于 100mL 1×TAE（使用时浓度）中，加热溶解。

2. 电泳胶模两端用透明胶带封固，梳子置于适当位置，将冷却至 65℃左右的琼脂糖溶液慢慢倒在胶模上，厚度 3~5mm。静置，待胶凝固后揭去胶模两端的透明胶带，放入电泳槽内，倒入适量电泳缓冲液（一般液面高出凝胶 1cm），小心拔出梳子。

3. 将 10μL 酶切的质粒 DNA 样品，与等体积溴酚蓝指示剂混匀，加入凝胶点样孔内，防止产生气泡和样品溢出。

4. 将电泳槽通电，80V 恒压电泳 30min。

5. 电泳完毕，关掉电泳仪，倒去电泳槽中的电泳缓冲液，小心取出凝胶，溴化乙锭（EB）染色，置于紫外灯下观察结果，质粒 DNA 条带发出红色荧光。

五、实验结果与分析

绘制或拍照质粒的电泳图，并据此图分析提取质粒的质量

六、注意事项

1. 防止紫外线对人皮肤及眼睛的损伤，避免直接照射皮肤与眼睛。

2. EB 是强诱变剂，有致癌性，操作时要戴手套，防止污染。所有含有 EB 的溶液在弃置前应当进行净化处理。

七、思考题

不同构型的质粒的电泳速度为什么不一样？为什么不能用电泳判断未线性化质粒的大小？

实验 7　聚合酶链反应（PCR）

一、实验目的

1. 掌握 PCR 反应的原理。

2. 学习 PCR 体外扩增目的 DNA 片段的实验技术。

二、实验原理

PCR（Polymerase Chain Reaction，聚合酶链反应）是一种选择性体外扩增 DNA 或 RNA 的方法。它包括三个基本步骤：①变性（Denature）：目的双链 DNA 片段在 94℃下解链；②退火（Anneal）：两种寡核苷酸引物在适当温度（50℃左右）下与模板上的目的序列通过氢键配对；③延伸（Extension）：在 Taq DNA 聚合酶合成 DNA 的最适温度下，以目的 DNA 为模板进行

合成.由这三个基本步骤组成一轮循环,理论上每一轮循环将使目的 DNA 扩增一倍,这些经合成产生的 DNA 又可作为下一轮循环的模板,所以经 25~35 轮循环就可使 DNA 扩增达 10^6 倍。

一个标准的 PCR 反应包括七种基本成分:一种热稳定的催化模板依赖的 DNA 合成的 DNA 聚合酶;一对引导 DNA 合成的寡核苷酸引物;4 种三磷酸脱氧核苷酸(dNTP)底物;模板 DNA;二价阳离子,主要是 Mg^{2+},影响 Taq DNA 聚合酶的活性;维持 pH 稳定的缓冲液及存在于缓冲液中的一价阳离子 K^+。

三、实验材料

1. 材料和试剂溶液

DNA 模板,上游引物和下游引物。

10×PCR 反应缓冲液:500mmol/L KCl,100mmol/L Tris-HCl,在 25℃ 下,pH9.0,1.0% Triton X-100。

$MgCl_2$:25mmol/L。

4 种 dNTP 混合物:每种 2.5mmol/L。

Taq DNA 聚合酶 5U/μL。

2. 主要设备

PCR 仪、移液器和枪头等。

四、实验方法与步骤

1. 依次加入下列试剂,形成 20μL 反应体系:

13μL	H_2O
2μL	10×PCR 反应缓冲液
1μL	$MgCl_2$
2μL	4 种 dNTP 混合物
1μL	上游引物
1μL	下游引物
0.5μL	模板 DNA(约 1ng)
0.5μL	Taq DNA 聚合酶

混匀后离心 5s。

2. PCR 扩增的反应条件如下:

95℃	3min
95℃	30s ⎫
50℃	30s ⎬ 30 个循环
72℃	30s ⎭
72℃	3min
4℃ 保存	

3. 反应结束后,进行琼脂糖凝胶电泳检测。

五、实验结果与分析

绘制或拍照 PCR 产物的电泳图,并分析其质量。

六、注意事项

1. 退火温度及所需时间主要根据引物的 T_m 值，取决于引物的碱基组成、引物的长度、引物与模板的配对程度以及引物的浓度。实际使用的退火温度比扩增引物的 T_m 值约低 5℃。当引物中 GC 含量高，长度长并与模板完全配对时，应提高退火温度。退火温度越高，所得产物的特异性越高。

2. 延伸时间取决于待扩增片段的长度和 DNA 聚合酶的合成效率。

3. 循环次数：当其他参数确定之后，循环次数主要取决于 DNA 浓度。一般而言，25～30 轮循环已经足够。循环次数过多，会使 PCR 产物中非特异性产物大量增加。

七、思考题

影响 PCR 扩增的因素有哪些？如何优化这些因素？

实验 8 碱变性法提取大肠杆菌质粒 DNA

一、实验目的

1. 掌握碱变性法提取大肠杆菌质粒 DNA 的原理。
2. 学习碱变性法提取大肠杆菌质粒 DNA 的技术。

二、实验原理

从大肠杆菌细胞中分离质粒 DNA 的方法很多。其分离可依据分子大小不同，碱基组成的差异以及质粒 DNA 的超螺旋共价闭合环状结构的特点来进行。目前常用的有碱变性抽提法、羟基磷灰石柱层析法、质粒 DNA 释放法、酸酚法、两相法以及溴化铯——氯化铯密度梯度离心法。

本实验以碱变性抽提质粒 DNA，它基于染色体 DNA 与质粒 DNA 的变性与复性的差异而达到分离目的。在 pH 高达 12.6 的碱性条件下，染色体 DNA 氢键断裂，双螺旋结构解开而变性。质粒 DNA 的大部分氢键也断裂，但超螺旋共价闭合环状结构的两条互补链不会完全分离，当以 pH4.8 的醋酸钠高盐缓冲液调节其 pH 至中性时，变性的质粒 DNA 又恢复到原来的构型，保存在溶液中。而染色体 DNA 不能复性而形成缠连的网状结构。通过离心，染色体 DNA 与不稳定的大分子 DNA、蛋白质-SDS 复合物等一起沉淀下来被除去。

质粒 DNA 提取质量的好坏可以通过琼脂糖凝胶电泳或分光光度法进行检测。

三、实验材料

1. 菌种

含质粒 pUC18 的 *E. coli* DH5α。

2. 培养基

LB 液体培养基（附录 II-1）。

3. 溶液

溶液 I：50mmol/L 葡萄糖，25mmol/L Tris-HCl，10mmol/L EDTA（pH8.0）

溶液 II：0.2mol/L NaOH，1% SDS

溶液 III：5mol/L KAc：10mol/L HAc=4：1（体积比）

PPt 缓冲液：异丙醇：5mol/L KAc：2ddH$_2$O（双蒸水）=22：1：2（体积比）。

TER：0.1 倍的 TE 缓冲液中加入适量的经 100℃ 水浴处理后的 RnaseA，使终浓度达到

10mg/mL

50×TAE：242gTris 碱，57.1mL 冰乙酸，100mL 0.5mol/L EDTA（pH8.0），用无菌水定容至 1000mL

异丙醇、氯仿。

4. 主要设备

离心机、移液器、枪头等。

四、实验方法与步骤

1. 挑取单菌落接种于含氨苄青霉素（Amp）（100μg/mL）的 15mL LB 培养基中，37℃振荡培养过夜。

2. 取 1.5mL 过夜培养物于 Eppendorf 管内，5000g 离心 5min，弃上清，收集菌体（沉淀）。

3. 用 150μL 溶液Ⅰ充分悬浮沉淀，室温下放置 15min。

4. 加 300μL 溶液Ⅱ，轻轻倒转混匀，再加入 50μL 氯仿，混匀后冰浴 5min。

5. 加 450μL 溶液Ⅲ，充分混匀后冰浴 10min，12000g 4℃离心 10min，取上清。

6. 加 0.6 倍体积异丙醇，混匀后于 4℃放置 10min。12000g 4℃离心 10min，弃上清。

7. 沉淀溶于 250μL TER（含 20μg/mL RnaseA 的 TE）中，37℃消化 20min。

8. 加入 300μL PPt 缓冲液，混匀后置 4℃ 10min；12000g 4℃离心 10min，弃上清，用 70%冷乙醇洗沉淀一次，真空干燥。

9. 用 100μL 0.1×TE（pH 8.0）溶解，−20℃保存备用。

五、实验结果与分析

质粒 DNA 提取的电泳图，并分析提取质粒的质量

六、注意事项

1. 当加入溶液Ⅱ和溶液Ⅲ后，混匀时一定要轻柔，否则，容易导致质粒断裂。

2. 也可以用 95% 以上的乙醇进行沉淀，但沉淀时间要相应延长。

七、思考题

影响提取质粒的质量的因素有哪些？

实验 9　大肠杆菌感受态细胞的制备及质粒转化

一、实验目的

1. 掌握用 CaCl₂法制备大肠杆菌感受态细胞的原理和方法。

2. 掌握大肠杆菌的热激转化方法。

二、实验原理

感受态是指宿主菌株处于能够吸收外源 DNA 的生理状态。它是由受体菌的遗传性状所决定的，同时也受菌龄、外界环境因子的影响。细胞的感受态一般出现在对数生长期，新鲜幼嫩的细胞是制备感受态细胞和进行成功转化的关键。

转化是将外源 DNA 分子引入受体细胞，使之获得新的遗传性状的一种手段，它是微生物遗传、分子遗传、基因工程等研究领域的基本实验技术。

受体细胞经过一些特殊方法（如电击法，CaCl₂、RbCl、KCl 等化学试剂法）的处理后，细

胞膜的通透性发生了暂时性的改变，成为能允许外源 DNA 分子进入的感受态细胞。进入受体细胞的 DNA 分子通过复制，表达实现遗传信息的转移，使受体细胞出现新的遗传性状。

对数生长期的大肠杆菌在低温下，用 Ca^{2+} 处理，会呈现感受态，对外源 DNA 有相当高的受纳能力，并对菌株中的内切核苷酸酶也有一定的抑制作用，而不把外源 DNA 切断。原因是细菌处于 $0℃$，$CaCl_2$ 的低渗溶液中，菌细胞膨胀成球形，转化混合物中的 DNA 形成抗 DNase 的羟基-钙磷酸复合物黏附于细胞表面，经 $42℃$ 短时间热冲击处理，促使细胞吸收 DNA 复合物。钙离子的作用是结合于细胞膜上，是细胞膜呈现一种液晶态。在冷热变化刺激下液晶态的细胞膜表面会产生裂隙，使外源 DNA 进入。

三、实验材料

1. 菌种及质粒

E. coli DH5α，质粒 pUC18。

2. 培养基

LB 液体培养基（附录Ⅱ-1）。

LB 固体培养基（在 LB 液体培养基中加 2% 的琼脂粉，终浓度为 80μg/mL 的氨苄青霉素）。

3. 溶液

0.05mol/L $CaCl_2$ 溶液（2.22g $CaCl_2$ 溶于 200mL 去离子水中）。

TE 缓冲液　0.01mol/L Tris-HCl，0.001mol/L EDTA（pH8.0）。

4. 主要设备

冷冻离心机、移液管、冰盒、水浴锅、移液枪、涂布器等。

四、实验方法与步骤

1. 接种受体菌（*E. coli* DH5α）于 1 瓶 15mL LB 三角瓶中，37℃，180r/min 过夜培养。

2. 取 0.5mL 受体菌（*E. coli* DH5α）过夜培养物，转接于 25mL LB 三角瓶中，37℃，180r/min 培养 2~3h。

3. 取 10mL 菌液，离心，悬浮于 5mL 预冷的 $CaCl_2$ 溶液中，冰浴 30min，冷冻离心，去上清，重新悬浮于 0.5mL 预冷的 $CaCl_2$ 溶液中，制得感受态细胞。

4. 取 0.2mL 感受态细胞分别加入两支 EP 管中，其中一支加入 3μL 质粒 pUC18，轻轻混匀，另外一支不加质粒作为空白对照；冰浴 30min，迅速移入 42℃ 水浴，保温 90s，冰浴 2min，加入 0.5mL 液体 LB，37℃ 摇床培养 1h。

5. 取 0.5mL 转化菌体连涂 5 块 LB 平板（含氨苄青霉素，终浓度为 80μg/mL），取 0.2mL 未转化对照菌体涂于 1 块氨苄青霉素 LB 平板。

五、实验结果与分析

大肠杆菌感受态细胞的质量及其转化效率。

六、注意事项

为了提高感受态的质量和转化效率，应该注意以下因素：

1. 细胞生长状态和密度

不要用经过多次转接或储于 4℃ 的培养菌，最好从 -70℃ 或 -20℃ 甘油保存的菌种中直接转接用于制备感受态细胞的菌液。细胞生长密度以刚进入对数生长期时为好，可通过监测培养液的 A_{600} 来控制。DH5α 菌株的 A_{600} 为 0.5 时，细胞密度在 $5×10^7$ 个/mL（不同的菌株情况有所不同）时比较合适。密度过高或不足均会影响转化效率。

2. 质粒的质量和浓度

用于转化的质粒 DNA 应主要是超螺旋态 DNA（cccDNA）。转化效率与外源 DNA 的浓度在一定范围内成正比，但当加入的外源 DNA 的量过多或体积过大时，转化效率就会降低。1ng 的 cccDNA 即可使 50μL 的感受态细胞达到饱和。一般情况下，DNA 溶液的体积不应超过感受态细胞体积的 5%。

3. 试剂的质量

所用的试剂，如 $CaCl_2$ 等均需是最高纯度的（GR. 或 AR.），并用超纯水配制，最好分装保存于干燥的冷暗处。

4. 防止杂菌和杂 DNA 的污染

整个操作过程均应在无菌条件下进行，所用器皿，如离心管等最好是新的，并经高压灭菌处理，所有的试剂都要灭菌，且注意防止被其他试剂、DNA 酶或杂 DNA 所污染，否则均会影响转化效率或杂 DNA 的转入，为以后的筛选、鉴定带来不必要的麻烦。

七、思考题

影响感受态制备因素有哪些？如何能提高感受态的质量和转化效率。

实验 10　DNA 的限制性酶切反应

一、实验目的

了解限制性核酸内切酶的酶切原理及其实验技术。

二、实验原理

限制性核酸内切酶是可以识别特定的核苷酸序列，并在每条链中特定部位的两个核苷酸之间的磷酸二酯键进行切割的一类酶，简称限制酶。根据限制酶的结构，辅因子的需求切位与作用方式，可将限制酶分为三种类型：Ⅰ型、Ⅱ型和Ⅲ限制性内切酶。Ⅰ型限制性内切酶既能催化宿主 DNA 的甲基化，又催化非甲基化的 DNA 的水解；而Ⅱ型限制性内切酶只催化非甲基化的 DNA 的水解。Ⅲ型限制性内切酶同时具有修饰及认知切割的作用。基因工程中应用的主要是Ⅱ型限制性核酸内切酶，它识别 DNA 序列中的 4~8 个核苷酸的回文序列。有些酶的切割位点在回文序列的一侧（如 *Eco*R Ⅰ、*Bam*H Ⅰ、*Hind* 等），因而可形成黏性末端，另一些Ⅱ类酶如 *Alu* Ⅰ、*Bsu*R Ⅰ、*Bal* Ⅰ、*Hal* Ⅲ、*HPa* Ⅰ、*Sma* Ⅰ等，切割位点在回文序列中间，形成平整末端。

三、实验材料

限制性内切酶 *Eco*R Ⅰ 及相应缓冲液、质粒 pUC18。

四、实验方法与步骤

1. 酶切反应体系

*Eco*R Ⅰ	1μL
缓冲液	2μL
DNA	4μL
H_2O	13μL

注意各组分加入顺序：H_2O，缓冲液，DNA，*Eco*R Ⅰ。

2. 37℃水浴加热 1h，4℃保存备用。

3. 核酸电泳检测酶切情况。

五、实验结果与分析

质粒酶切后的核酸电泳图，并分析酶切质量。

六、注意事项

1. 限制性核酸内切酶的酶切反应属于微量操作技术，DNA 样品和酶的用量都很少，注意吸样量的准确性。

2. 注意配制酶切反应体系时各组分的加入顺序，一般先加重蒸水，其次加缓冲液和 DNA，最后加酶。限制性核酸内切酶应该在加入前从 -20℃ 冰箱取出，酶管放置在冰上，取酶液时枪头应从表面吸取，防止由于插入过深而使吸头外壁沾染过多的酶液，取出的酶液应立即加入反应混合也得液面以下，并充分混匀。限制性核酸内切酶使用完毕后立即放回冰箱，防止酶的失活。

七、思考题

什么是星活性？如何避免酶切反应中限制性内切酶产生星活性？

实验 11　重组质粒的构建、筛选及鉴定

一、实验目的

1. 了解重组质粒构建的一般过程。

2. 掌握重组质粒构建、筛选的实验技术。

二、实验原理

重组质粒就是外源 DNA 和载体分子链接形成的重组子。重组质粒的构建过程一般包括目的基因的获取、目的基因和载体的限制性酶切反应、酶切后的目的基因与载体的链接、链接产物的转化及重组子的筛选鉴定。这一过程也称 DNA 重组技术。

目的基因的获取，可以利用 PCR 扩增出所需要的目的基因，也可以从提供的质粒 DNA 或基因组 DNA 中通过特异性限制性核酸内切酶进行酶切反应获得目的基因。目的基因和载体的酶切反应一般选用相同的限制性核酸内切酶，而且目的基因内部不存在该限制性核酸内切酶的酶切位点；若是构建表达载体，还要保证酶切链接后的 OFR 正确。目的基因与载体的链接就是利用 DNA 连接酶催化两双链 DNA 片段相邻的 5′-磷酸和 3′-羟基间形成磷酸二酯键。在分子克隆中最常用的 DNA 连接酶是来自 T4 噬菌体的 DNA 连接酶——T4 DNA 连接酶。T4 DNA 连接酶可以连接黏性末端和平末端的 DNA 片段。链接产物转化合适的受体（宿主）细胞，便于重组质粒的筛选鉴定和保存。受体（宿主）细胞指能摄取外源 DNA 并维持其稳定的细胞，一般选用大肠杆菌作为受体细胞。重组子的筛选鉴定就是从转化后的阳性克隆中筛选出正确的重组子的过程。链接产物转化宿主细胞后，并非所有的受体细胞都能被导入重组 DNA 分子，而且导入的重组 DNA 分子还可能是载体自身链接或不正确链接的产物。因此必须使用各种筛选及鉴定手段区分转化子与非转化子，并从转化的细胞群体中分离出带有目的基因的重组子。重组子的筛选鉴定方法很多，如 α-互补、菌落 PCR、提取质粒进行酶切鉴定和重组质粒测序等。

三、实验材料

1. 菌株和质粒

大肠杆菌 DH5α 感受态和 pUC18 质粒。

2. 主要试剂或溶液

作为模板的大肠杆菌基因组 DNA，扩增目的基因的上游引物 F 和下游引物 R，上游和下游引物的 5′-端分别含有合适的限制性核酸内切酶 E1 和 E2。

Taq DNA 聚合酶及其反应缓冲液、$MgCl_2$ 和 4 种 dNTP 混合物

限制性核酸内切酶 E1 和 E2 及其相应的反应缓冲液

T4 DNA 连接酶及其缓冲液

LB 液体培养基（附录Ⅱ-1）。

LB 固体培养基（在 LB 液体培养基中加 2% 的琼脂粉，终浓度为 80μg/mL 的氨苄青霉素）。

3. 主要设备

冷冻离心机、移液管、冰盒、恒温水浴锅、摇床、移液枪、涂布器等。

四、实验方法与步骤

1. 目的基因的获取

以基因组 DNA 为模板，以引物 F 和引物 R 为引物扩增目的基因并进行纯化。反应体系和反应条件如下：

反应体系：

基因组 DNA	1μL
10×PCR 反应缓冲液	5μL
$MgCl_2$	2μL
4 种 dNTP 混合物	4μL
引物 F	2μL
引物 R	2μL
Taq DNA 聚合酶	1μL
H_2O	33μL

反应条件：

95℃	3min
95℃	30s
55℃	30s 〕30 个循环
72℃	30s
72℃	3min

4℃ 保存。反应结束后，进行琼脂糖凝胶电泳检测并进行 PCR 产物纯化。

2. 酶切反应及酶切产物纯化回收

酶切反应体系如下：

PCR 产物/pUC18	10μL
缓冲液	5μL
限制性核酸内切酶 E1	2μL

限制性核酸内切酶 E1	2μL
H_2O	31μL

按照上述反应体系混匀后，37℃水浴加热 2 h，然后进行核酸电泳，并切胶回收酶切产物。

3. 连接反应

连接反应体系如下：

酶切后的载体	2μL
酶切后的目的基因	6μL
T4 缓冲液	1μL
T4 连接酶	1μL
16℃过夜	

4. 转化

取上述连接液 5μL 转化到预先制备的 DH5α 化学感受态细胞中，冰浴 30min，42℃热激 90s，冰上放置 5min，加入 1mL LB 培养基 37℃摇床培养 45min，然后取 200μL 均匀涂布在含有 80μg/mL 抗生素的 LB 平板上并在 37℃倒置培养过夜。

5. 重组子的筛选与鉴定

（1）菌落 PCR 鉴定　挑取阳性克隆先转接到另一块含有 80μg/mL 抗生素的 LB 平板上进行编号培养，同时将其接入有 12.5μL 水的 PCR 管中，100℃加热 3min，−70℃冷冻 5min，重复三次，然后加入 PCR buffer 2μL、$MgCl_2$ 1μL、dNTP 混合物 2μL、上下游引物各 1μL、Taq DNA 聚合酶 0.5μL，按照上述 PCR 条件进行 PCR 反应，同时加入模板 DNA 和宿主菌株作为阳性和阴性对照。PCR 产物进行琼脂糖凝胶电泳，观察是否有目的基因条带。含有目的基因条带的克隆为可能的阳性克隆。

（2）酶切鉴定　将 PCR 鉴定正确的阳性克隆进行培养并提取质粒并按上述酶切反应进行酶切，酶切产物进行核酸电泳，观察目的基因条带和酶切后质粒条带的大小。若二者皆与预期条带大小相符，说明该阳性克隆可能为正确的重组子。

（3）测序鉴定　将酶切鉴定正确的重组质粒进行测序和序列分析，若没有基因突变、开放阅读框（ORF）也正确，才表明重组质粒构建成功。

五、实验结果与分析

PCR 产物、质粒酶切和重组质粒酶切鉴定的电泳图及其结果分析。

六、注意事项

1. 酶切、连接及转化等涉及微生物部分的实验要注意无菌操作，涉及分子实验的部分虽然不用无菌，但要注意不要污染杂质。

2. 进行菌落 PCR 鉴定时，挑阳性克隆时不仅要进行无菌操作，而且挑起的一个菌落必须同时完成接种平板和接入装有水的 PCR 管中，并且一定要先接种平板后接入 PCR 管，注意接入 PCR 管的菌体不能太多。

3. 进行重组子的鉴定时，可以根据实验目的的不同灵活选择鉴定方法，并不是三种方法都必须同时进行的。

七、思考题

1. 转化子的筛选方法有哪些？

2. 重组质粒的构建过程中，如何选择限制性核酸内切酶？

实验 12　毕赤酵母感受态的制备及其转化实验

一、实验目的

1. 了解毕赤酵母感受态的制备及转化原理。

2. 掌握毕赤酵母感受态的制备及转化的实验操作技术。

二、实验原理

巴斯德毕赤酵母（*Pichia pastoris*）表达系统是一种广泛应用的真核表达体系，是目前最为成功的外源蛋白表达系统之一，与现有的其他表达系统相比，巴斯德毕赤酵母在表达产物的加工、外分泌、翻译后修饰以及糖基化修饰等方面有明显的优势。毕赤酵母已经被美国 FDA 认定为公认安全（GRAS）微生物，为其在食品和医药上的应用铺平了道路。目前，在医药蛋白领域，已经有胰岛素、乙肝表面抗原、人血清白蛋白、表皮生长因子等多种蛋白利用毕赤酵母表达系统实现商品化制备；在工业酶制剂领域，也有许多酶制剂如甘露聚糖酶、木聚糖酶、植酸酶、脂肪酶等利用毕赤酵母实现了产业化规模的生产。

巴斯德毕赤酵母是甲醇营养型酵母，它有两个甲醇氧化酶基因 *aox*1 和 *aox*2，可以利用甲醇作为唯一碳源。商业化的巴斯德毕赤酵母 GS115 是组氨酸营养缺陷型，而且表达载体 pPIC9 上含有组氨酸表达单元，因此可以利用组氨酸筛选重组菌株。根据 pPIC9 载体线性化酶的不同，构建的表达载体可以整合到 GS115 不同基因位点（*aox*1 基因位点或组氨酸基因位点），从而形成 His$^+$Mut$^+$ 和 His$^+$Mut^s 两种不同的基因型的重组菌株。表达载体 pPIC9 上含有特有的强有力的 AOX 启动子，用甲醇可严格地调控外源基因的表达；同时该载体还有 α-因子信号肽，使表达的外源目的蛋白分泌到发酵液中，有利于分离纯化。毕赤酵母发酵工艺成熟，容易放大发酵。已经有大规模工业化高密度生产的发酵工艺，细胞干重达 100g/L 以上，表达重组蛋白时，已成功放大到 10000L。

毕赤酵母的感受态的制备和转化方法有多种，如毕氏酵母氯化锂转化法、毕氏酵母 PEG 1000 转化法和毕赤酵母电转化法等。由于毕赤酵母电转化法相对简单，转化效率高，因此本实验介绍毕赤酵母电转化法。

三、实验材料

1. 菌株和质粒

巴斯德毕赤酵母 GS115 和质粒 pPIC9。

2. 培养基和试剂

YPD 培养基（附录Ⅱ-4）

MD 固体培养基（附录Ⅱ-25）

1mol/L 山梨醇

TE 缓冲液（10mmol/L Tris-HCl pH8.0，1mmol/L EDTA pH8.0）

3. 主要设备

电转仪、摇床、电转化杯等。

四、实验方法和步骤

1. 毕赤酵母感受态的制备

（1）挑取酵母单菌落，接种至含有 5mL YPD 培养基的 50mL 三角瓶中，30℃、250～

300r/min 培养过夜；

（2）取 100~500μL 的培养物接种至含有 500mL 新鲜培养基的 2L 三角摇瓶中，28~30℃、250~300r/min 培养过夜，至 OD600 达到 1.3~1.5；

（3）将细胞培养物于 4℃，1500g 离心 5min，用 500mL 的冰预冷的无菌水将菌体沉淀重悬；

（4）按步骤 3 离心，用 250mL 的冰预冷的无菌水将菌体沉淀重悬；

（5）按步骤 3 离心，用 20mL 的冰预冷的 1mol/L 的山梨醇溶液将菌体沉淀重悬；

（6）按步骤 3 离心，用 1mL 的冰预冷的 1mol/L 的山梨醇溶液将菌体沉淀重悬，其终体积为 1.5mL；

（7）将菌体悬液分装为 80μL 一份的包装冷冻起来，但会影响其转化效率。

2. 毕赤酵母的电击转化

（1）将 5~20μg 的线性化 DNA 溶解在 5~10μL TE 溶液中，与 80μL 的上述步骤 7 所得的菌体混匀，转至 0.2cm 冰预冷的电转化杯中；

（2）将电转化杯冰浴 5min；

（3）根据电转仪提供的资料，参考其他文献及多次摸索，确定合适的电压、电流、电容等参数，按优化的参数，进行电击（推荐参数为：电压 1.5kV；电容 25μF；电阻 200Ω。电击时间为 4~10ms）；

（4）电击完毕后，立即加入 1mL 冰预冷的 50%YPD：50% 1mol/L 山梨醇溶液（即 YPD 和 1mol/L 山梨醇按 1：1 混匀）将菌体混匀，转至 1.5mL 的 EP 管中，30℃复苏培养 2h；

（5）将菌体悬液涂布于 MD 平板上，每 200~600μL 涂布一块平板；

（6）将平板置于 30℃培养，直至长出单个菌落。

（7）筛选 Mut+/Mut^S 表现型。

五、实验结果与分析

转化子的鉴定及其转化效率。

六、注意事项

1. 酵母菌株制备感受态之前必须涂布到平板上进行活化，不能采用长时间放置的菌株直接制备感受态。

2. 载体必须线性化，线性化不完全或载体浓度太低都影响转化效率。

七、思考题

1. 如何提高转化效率？

2. 如何根据质粒筛选标记的不同选择相应的筛选平板？

3. 如何鉴定转化子？

实验 13　大肠杆菌半乳糖基因高频转导

一、实验目的

1. 了解温和噬菌体的性质，学习溶源菌的检查方法。

2. 掌握噬菌体效价以及裂解量的测定方法。

3. 了解通过 λ 噬菌体局限性地转导半乳糖基因现象。

4. 了解转导的基本原理，并掌握高频转导的实验技术。

二、实验原理

温和噬菌体侵染宿主细胞后将其基因组整合到宿主细胞的染色体组中，使宿主细菌成为溶源性细菌。溶源性细菌一般在生长繁殖过程中可自发的发生极低频率的裂解，释放出具有感染力的噬菌体。可以用物理或化学的方法诱导，使其大部分或全部裂解。检测时需要有对此温和噬菌体敏感的宿主细胞，即溶源性细菌释放的噬菌体对于该细胞而言是烈性噬菌体，该细胞被称为敏感株。敏感株可以从待检的溶源株相近的种或变种中找到。

实验中选用携带 λ／dλ 噬菌体的大肠杆菌称为双重溶源性菌株。该菌株同时被 λ 完整噬菌体和 λ 缺陷噬菌体（dλ）侵染。该菌株一般用于高频转导，两种噬菌体中只有完整的 λ 噬菌体才能在侵染敏感株后于固体平板上形成噬菌斑。每毫升噬菌体裂解液中所含的噬菌体数量被称为噬菌体效价，一般以每毫升噬菌体裂解液在含有敏感菌的固体平板上形成的噬菌斑的数量来表示。裂解量则是表示一个细胞被裂解后所释放出的噬菌体数量，可以根据每毫升裂解的溶源性菌株数量和效价进行计算。

本实验以从低频转导中分离到的双重溶源菌 $E.\ coli$ $K_{12}F_2gal^-/\lambda dgal^+/\lambda$ 菌株作为高频转导的供体菌，实验原理如图 2-4 所示。

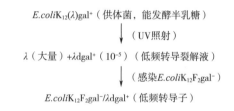

图 2-4　$E.\ coli$ 的低频转导和高频转导图解

三、实验材料

1. 菌种

（1）供体菌　带有噬菌体 λ 和缺陷噬菌体（λdgal＋）的双重溶源菌（$E.\ coli$ $K_{12}F_2gal^-$/$\lambda dgal^+/\lambda$）（能发酵半乳糖），经紫外线诱导而制得的高频转导噬菌体裂解液。

（2）受体菌　$E.\ coli$ $K_{12}Sgal^-$ 菌（不能发酵半乳糖），该菌对数期的肉汤培养液。

2. 培养基

（1）肉汤培养基（见附录Ⅱ-20）。

（2）肉汤半固体培养基于肉汤培养基中加入 0.6% 琼脂。

（3）加倍肉汤培养基成分与肉汤培养基相同，但浓度加倍。

（4）半乳糖 EMB 固体培养基（见附录Ⅱ-26）。

3. 其他试剂

（1）含镁磷酸缓冲液　磷酸二氢钾 2g，磷酸氢二钾 0.7g，硫酸镁 0.025g，蒸馏水 1000mL。

（2）生理盐水、氯仿。

四、实验方法与步骤

1. 噬菌体的诱导和裂解液的制备

（1）菌体培养

①从供体菌 *E. coli* $K_{12}F_2gal^-/\lambda dgal^+/\lambda$ 菌株斜面挑取 1 环接种于 3mL 肉汤培养基中，37℃ 振荡培养 18h。

②取 1mL 培养液接种于装有 9mL 肉汤液的 150mL 三角瓶中，37℃ 振荡培养 4~6h。

（2）噬菌体的诱导和裂解液的制备

①取 10mL 培养液，离心（3500r/min，15min）收集菌体。菌体用 10mL 加镁磷酸缓冲液离心洗涤 1~2 次，最后将菌体悬浮于 3.1mL 加镁磷酸缓冲液中，制成细胞悬浮液。取 0.1mL 菌悬液用生理盐水稀释，参照细菌菌落总数测定方法检测菌悬液中的溶源菌数量（N_1）。

②将其余 3mL 菌悬浮液放入 φ75mm 培养皿中，在诱变箱内以紫外线照射 10s，然后加入 3mL 加倍肉汤培养液，于 37℃ 避光培养 2~3h。

③取 0.1mL 菌悬液用生理盐水稀释，参照细菌菌落总数测定方法检测菌裂解液中的残存的溶源菌数量（N_2）。另取 5mL 经诱导的处理液移入离心管中，加入 0.4mL 氯仿剧烈震荡 30s。离心（3500r/min，15min）分离，小心地将上清液移入另一支离心管中，此液即为噬菌体裂解液。

2. 噬菌体裂解液效价和裂解量的测定

（1）敏感菌的培养

①从受体菌 *E. coli* $K_{12}Sgal^-$ 菌种斜面取 1 环菌，接种于 3mL 肉汤培养液中，37℃ 培养 18h。

②取 1mL 培养液接种于装有 9mL 肉汤培养液的 150mL 三角瓶中，37℃ 培养 4~6h（将剩余的菌液留下，为下一个实验做点滴法观察高频转导现象用）。

（2）效价的测定

①用肉汤培养液将噬菌体裂解液 10 倍递增稀释至 10^{-9}。

②取 6 支装有 5mL 肉汤半固体培养基的试管，溶化培养基并冷却至 45~50℃（水浴保温），分别加入 0.2mL 敏感菌液，同时迅速加入 0.5mL 不同稀释度（10^{-7}、10^{-8}、10^{-9}）的噬菌体裂解液（每个稀释度 3 皿），摇匀迅速倾于底层为肉汤固体培养基平板上，轻轻摇匀，待凝固后，置 37℃ 培养 24h。统计平板上形成的噬菌斑数量，并计算其效价。

噬菌体效价（个/mL）=（某稀释度平均噬菌斑数×稀释倍数）/所取裂解液的毫升数

（3）裂解量的测定

$$N_1（个/mL）=（某稀释度平板上的菌落数×稀释倍数）/0.1$$

$$N_2（个/mL）=（某稀释度平板上的菌落数×稀释倍数）/（0.1×2）$$

3mL 菌悬液所释放的噬菌体总数为：噬菌体的效价×噬菌体裂解液体积（mL）

$$裂解量=3mL 菌悬液释放的噬菌体总数/悬液所（N_1-N_2）$$

3. 高频转导现象的观察（点滴法）

取制作好的半乳糖 EMB 培养基平板 3 只，在皿底上事先用记号笔按图 2-5 样子画好。然后用玻璃平头勺蘸取保存备用的受体菌 $K_{12}Sgal^-$ 菌液涂布成宽为 1cm 的菌带，37℃ 培养 6h。

分别取高频转导噬菌体裂解液 2~3 环，点接在培养皿圆圈处作对照。然后再各取 2~3 环，分别接在受体菌带上的 2 个圆圈内（每次取裂解液之前，接种针要经过火焰灭菌，以免带入受体菌而污染裂解液），37℃培养 2~3d，观察菌带上的转导现象。

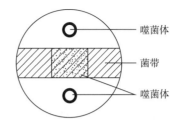

图 2-5　点滴法观察高频转导现象图解

4. 高频转导频率的测定

（1）取 0.5mL 受体菌 K_{12}Sgal 菌培养液于试管中，置 37℃水浴中预热 30min，加入 0.5mL 噬菌体裂解液（原液），摇匀，置 37℃水浴中保温 10min，然后用肉汤稀释至 10^{-3}。

（2）取上述不同稀释度（10^{-2}、10^{-3}）菌液各 0.1mL，涂布于半乳糖 EMB 平板上（每个稀释度 3 皿）。

（3）取 0.1mL 噬菌体裂解液和受体菌菌液，分别涂布于半乳糖 EMB 平板上（每个样品 3 皿）作对照。

（4）将上述全部平板置 37℃培养 2~3d，观察并记录实验结果。凡呈现深紫色带金属光泽的菌落即为转导子。

5. 大肠杆菌半乳糖发酵基因高频转导实验程序图解

如图 2-6 所示。

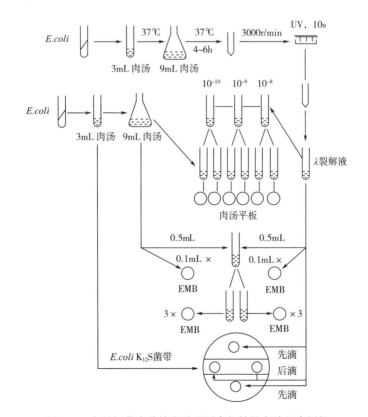

图 2-6　大肠杆菌半乳糖发酵基因高频转导实验程序图解

五、实验结果与分析

计算噬菌体效价和双重溶源菌经紫外线诱导后的裂解量。

转导子总数/毫升裂解液=某稀释度转导子平均数（个/0.1mL）×10×2×稀释倍数

转导频度（%）= 转导子总数/噬菌体效价×100%

六、注意事项

使用过程中的噬菌体材料必须经过严格的消毒灭菌，注意影响污染实验环境和周围空气。

七、思考题

1. 什么是双重溶源菌，它与温和噬菌体有区别和联系？
2. 如何检测温和噬菌体，它对于科学研究与生产实践有何影响？

第三章

应用微生物学实验技术

第一节　显微技术

微生物个体微小，需要借助显微镜才能观察到，因此在微生物学的各项研究中，显微镜就成为研究者不可缺少的工具。各种微生物的大小存在差异，需要使用不同观察范围的显微镜（见图 3-1）。显微镜的种类很多，根据其成像原理，大体上可分为光学显微镜和非光学显微镜两大类（图 3-2）。非光学显微镜有电子显微镜、扫描探针显微镜和超声波显微镜等。实验室观

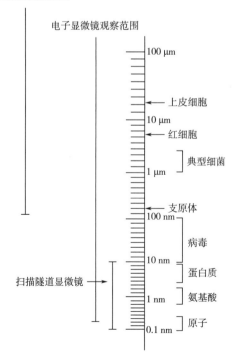

图 3-1　不同种类显微镜的观察范围

察微生物形态所用的显微镜，以普通的亮视野光学显微镜最为常见，其详细内容已经在第一章详细介绍，本章将在其基础上依次介绍其他种类的显微镜。

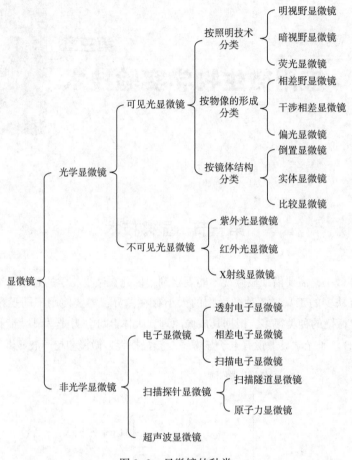

图 3-2　显微镜的种类

　　显微镜的分辨力与波长相关，如欲提高分辨力则须缩短光波的波长。1932 年德国西门子公司的 E. Ruska 及其同事，以波长为 0.01~0.9nm 的电子束作为光源，以电磁透镜代替玻璃透镜研制出了一台透射电子显微镜。电子显微镜的问世为研究者打开了进入极微世界的大门，是 20 世纪最重要的发明之一。目前，电子显微镜的分辨能力已由最初的几十纳米（nm）提高到 0.1~0.2nm，其放大倍数已达 100 万倍。为适应科学研究的迅猛发展，人们相继又研制出扫描电镜、扫描隧道显微镜和具有 X 射线微区元素分析功能的分析电镜。伴随着各种显微镜性能的日臻完善和样品制备技术的不断提高，人们不仅可以窥知各类生物细胞详尽的细胞器、超显微非细胞生物——病毒的形貌以及生物大分子物质的细微结构，而且还能将生物的形态结构、化学组成和生理活动联系在一起进行综合性的功能研究，使生命物质的观察进入了分子时代，成为现代生命科学研究重要的工具和手段。

一、 暗视野显微镜的使用

实验 1 暗视野显微镜使用举例——细菌运动的观察

一、实验目的

1. 了解暗视野显微镜的构造和原理，掌握它的使用方法。
2. 学会在显微镜下辨别细菌的运动性。

二、实验原理

暗视野显微镜是利用丁达尔光学效应的原理，在普通光学显微镜的结构基础上改造而成的。暗视野显微镜光路示意图如图 3-3 所示，其聚光镜中央有挡光片，使照明光线不能直射进入物镜，只允许被标本反射和衍射的光线进入物镜，因而视野的背景是黑的，物体的边缘是亮的。利用这种显微镜能见到小至 0.2~0.04μm 的微粒子，分辨率可比普通显微镜高 50 倍。用暗视野显微镜可以在黑暗中看到光亮的菌体，故适合观察细菌的运动。图 3-4 展示了暗视野显微镜观察苍白密螺旋体和团藻的图像。暗视野显微镜能够看到菌体的轮廓，但不容易看清其内部结构。

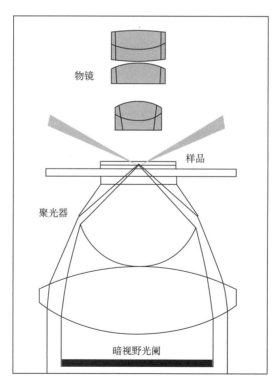

图 3-3 暗视野显微镜光路示意图

（引自 Prescott's Microbiology，第九版，2013 年）

使用暗视野显微镜时，通常在聚光器与载玻片之间充满香柏油，否则，照明光线在聚光器上会全部反射掉，不能照到被检物上，得不到暗视野照明。此外，要把聚光器焦点对准被检物。

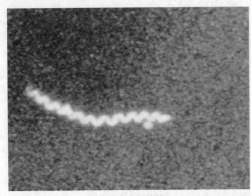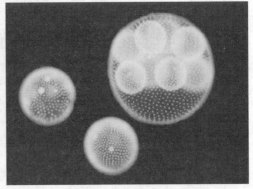

(1)苍白密螺旋体　　　　　　　　　　　　　(2)团藻

图 3-4　暗视野显微镜观察苍白密螺旋体（1）和团藻（2）的图像

（引自 Prescott's Microbiology，第九版，2013 年）

要想做到这一点，首先要使聚光器的光轴与物镜的光轴严格调到同一直线上；其次要进行中心调节和调焦；第三，在调节焦点时，要考虑载玻片与盖玻片的厚度，因为暗视野集光器的 N. A 大，焦点较短，若盖（载）玻片过厚，则集光器的焦点无法调到被检物上。用油镜观察标本时多使用抛物面型集光器，载玻片厚度通常为 1.0~1.2mm，盖玻片厚度不超过 0.17mm，同时，载（盖）玻片应非常清洁、保证无裂痕、无油脂，以免反射光线。

三、实验材料

1. 菌种

枯草芽孢杆菌（*Bacillus subtilis*）。

2. 其他

香柏油、二甲苯、载玻片、盖玻片、擦镜纸、滤纸、暗视野集光器、普通光学显微镜等。

四、实验方法与步骤

1. 装暗视野集光器

取下原有集光器，换上暗视野集光器，上升集光器，使其透镜顶端与镜台平齐。

2. 调节光源

光源宜强（光源的光圈孔调至最大，集光器光圈调节至 1.4），可用带有会聚透镜的显微镜灯照明，再调整光源和反光镜，使光线正好落在反光镜中央。

3. 放置标本

（1）选厚度在 1.0~1.2mm 的干净载玻片一块，滴上一滴枯草芽孢杆菌的幼龄菌液，加上厚度为 0.10~0.17mm 的盖玻片（注意切勿有气泡存在）。

（2）加一滴香柏油于集光器透镜顶端平面上，再将枯草芽孢杆菌的水浸片放在镜台上，是载片的下表面与香柏油接触（避免产生气泡）。

4. 用低倍镜对光

调节集光器的高度，首先在载玻片上出现一个中间有一黑点的光圈，最后为一光亮的光点，光点越小越好，光点达最小时将集光器上下移动，均能使光点增大。当集光器被调到准确位置时，可见有一圆点的光在视野中心。

5. 用油镜观察

具体操作方法见第一章实验 6，用油镜观察。如觉得对比度不够明显，可稍微调节集光器和反光镜，并仔细调节粗、细旋钮，使菌体更清晰。

五、实验结果与分析

描述在暗视野显微镜中枯草芽孢杆菌的运动情况。

六、注意事项

1. 物镜 NA<聚光器 NA。
2. 标本不能太厚太密，不适合于染色的标本。

七、思考题

1. 使用暗视野显微镜应注意哪几点？
2. 根据你的观察，说明枯草芽孢杆菌是否具有运动性，为什么？

二、 相差显微镜的使用

实验2　相差显微镜使用举例——酿酒酵母细胞内部结构的观察

一、实验目的

了解相差显微镜的构造和原理，并掌握它的使用方法。

二、实验原理

用暗视野显微镜可以看到生活着的微生物细胞的轮廓及运动情况，但不能看清楚细胞的内部结构。由于活菌体是透明的，当光线通过它时，光的波长和振幅不发生变化，所以，整个视野的亮度是均匀的。因而，一般显微镜不能分辨出细胞内的细微结构，而相差显微镜可以克服这方面的缺点。如图 3-5 所示，通过相差显微镜观察到了变形虫内部细微的结构，变形虫通过伸出胞体外的伪足进行移动。

相差显微镜是利用光波干涉的原理，通过环状光阑与相板的特殊构造，把透过反差极小的标本的光分解成相位不同的直射光和衍射光，是这两种光互相干涉，这样，通过标本的光波的相位差变为振幅差，即波长（颜色）与振幅（亮度）发生变化，从而使细胞的不同构造表现出明暗的差异，于是不用染色就能观察到活细胞内的细微结构。

相差显微镜与普通光学显微镜外形相似，所不同的是在集光器下方插入一个环状光阑（见图 3-6），装上由几个装有相板的相差物镜和一个合轴调整用望远镜这三个特殊部分。

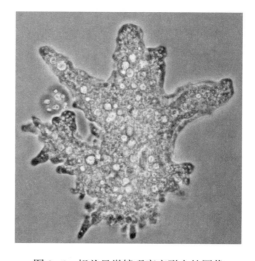

图 3-5　相差显微镜观察变形虫的图像
（引自 Prescott's Microbiology，第九版，2013 年）

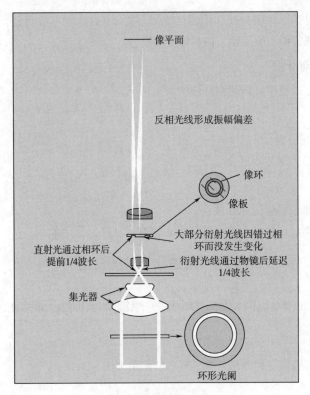

图 3-6　相差显微镜图解

（引自 Prescott's Microbiology，第九版，2013 年）

1. 环状光阑

在相差集光器下面装有一个转盘，盘上镶有宽窄不同的环状光阑，在不同光阑边上刻有 10
×、20× 和 40× 等字样，这表示当用不同放大倍数的物镜时，必须配合相应的环状光阑。环状光
阑是一透明的亮环，来自反光镜的光线从这部分通过，形成一个空心圆筒状的光柱，经集光器
后，到达载玻片标本上。

2. 相差物镜（具有环状相板）

相板安装在物镜的后焦平面上，带有相板的物镜称为相差物镜。相差物镜的镜筒上，常刻
有红色"ph"字样，"ph"是 phase（相）的缩写，也有的用红圈来表示相差物镜。相板上涂一
层物质（多用氯化镁等喷涂而成），当直射光通过相板时，使光波相对的提前或延迟 1/4 波长，
于是直射光与衍射光发生干涉，造成振幅的差异。由于直射光的强度远远大于衍射光。即使是
两者反相而发生干涉作用，其效果还是不明显，所以要降低直射光的透光度，使相板上的环呈
暗环，当直射光从这部分通过时，只允许其中大约 20% 的直射光通过，而从物体衍射的光则分
布在整个相板上。一般情况下，环状相板上的暗环与环状光阑上的亮环大小是配合的。通过透
明标本的直射光一定要准确地经过环状相板的暗环，以减弱视野亮度，收到好的观察效果。

3. 合轴调整用望远镜

合轴调整用望远镜又称辅助目镜，是一种工作距离较长、特制的低倍（4~5 倍）望远镜，
用以调节环状光阑和相板环的重合。使用时拔出目镜，将其安装在目镜镜筒两端，调节环状光

阑的中心与物镜的光轴完全在同一直线上。某些相差物镜不装这种望远镜，而在镜筒的插入孔中插入补偿透镜。用相差显微镜镜检时，可用新鲜的活体材料，也可用固定材料，但不论哪种材料，都不宜过厚，一般不超过 20μm 为宜。制作标本所用的载玻片也应讲究质量，厚度应均匀一致，在 1mm 左右，载片过厚时，亮环就不能与相板的圆环一致。盖玻片的标准厚度为 0.17~0.18mm，过厚或过薄时，像差与色差就会增加，不宜采用。

三、实验材料

1. 菌种

酿酒酵母（*Saccharomyces cerevisiae*）水浸片。

2. 其他

相差显微镜、擦镜纸等。

四、实验方法与步骤

1. 安装相差装置

取下普通光学显微镜的集光器和物镜，分别装上相差集光器和相差物镜，并将转盘转到"0"标记的位置。用 10×相差物镜调光。

2. 调节光源

要采用光源强的显微镜照明装置。为了取得好的观察效果，多采用科勒照明法（Kohler illumination）。

（1）置显微镜灯于显微镜的前方，灯光阑中心于平面反光镜相距约 15cm。

（2）把集光器上升到最高位置，并将可变光阑关到最小。

（3）把灯光阑的口径关小（约一半）。将一张白纸紧靠在平面反光镜上，调节灯的位置和倾斜度，使灯丝成像在白纸的中央。移去白纸，然后上下移动集光器，使灯丝的像投到集光器的可变光阑上。

（4）放一块蓝绿色或黄绿色滤光片于滤光片托架上。打开可变光阑，将酿酒酵母水浸片放在镜台上，用低倍镜观察，然后调焦至能看清物像为止。

（5）关上灯光阑，并把集光器稍稍下降，使得灯光阑的像与标本均在焦点上，然后慢慢打开灯光阑，直到视野中能看清灯光阑开口的边缘为止。此时打开或缩小灯光阑 1~2 次，就可看到视野中照明面积也随着变化。

（6）把灯光阑充分打开，再仔细调节灯和反光镜的位置，使视野中央照明区达最均匀和最亮。这时在视野中央既能看清标本，也能看清灯光阑开口的边缘，即表明已达到照明要求。

3. 合轴调节

取下原有目镜，换上合轴调整望远镜，并上下移动，直到能看清物镜中的相板环为止。相板位置是固定的，而环状光阑可横向移动，因此，可用左右手同时操纵集光器后面的调节柄，使相板环与环状光阑的亮环两部分完全重合。在实际调节过程中，亮环往往比暗环小，位于暗环两侧，在这种情况下，可降低集光器。如果亮环大于暗环时，可升高聚光镜，若升到最高限仍不能矫正，那就是载玻片过厚的缘故，应更换较薄的载玻片。

4. 相差观察

取下合轴望远镜，插入普通目镜，即可利用普通明视野显微镜的观察方法进行相差观察。每次更换标本或改变不同放大倍数的相差物镜进行观察时，都必须按照上述方法重新调节中心，否则光轴不一致。

5. 观察酿酒酵母的细胞核。

五、实验结果与分析

描绘酿酒酵母的细胞结构，特别是核结构。

六、注意事项

1. 压片尽量薄，不可用力过大。

2. 保持镜头的干净。

七、思考题

相差显微镜相比暗视野显微镜的优势是什么？

三、 荧光显微镜的使用

实验 3　荧光显微镜使用举例——抗酸细菌的观察

一、实验目的

1. 了解荧光显微镜的构造和原理。
2. 学会用荧光显微镜观察抗酸细菌的形态。

二、实验原理

荧光显微镜是利用紫外光或蓝紫光（不可见光）的照射，使标本内的荧光物质转化为各种不同颜色的荧光（可见光）后，用来观察和分辨标本内某些物质的性质与存在位置。

荧光显微镜和普通光学显微镜的基本结构是相同的，不同的地方是（见图3-7）：

第一，荧光显微镜必须有一个紫外光发生装置，通常采用弧光灯或高压汞灯作为发生强烈紫外光的光源；

第二，荧光显微镜必须有一个吸热装置，因为弧光灯或高压汞灯在发生紫外线时放出很多热量，故应使光线通过吸热水槽（通常内装 10% $CuSO_4$ 水溶液）使之散热；

第三，荧光显微镜必须有一个激发荧光滤光片，滤光片放在聚光镜与光源之间，使波长不同的可见光被吸收。激发荧光滤光片可分为两种，一种是只让 325~500nm 波段光通过，通过的光为蓝~紫外光（这种滤光片的国际代号为 BG），另一种是只让 275~400nm 波段光通过，其中最大透光度为 365nm，通过的主要是紫外光；

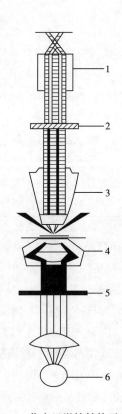

图 3-7　荧光显微镜结构示意图

1—目镜　2—滤片　3—物镜

4—暗视野聚光镜　5—激发滤片　6—光源

第四，要有一套保护眼睛的屏障滤光片（也称阻断反差滤光片）装在物镜的上方或目镜的下方，屏障滤光片透光波段范围是410~650nm，代号有OG（橙黄色）、GG（淡绿黄色）或41~65等，这样，透过滤光片的紫外线，再经过集光器射到被检物体上使之发生荧光，该荧光就可用普通光学显微镜观察到。荧光显微镜光路图解如图3-8所示。

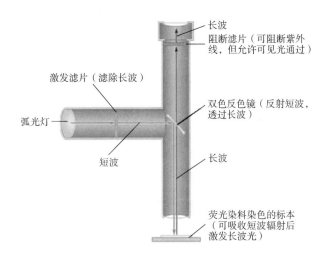

图 3-8　荧光显微镜原理示意图

(引自 Prescott's Microbiology，第九版，2013年)

在进行荧光显微镜镜检时，如果用暗视野聚光镜，使视野保持黑暗，这时暗视野中的荧光物像更加明显，而且还可能发现明视野显微镜分辨不出来的细微颗粒。

目前，荧光显微镜已广泛用于微生物检验及免疫学方面的研究，借助荧光染料或者荧光抗体可以用来在显微镜下区分死、活细胞以及微生物的特异检测等。在荧光显微检验中，常用的荧光染料有金胺（Auramiue）、中性红、品红、硫代黄素（Thioflavine）、樱草素（Primuine）等。有些荧光染料对某些微生物有选择性，如用金胺可检查抗酸细菌；有些荧光染料对细胞的不同结构具有亲和力，如用硫代黄色素可使细胞质染成黄绿色、液泡染成黄色，异染颗粒染成暗红色。荧光显微镜还广泛应用于研究细胞内物质的吸收、运输、化学物质的分布及定位等。细胞中有些物质，如叶绿素等，受紫外线照射后可发荧光；另有一些物质本身虽不能发荧光，但如果用荧光染料或荧光抗体染色后，经紫外线照射也可发荧光，荧光显微镜就是对这类物质进行定性和定量研究的工具之一。

三、实验材料

1. 菌种

草分枝杆菌（*Mycobacterium phlei*）。

2. 染色液

石炭酸复红（附录Ⅰ-8），美蓝染色液（附录Ⅰ-9），3%盐酸乙醇溶液。

3. 其他

香柏油、二甲苯、擦镜纸、滤纸、荧光显微镜、酒精灯、接种针、载玻片等。

四、实验方法与步骤

涂片、干燥、固定后，用石炭酸-复红溶液加温染色3~5min，在这段时间内要不断补充染色液，冷却后水洗，用 3% 的盐酸乙醇脱色至肉眼几乎看不到颜色为止，水洗，然后用美蓝染色液染色 30s，水洗、干燥后，加一滴香柏油，在荧光显微镜下镜检。

五、实验结果与分析

抗酸性细菌呈红色，非抗酸性细菌呈蓝色。

六、注意事项

1. 荧光的淬灭与激发光的照射时间成正比，因此应尽量减少观察时间以外激发光对样品的照射。

2. 荧光信号的淬灭还与激发光的强度成正比，因此，在可以观察到荧光信号的情况下，应该尽量降低激发光的强度。

七、思考题

1. 简要描述一下暗视野显微镜、相差显微镜和荧光显微镜的工作原理及其适合应用对象。

2. 所有使用荧光显微镜标本检测的标本都需要进行荧光染料染色吗？

四、 透射电子显微镜

实验 4　大肠杆菌透射电镜样品的制备与观察

一、实验目的

学习并掌握制备微生物及核酸电镜样品的基本方法。

二、实验原理

透射电子显微镜（Transmission Electron Microscope，TEM）的工作原理与光学显微镜十分相似，其以高速的电子束代替光学显微镜的光束，通过电磁透镜使被检物放大成像（图 3-9）。电子显微镜技术的应用是建立在光学显微镜的基础之上的，光学显微镜的分辨率为 0.2μm，透射电子显微镜的分辨率为 0.2nm，也就是说透射电子显微镜在光学显微镜的基础上放大了 1000 倍。

1. 电子显微镜的分辨力和放大率

在由 "V" 形钨丝和阳极板组成的电子枪中，加热至白炽程度的钨丝其尖端发射出电子，受阳极板高正电压的吸引，电子被加速，形成高速的电子束。在高真空的电子枪内加速电压越高，电子束速度越快，电子波的波长越短，其分辨能力也越强。在加速电压为 100kV 时，电子波波长 λ 为 0.0037nm，其分辨力可达 0.1nm，比光学显微镜 200nm（0.2μm）的分辨力提高了 2000 倍。在射向被检物样品的电子束通道上，当游离气体分子与高速电子的碰撞时，会造成电子偏转，导致物像散乱不清，因此，电子束通路须保持高真空状态。

透镜决定显微镜的放大率，电子显微镜的透镜是由人眼不可见的电磁场即电磁透镜构成的。由电子枪发出的高速电子束通过电磁透镜时，受到磁场力的吸引发生偏转（折射），从而放大被检物，其原理与光学显微镜的光束透过玻璃透镜发生折射，使被检物被放大一样。有别于光学显微镜，电子显微镜利用多个电磁透镜的组合而得到逐级放大的电子像。受到玻璃透镜之间产生相差的制约，光学显微镜不能像电子显微镜那样，通过增加透镜的数目无限制地提高放大率。

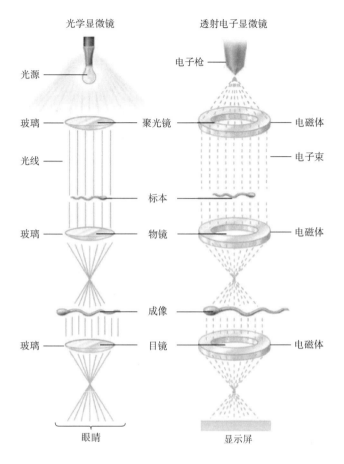

图 3-9　光学显微镜和透射电子显微镜成像原理的比较

(引自 Prescott's Microbiology，第九版，2013 年)

电磁透镜的磁场强度与焦距有关，磁场越强，焦距越短，放大倍数也就越大，现代透射电镜的成像均采用短焦距的强磁透镜。其放大倍数不小于 50 万倍，最高的可达 100 万倍。

2. 电子显微镜的成像原理

电子显微镜的物像形成主要基于电子的散射作用和干涉作用。当电子束中的电子与被检物的原子核和核外轨道上的电子发生碰撞后分别会发生不损伤能量只改变运动方向的"弹性散射"与损失部分能量并改变移动方向的"非弹性散射"，由于被检物不同部位的结构不同，散射电子能力强的部位，透过电子数目少，激发荧光屏上的光就弱，显现为暗区；反之，散射电子能力弱的部位，透过电子数目多，激发荧光屏上的光就强，显现为亮区。由此，在图像上形成了有亮有暗的区域，出现了人眼可以分辨的反差。这种由电子的散射作用造成的反差以强度的变化显示出来，称为"振幅反差"。人眼不可见的电子束通过电磁透镜放大了被检物的物象，最终在电子显微镜的荧光屏上呈现出来。电子束中的电子在与被检物发生非弹性碰撞（与被检物原子轨道电子碰撞）时，损失部分能量的电子其运动速度减慢，它们与速度不变的电子会发生干涉，致使电子相位上产生变化，引起"相位反差"，在荧光屏上也会呈现亮暗区。

在用电子显微镜的低倍观察时，振幅反差是主要的反差源，而在用高倍辨别极小的细微结构（如 1nm 大小）时，相位反差起主导作用。

三、实验材料

1. 菌种

大肠杆菌（*Escherichia coli*）斜面。

2. 溶液或试剂

醋酸戊脂、浓硫酸、无水乙醇、无菌水、2% 磷钨酸钠（pH6.5~8.0）水溶液、0.3% 聚乙烯醇缩甲醛（溶于三氯甲烷）溶液、细胞色素 c、醋酸铵、质粒 pBR322。

3. 仪器或其他用具

透射电镜、普通光学显微镜、铜网、瓷漏斗、烧杯、平皿、无菌滴管、无菌镊子、大头针、载玻片、细菌计数板、真空镀膜机、临界点干燥仪等。

四、实验方法与步骤

1. 金属网的处理

光学显微镜的样品是放置在载玻片上进行观察。而在透射电镜中，由于电子不能穿透玻璃，只能采用网状材料作为载物，通常称为载网。载网因材料及形状的不同可分为多种不同的规格，其中最常用的是 200~400 目（孔数）的铜网。网在使用前要处理，除去其上的污物，否则会影响支持膜的质量及标本照片的清晰度。本实验选用的是 400 目的铜网，可用如下方法进行处理：首先用醋酸戊酯浸漂几小时，再用蒸馏水冲洗数次，然后再将铜网浸泡在无水乙醇中进行脱水。如果铜网经以上方法处理仍不干净时，可用稀释的浓硫酸（1∶1）浸 1~2min，或在 1% NaOH 溶液中煮沸数分钟，用蒸馏水冲洗数次后，放入无水乙醇中脱水，待用。

2. 支持膜的制备

在进行样品观察时，在载网上还应覆盖一层无结构、均匀的薄膜，否则细小的样品会从载网的孔中漏出去，这层薄膜通常称为支持膜或载膜。支持膜应对电子透明，其厚度一般应低于 20nm；在电子束的轰击下，该膜还应有一定的机械强度，能保持结构的稳定，并拥有良好的导热性；此外，支持网在电镜下应无可见的结构，且不与承载的样品发生化学反应，不干扰对样品的观察，其厚度一般为 15nm 左右。支持膜可用塑料膜（如火棉膜、聚乙烯醇缩甲醛膜等），也可以用碳膜或者金属膜（如铍膜等）。常规工作条件下，用塑料膜就可以达到要求，而塑料膜中火棉胶膜的制备相对容易，但强度不如聚乙烯醇缩甲醛膜。

（1）火棉胶棉的制备　在一干净容器（烧杯、平皿或下带止水夹的瓷漏斗）中放入一定量的无菌水，用无菌滴管吸 2% 火棉胶醋酸戊酯溶液，滴一滴于水面中央，勿振动，待醋酸戊酯蒸发，火膜胶则由于水的张力随即在水面上形成一层薄膜。用镊子将它除掉，再重复一次此操作，主要是为了清除水面上的杂质。然后适量滴一滴火棉胶液于水面，火棉胶液滴加量的多少与形成膜的厚薄有关，待膜形成后，检查是否有皱折，如有则除去，一直待膜制好。所用溶液中不能有水分及杂质，否则形成的膜的质量较差。待膜成型后，可以侧面对光检查所形成的膜是否平整及是否有杂质。

（2）聚乙烯醇缩甲醛膜（formvar 膜）的制备　洗干净的玻璃板插入 0.3% formvar 溶液中静置片刻（时间视所要求的膜的厚度而定），然后取出稍稍晾干便会在玻璃板上便形成一层薄膜；用锋利的刀片或针头将膜刻一矩形；将玻板轻轻斜插进盛满无菌水的容器中，借助水的表面张力作用使膜与玻片分离并漂浮在水面上。所使用的玻片一定要干净，否则膜难以从上面脱落；漂浮膜时，动作要轻，手不能发抖，否则膜将发皱；同时，操作时应注意防风避尘，环境要干燥，所用溶剂也必需有足够的纯度，否则都将对膜的质量产生不良影响。

3. 转移支持膜到载网上

转移支持膜到载网上，可有多种方法，常用的有以下两种。

（1）将洗净的网放入瓷漏斗中，漏斗下套上乳胶管，用止水夹控制水流，缓缓向漏斗内加入无菌水，其量约高1cm；用无菌镊子尖轻轻排除铜网上的气泡，并将其均匀地摆在漏斗中心区域；按2所述方法在水面上制备支持膜，然后松开水夹，使膜缓缓下沉，紧紧贴在铜网上；将一清洁的滤纸覆盖地漏斗上防尘，自然干燥或红外线灯下烤干。干燥后的膜，用大头针尖在铜网周围划一下，用无菌镊子小心将铜网膜移到载玻片上，置光学显微镜下用低倍镜挑选完整无缺、厚薄均匀的铜网膜备用。

（2）按2所述方法在平皿或烧杯里制备支持膜，成膜后将几片铜网放在膜上，再在上面放一张滤纸，浸透后用镊子将滤纸反转提出水面。将有膜及铜网的一面朝上放在干净平皿中，置40℃烘箱使干燥。

4. 制片

透射电镜样品的制备方法很多，如超薄切片法、复型法、冰冻蚀刻法、滴液法等。其中滴液法，或在滴液法基础上发展出来的其他类似方法如直接贴印法、喷雾法等主要被用于观察病毒粒子、细菌的形态及生物大分子等。而由于生物样品主要由碳、氢、氧、氮等元素组成，散射电子的能力很低，在电镜下反差小，所以在进行电镜的生物样品制备时通常还须采用重金属盐染色或金属盐喷镀等方法来增加样品的反差，提高观察效果。例如，负染色法就是用电子密度高，本身不显示结构且与样品几乎不反应的物质（如磷钨酸钠或磷钨酸钾）来对样品进行"染色"。由于这些重金属盐不被样品所吸附而是沉积到样品四周，如果样品具有表面结构，这种物质还能穿透进表面上凹陷的部分，因而在样品四周有染液沉积的地方，散射电子的能力强，表现为暗区，而在有样品的地方散射电子的能力弱，表现为亮区。这样便能把样品的外形与表面结构清楚地衬托出来。负染色法由于操作简单，目前在进行透射电镜微生物等样品制片时比较常用。本实验将主要介绍采用滴液法结合负染色技术观察细菌的形态。

（1）将适量无菌水加入生长良好的细菌斜面内，用吸管轻轻拨动菌体制成菌悬液。用无菌滤纸过滤，并调整滤液中的细胞浓度为 $10^8 \sim 10^9$ 个/mL。

（2）取等量的上述菌悬液与等量的2%的磷钨酸钠水溶液混合，制成混合菌悬液。

（3）用菌毛细吸管吸取混合菌悬液滴在铜网膜上。

（4）经3~5min后，用滤纸吸去余水，待样品干燥后，置低倍光学显微镜下检查，挑选膜完整、菌体分布均匀的铜网。

有时为了保持菌体的原有形状，常用戊二醛、甲醛、锇酸蒸气等试剂小固定后再进行染色。其方法是将用无菌水制备好的菌悬液经过过滤，然后向滤液中加几滴固定液（如pH7.2，0.15%的戊二醛磷酸缓冲液），经这样预先稍加固定后，离心，收集菌体，再用无菌水制成菌悬液，并调整细胞浓度为 $10^8 \sim 10^9$ 个/mL。然后按上述方法染色。

5. 观察

将载有样品的铜网置于透射电镜中进行观察。

五、实验结果与分析

实验观察结果以照片形式进行报告。

六、注意事项

1. 更换样品（铜网）时，切记关闭灯丝电流。

2. 上机人员必须经过严格训练或在管理人员指导下工作。

七、思考题

1. 为何投射电子显微镜比光学显微镜有更高的分辨率？

2. 描述透射电子显微镜的工作原理。为何投射电子显微镜必须要求高真空条件和非常薄的标本？

五、 扫描电子显微镜

实验 5　大肠杆菌扫描电镜样品的制备与观察

一、实验目的

学习并掌握制备微生物的基本方法。

二、实验原理

扫描电镜（Scanning Electron Microscope，SEM）的成像原理是，当一束电子打到被检物的样品上将会激发出多种信号，包括二次电子、背散射电子、俄歇电子（Augen Electron）、阴极荧光、特征 X 射线、透射电子、弹性散射电子和非弹性散射电子，其中由二次电子形成的二次电子像是扫描电镜最基本的成像方式。所谓二次电子是，当入射电子碰撞被检物样品中原子的核外电子后，核外电子获得能量脱离原子成为二次电子。入射电子打到样品上二次电子的产出率与入射角有关，当入射角<0 时，产出率低，而入射角>0 时，产出率高。电子束打在表面凹凸不平的样品上，由于电子束入射角的不断改变，二次电子的产出率也相应地随之变化。扫描电镜的结构如图 3-10 所示。

在扫描电镜中，经 1~30kV 电压的加速，由电子枪发出的电子形成高速电子流，经聚光镜和电磁透镜汇聚成直径 0.1nm 的电子束聚焦于样品表面。物镜中的一组扫描线圈，使电子束在样品表面逐点、逐行的扫描，引起二次电子发射。从遍布样品表面各点发射出的二次电子，经收集、加速后打到探测器（由闪烁体、光导管、光电倍增管组成）上，形成二次电子信号电流。由于样品表面形貌不同致使信号电流的强弱发生变化，产生信号反差。视频放大器使信号反差进一步放大后调制显像管的亮度。电子束在被检物样品表面进行的扫描与进入晶体管中的电子束在荧光屏上的扫描，严格同步进行，经由探测器检取的来自样品各点的二次电子信号将一一对应的控制着晶体管荧光屏上相应点的亮度，于是，在晶体管荧光屏上呈现的二次电子像就是反映样品表面形貌的图像。背散射电子、透射电子、样品吸收电流、阴极荧光经不同的探测器检取，放大后可用于成像，而特征 X 射线、俄歇电子等信号可用于样品成分分析。

扫描电子显微镜主要用于观察被检物样品的表面的立体结构，具有明显的真实感，如细菌中不同排列方式的四联球菌、八叠球菌、芽孢和真菌孢子的表面脉纹，其图像清晰、逼真。扫描电镜的分辨力小于 6nm，放大倍数从 20 倍到 10 万倍连续可调。与只能进行超薄切片二维图像显微观察的透射电子显微镜相比，用扫描电镜进行观察的样品只需固定、脱水、干燥及导电等处理后，可以直接进样。许多电子无法穿透的较厚样品，用扫描电样进行表面形貌观察研究十分方便，因此，扫描电镜在生命科学的众多研究领域中获得越来越多广泛的应用。

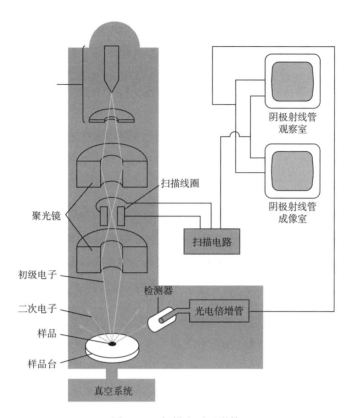

图 3-10　扫描电子显微镜

(引自 Prescott's Microbiology，第九版，2013 年)

三、实验材料

1. 菌种

大肠杆菌（*E. coli*）斜面。

2. 溶液或试剂

醋酸戊脂、浓硫酸、无水乙醇、无菌水、2% 磷钨酸钠（pH6.5~8.0）水溶液、0.3% 聚乙烯醇缩甲醛（溶于三氯甲烷）溶液、细胞色素 c、醋酸铵、质粒 pBR322。

3. 仪器或其他用具

扫描电镜、普通光学显微镜、铜网、瓷漏斗、烧杯、平皿、无菌滴管、无菌镊子、大头针、载玻片、细菌计数板、真空镀膜机、临界点干燥仪等。

四、实验方法与步骤

扫描电镜观察时要求样品必须干燥，并且表面能够导电。因此，在进行扫描电镜微生物样品制备时一般都需采用固定、脱水、干燥及表面镀金等处理步骤。

1. 固定及脱水

生物样品的精细结构易遭破坏，因此在进行制样处理和进行电镜观察前必须进行固定，以使其能最大限度地保持其生活时的形态。而采用水溶性、低表面张力的有机溶液如乙醇等对样品进行梯度脱水，也是为了在对样品进行干燥处理时尽量减少由表面张力引起的其自然形态的变化。

将处理好的、干净的盖玻片，切割成 4~6mm² 的小块，将待检的较浓的大肠杆菌悬浮液滴加其上，或将菌苔直接涂上，也可用盖玻片小块粘贴菌落表面，自然干燥后置光学显微镜镜检，以菌体较密，但又不堆在一起为宜；标记盖玻片小块有样品的一面；将上述样品置于 1%~2% 戊二醛磷酸缓冲液（pH7.2 左右）中，于 4℃ 冰箱中固定过夜。次日以 0.15% 的同一缓冲液冲洗，用 40%、70%、90% 和 100% 的乙醇分别依次脱水，每次 15min。脱水后，用醋酸戊脂置换乙醇。另一种与之类似的样品制备方法是采用离心洗涤的手段将菌体依次固定及脱水，最后涂布到玻片上。其优点是：①在固定及脱水过程中可完全避免菌体与空气接触，从而可最大限度地减少因自然干燥而引起的菌体变形；②可保证最后制成的样品中有足够的菌体浓度，因为涂在玻片上的菌体在固定及干燥过程中有时会从玻片上脱落；③确保玻片上有样品的一面不会弄错。

2. 干燥

将上述制备的样品置于临界点干燥器中，浸泡于液态二氧化碳中，加热到临界点温度（31.4℃，7.28 MPa）以上，使之气化进行干燥。样品经脱水后，有机溶剂排挤了水分，侵占了原来水的位置。水是脱掉了，但样品还是浸润在溶剂中，还必需在表面张力尽可能小的情况下将这些溶剂"请"出去，使样品真正得到干燥。目前采用最多、效果最好的方法是临界点干燥法。其原理是在装有溶液的密闭容器中，随着温度的升高，蒸发速率加快，气相密度增加，液相密度下降。当温度增加到某一定值时，气、液二相密度相等，界面消失，表面张力也就不存在了。此时的温度及压力即称为临界温度和临界压力。将生物样品用临界点较低的物质置换出内部的脱水剂进行干燥，可以完全消除表面张力对样品结构的破坏。目前用得最多的置换剂是二氧化碳。由于二氧化碳与乙醇的互溶性不好，因此样品经乙醇分级脱水后还需用与这两种物质都能互溶的"媒介液"醋酸戊脂置换乙醇。

3. 喷镀及观察

将样品放在真空镀膜机内，把金喷镀到样品表面后，取出样品在扫描电镜中进行观察。

五、实验结果与分析

绘制观察到的大肠杆菌的图像，反映图像细节特征。

六、注意事项

1. 样品制备过程中必须十分小心地保护被观察面。

2. 脱水时，为了避免观察表面皱缩变形，需要设计特殊的干燥方法。

3. 需要在样品表面喷镀一层厚度适当、均匀的金属膜。

七、思考题

扫描电镜是如何工作的？其与透射电镜的区别是什么？

第二节　除菌技术

灭菌（Sterilization）是指杀灭物体上或环境中所有微生物（包括耐热的细菌芽孢）的方法，除菌不仅指杀灭、消除微生物，还包括将微生物隔离于某特定环境之外，对于特定环境而言即是"灭菌"。灭菌的方法很多，大致可分为物理除菌法和化学除菌法两种。采用何种具体方法除菌，应根据各种微生物的特性和不同的工作要求进行选择和组合。

一、 物理除菌方法

常用的物理除菌方法有加热除菌、过滤除菌等传统方法，也有低温等离子、脉冲强光除菌等新兴方法。下面以加热除菌为例进行介绍。

加热除菌主要原因是高温使菌体蛋白变性或凝固，酶失去活性，致使细菌死亡。而其他热变过程包括菌体 DNA 单螺旋的断裂等多样变化是菌体致死的重要因素。细菌蛋白质、核酸等化学结构是由氢键连接的，氢键是较弱的化学键，当菌体受热时，氢键遭到破坏，蛋白质、核酸、酶等结构也随之被破坏，失去生物学活性。此外，高温也可导致细胞膜功能损伤而使小分子物质以及降解的核糖体漏出。

由于微生物对高温的敏感性大于对低温的敏感性，所以采用高温灭菌是一种有效且可靠的灭菌方法，目前已被广泛应用，通常的加热灭菌方法包括干热灭菌和湿热灭菌。

干热对微生物的致死作用与湿热的作用方式不尽相同，一般属于蛋白变性、氧化作用受损和电解质水平增高的毒力效应。

各种微生物都有一定的耐热性。多数细菌、酵母菌以及霉菌的繁殖细胞在 50~60℃ 经 10min 即可杀死；酵母及霉菌的孢子耐热性较强，在 80~90℃ 经 30min 可杀死；细菌芽孢因其特有的组成和结构所以具有很强的耐热性，需要 120℃ 经 25min 才能杀死，因此，灭菌是否彻底一般是以杀死细菌的芽孢作为标准。

1. 干热灭菌

干热是指相对湿度在 20% 以下的高热，干热灭菌法包括焚烧法、灼烧法、干热空气灭菌法、红外线灭菌及欧姆灭菌法等。

（1）灼烧和焚烧灭菌　火焰灼烧时，200℃ 以上的火焰温度可使微生物的营养体和芽孢在短时间内迅速炭化。此法灭菌简捷、可靠，但由于大部分物品经烧灼易损坏，因此使用范围受限，一般只用于小的金属用具（如接种针、接种环、接种钩等）在接种前后的灭菌以及试管口、三角瓶口灭菌。对于小刀、金属镊子、载玻片、盖玻片及玻璃棒的灭菌，应将其预先浸泡在 75% 的酒精溶液中，使用时取出瞬间通过火焰灼烧。焚烧是彻底的灭菌方法，但只限于处理污染物品、带菌物品或实验动物的尸体等废弃物，如无用的衣物、纸张、垃圾等。焚烧应在专用的焚烧炉内进行。

应该注意的是，当接种完毕后，接种针（环）灼烧应该先从其中部开始，使热度由针的中部传递到端部，使微生物逐渐焦化。然后再将针端移到火焰上，直立灼烧。或者先将接种针置于火焰外焰上过渡处理后再转移到内焰上彻底灼烧，从而避免直接灼烧湿的微生物引起爆散，污染操作环境。

（2）干热空气灭菌　干热空气灭菌是利用加热的高温空气进行灭菌的方法。干热烘箱是干热灭菌的常用仪器，它是通过电热丝进行加热和调温的，不仅可以用来灭菌，也可用于器皿等材料的烘干。此法适用于耐高温的玻璃制品、金属制品及保藏微生物用的沙土、石蜡油、碳酸钙等物品的灭菌，同时，对于新制作的试管及三角瓶的棉塞具有固定形状的作用。

一般认为繁殖型细胞在 100℃ 以上干热 1h 即被杀死。耐热性细菌芽孢在 120℃ 以下长时间加热也不死亡，140℃ 前后则杀菌效率急剧增长。必须通过实验，在保证灭菌完全并且对灭菌物品无损害的前提下，确定某物品的干热灭菌条件。时间必须由灭菌物品全部达到特定温度后开始计算。由于包扎试管所用的报纸及棉塞在180℃时会焦化，甚至着火、燃烧，所以灭菌温度一般低于180℃。目前常用的灭菌条件大致为140~160℃维持2~4h，该方法缺点是穿透力弱，温度不易均匀，而且由于灭菌温度过高，所以使用受限。

干热灭菌的具体操作方法如下：

①将待灭菌的物品包扎好，放入烘箱内，不要紧靠四壁，不要放得过紧太满，以免妨碍热空气流通；

②闭烘箱门，打开箱顶通气孔，以便排除箱内冷空气和水汽；

③接通电源加热，箱内温度升到100~150℃时。关闭通气孔，继续加热，直到箱内温度达到要求时，调节温度调节器，恒温维持一定时间；

④关闭电源，停止加热，箱内温度下降到60℃以下，方可打开箱门，取出灭菌物品。

注意事项：

①在灭菌过程中，温度上升或下降都不能过急，尤其在60℃以上时，勿随意打开箱门。以免引起玻璃器皿的炸裂；

②箱内温度绝对不能超过170℃，以防纸张和棉花烤焦。用纸包裹的物品，不要紧贴四壁，并严禁用油纸包装；

③灭菌后的器皿，在使用前勿打开包装纸，以免杂菌污染；

④带橡胶、塑料、焊接金属的物品及液体培养基不能用这种方法灭菌。

（3）红外线灭菌　红外线辐射是一种0.77~1000μm波长的电磁波，有较好的热效应，尤以1~10μm波长的热效应最强，也被认为是一种干热灭菌。红外线由红外线灯泡产生，热辐射率高，不需要经空气传导，所以加热速度快，但热效应只能在照射到的表面产生，因此不能使一个物体的前后左右均匀加热。红外线的杀菌作用与干热相似，利用红外线烤箱灭菌所需的温度和时间与干烤相同。多用于医疗器械的灭菌及食品的烘烤、干燥、解冻和坚果类、粉状、块状、袋装食品的杀菌和灭酶。

红外接种环灭菌器（图3-11），用于接种环或针消毒灭菌，安全、方便，可替代酒精灯。加热孔内温度可达到800℃以上，杀菌时间5~7s，在陶瓷漏斗管道的深处灰化有机物质，防止传染性溅污和交叉污染。红外线照射较长会使人感觉眼睛疲劳及头疼；长期照射会造成眼内损伤。因此，工作人员应戴防红外线伤害的防护镜。

（4）欧姆杀菌　这是一种新型的热杀菌方法，主要应用于食品工业。欧姆加热是利用电极，将电流直接导入固体产品，由其本身介电性质所产生的热量，达到直接杀菌的目的。一般所使用的电流是50~60Hz的低频交流电。对于难杀灭的微生物，可通过高压欧姆杀菌，即将欧姆加热设备置于一定压力的惰性气体中来提高灭菌效果。

欧姆杀菌升温快、加热均匀、热能效率高，不需要传热面，热量在固体产品内

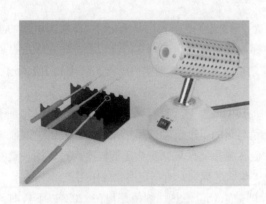

图3-11　红外接种环灭菌器

部产生，适合于处理含大颗粒固体产品和高黏度的物料；系统操作连续、平稳，易于自动化控制；维护费用、操作费用低。

对于带颗粒（粒径小于15mm）的食品等，采用欧姆加热，可使颗粒的加热速率接近液体的加热速率，获得比常规方法更快的颗粒加热速率（1~2℃/s），缩短了加工时间，使产品品质在微生物安全性、蒸煮效果及营养成分（如维生素）保持等方面得到改善，因此该技术已成功地应用于各类含颗粒食品杀菌，如生产新鲜、味美的大颗粒产品，处理高颗粒密度、高黏度食品物料。

欧姆杀菌装置系统主要有泵、柱式欧姆加热器、保温管、控制仪表等组成，其中最重要的是柱式欧姆加热器，由4个以上电极室组成。物料通过欧姆加热组件时逐渐加热至所需的杀菌温度，然后依次进入保温管、冷却管（片式换热器）和贮罐，最后无菌充填包装。

英国APV Baker公司已制造出工业化规模的欧姆加热设备，可使高温瞬时技术推广应用于含颗粒（粒径高达25mm）食品的加工。近年来，英国、日本、法国和美国已将该技术及设备应用于低酸性食品或高酸性食品的杀菌。

2. 湿热灭菌

湿热灭菌主要通过加热煮沸或热蒸汽杀灭微生物。常用的湿热灭菌法有巴氏消毒法、煮沸消毒法、间歇蒸汽灭菌法和高压蒸汽灭菌法。

（1）巴氏消毒法　因最早由法国微生物学家巴斯德用于果酒消毒得名。这是一种基于结核杆菌在62℃处理15min可完全致死的事实而规定的，专用于牛乳、啤酒等液态风味食品或调料的低温消毒方法。此法可杀灭非芽孢病原菌，又不影响物料原有风味。一般常用的条件为60~85℃，加热30min至15s。具体方法可分两类：一类是经典的低温维持法（LTLT），例如63℃维持30min可实现牛奶消毒；第二类是较现代的高温短时法（HTST），用此法进行牛奶消毒只需要在72℃下保持15s；随着技术的进步，目前多采用超高温（UHT，高于100℃）瞬时法处理牛奶等产品，能有效延长产品的保质期。

在啤酒消毒中，规定60℃处理1min为1PE单位（巴斯德单位），目前国内啤酒多采用60℃处理20min（即20个PE）进行瓶装灭菌。至于其他物品采用的低温消毒方法，具体温度和时间应根据不同物品的性状，由试验来决定。

（2）煮沸消毒法　将水煮沸至100℃，保持5~10min可杀灭繁殖体，保持1~3h可杀灭芽孢。在水中加入1%~2%碳酸氢钠和2%~5%石炭酸，沸点可达105℃，能增强杀菌作用，碳酸钠还可去污防锈。在高原地区气压低、沸点低的情况下，要延长消毒时间（海拔每增高300m，需延长消毒时间2min）。此法适用于不怕潮湿耐高温的搪瓷、金属、玻璃、橡胶类物品。

煮沸前物品涮洗干净，将其全部浸入水中。大小相同的器皿等均不能重叠，以确保物品各面与水接触。锐利、细小、易损物品用纱布包裹，以免撞击或散落。玻璃、搪瓷类放入冷水或温水中煮；金属、橡胶类则待水沸后放入。消毒时间均从水沸后开始计算。若中途再加入物品，则重新计时，消毒后及时取出物品，保持其无菌状态。经煮沸灭菌的物品"无菌"有效期不超过6h。

（3）常压间歇灭菌法　又称分段灭菌法或丁达尔灭菌法，这种方法是利用水蒸气把培养基加热到100℃，分几次蒸煮，以达到彻底灭菌又保护培养基营养成分的目的。但缺点是灭菌较麻烦，工作周期长。

间歇灭菌装置即间歇灭菌器，是一个加热水产生蒸汽的装置，称为阿诺氏（Arnold）灭菌器，它类似铝质或铁质的蒸笼。灭菌时，通过加热使温度上升到100℃，在不加压的情况下，使水一直保持沸腾状态，利用不断产生的水蒸气加热灭菌。由于温度始终未超过100℃，因此对高温易发生变化的成分（碳水化合物、明胶和染料等）及不能直接放在水中煮沸的物品，可用这种常压灭菌法。

日常生活中，蒸笼就是一种很好的简易常压蒸汽灭菌器。实验室中，如果高压灭菌锅的放气阀开启，锅盖不紧固即加热灭菌，则等同于常压灭菌锅。

一般间歇灭菌法多分三次进行，第一次灭菌为100℃处理30min，然后把培养基及其他灭菌物品置于恒温培养箱中培养一段时间，再进行第二次灭菌和培养，如此反复，最后进行第三次灭菌。该方法是根据芽孢生长特性而设计的，因为芽孢比营养体耐高温，但芽孢成长为营养体后，耐高温的特性消失，所以反复灭菌、培养、再灭菌，即可彻底杀死芽孢。因此，使用这种方法在前两次灭菌后，都必须把被灭菌物品放在适于芽孢萌发的条件下进行培养，否则芽孢不萌发，达不到杀菌的目的。同时，开始第二、三次灭菌时，一定要选择在芽孢已经萌发成营养体，但还没有形成新的芽孢时立即进行灭菌。不然也同样达不到彻底灭菌的目的。对于一些营养成分非常丰富的物品（如牛奶、血清、鸡蛋等）灭菌时，可适当降低温度，增加灭菌次数。

（4）高压蒸汽灭菌法　又称饱和蒸汽灭菌法，是发酵工业、医疗保健及微生物实验中最常用的一种灭菌法。单纯的加压不能灭菌，但加压能提高灭菌温度，从而达到灭菌的目的。据试验，很多微生物经过几十兆帕（MPa）处理数小时后，仍能正常生长，所以只有当灭菌锅内的冷空气完全排尽后，才能充分体现水蒸气的穿透力，达到灭菌的最佳效果。

高压蒸汽灭菌常在高压蒸汽锅中进行。它是由铁、铝、不锈钢等金属制成的圆柱形或长方形容器，承受一定的压力，有手提式、立式和卧式三种，在实验室里以手提式和立式灭菌锅最为常用。其结构如图3-12所示。

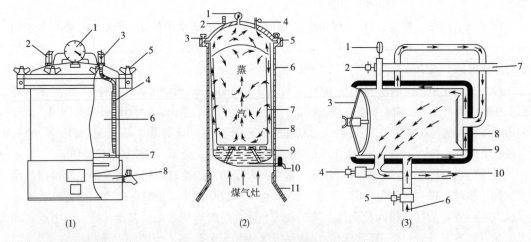

图3-12　高压蒸汽灭菌锅结构示意图

（1）手提式灭菌锅　1—压力表　2—安全阀　3—放气阀　4—软管　5—紧固螺栓　6—灭菌桶　7—筛架　8—水

（2）立式灭菌锅　1—压力表　2—保险阀　3—锅盖　4—排气口　5—橡皮垫圈
6—烟通道　7—装料桶　8—保护壳　9—蒸汽锅壁　10—排水口　11—底脚

（3）卧式灭菌锅　1—压力表　2—蒸汽排气阀　3—门　4—温度计阀　5—蒸汽供应阀
6—蒸汽进口　7—排气口　8—夹层　9—室　10—通风口

卧式灭菌锅如图 3-13 所示，常用于生产企业，由锅体、锅盖、开启装置、锁紧楔块、安全联锁装置、轨道、灭菌筐、蒸汽喷管及若干管口等组成，材质常见不锈钢及碳钢等。按加热方式分为蒸汽加热、电加热、电气两用；按控制方式分为手动控制、半自动控制（电器半自动、电脑半自动）、全自动控制。按杀菌方式分为水浴式、蒸汽式、喷淋式（侧喷、顶淋）；按外观形式分为单锅、双层、双并、三锅并、转笼（内笼体旋转）、双层转笼。有些卧式灭菌锅设计为前后双向开门，物

图 3-13 卧式灭菌锅

品可由前门进入杀菌，杀菌结束后再出后门移除，同时前门可再装物品，从而缩短物品流转所用的时间。

高压蒸汽灭菌锅工作时，灭菌锅底部的水受热后不断汽化（也可直接向锅内通入蒸汽），排出锅内的空气，使水蒸气充满内部空间，此时，水蒸气与被灭菌的物品接触后，放出汽化潜热，随着锅内压力不断增加，温度也随之增加，最终达到灭菌所要求的温度。一般蒸气压与温度之间的关系可参见表 3-1。

表 3-1　　　　　　　　　　　　蒸气压与蒸汽温度的关系

蒸气压（表压）/MPa	蒸汽温度/℃	蒸气压（表压）/MPa	蒸汽温度/℃
0.00	100	0.100	121.0
0.025	107.0	0.150	128.0
0.050	112.0	0.200	134.5
0.075	115.5		

一般在试管、小三角瓶中装小容量培养基，121℃灭菌 15~30min，大容量的固体培养基传热较慢，灭菌时间要延长至 1h 或更长。灭菌的时间应从达到要求的温度开始算起。

高压蒸汽灭菌锅的使用方法及注意事项：

①使用前锅中加入适量清水至止水线。用开过的热水可防止水垢的积存，也可缩短灭菌时间；

②将要灭菌的物品用油纸包扎好，无菌包不宜过大（小于 50cm×30cm×30cm），松紧适度的放入锅内，盖好锅盖，扣紧螺丝；

③开启放汽阀；

④加热使水沸腾（如果是大型卧式灭菌锅，可直接向锅内通入蒸汽），待水蒸气将锅内的冷空气彻底排除，关闭放气阀。此段时间大概 3~5min。若冷空气排除不完全，会造成同一压力下，含空气蒸汽的温度低于饱和蒸汽的温度。空气排除的程度与温度的关系见表 3-2。

表 3-2　　　　　　　　　　不同比例空气残留对高压蒸汽灭菌温度的影响

压力表读数/MPa	灭菌锅内的温度/℃			
	空气完全排除	空气排除 2/3	空气排除 1/2	空气排除 1/3
0.035	109	100	94	90
0.070	115	109	105	100
0.105	121	115	112	109
0.140	126	121	118	115
0.175	130	126	124	121
0.210	135	130	128	126

⑤表压上升到所需压力和温度后，开始计时，使锅内压力恒定，直至达到规定的灭菌时间。

⑥灭菌完毕，关闭热源，当压力降到 0.05MPa 时，缓慢开启放汽阀，以防液体培养基因压力骤减而冲湿棉塞；当压力完全降至零时，应立即启盖，取出物品，不要久放。这是因为灭菌锅为金属制品，锅盖和四壁散热较快，而锅内的培养基等灭菌物品散热较慢，水蒸气便会凝结在锅盖和四壁上形成水滴，落到灭菌的物品上，弄湿包装纸，加大灭菌物品的染菌概率。经高压蒸汽灭菌的无菌包、无菌容器有效期以 1 周为宜。

高压蒸汽灭菌效果的监测有以下三种方法：

a. 工艺监测：又称程序监测。根据安装在灭菌器上的量器（压力表、温度表、计时表）、图表、指示针、报警器等，指示灭菌设备工作正常与否。此法能迅速指出灭菌器的故障，但不能确定待灭菌物品是否达到灭菌要求。此法作为常规监测方法，每次灭菌均应进行。

b. 化学指示监测：利用化学指示剂在一定温度与作用时间条件下受热变色或变形的特点，以判断是否达到预设灭菌参数。常用方法如下：

自制测温管：将某些化学药物的晶体密封于小玻璃管内（长 2cm，内径 1~2mm）制成。常用试剂有苯甲酸（熔点 121~123℃）等。灭菌时，当温度上升至药物的熔点，管内的晶体即熔化，事后，随冷却再凝固，其外形仍可与未熔化的晶体相区别，此法只能指示温度，不能指示热持续时间是否已达标，因此是最低标准。主要用于各物品包装的中心温度的监测。

压力灭菌指示胶带：此胶带上印有斜形白色指示线条图案，是一种贴在待灭菌的无菌包外的特制变色胶纸。其粘贴面可牢固地封闭敷料包、金属盒或玻璃物品，在 121℃经 20min，130℃经 4min 后，胶带 100% 变色（条纹图案即显现黑色斜条）。此胶带既可用于物品包装表面情况的监测，又可用于对包装中心情况的监测，还可以代替别针、夹子或带子使用。

c. 生物指示剂监测：利用耐热的非致病性细菌芽孢作指示菌，以测定热力灭菌的效果。菌种用嗜热脂肪芽孢杆菌，该菌芽孢抗热性较强，其热死亡时间与病原微生物中抗性最强的肉毒杆菌芽孢相似。生物指示剂有芽孢悬液、芽孢菌片以及菌片与培养基混装的指示管。检测时应使用标准试验包，每包中心位置放生物指示剂 2 个，放在灭菌柜室的 5 个点，即上、中层的中央各一个点，下层的前、中、后各一个点。灭菌后，取出生物指示剂，接种于溴甲酚紫葡萄糖蛋白胨水培养基中，置 55~60℃温箱中培养 48h 至 7d，观察结果。若培养后颜色未变，澄清透明，说明芽孢已被杀灭，达到了灭菌要求。若变为黄色混浊，说明芽孢未被杀灭，灭菌失败。

干热与湿热灭菌都是利用热力作用杀菌，但由于本身的性质与传导介质不同，所以二者各有特点，互相很难完全取代。干热灭菌与湿热灭菌的比较见表3-3。

表 3-3 　　　　　　　　　　　　　干热灭菌与湿热灭菌的比较

项目	干热	湿热
加热介质	空气等	水和蒸汽
对物品影响	烤焦	濡湿（皮革损坏）
适用对象	金属、玻璃与其他不畏焦化物品	棉织品、水液等不畏湿热物品
作用温度	高（160~400℃）	低（60~134℃）
作用时间	长（1~5h）	短（4~60min）
杀菌能力	较差	较强

在同一温度下，湿热比干热灭菌力强，其原因是：①在湿热下，菌体吸收水分，蛋白质易凝固，这是因为蛋白质的凝固温度随其含水量大小而有所不同（见表3-4），含水量越高，凝固温度越低。②蒸汽的穿透力大。③湿热蒸汽有潜热的存在，潜热是指当1g100℃的水蒸气变成1g100℃水时，释放出2255.2J的热量。当被灭菌物体的温度比蒸汽温度低时，蒸汽在物体表面上凝结为水，同时放出潜热，这种潜热能迅速提升灭菌物体的温度。

表 3-4 　　　　　　　　　　　　卵白蛋白含水量与凝固温度的关系

卵白蛋白含水量/%	在30min内凝固所需温度/℃	卵白蛋白含水量/%	在30min内凝固所需温度/℃
50	56	6	145
25	74~80	0	160~170
18	80~90		

二、化学除菌方法

用化学药品灭菌或创造一个无菌环境，也是非常重要的灭菌手段。根据化学药物的效应，可将其分为灭菌剂、消毒剂和防腐剂。灭菌剂指能杀死一切微生物的药剂；消毒剂是可以杀死致病菌和其他有害微生物的化学药品；只能防止或抑制微生物繁殖的药剂称为防腐剂。三者之间的界限难以明确区分，例如一种药物在低浓度时，可作防腐剂或消毒，而在高浓度时可起到灭菌的作用。从本质上看，灭菌剂、消毒剂和防腐剂都是相同的。

1. 优良消毒剂和防腐剂的特点

对自然界中的微生物有广谱的药效，杀菌或抑菌能力强；价格便宜，少量即可有效；能长期保存，不影响产品的基本效能；溶解度大，分散性优良，有良好的配伍性，无腐蚀性；安全性高，对人无毒性或者刺激性小，不会产生过敏。

2. 化学药物的灭菌原理

不同化学药物的灭菌原理不完全相同，一种化学药物对微生物的影响常以其中一方面为主，兼有其他方面的作用。

（1）改变细胞膜通透性　表面活性剂（Surface-active agent）、酚类及醇类可导致细胞膜结构紊乱并干扰其正常功能；使小分子代谢物质溢出胞外，影响细胞传递活性和能量代谢；甚至引起细胞破裂。

（2）蛋白变性或凝固　大多数重金属盐、氧化剂、醛类、染料、酸、碱及醇类等有机溶剂可改变蛋白构型而扰乱多肽链的折叠方式，造成蛋白变性。改变蛋白与核酸功能基团，药物因子作用于细菌胞内酶的功能基（如—SH）而改变或抑制其活性。如某些氧化剂和重金属盐类能与细菌的—SH 结合并使之失去活性。

（3）有些化学药物能改变原生质的胶体性状，使菌体发生沉淀或凝固。

3. 化学消毒剂的种类和应用形式

（1）化学消毒剂按其化学性质可大致分为六类无机酸、碱及盐类；重金属盐，如汞盐、银盐等；氧化剂，如高锰酸钾、过氧化氢、过氧乙酸及臭氧等；卤素及其化合物，氟、氯、漂白粉、碘等；有机化合物，如酚类、醇类、甲醛、有机酸及有机盐等；表面活性剂，如新洁尔灭、度米芬、溴化双乙撑二胺等；矿质元素，如硫磺；环氧乙烷。

（2）化学消毒剂按其灭菌作用可分为 3 大类

①高效消毒剂：可以杀灭一切微生物，包括抵抗力最强的细菌芽孢（如炭疽杆菌芽孢等）的消毒剂。其中有过氧乙酸、甲醛、环氧乙烷和含氯消毒剂等。含氯消毒剂保存在室温下即可，不要在高温条件下或让阳光直接照射。甲肝、乙肝、丙肝病毒对消毒剂的抵抗力较强，一般采用高效消毒剂才能将其彻底灭活。

②中效杀毒剂：可以杀灭抵抗力较强的结核杆菌和其他细菌、真菌和大多数病毒，如乙醇、新洁尔灭、碘酊和煤酚皂液（来苏儿）等。

③低效消毒剂：只能杀灭除结核杆菌以外的抵抗力较弱的细菌，如痢疾杆菌、伤寒杆菌、葡萄球菌、链球菌、绿脓杆菌等，以及抵抗力较弱的真菌（如念珠菌）和病毒（如流感病毒、脊髓灰质炎病毒、艾滋病病毒等）。这类消毒剂有氯已定（洗必泰）、玉洁新（三氯散）和高锰酸钾（俗称 PP 粉或 PP）等。

杀菌能力越强的消毒剂，其刺激性、毒性和腐蚀性往往也随之增大。

（3）化学消毒剂的应用形式

①浸泡法：选用杀菌谱广、腐蚀性弱、水溶性消毒剂，将物品浸没于消毒剂内，在标准的浓度和时间内，达到消毒灭菌目的。

②擦拭法：选用易溶于水、穿透性强的消毒剂，擦拭物品表面，在标准的浓度和时间里达到消毒灭菌目的。

③熏蒸法：加热或加入氧化剂，使消毒剂呈气体状态，在标准的浓度和时间里达到消毒灭菌目的。适用于室内物品及空气消毒或精密贵重仪器和不能蒸、煮、浸泡的物品均可用此法消毒。

④喷雾法：借助普通喷雾器或气溶胶喷雾器，使消毒剂产生微粒气雾弥散在空间，进行空气和物品表面的消毒。

⑤环氧乙烷气体密闭消毒法：将环氧乙烷气体置于密闭容器内，在标准的浓度、湿度和时间内能够达到消毒灭菌目的。

4. 常用消毒剂的使用和灭菌原理

（1）无机酸、碱及盐类

①无机酸作用原理：无机酸的消毒作用主要是由游离的氢离子而引起的。无机酸的电离度

越大，则杀菌效果越显著，其原因在于细菌的表面、细胞膜以及分泌到体外的多种酶都含有两性物质，而这些物质的电离情况随 pH 的变化而变化，当 pH 不适合自身的代谢条件时，则会影响细胞对营养物质的吸收和代谢；氢离子可以与其他阳离子在细胞表面竞争吸附，也能妨碍细胞的正常代谢活动。作用效果影响因素：不同微生物对氢离子浓度敏感性不同，一般细菌比酵母菌等真菌更易受到影响，所以消毒时应依据菌种选择相应电离程度的酸类；溶液的温度对酸类作用的影响很大，温度每升高 10℃，杀菌力提高 1~2 倍。缺点：腐蚀性较强、穿透力较差。实例：盐酸、硫酸、硼酸、硝酸等。

②碱类作用原理：强碱能水解蛋白质及核酸，使细胞酶系和结构受到损害；还可分解菌体中糖类，使细胞失去活性。作用效果影响因素：碱类电离度越高，即能电离出的 OH⁻ 离子的浓度越高，则杀菌力越大；碱的抑菌作用对于病毒和革兰氏阴性细菌要比革兰氏阳性菌及芽孢显著；酸类可降低碱类的杀菌作用；温度对碱类的杀菌作用没有影响。优点：可杀灭细菌繁殖体、芽孢；对病毒有较强的杀灭作用；对寄生虫卵也有杀灭作用。缺点：易灼伤组织，有腐蚀性，不适用于水的消毒，极易吸湿受潮，成分单一，杀毒范围窄，粗制品含量低。应用实例：生石灰、氢氧化钠、碳酸钠。

生石灰：它是一种效果较好、价格便宜的消毒剂，使用生石灰时，应加水使其变为具有杀菌作用的 Ca（OH）$_2$，即熟石灰。熟石灰于空气中能吸收二氧化碳，变成无杀菌效果的碳酸钙：Ca（OH）$_2$＋CO$_2$＝CaCO$_3$＋H$_2$O。如果被消毒物是液体，可直接加入生石灰。1% 的石灰水在数小时内可杀死普通无芽孢杆菌，3% 的石灰水在 1h 内可杀死伤寒杆菌。

氢氧化钠：具有显著的杀菌作用，但是由于 NaOH 溶液腐蚀性大，有机物的存在可降低消毒效果；无表面活性作用；灼伤皮肤、眼睛、呼吸道和消化道；易吸潮，导致结块、失效；腐蚀金属，破坏环境，一般只用于地面、仓库等地的消毒。

2%~4% 氢氧化钠溶液能杀死病毒和细菌的营养体，30% 的溶液在 10min 内，可杀死炭疽杆菌的芽孢，如果再加入 10% NaCl 可增加芽孢致死能力。

碳酸钠：又称苏打，1%~2% 苏打溶液具有弱杀菌作用，一般情况下，苏打很少用作独立的消毒剂，主要作为消毒剂的辅助剂。

③盐类：一般低浓度的盐类对微生物的生长有刺激作用，但较高浓度时，可抑制微生物的生长，甚至将细胞杀死，盐溶液的杀菌力与其浓度成正比。各种盐类溶液对于细菌均有相当毒性，但各盐类之间常有拮抗作用，即一种盐类的抗菌作用被另一种盐类所中和。

盐类的抑菌作用同微生物的种类有关，也受许多因素的影响，如盐类本身的特性、浓度、pH、温度、金属离子的化合价等。二价离子的盐比单价离子盐的毒性小；重金属盐杀菌作用较其他金属盐强；在纯溶液中，盐类的杀菌能力随温度的升高而增加。当盐溶液中含有蛋白质时，许多盐类杀菌力会降低，其原因是蛋白质和盐类中的某种离子结合，生成蛋白质盐类，因而失去杀菌效果。

硫酸铜是防治真菌的良好消毒剂，使用浓度低于 2%，喷洒物体表面，主要防治真菌。如硫酸铜、石灰、水，按 1∶1∶100 的比例所配制成的波尔多溶液，是良好的表面消毒剂。

（2）重金属盐　重金属盐作用原理：所有的重金属盐对微生物均有毒性，低浓度抑菌，高浓度杀菌。汞、银、砷盐都能与细胞中的酶蛋白的巯基结合，使蛋白失去活性；重金属离子容易和带负电的菌体蛋白相吸附，使细胞中的蛋白质发生变性和沉淀。这些都是重金属盐具有杀菌作用的主要原因。正因为如此，所以溶液中含有蛋白质时，其杀菌力降低。优点：防腐作用较强。缺点：污染大，仅对细菌和真菌有效，低温、有机物能降低效果。

应用实例：升汞、银盐。

①升汞：升汞有很强的灭菌作用，常用浓度为 0.1%（其溶液配制为：升汞 1g，盐酸 2.5mL，混合后加水稀释成 1000mL），用于无菌箱、无菌室喷雾消毒或擦拭玻璃器皿，木制试管架等非金属制品和非橡胶制品，不适于对含蛋白质较多的带菌物品（如痰和粪便）的消毒。

升汞对人体有毒，使用时必须注意。实验室内一般用复红着色来识别它，但由于其毒性大，已逐渐为其他灭菌剂代替。目前又合成了对人体低毒的硫柳汞等。

②银盐：银盐也有很强的杀菌力，常用银盐为硝酸银，如将 1% 的硝酸银溶液滴入新生儿眼中，可防止淋球菌的感染。

（3）氧化剂　氧化剂作用原理：某些化学物质含有较多的氧，或能使其他化合物放出氧，使菌体某些化学成分氧化，因而呈现抑菌作用。一般情况下，弱氧化剂可使蛋白质中的巯基生成二硫键，然后进一步氧化成磺酸盐。强氧化剂除能氧化巯基外，还可氧化氨基和其他化学基团，使得细胞中的蛋白质和酶的必需基团发生结构变化，从而使代谢途径出现障碍，最终导致菌体死亡。优点：作用快而强，不残留，广谱杀菌。对细菌、病毒、霉菌和芽孢均有效。缺点：仅对表面有作用，易分解，不稳定。应用实例：高锰酸钾、过氧化氢、过氧乙酸、臭氧。

①高锰酸钾：高锰酸钾有很强的氧化能力，0.1% 的高锰酸钾溶液常用于皮肤、水果、炊具的消毒。在酸性溶液中，其氧化作用增强，如用 1% 高锰酸钾和 1% 盐酸溶液混合，可在 30s 内破坏炭疽杆菌的芽孢。当遇到还原物质时，便被还原成二氧化锰，杀菌作用消失。

②过氧化氢：过氧化氢是一种无毒的消毒剂，氧化作用很强，极不稳定，易水解而生成分子氧和水，分子氧具有杀菌作用。3% 的过氧化氢水溶液可以洗涤细菌污染的器具，也可作为口腔黏膜消毒。

③过氧乙酸：过氧乙酸是无色透明液体，有刺激性酸味和腐蚀、漂白作用，是强氧化剂，杀菌能力强。

国内成品制作方法是将原料冰醋酸 300mL 加浓硫酸 15.8mL，装在一个塑料瓶内；另一个塑料瓶装过氧化氢 150mL。需要时合于 1 瓶摇匀，静置 3d，即成 18% 过氧乙酸。

溶液使用：0.01% 溶液可杀死各种细菌，0.2% 溶液可灭活各种病毒，是肝炎病毒较好的消毒剂，1%~2% 溶液可杀死霉菌与芽孢。对衣物用 0.04% 浸泡 2h；洗手用 0.2% 液体；表面喷洒用 0.2%~1% 溶液，作用 30~60min；用具洗净后用 0.5%~1% 溶液浸泡 30~60min。

喷雾消毒：用 0.5% 过氧乙酸溶液，每立方米 20mL，气溶胶喷雾，密闭消毒 30min 后，开窗通风。

熏蒸消毒：用 15% 过氧乙酸溶液，每立方米 7mL，置瓷或玻璃器皿内，加入等量的水，加热蒸发，密闭熏蒸 2h 后，开窗通风。

④臭氧：灭菌灯内装有 1~4 支臭氧发生管，在电场作用下，将空气中的氧气转换成高纯臭氧。使用灭菌灯时，关闭门窗，确保消毒效果。用于空气消毒时，人员须离开现场，消毒结束后 20~30min 方可进入。臭氧平均最高容许浓度为 0.1mg/m³，浓度过低难以达到净化效果，过高则对人体有害，对其浓度的有效控制问题增加了臭氧净化应用的难度，不利于此种方式的广泛应用。

臭氧溶于水时杀菌作用更为明显，常用于水的消毒，饮用水消毒时加臭氧量为每升 0.5~1.5mg，臭氧量每升 0.1~0.5mg 维持 10min 可达到消毒要求，在水质较差时，应加大臭氧加入量，每升 3~6mg。

（4）卤素及其化合物　所有的卤素均有显著的杀菌作用，其杀菌次序为：F>Cl>Br>I。

作用原理：通过卤化、氧化作用使有机物分解或丧失功能；缺点：对金属腐蚀性大，用量大；使用条件受限，易分解。

应用实例：氟、氯及含氯化合物、碘制剂。

①氟：氟化物对真菌、炭疽杆菌的芽孢的杀害作用很大。氟化钠可防止培养基中霉菌的生长，氟化物也可与镁离子结合而生成氟化镁沉淀，使以镁离子作为辅基的酶失去活性而破坏细胞的新陈代谢。

②氯及含氯化合物：氯气常用于水的消毒，如自来水和游泳池内水，常用剂量为 0.2~1mg/kg。氯溶于水后形成盐酸和次氯酸，次氯酸是非常活泼的化合物，可放出新生态的氧，从而杀死细胞。

漂白粉是以气体氯和熟石灰反应而获得的白色粉末，主要成分是 $CaCl_2$、$Ca(OH)_2$ 和 $Ca(OCl)_2$。漂白粉有澄清液、乳剂、粉剂三种剂型。澄清液通常用 500g 粉剂加水 5L 搅匀，静置过夜，即成 10%澄清液。常用浓度为 0.2%，用于浸泡、清洗、擦拭、喷洒墙面（每 $1cm^2$ 地面、墙面用 200~1000mL）；20%乳剂用于粪、尿、痰、剩余食物的消毒；1/5~2/5 量的干漂白粉加入待处理固形物后搅拌均匀，放置 1~2h 即可达到良好的消毒灭菌效果。

0.5%~1%漂白粉水溶液于 5min 内可杀死大多数细菌；5%的水溶液在 1h 内可杀死细菌的芽孢；对结核杆菌和肝炎病毒用 5%澄清液作用 1~2h。而用于饮用水消毒时，只要水中余氯含量在 0.2mg/L 以上，就有良好的消毒效果；容器需用 0.5%澄清液浸泡 1~2h 后清洗；用于地面消毒或处理污物时，用 5%的漂白粉水溶液喷洒即可。

漂白粉用于消毒剂已有 100 多年的历史，虽有不稳定、碱性重而褪色及破坏纤维等缺点，因其价格便宜及杀菌谱广，现仍用于饮水、污水、排泄物及其污染环境的消毒。但消毒过程中，易与有机物反应生成有机氯化物，产生"三致效应"，危害人体健康，已引起国际社会的关注。

二氧化氯消毒剂是一种新型的安全、高效、广谱消毒剂，无"三致效应"，是联合国卫生组织（WHO）推荐的 A1 级消毒产品。

③碘制剂：碘制剂的缺点：效果短暂，消毒池消毒一天即可失效；在阳光下易分解，易产生污点；对水生动物有一定的毒性；有机物存在时效果降低。碘加碘化钾可做皮肤消毒剂，碘甘油溶液可用于黏膜的消毒，10%碘酒 10min 内可杀死芽孢和一般真菌。

（5）有机化合物

①酚类苯酚：又称石炭酸，是李斯特使用的世界上第一种消毒剂。其杀菌作用主要是引起蛋白沉淀、变性，形成不溶性的朊盐沉淀。0.5%的溶液可作为防腐剂，2%~5%的溶液可抑制和杀死大部分细菌的营养体；5%溶液灭菌作用同升汞相似，在数小时内可杀死细菌的芽孢。一般用于无菌室喷雾或器皿及排泄物的消毒。使用时，注意不能用手经常接触石炭酸，否则容易发生皮肤知觉神经麻痹，也不能与食品接触。

来苏儿水是肥皂乳化甲酚的混合液，比石炭酸灭菌效果大四倍，而对皮肤的刺激性小，2%的溶液可用于皮肤消毒；3%~5%的溶液用来处理微生物实验的废弃物；

微生物学中，常以苯酚比较消毒剂杀菌力的大小，各种消毒剂和酚的比较强度为消毒剂的石炭酸系数，即在一定时间内，能致死全部供试微生物（一般用金黄色葡萄球菌）的最高稀释度与达到同样效果的石炭酸最高稀释度的比值。一般规定时间为 10min，例如：某消毒剂以 1∶300 的稀释度在 10min 内杀死全部供试菌，而达到同效的石炭酸的最高稀释度为 1∶100，则该药物的石炭酸系数等于 300/100，即为 3。石炭酸系数越大，说明该消毒剂杀菌力越强。

②醇类：醇类具有一定的杀菌作用，这是由于醇具有脱水作用，并能使蛋白质变性和沉淀。醇类的杀菌作用依分子量的增大而递增，但常用的醇类消毒剂是乙醇。乙醇的杀菌力与其本身的浓度有关。一般认为 70%～75% 浓度最有效，若太低则达不到杀菌作用，太高反而会使菌体表面蛋白质凝固形成一层膜，妨碍乙醇进入细胞膜，达不到灭菌的目的。实验室常用 75% 的乙醇水溶液作为皮肤、手的表面消毒或金属用具的浸泡消毒。

③甲醛：甲醛的杀菌作用主要是因为其还原性，此外，甲醛还能与蛋白质的氨基结合而使蛋白质变性。一般消毒用 37%～40% 浓度的溶液，它具有腐蚀性，刺激性强。0.1%～0.2% 的甲醛溶液便能杀死细菌的营养细胞；5% 的甲醛溶液在 1～2h，可杀死炭疽杆菌的芽孢。含 3.6% 甲醛水溶液，又称福尔马林，主要用于熏蒸消毒，能杀灭芽孢，对细菌繁殖型效果更好。使用方法为在一密闭房间，用 12.5～25mL/m³（有芽孢时加倍）甲醛液，加水 30mL/m³，一起加热蒸发，提高相对湿度。无热源时，也可用高锰酸钾 30g/m³ 加入掺水的乙醛（40mL/m³），即可产生高热蒸发。两种方法均要防止发生火灾。蒸汽发生后，操作者迅速离开房间，关好门后，再将门缝封好。12～24h 后，打开门窗通风驱散甲醛即可。或用 25% 氨水加热蒸发或喷雾以中和甲醛，用量为福尔马林用量的 1/2。

④有机酸及其盐类：有机酸的杀菌性能由整个分子或阴离子部分起作用，一般有机酸的电离度比无机酸低，杀菌作用反而较无机酸强。

苯甲酸或苯甲酸钠：酸性类食品中常用的防腐剂。由于食品中酸度只能对细菌有抑制作用，而对酵母菌和霉菌的生长无抑制作用，所以加苯甲酸或苯甲酸钠主要是抑制真菌的生长，尤其对酵母的抑制作用较强。使用苯甲酸或其钠盐作为防腐剂时，必须注意食品的 pH<4.5 时才有效，当 pH>5.5，抑菌作用几乎不能表现。食品中的最大允许添加量为千分之一，一般常用于果汁、果酱、酱油和其他酸性饮料中。

山梨酸及其钾盐和钠盐：山梨酸及其钾、钠盐在 pH4.5 以下时对酵母菌显示较好的抑菌效果，但对霉菌效果更好，对细菌抑菌作用差，尤其对梭状芽孢菌属和乳酸菌作用效果更差，一般适用于果酱和非醇饮料，最高允许添加量为 0.1%。

丙酸及其钙盐和钠盐：丙酸及其盐类是一种抑霉菌剂，可以有效地抑制霉菌的生长，但必须在酸性条件下，才能表现抑菌作用，对酵母菌无效，最高允许添加量不超过 0.32%。

脱氢醋酸及其钠盐：这是一类毒性低、广谱性的食品防腐剂，对霉菌、酵母菌及细菌的抑菌作用比苯甲酸效果好。当酸度较高时，抑菌效力较强，而且随酸度的增高而增高，在微酸性如 pH6.0 时也有效，对梭菌和乳酸菌无作用，其使用量一般为 0.005%～0.0075%。

醋酸：3% 的醋酸溶液在 15min 内可杀死沙门氏菌，4% 的浓度时可杀死大肠杆菌，9% 的浓度可杀死金黄色葡萄球菌，醋酸浓度为 6% 时，可有效地抑制腐败菌的生长。

乳酸：乳酸的抑菌作用比醋酸弱，但比苯甲酸要强得多，0.3% 的浓度可杀死铜绿假单胞菌，0.6% 的浓度可杀死伤寒杆菌，2.25% 的浓度能杀死大肠杆菌，7.5% 的浓度能杀死金黄色葡萄球菌。实际生产中，也可利用乳酸熏蒸或喷雾来消毒空气。

（6）表面活性剂　表面活性剂作用原理：这类化合物可以降低液体表面张力，吸附在微生物的表面，使菌体细胞膜的通透性改变，进而渗漏出原生质物质，呈现灭菌作用和防蛀抑霉的性能。分类：阴、阳、非离子和两性离子。优点：杀菌作用强，无腐蚀、刺激性和漂白性，易溶于水，不污染物品。在碱性和中性介质中杀菌力强。缺点：在酸性介质中效果大减，对结核杆菌、绿脓杆菌、芽孢、真菌和病毒的效果较弱。应用实例：新洁尔灭。

新洁尔灭：我国生产的新洁尔灭是十二烷基苄基季胺溴盐，是一种阳离子季铵盐，该类物质气味、色泽、毒性均极微。新洁尔灭易溶于水，使用量只有苯酚的 $1/200 \sim 1/400$，一般 $10^{-4} \sim 10^{-5}$ 的溶液浓度就有灭菌能力，而常用浓度为 0.25% 水溶液（原液中含新洁尔灭为 5%），用于皮肤和小型器皿的表面消毒。

新洁尔灭化学性质稳定，应用较广，与其他消毒剂复配提高杀菌效果和杀菌速度，有去污、杀菌作用，毒性低，对组织无刺激性。但只对细菌有效，对病毒几乎无效；在有机物存在条件下几乎无效；对水生动物毒性较大。

（7）硫熏蒸　硫的杀菌作用要通过燃烧氧化后才得以实现。燃烧硫磺的方法是将硫磺粉放在盛有少量木柴的小盒内，或将硫粉撒在纸上，然后点火燃烧，硫燃烧产生 SO_2，与水作用生成亚硫酸，它可以附着在菌体细胞上，夺取菌体的氧形成硫酸，同时使微生物脱氧，造成死亡。二氧化硫具有强烈的刺激性及毒性，使用时应注意安全，防止中毒。

（8）环氧乙烷气体密闭消毒法　环氧乙烷是目前已知最有效的气体灭菌方式（图3-14），能杀灭细菌繁殖体、芽孢以及真菌和病毒等，具有杀菌广谱，穿透性强，对物品无损害，环境不受污染，有完善、简单可靠的化学检测及生物检测方法、灭菌后物品易于保存等优点。适用于不耐高热和湿热的物品消毒，对塑料、金属和橡胶材料不产生任何腐蚀，如精密器械、光学仪器、电子设备、塑料器具和各种医疗用品等。环氧乙烷对人有毒，而且其蒸气遇明火会燃烧以至爆炸，所以必须注意安全，具备一定条件时才可使用。环氧乙烷沸点为 $10.8℃$，只能灌装于耐压金属罐或特制安瓿中，灭菌方法可采用柜室法或丁基橡胶袋法。

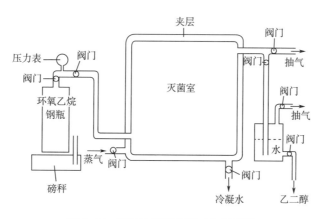

图 3-14　环氧乙烷灭菌器工作示意图

①柜室法：可在环氧乙烷灭菌柜内进行。将物品放入柜室内，关闭柜门，预温加热至 $40 \sim 60℃$，抽真空至 $21kPa$ 左右，通入环氧乙烷，用量 $1kg/m^3$，在最适相对湿度（$60\% \sim 80\%$）情况下作用 $6 \sim 12h$。灭菌完毕后排气打开柜门，取出物品。

②丁基橡胶袋法：在特制的袋内进行。将物品放入袋内，挤出空气，扎紧袋口。可预先放环氧乙烷安瓿于袋内，扎紧袋口后打碎，使其气体扩散；也可将钢瓶放在 $40 \sim 50℃$ 温水中气化

后与袋底部胶管相通，使气体迅速进入，用药量为 2.5g/L。将橡胶袋底部通气口关闭，放入 20~30℃室温中放置 8~24h。

5. 影响消毒剂作用的因素

（1）消毒剂的性质、浓度与作用时间　各种消毒剂的理化性质不同，对微生物的作用大小也存在差异。大多数消毒剂在高浓度时起杀菌作用，低浓度时则只有抑菌作用。在一定浓度下，消毒剂对某种细菌的作用时间越长，其效果也越强。若温度升高，则化学物质的活化分子增多，分子运动速度增加使化学反应加速，消毒所需要的时间可以缩短。

（2）微生物的污染程度　微生物污染程度越严重，消毒越困难，因为微生物彼此重叠，加强了机械保护作用。所以在处理污染严重的物品时，应加大消毒剂浓度，或延长消毒时间。

（3）微生物的种类和生活状态　不同的细菌对消毒剂的抵抗力不同。细菌芽孢的抵抗力最强；幼龄菌比老龄菌敏感；革兰氏阳性细菌对消毒剂较敏感，革兰氏阴性杆菌则常有较强的抵抗力。

（4）环境因素　当细菌和有机物特别是蛋白质混在一起时，某些消毒剂的杀菌效果受到明显影响。有机物在微生物的表面形成保护层妨碍消毒剂与微生物的接触或延迟消毒剂的作用；有机物和消毒剂作用，形成溶解度比原来更低或杀菌作用比原来更弱的化合物；一部分消毒剂与有机物发生了作用，则对微生物的作用浓度降低；有机物可中和一部分消毒剂。消毒剂中重金属类、表面活化剂等受有机物影响较大，对戊二醛影响较小。因此在消毒皮肤及器械前应先清洁再消毒。

（5）温度、湿度、酸碱度　消毒速度一般随温度的升高而加快。随着温度的升高，杀菌作用增强，但温度的变化对各种消毒剂影响不同。如甲醛、戊二醛、环氧乙烷的温度升高 1℃时，杀菌效果可增加 10 倍。而酚类和酒精受温度影响小。

湿度对许多气体消毒剂有影响。

酸碱度的变化可影响消毒剂杀灭微生物的作用。原因在于酸碱度：①可改变消毒剂溶解度和分子结构。②pH 过高或过低对微生物的生长均有影响。在酸性条件下，细菌表面负电荷减少，阴离子型消毒剂杀菌效果好。在碱性条件下，细菌表面负电荷增多，有利于阳离子型消毒剂发挥作用。例如，季铵盐类化合物的戊二醛药物在碱性环境中杀灭微生物效果较好；酚类和次氯酸盐药剂则在酸性条件下杀灭微生物的作用较强。

（6）化学拮抗物　阴离子表面活性剂可降低季铵盐类和洗比泰的消毒作用，因此不能将新洁尔灭等消毒剂与肥皂、阴离子洗涤剂合用。次氯酸盐和过氧乙酸会被硫代硫酸钠中和，金属离子的存在对消毒效果也有一定影响，可降低或增加消毒作用。

6. 消毒剂的使用原则

许多因素会影响消毒剂的作用，而且不同消毒剂对各种因素的敏感性差异很大。单一消毒剂都存在着一些固有的缺陷：穿透有机物能力弱，受环境温度影响大，使用浓度高，价格优势的丧失等。试验证实单纯地使用单一的化学消毒剂难以达到微生物控制的要求，复合型消毒剂才是理想的选择。为达到理想的消毒灭菌目的，在消毒剂的使用中应遵循以下原则。

（1）根据物品的性能及病原体的特性，选择合适的消毒剂；

（2）严格掌握消毒剂的有效浓度、消毒时间和使用方法；

（3）需消毒的物品应洗净擦干，浸泡时打开轴节，将物品浸没于溶液里；

（4）消毒剂应定期更换，挥发剂应加盖并定期测定比重，及时调整浓度；

（5）浸泡过的物品，使用前需用无菌等渗盐水冲洗，以免消毒剂刺激人体组织。

三、 各类培养基常采用的灭菌方法及注意事项

1. 各类培养基的灭菌法

（1）液体及琼脂固体培养基　一般在 121℃（即 0.1MPa）下灭菌 20min 即可，但也要视容器大小及内容物的特性及蒸汽与容器的接触面积而定，若容器大、内容物多、黏度大，则灭菌时间应适当延长。

（2）明胶培养基　以采用间歇常压灭菌法为宜，即 100℃ 间歇灭菌三次，每日一次；或高压 112℃ 左右（0.05MPa）灭菌 25min。但最高温度不应超过此温度，否则凝胶凝固能力会丧失。

（3）马铃薯培养基　因含有抵抗能力甚强的马铃薯杆菌，所以其灭菌应特别注意，宜用间歇常压灭菌法连续灭菌 4~5 次，或在 121℃ 下，灭菌 30min。

2. 培养基灭菌的注意事项

培养基灭菌时常常发生有害的变化，只有极少数的培养基对热是完全稳定的。通常培养基成分、pH 及物理状态等都对灭菌或消毒效果有直接的影响。

（1）培养基成分

①糖类：大多数的糖类对加热杀菌均发生某种程度的改变，并且可能形成对微生物有毒害作用的产物。常见的糖类中葡萄糖最稳定，但温度高、长时间的灭菌，也会使其被破坏，特别是低 pH 时更严重，这种情况下，常将糖与无机盐分别装瓶灭菌。含高糖分的培养基，加压灭菌颜色变深，时间越长，颜色越深。这是因为还原糖的羰基与一些氨基酸以及蛋白质中的氨基形成氨基糖所致，同时糖在高温时易形成焦糖，影响微生物的培养效果，所以含糖成分高的培养基最好不要用高压灭菌。

②蛋白质：培养基中蛋白质含量越高，杀灭杂菌的速度越慢。这是由于蛋白质加热凝固，在菌体的外面形成一层膜，能增强菌体对外界不良条件的抵抗力。

③植物性原料：大部分用植物性原料调制的培养基，不但能提供微生物所需的全部营养物质，而且还提供生长素。但当加热灭菌时，其中很多成分不同程度地被破坏。例如酿酒工业上常用的麦芽汁、米曲汁等自然培养基灭菌后，常有沉淀发生，这是由于大分子物质加热后凝集而产生的沉淀。一般没有特殊要求，不影响微生物的生长。

（2）pH　pH 对微生物的耐热性影响很大。pH6~8 微生物最不易死亡，pH<6，氢离子就极易渗入微生物细胞中，从而改变细胞的生理反应，促使微生物死亡。所以培养基 pH 越低，灭菌时间越短，一般麦芽汁或米曲汁就比牛肉汤培养基容易灭菌。但是，在一般情况下，微生物对培养基的 pH 都有一定的要求，在不允许调节 pH 情况下，pH 较高的培养基就应适当延长灭菌时间或提高灭菌温度。

（3）物理状态　一般固态的培养基要比液态的培养基灭菌时间长，这是因为液体培养基除热传导作用外，还有对流作用；而固体培养基则只有热传导一种作用。当块状或粒状固体一经加热，外表也会形成一层胶状层，使水分、热量难以透过，造成灭菌不彻底的死角，如液体培养基 100℃ 需灭菌 1h，而麸皮、小米等固体物将需 2~3h 才能完全灭菌。

培养基中含有泡沫时，对灭菌工作极为有害，因为泡沫中空气能形成一层不易传热的隔热

层，使热量难以渗透到培养基的各个部位，造成灭菌不彻底，所以在将培养基加入容器中时，尽量不要使其产生泡沫，这样才能使灭菌工作达到预期效果。

四、 无菌操作环境的消毒与灭菌

1. 无菌室的消毒灭菌

无菌室应备有工作浓度的消毒液，如洗洁精、2%碳酸钠、75%的酒精，0.1%的新洁尔灭溶液、乳酸、臭氧溶液、5%的甲酚溶液等。

无菌室清洁：地面、墙面、门窗、顶棚、设备、台面、照明及空气环境。

常规清洁剂：饮用级水、纯净水、洗洁精（食用）、纯碱（$NaCO_3$）。

擦拭消毒液：75%的酒精、0.1%的新洁尔灭溶液等，每月轮换使用。

喷雾消毒剂：75%的酒精或0.5%的苯酚，用于喷雾降尘和消毒。

熏蒸消毒液：乳酸、臭氧溶液、福尔马林（40%甲醛），每月轮换，交替使用，消毒液用量 $2mL/m^3$。

无菌室每天进行常规清洁，定期用喷雾消毒剂进行降尘和消毒，或者用福尔马林加少量高锰酸钾等定期进行密闭熏蒸，保证无菌室环境洁净无死角。

熏蒸消毒过程：

（1）关闭新鲜风风阀及消毒风机风阀；

（2）将消毒液放入熏蒸气体发生器中；

（3）打开蒸汽对发生器中的消毒液进行加热并至消毒液蒸干；

（4）启动空调器，让消毒气体循环30min后，关闭空调器；

（5）密闭8h，不得少于8h；

（6）开启消毒风机及新鲜风机，对无菌室区域排出消毒气体，更换新鲜空气约8h；

（7）恢复空调系统的正常运行。

超净工作台和生物安全柜的消毒与灭菌：生物安全柜是一种负压的净化工作台，能够完全保护工作人员、受试样品并防止交叉污染的发生；洁净工作台通过风机将空气吸入预过滤器，经由静压箱进入高效过滤器过滤，将过滤后的空气以垂直或水平气流的状态送出，使操作区域达到百级洁净度，仅保护样品的环境的洁净级别。但洁净工作台操作方便，舒适高效，在工厂化生产中，接种工足量大，工作时间长时，洁净台是很理想并常用的设备。

在保持无菌室高度无菌状态的大环境下，使用前后用2%新洁而灭或75%酒精擦拭洁净工作台或生物安全柜的台面，接种箱内也应安装紫外灯，使用前开灯15min以上照射灭菌，在紫外灯开启时间较长时，可激发空气中的氧分子缔合成臭氧分子，该气体成分有很强的杀菌作用，可以对紫外线无法直接照射到的区域产生灭菌效果。由于臭氧不利于健康，在进入操作之前应先关掉紫外灯，关闭10min后即可入内。

2. 曲室的消毒灭菌

曲室与一切工具在使用前需经消毒、灭菌。制种曲所用工具，每次使用后要及时洗刷干净，然后放入曲室用甲醛或硫磺灭菌。培养用具也可在清洗后用0.02%的漂白粉或0.2%甲醛液或0.1%新洁尔灭液擦洗，放入曲室内熏蒸灭菌。纱布或白布等覆盖物可用蒸汽灭菌。凡用手接触工具和曲料时，也应事先洗净手并以75%酒精擦拭消毒。熏蒸灭菌前，关闭门窗，密闭排水沟等透气口。用硫磺$25g/m^3$或甲醛$10mL/m^3$进行熏蒸灭菌，必要时二者交替使用效果更好，灭菌 20h 后，方可启用。

（1）福尔马林加热熏蒸 按熏蒸空间计算，量取甲醛溶液，盛在小铁筒内，用铁架支好，把酒精灯灌装适量酒精（估计能蒸干甲醛溶液即可，不要超量太多）。将室内各种物品安置妥当后，点燃酒精，关闭室门，甲醛溶液煮沸挥发。

（2）氧化熏 按甲醛液用量的一半称取高锰酸钾于一瓷碗或玻璃容器内，再量取定量的甲醛溶液，室内准备妥当后，把甲醛液倒在盛有高锰酸钾的器皿内，立即关门。几秒钟后，甲醛溶液即沸腾挥发。高锰酸钾是一种强氧化剂，当它与一部分甲醛液作用时，氧化作用产生的热可使其余的甲醛液挥发为气体。

以上两种方法都是用甲醛液熏蒸灭菌，通常用量按 2~6mL/m³ 福尔马林计算，而且熏蒸应在使用前至少 24h 进行，熏蒸后密闭保持 12h 以上，再行处理使用。甲醛蒸气对人眼、鼻有强烈刺激作用，在相当时间内不能进室工作，因此应在熏蒸后 12h，量取与甲醛液等量的氨水，迅速放于室内，这样可以减弱对人的刺激作用。

（3）硫熏蒸 一般酒厂曲室或房间常将硫磺卷在草纸中，直接点火燃烧，预先将地面洒上水，将曲室密闭灭菌。此时 SO₂ 气体散布于空气中，和预先在室中喷洒的水结合形成 H_2SO_3，表现抑菌活性。应该注意，如果室内有金属制品，为了防止亚硫酸和硫酸的损害，应在熏蒸以前妥善处理。

此外，如前所述，1%~2%的来苏儿水溶液常用于无菌室内喷雾消毒，为了增进其杀菌作用，可同时打开紫外灯，这样复合处理效果很好。

第三节 微生物培养技术

一、 微生物培养技术

微生物对氧气的需求，分为好氧和厌氧微生物，对于不同类型的微生物，常用的培养方法如表 3-5 所示。

表 3-5   常用的微生物培养法

		斜面培养法
		平板培养法
		小室培养法
好氧微生物培养法	固体培养法	插片培养法
		透析膜培养法
		培养瓶培养法
		盘曲、帘子曲培养

续表

好氧微生物培养法	液体培养法	静置培养法
		深层培养法
		发酵罐培养法
厌氧微生物培养法	培养基法	高层琼脂柱法
		凡士林法
		还原剂法
	环境法	吸氧培养法
		气体置换法
		生物学培养法

实验6 中高温大曲制作实验

一、实验目的

1. 掌握酒曲的制作工艺。

2. 了解中国白酒传统固态发酵过程。

二、实验原理

好氧微生物培养方法包括固体培养法和液体培养法。

1. 固体培养法

广泛用于培养好气性微生物，实验室内一般采用试管斜面、培养皿、三角瓶、克氏瓶（茄形瓶）等培养，工厂大多采用曲盘、帘子以及通风制曲池等，特别是在霉菌的培养中，目前仍采用固体培养法制曲。由于选取农副产品如麸皮等作原料，价格低廉，其颗粒表面积大，疏松通气，原料易大量获得，因此，酿酒行业用得很普遍。但是，由于大规模表面培养技术仍有很多困难，在发酵生产上，能用液体培养的，大多采用液体深层培养法来代替。

固体培养法除上面叙述的斜面和平板培养法外，还有小室培养法、插片培养法以及以下几种方法。

（1）透析膜培养法 在固体培养基上培养，一般不可能更换培养基，但在透析膜上培养，既可以把培养物移至新鲜培养基中，又可以在培养过程中加入某些实验物质，也可以随时将透析膜上的菌体取出作观察，或者制成永久标本。其优点是可随时取出一片，以检查不同生长阶段的细胞形态，亦可挑起霉菌菌落中央部分以观察其孢子结构。如果要制片观察，可先用甲醛蒸汽固定。然后用不染透析膜的染色剂染色，或直接在载玻片上进行观察。

为了要制备霉菌菌落的保藏标本，可以剪成与培养皿同等直径的透析膜，用湿滤纸夹好（以免灭菌时透析膜收缩），放入空的培养皿中，高压蒸汽灭菌后备用。试验时，取此灭菌透析膜一块，平铺在琼脂平板培养基的表面，按平板点接法接种。当菌落经保温培养生长至足够大时，将长有巨大菌落的透析膜取出，漂浮在10%的甲醛溶液内过夜，以杀死细胞并固定菌落形态。将其取出，在空气中干燥，最后平铺在一对直径不同的复合的培养皿中，在小培养皿四周封一圈石蜡，以便长期保存。

（2）培养瓶培养法 为了能很好地适应好气性微生物（如生孢子的霉菌）增殖，以便取得大量的孢子进行扩大培养或满足酿酒工厂的需要。使用琼脂固体培养基时，可采用各种长方形的、扁平的培养瓶。由于其瓶形扁平，表面积大，故能更好地满足好气性微生物的生长，并且制备孢子悬浮液也很方便。但是，酿酒工厂做种曲供扩大培养用时，一般还是以大米、小米等作原料，为了装原料米、加水蒸煮灭菌、接种、清洗等方便，三角瓶又容易购买，因此，大都采用500mL及1000mL的三角瓶。

如果要培养毛霉及根霉，因为有些毛霉及根霉的孢子囊柄非常长，用一般方法极难观察测量，可以采用林德纳氏瓶，在瓶底倒入少量琼脂培养基，接种欲培养的微生物后，倒立放置，保温培养，使生长物向下繁殖，这样更便于测量。

（3）盘曲、帘子曲培养 这两种曲的制造工具可以就地取材、投资少、上马快、易推广、操作简便等，适于中小型酒厂使用。制造盘曲的盘子可用竹子或木板制成；做帘子曲用的帘子，一般用芦苇、柳条等材料用绳编结而成，便于卷在一起进行蒸汽灭菌。曲架可用木材或毛竹制成。曲盘、曲架和帘子的尺寸可根据产量及曲室的大小来确定。另外，用曲盘和帘子制曲，必须严格掌握配料，控制蒸煮条件如温度、压力等，还要注意卫生条件。

（4）厚层通风培养 采用曲箱，培养过程通风。通风一方面可供给微生物所需要的氧，另一方面用风可以带走微生物发酵产生的热量和部分CO_2气体。

2. 液体培养法

将微生物菌种接种到液体培养基中进行培养的方法，称为液体培养法。该方法可分为静置培养法和通气深层培养法两类。

（1）静置培养法 指接种后的液体静止不动。有试管培养法和三角瓶培养法两种。

（2）深层培养法 目前多采用振荡（摇瓶）培养法和发酵罐通气培养两种。

①振荡（摇瓶）培养法：该方法对细菌、酵母菌等单细胞微生物进行振荡培养，可以获得均一的细胞悬浮液。而对霉菌等丝状真菌进行振荡培养时，就像滤纸在水溶液中泡散了那样，可得到纤维糊状培养物，成为纸浆培养。与此相反，如果振荡不充分，培养物黏度又高，则会形成许多小球状的菌团，称为颗粒状生长。

振荡培养的设备是摇床，是培养好气菌的小型试验设备，也可用于生产上种子扩大培养。常用的摇床有旋转式和往复式两种。摇瓶机上放置培养瓶，瓶内盛灭过菌的培养基，可供给的氧是由室内空气经瓶口包扎的纱布（一般为6~8层）进入液体中的。因此，氧的传递与瓶口大小、瓶形和纱布层数有关，在通常情况下氧的吸收系数取决于摇瓶机的特性和培养瓶的装液量。

往复式摇床如果频率过快、冲程过大或瓶内液体装置过多，在摇动时液体会溅到瓶口纱布上，容易引起杂菌污染。因此，装液量不宜太多（培养瓶容量的1/5左右即可）。

②发酵罐培养法：一般实验室中较大量的通气扩大培养，可采用小型发酵罐，罐容大多在10~100L，它是可以供给所培养微生物的营养物质和氧气而使微生物均匀繁殖的容器，能大量生产微生物细胞或代谢产物，并可在实验过程中得到必要的数据。

中国白酒酿造中的大曲属于典型的好氧微生物的固态培养。大曲是以小麦或大麦和豌豆为主要原料，经粉碎、加水、压制成砖状的曲坯后，在一定温度和湿度下使自然界的微生物进行富集和扩大培养，再经风干而制成的含有多种菌的一种糖化发酵剂。对于酿酒而言，曲既是糖化剂也是酿酒原料。根据制曲过程中对控制曲胚最高温度的不同，大致可以分为中温曲、中高温大曲和高温区三种类型。高温曲最高温度达60℃以上，主要用于酿造酱香型白酒；中温曲最高温度不超过50℃，用于酿造清香型白酒和浓香型白酒；中高温曲制曲最高温度在50~59℃，主要用于生产浓香型大曲酒。

三、实验材料

小麦3 kg、粉碎机、20目实验筛、母曲200g。

四、实验方法与步骤

1. 原料的选择与处理

选用颗粒饱满、无霉烂、无虫蛀、无杂质、无农药污染的优质小麦。进行除尘、除杂、除石、除铁处理，检查并调试粉碎机。

2. 润料与磨粉

小麦加水润料、磨粉：将3kg小麦润料水温40~80℃，加水量10%，润料时间3~4h，对经温水润料后的小麦进行粉碎，使小麦被压成心烂皮不烂的"梅花瓣"状。粉碎度以通过20目筛孔的占40%~50%，未通过20目筛孔的粗粒及麦皮占50%~60%。

3. 拌料

在小麦粉中加水37%~40%，水温：冬季30~35℃，夏季14~16℃。加母曲5%左右。拌和均匀，拌好的曲料以手成团，又不粘手为好。

4. 踩曲

先将曲坯成型场地清扫干净，将拌好的曲料装到曲模中，用脚掌从中心踩一遍，再用脚跟沿边踩一遍，要踩紧、踩光、踩干，然后翻转，再将下面踩一遍，最后翻转至原来的位置重复踩一遍。踩好的曲坯四周齐整，厚薄均匀，重复一致，表面光滑，内外水分一致，具有一定的硬度。曲胚的长宽高分别为20cm、12cm和6cm，每块的质量为1.95~2.05kg，每块曲坯质量不得相差0.2kg。

5. 保湿培养

以普通的生化培养箱模拟区房。依次经过三个时期：①低温培菌期品温30~40℃，相对湿度大于90%，时间为3~5d；②高温转化期品温50~59℃，相对湿度大于90%，培养时间为5~10d；③后火排潮生香期品温不低于45℃，相对湿度小于80%，培养时间为10~12d。

培养过程中，必须定时检查曲胚的品温变化情况。在开始培养的24~28h，检查曲坯表面水分蒸发情况，当曲坯变硬时，进行第一次翻曲。翻曲时，底部翻上面，周围翻到中间，中间翻到周围，以后每隔1~2d翻一次曲。

五、实验结果与分析

记录曲胚整个过程的变化，包括曲胚品温、色泽、硬度、湿度的变化情况。

六、注意事项

1. 培养过程中，必须注意曲胚的品温变化情况，及时翻醅，保证大曲的制作质量。

2. 由于培养过程约1个月，必须做好曲虫治理工作。

七、思考题

曲坯培养过程为什么要分为三个时期？

实验 7　厌氧袋法培养丙酮丁醇梭状芽孢杆菌

一、实验目的

1. 学习用厌氧袋法培养专性厌氧菌。

2. 了解丙酮丁醇梭状芽孢杆菌的生长情况及形态特征。

二、实验原理

培养厌氧微生物，有的用液体培养基，有的用固体培养基，但均需先将培养基中的氧除去。此外，还需对培养环境进行除氧。常用的厌气培养方法可分为造成无氧的培养环境和在培养基内造成缺氧条件（即增强培养基的还原能力）两大类。

1. 在培养基内造成缺氧条件

（1）高层琼脂柱　这是造成厌氧微生物无氧生活的最简单方法，常用高层琼脂试管培养法。即把琼脂培养基装入试管内，形成深柱（达管高的 2/3），接种时采用穿刺接种至琼脂底部，培养后，厌气菌在底部旺盛生长，渐次接近表面则越差。此外，也可将琼脂柱溶化，待冷却至 45℃ 左右，用无菌吸管吸取适量菌液接种，然后用两手掌搓动试管使之混匀，并立即放入冷水中使之凝固。经培养后，在管内深处有菌落出现，此法往往能形成单一菌落。

（2）凡士林隔绝空气　把培养基装入试管内（装量为试管的 1/2），灭菌后，再放入蒸汽锅中加热半小时，或在沸水中煮沸 5min，排除培养基内的氧气，接着取少许无菌的溶化凡士林，倾在培养基表面，并迅速冷却，使培养基与空气隔绝。接种时，将试管上部有凡士林处在火焰上略微烘烤，使凡士林溶化，然后用无菌毛细管和移液器接入菌液。但产气厌氧菌不宜采用此法培养，因为产生的气体会把凡士林冲破。

（3）添加还原剂吸收氧　可采用在半固体培养基内添加还原剂（0.1% 硫代甘醇酸钠或 0.1% 抗坏血酸等）、利用碎肉培养基和在培养基中添加薄铁片（含碳量为 0.25% 以下的碳钢）的方式吸收氧。

2. 造成无氧培养环境（目前主要是混合气置换法）

若对厌氧微生物进行表面（固体）培养，必须使培养物的周围形成无氧环境。

（1）吸氧培养法

①Buchner 氏培养法：此法利用焦性没食子酸在碱性条件下与氧结合，生成焦性没食子素（深褐色化合物），该反应过程吸收了容器中的氧气。若进行试管培养，可将试管装入 Buchner 管内，如图 3-15（1）所示。

Buchner 管是一种厚壁玻璃管，规格为 22×2.5cm，下端收缩，使装入的试管不能直接到达底部，管口具有橡胶塞。在此管底部加入少许固体焦性没食子酸，然后加入氢氧化钠溶液，立即用橡皮塞把管口塞好，即可进行厌气培养。若用于平板培养，可用干燥皿代替 Buchner 管。在 100mL 容器内，约需加入焦性没食子酸和氢氧化钠各 1g（一般 1g 焦性没食子酸可吸收 100mL 体积氧气），也可以制成如图 3-15（2）（3）所示的培养装置。

②Zinsser 氏培养法：此法适用于进行平板厌气培养。用两个结晶皿，其直径一个为 5cm，另一个为 9cm，其高度均为 2.5cm。灭菌后，将含葡萄糖的琼脂培养基倒入小皿内，冷凝后将培养物接种在平板上。在大皿内加入少许固体性没食子酸，再将小皿倒置其中，并迅速注入

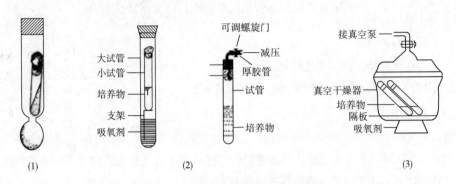

图 3-15　Buchner 氏培养法装置图

（1）Buchner 氏管厌气培养　　（2）简易厌气培养试管装置　　（3）真空干燥器装置

5%氢氧化钠于两皿之间，至高 1.3cm 为止，当焦性没食子酸溶解时，立刻加入液体石蜡于 NaOH 的液面上，使之与空气迅速隔绝。此法也可做划线培养，分离厌氧微生物。

（2）气体置换法

①抽气换气法：将已接种的培养基放入真空干燥缸或厌氧罐中，再放入催化剂钯粒和指示剂美兰。先用真空泵抽成负压 99.99 kPa（750mm Hg），再充入氮气，反复 3 次，最后充入 80% N_2、10% H_2 和 10% CO_2 混合气体，若缸内呈无氧状态，则指示剂美兰为无色。每次观察标本后需要重新抽气换气，用过的钯粒经 160℃ 2h 干燥后可重复使用。

②气体发生袋法：该方法需要厌氧罐和气体发生袋两种容器（图 3-16）。厌氧罐是由透明聚碳酸酯或不锈钢制成，盖内有金属网状容器，其内装有厌氧指示剂美兰和用铝箔包裹的催化剂钯粒。气体发生袋是一种铝箔袋，其内装有硼氢化钠-氯化钴合剂、碳酸氢钠-柠檬酸合剂各 1 丸和 1 张滤纸条，使用时剪去特定部位，注入 10mL 水，水沿滤纸渗入到两种试剂中，发生下列化学反应。

$$C_6H_8O_7+3NaHCO_3 \rightarrow Na_3C_6H_5O_7+3H_2O+3CO_2 \uparrow$$
$$NaBH_4+2H_2O \rightarrow NaBO_2+4H_2 \uparrow$$

反应生成 H_2 和 CO_2，立即将气体发生袋放入罐内，密封罐盖，使气体释放到罐中。

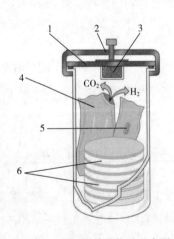

图 3-16　厌氧培养袋装置示意图

1—带有 O 形环密封垫的盖子　2—带有螺纹的夹钳
3—钯粒　4—气体发生袋　5—厌氧指示剂　6—平皿

③厌氧培养箱法：厌氧培养箱是目前国际上公认的培养厌氧菌最佳仪器之一。它是一个密闭的大型金属箱，箱的前面有一个透明面板，板上装有两个手套，可通过手套在箱内进行操作。箱侧有一个交换室，具有内外两个门，内门通箱内先关着。使用时将物品放入箱内，先打开外门，放入交换室，关上外门进行抽气、换气（H_2、CO_2、N_2）使之达到厌氧状态，然后手伸入手套把交换室内门打开，将物品移入箱内，关上内门。箱内保持厌氧状态，是利用充气中的氢在钯的催化下和箱中参与氧化合成水的原理。该箱可调节温度，本身是孵箱或将孵箱附在

其内。该法适于作厌氧菌的大量培养研究。

（3）生物学培养法

①厌氧菌与好气菌共同培养：将葡萄糖琼脂平板，用灭菌刀由中央沿直径切除宽约1cm的一条，一半接种好气性菌，另一半接种厌氧菌，盖好皿盖，并以溶化石蜡封固边缘，进行培养。

②利用新鲜植物组织：用普通干燥器或带磨口塞的广口瓶，内装切碎的新鲜生萝卜或土豆等植物组织。若用土豆，则每升容积约需50g，然后将接种的斜面或平板放入容器内，密封。由于新鲜植物组织的呼吸作用而吸收氧气，排出二氧化碳，故也能造成无氧环境，进行厌氧培养。

本实验的原理如下：

（1）利用氢硼化钠（$NaBH_4$）或氢硼化钾（KBH_4）与水反应产生 H_2，在钯的催化下，H_2 与袋内的 O_2 结合生成水，从而建立起无氧环境。其反应式为：

$$NaBH_4 + 2H_2O \xrightarrow{Co^{++}或Ni^{++}} NaBO_2 + 4H_2\uparrow$$

$$2H_2 + O_2 \xrightarrow{钯} 2H_2O$$

（2）在无氧环境下加入10%左右的 CO_2，有利于厌氧菌的生长。CO_2 是由下列反应提供的。

$$\underset{\underset{\displaystyle CH_2COOH}{\displaystyle |}}{\overset{\overset{\displaystyle C-CH_2OOH}{\displaystyle |}}{HO-CCH_2OOH}} + 3NaHCO_3 \longrightarrow \underset{\underset{\displaystyle CH_2COONa}{\displaystyle |}}{\overset{\overset{\displaystyle CH_2COONa}{\displaystyle |}}{HO-C-COONa}} + 3H_2O + 3CO_2$$

（3）利用美蓝的变色反应来做厌氧度的指示剂。

三、实验材料

1. 菌种

丙酮丁醇梭状芽孢杆菌（*Clostridium acetobutylicum*）。

2. 培养基

中性红培养基（见附录Ⅱ-27），6.5%玉米醪培养基（见附录Ⅱ-28），$CaCO_3$ 明胶麦芽汁培养基（见附录Ⅱ-29）。

3. 厌氧袋

厌氧袋是由不透气的无毒特种复合塑料薄膜制成，袋内装有一套厌氧环境的形成装置，它包括产气系统、催化系统、指示系统和吸湿系统。其装置如图3-17所示，构造如下。

（1）塑料袋　用电热法烫制的无毒复合透明薄膜塑料袋（14cm×32cm）。

（2）产气管　取直径1.0cm、长16cm左右的无毒塑料软管一根，用电热法封其一端。将0.2gNaBH₄（或0.3gKBH₄）和0.2gNaHCO₃（按袋体积500mL计算），用擦镜纸包成一小包，塞入软管底部，其上塞少量脱脂棉花。再将内含5%柠檬酸溶液1.5mL的安瓿倒入塑料管，然后加上一个有缺口的泡沫塑料小塞即成。

（3）厌氧度指示管　取直径1.0cm长8cm无毒透明塑料软管一根。将内含1.0mL美兰厌氧指示剂的安瓿装入软管，在其上下口都先塞入少量脱脂棉花，再将泡沫塑料塞紧即成。指示剂的制作方法为：取0.5g美兰加蒸馏水至100mL，再将制得的0.5%美兰溶液蒸馏水稀释至

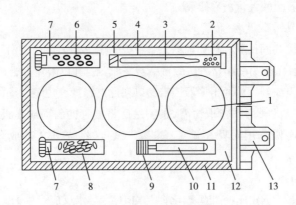

图 3-17　厌氧袋装置示意图

1—培养皿（直径 6cm）　　2—NaHCO₃+KBH₄　　3—5%柠檬酸　　4—塑料软管

5—泡沫塑料塞（有一缺口）　6—钯催化剂　7—硬质塑料管（上有小孔）　8—变色硅胶

9—脱脂棉垫　10—次甲基蓝指示剂　11—热封边　12—复合塑料袋　13—票夹

100mL；将 6mL 0.1mol/L 的 NaOH 用蒸馏水稀释至 100mL，取 6g 葡萄糖加蒸馏水稀释至 100mL。使用前将三种溶液等量混合，用针筒注入安瓿（约 1mL），沸水浴加热使呈无色，立即封口即成。

（4）催化管　取市售钯粒（A 型）3~5 粒装入有孔小塑料硬管即成，使用前应先活化。

（5）稀释剂包　变色硅胶少许，用滤纸包成小包即可。

4. 器皿

直径为 6cm 的培养皿 3 套、2mL 针筒 2 副、5mL 吸管 2 支、1mL 吸管数支、涂布棒 3 支、250mL 三角烧瓶数个、试管数支、量筒等。

5. 其他

宽透明胶带、4 号票夹、脱脂棉花等。

四、实验方法与步骤

1. 准备菌种

实验前两天，将上述丙酮丁醇梭状芽孢杆菌试样接入 6.5% 玉米醪试管，沸水浴保温 45s，立即用流水冷却，37℃恒温箱培养 2d。

2. 倒平板

将中性红培养基、CaCO₃明胶培养基分别溶化，冷至 45℃左右倒平板。冷凝备用（平板最好提前一天倒好，37℃放置过夜，烘干表面）。

3. 封袋

将产气管、厌氧指示管、催化管和稀释剂包，按图 3-17 所示放置在厌氧袋中。

4. 稀释

取两天前活化的丙酮丁醇梭状杆菌的试管，打碎"醪盖"，吸取培养液，稀释 $10^{-2} \sim 10^{-1}$ 倍。

5. 涂布

吸取上述稀释液各 0.1mL，在不同培养基平板上，分别用涂布棒涂布，随即将此平板放进厌氧袋中（每袋可放置三个平皿）。

6. 封袋

将厌氧袋中的空气尽量赶尽，然后剪去宽透明袋（长约17cm），将袋口封住，并将两边各留1cm长的小段。封口后仔细检查，尽量使封口严密。然后将袋口向里折叠几层，再用两只4号票夹夹紧。

7. 除氧

将已封口的厌氧袋倾斜放置，折断产气管中的安瓿瓶，使液体与固体药物相接触产生H_2和CO_2此时，反应部位发热。产生的H_2在钯的催化下于袋内的O_2化合生成水。经5~10min，催化管处手感发热，并有少量蒸汽产生。

8. 指示

折断产气管半小时后，才可折断厌氧度指示管中的安瓿颈。观察指示剂的颜色变化。若指示剂不变蓝，说明厌氧环境已经建立，即可放入恒温箱进行培养。

9. 培养

将上述厌氧袋放入37℃恒温箱内，培养1周左右后观察结果，并作记录（如待培养的是丙酮丁醇梭状芽孢杆菌试样，把在中性红红色平板长出的菌落形态与该菌在上述平板上长出的典型黄色菌落形态进行对照观察，在转接到6.5%玉米醪试管中进行检验，在37℃培养2~3d，观察其是否有"醪盖"产生，一般认为凡产生"醪盖"者，就是丙酮丁醇梭状芽孢杆菌）。

10. 镜检

从厌氧袋中取出平板，挑取黄色单菌落作涂片，经染色后，观察菌体及芽孢。

五、实验结果与分析

1. 形态观察结果记录

培养特征						形态特征			备注
菌落大小	形状	颜色	光滑度	透明度	气味	菌体形态	有无芽孢及形状	碘液染色	

2. 生理生化结果记录

项目	明胶液化	$CaCO_3$分解	淀粉试验	中性红平板上的颜色*	备注
结果					

注：* 丙酮丁醇梭状芽孢杆菌在中性红平板上显示黄色。

六、注意事项

1. 钯粒在使用前一定要活化。活化时可将钯粒放在140℃烘箱烘2h，或将钯粒在石棉网上用小火灼烧10min即可。

2. 厌氧度指示管中的安瓿一定要在产气至半小时后在折断，否则会影响厌氧度的指示。

3. 产气管中若加入微量$CoCl_2$作催化剂，则效果更好。

七、思考题

1. 丙酮丁醇梭菌为什么在玉米醪试管中会产生"醪盖"的现象？

2. 钯粒活化的原理是什么？

实验 8 厌氧培养箱培养丙酮丁醇梭状芽孢杆菌

一、实验目的

1. 学习用厌氧培养箱培养专性厌氧菌。

2. 了解目前常用厌氧培养箱的基本构成、工作原理和操作方法。

二、实验原理

厌氧培养箱又称厌氧工作站或厌氧手套箱，是一种在无氧环境条件下进行细菌培养及操作的专用装置。它能提供严格的厌氧状态、恒定的温度培养条件和洁净操作的工作区域。其基本原理为：通过气囊将操作室内的空气置换为氮，并利用混合气中的氢气与残余的 O_2 在钯的催化下生成水，继而将 O_2 彻底清除。

1. 混合气中 H_2 在钯的催化下与培养箱中残余 O_2 结合生成水的反应式为：

$$2H_2 + O_2 \xrightarrow{\text{钯}} 2H_2O$$

2. 利用美蓝的变色反应来做厌氧度的指示剂。

三、实验材料

1. 菌种

丙酮丁醇梭状芽孢杆菌（*Clostridium acetobutylicum*）。

2. 培养基

中性红培养基（见附录Ⅱ-27），6.5% 玉米醪培养基（见附录Ⅱ-28），$CaCO_3$ 明胶麦芽汁培养基（见附录Ⅱ-29）。

3. 厌氧培养箱

厌氧培养箱的基本构造如图3-18所示。

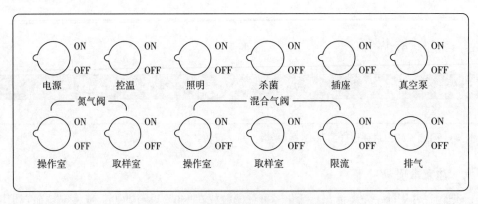

图 3-18　常见厌氧培养箱操作面板

4. 厌氧培养箱专用气囊一个，催化钯粒和干燥剂。

5. 厌氧度指示管见实验7。

四、实验方法与步骤

1. 厌氧培养箱准备

（1）分别打开氮气及混合气钢瓶开关阀（打开前应先检查减压阀手柄是否在放松状态即关闭状态）。慢慢调节减压阀门手柄使输出压力为 0.05~0.08MPa。

（2）打开设备开关。

（3）操纵室内放入干燥过的钯粒1000g（密闭）和500g（干燥剂），并放入厌氧度指示管。

（4）关闭取样室外门，并抽真空校检。

（5）操作室内第一次置换（氮气置换）

①先用橡皮管一头插入操作室内进气口，另一头插入气囊口，并捏紧气囊。

②打开氮气阀区"操作室"开关，接通氮气电路开关。分别使二只气囊充满氮气，并扎紧袋口后，关闭氮气开关。

③把乳胶手套套在观察法兰圈上并用橡皮皮箍箍紧。

④把塑料袋内氮气渐渐地排放于操作室内，至全部放出。

（6）操作室第二次置换（氮气置换）

①关进取样室过道及外门，打开"真空泵"开关，现将取样室抽空后关闭；

②重复第　次置换充氮过程，并开打"真空泵"开关，将操作室内的空气排出；

（7）操作室第三次置换（混合气体置换）

混合气体配比：$N_2$85%、$H_2$10%、$CO_2$5%。

①橡皮管一头插入操作室内进气口，另一头插入气囊，并捏紧气囊口。

②打开混合器阀区"操作室"开关，接通混合气路开关。分别使两支气囊充足混合气并扎紧口袋后，关闭气路开关。

③把塑料袋内混合气体渐渐地排放于操作室内，至全部放出。

④通过以上置换后，操作室内气体含氧量已处于微量装填。

⑤打开混合气阀区"限流"开关，接通混合气限流开关，并调整流量计流量为每分钟10mL左右。使混合气经过稳流器、流量计稳定的流入操作室内。

（8）操作室内打开钯粒除氧剂和干燥剂，并分别倒入除氧催化器的容器盒内（干燥器置于下边容器内），插好插头，打开"插座"开关，接通除氧催化器电源进行催化除氧，并利用厌氧指示管检查操作室内氧气含量。若指示管不变色，则表明氧气含量合格。

2. 接种培养

（1）准备菌种　实验前两天，将上述丙酮丁醇梭状芽孢杆菌试样接入 6.5% 玉米醪试管，沸水浴保温45s，立即用流水冷却，37℃恒温箱培养2d。

（2）倒平板　将中性红培养基、$CaCO_3$明胶培养基分别溶化，冷至45℃左右倒平板。冷凝备用（平板最好提前一天倒好，37℃放置过夜，烘干表面）。

（3）样品放入厌氧培养箱　打开样品室门把，将样品放入样品室内，关闭样品室；随后打开"真空泵"开关，带负压表指示 0.06MPa 后，关闭"真空泵开关"；之后打开氮气阀区域的"取样室"开关，使样品室内充满氮气，当"负压指示表"示数为零后，关闭"真空泵"开关，打开操作箱内把手，将样品取入。

（4）稀释　取两天前活化的丙酮丁醇梭状杆菌的试管，打碎"醪盖"，吸取培养液，稀释至 10^{-2}~10^{-1}倍。

（5）涂布　吸取上述稀释液各 0.1mL，在不同培养基平板上，分别用涂布棒涂布，随即将平板放入培养箱内37℃培养1周后观察结果，并做记录（如待培养的是丙酮丁醇梭状芽孢杆菌试样，把在中性红红色平板长出的菌落形态与该菌在上述平板上长出的典型黄色菌落形态进行对照观察，在转接到 6.5% 玉米醪试管中进行检验，在 37℃ 培养 2~3d，观察其是否有"醪盖"产生，一般认为凡产生"醪盖"者，就是丙酮丁醇梭状芽孢杆菌）。

3. 镜检

从厌氧袋中取出平板，挑取黄色单菌落作涂片，经染色后，观察菌体及芽孢

五、实验结果与分析

1. 形态观察结果记录

培养特征						形态特征			备注
菌落大小	形状	颜色	光滑度	透明度	气味	菌体形态	有无芽孢及形状	碘液染色	

2. 生理生化结果记录

项目	明胶液化	$CaCO_3$ 分解	淀粉试验	中性红平板上的颜色*	备注
结果					

注：* 丙酮丁醇梭状芽孢杆菌在中性红平板上显示黄色。

六、注意事项

1. 钯粒在使用前一定要活化。活化时可将钯粒放在 140℃ 烘箱烘 2h。

2. 厌氧度指示管中的安瓿一定要在产气至半小时后在折断，否则会影响厌氧度的指示。

3. 为保证无菌操作条件，可以在实验前打开紫外线杀菌灯，对室内进行灭菌处理，灭菌约 20~30min。

4. 菌种培养期间，可将箱体内压力略高于箱外（即塑胶手套在箱体外侧），有助于防止杂菌污染。

七、思考题

1. 厌氧袋和厌氧培养箱是目前培养厌氧微生物最常见的两种设备，请比较二者的优缺点；

2. 厌氧度指示管的工作原理是什么？

二、 同步培养技术

实验 9　选择法获得同步生长酵母细胞的实验技术

一、实验目的

掌握选择法获取同步生长细胞的原理和方法。

二、实验原理

为了使培养液中微生物的生理状态比较一致、生长发育处于同一阶段，同时进行分裂—生长—分裂而设计的培养方法称为同步培养法。同步培养的方法很多，最常用的机械筛选法、环境条件控制法和抑制 DNA 合成的方法。

（一）机械筛选法

机械筛选法是通过过滤、密度梯度离心、膜吸收和直接选择等方法，从对数期的细胞群落中，选择仅次于某一生长阶段的细胞进行培养的方法。多数情况是专门选择细胞分裂后子细胞有显著变化的那一生长阶段。可采用离心沉降分离法、过滤分离法、硝酸纤维素薄膜法等方法将处于不同生长阶段的微生物分开，分别进行培养。这种方法培养物是在不影响细菌代谢的情况下获得的，因而菌体的生命活动必然较为正常，但此法也有局限性，有些微生物即使在相同的发育阶段，个体大小也不一致，甚至差别很大，这样的微生物不宜采用这类方法。

（二）环境条件控制法

环境条件控制法又称诱导法，主要是通过控制环境条件如温度、营养物等来诱导同步生长。

1. 温度调整法

将微生物的培养温度控制在亚适温度条件下一段时间，它们将缓慢地进行新陈代谢，但又不进行分裂。换句话说，使细胞的生长在分裂前不久的阶段稍微受到抑制，然后将培养温度提高或降低到最适温度，大多数细胞就会进行同步分裂。人们利用这种现象已设计出多种细菌和原生动物的同步培养法。

2. 营养条件调整法

即控制营养物的浓度或培养基的组成以达到同步生长。例如限制碳源或其他营养物，使细胞只能进行一次分裂而不能继续生长，从而获得了刚分裂的细胞群体，然后再转入适宜的培养基中，它们便进入了同步生长。对营养缺陷型菌株，同样可以通过控制它所缺乏的某种营养物质而达到同步培养。例如大肠杆菌胸腺嘧啶缺陷型菌株，先将其培养在不含胸腺嘧啶的培养基内一段时间，所有的细胞在分裂后，由于缺乏胸腺嘧啶，新的 DNA 无法合成而停留在 DNA 复制前期，随后在培养基中加入适量的胸腺嘧啶，于是所有的细胞都能同步生长。

诱导同步生长的环境条件多种多样，不论哪种诱导因子都必须具备以下特性：不影响微生物的生长，但可特异性地抑制细胞分裂，当移去（或消除）该抑制条件后，微生物又可立即同时进行分裂。研究同步生长诱导物的作用，将有助于揭示微生物细胞分裂的机制。

3. 用最高稳定期的培养物接种

从细菌生长曲线可知，处于最高稳定期的细胞，由于环境条件的不利，细胞均处于衰老状态，如果移入新鲜培养基中，同样可得到同步生长。

除上述三种方法外，还可以在培养基中加入某种抑制蛋白质合成的物质（如氯霉素），诱导一定时间后再转到另一种完全培养基中培养；或用紫外线处理；对光合性微生物的菌体可采用光照与黑暗交替处理法等，均可达到同步化的目的。芽孢杆菌，则可通过诱导芽孢在同一时间内萌发的方法，以得到同步培养物。

不过，环境条件控制法有时会给细胞带来一些不利的影响，打乱细胞的正常代谢。

（三）抑制 DNA 合成

DNA 的合成是一切生物细胞进行分裂的前提。利用代谢抑制剂阻碍 DNA 合成相当一段时间，然后再解除其抑制，也可达到同步化的目的。试验证明：氨甲蝶呤（amethopterin）、5-氟脱氧尿苷、羟基尿素、胸腺苷、脱氧腺苷和脱氧鸟苷等，对细胞 DNA 合成的同步化均有作用。1969 年有人就进行了成功的试验，它们在细胞的无性繁殖系的组织培养中，用 10^{-6} mol/L 的氨甲蝶呤或 5-氟脱氧尿苷处理培养物，在 16h 内可以抑制 DNA 的合成，这种药物主要通过抑制胸腺核苷酸合成而阻碍胸腺核苷酸的合成。当加入 $4\times10^{-6}\,mol/L$ 的胸腺苷至培养物中，便能解除这种抑制，细胞即可进行同步化生长。

总之，虽然选择法对细胞正常生理代谢影响很小，但对那些成熟程度相同而个体大小差异悬殊者不宜采用；而诱导同步分裂虽然方法较多，应用广泛，但对正常代谢有时有影响，而且对其诱导同步化的生化基础了解很少。因此，必须根据待测微生物的形态、生理性状来选择适当的方法。

本实验室利用蔗糖在离心管内形成一不连续的密度梯度，将细胞混悬液置于介质的顶部，通过离心力场的作用使不同生长阶段的细胞得以分离。

三、实验材料

1. 菌种

酿酒酵母（*S. cerevisiae*）。

2. 培养基

培养基 I：葡萄糖 25g，酵母浸粉 2g，$(NH_4)_2SO_4$ 2g，KH_2PO_4 5g，$MgSO_4\cdot7H_2O$ 0.4g，$CaCl_2$ 0.2g，溶于 1000mL 蒸馏水中，自然 pH。

培养基 II：葡萄糖 10g，酵母浸粉 2g，$(NH_4)_2SO_4$ 2g，KH_2PO_4 5g，$MgSO_4\cdot7H_2O$ 0.4g，$CaCl_2$ 0.2g，溶于 1000mL 蒸馏水中，自然 pH。

除酵母粉外，药品均为分析纯。葡萄糖单独灭菌，在 115℃下灭菌 15min，再混合。

四、实验方法与步骤

采用不连续密度梯度离心分离不同生长阶段的细胞，步骤为：

1. 活化

取适量的酵母菌体，接入含 50mL 活化培养基（培养基 I）的摇瓶中，于 30℃在 150r/min 摇床中活化培养 24h，此时菌体密度为（3~5）×10^{7}个/mL。

2. 蔗糖梯度制备

于 15mL 离心管（内径 1.4 cm，长 11cm）中自下而上铺加 40% 蔗糖溶液 1.5mL，再加 20%、10% 及 2% 的蔗糖溶液各 3mL 制成不连续梯度。

3. 离心筛选

收集活化菌液，在 800g 离心力下离心 5min（g 为重力加速度），收集菌体重悬于 1.5mL 无菌水中，将菌体小心铺在已制好的蔗糖梯度溶液顶层，在 60g 离心力下离心 5min，收集最上层清液（占总体积的 5%~10%），菌体密度为（2~5）×10^{7}个/mL，可直接转入 50mL 的同步生长培养基（培养基 II），于 30℃下 150r/min 摇床培养，观察其同步生长，也可将收集的菌体离心浓缩，然后高密度接种培养。

五、实验结果与分析

在同步培养过程中定时取样，测定菌体密度和葡萄糖、乙醇等的含量。

六、注意事项

整个实验必须做好无菌操作，防止样品被杂菌污染，导致发酵实验失败。

七、思考题

密度梯度分离时，为什么选择蔗糖来制造浓度梯度的环境？是否可由其他糖或物质替换？

实验 10　诱导法获得霉菌分生孢子同步生长的实验技术

一、实验目的

掌握诱导法获取同步生长细胞的原理和方法。

二、实验原理

诱导法主要是通过控制培养条件包括温度、营养物质等来诱导目标微生物的同步生长。

三、实验材料

1. 菌种

黑曲霉（*Aspergillus niger* 3350）。

2. 培养基

麦芽汁固体培养基平板 4 个。

四、实验方法与步骤

1. 孢子悬浮液的制备

用接种环从黑曲霉斜面菌种沾取 5 环孢子，放入盛有 50mL 左右无菌水的锥形瓶中（瓶内放玻璃珠若干个）。充分振荡，制成均匀的孢子悬浮液，孢子量约 10^5 个/mL。

2. 用镊子取圆形无菌玻璃纸 1 张（与培养皿直径大小相似）放在麦芽汁平板上。

3. 吸取孢子悬浮液 0.1mL 放在上述平板上，用玻璃涂布棒涂布均匀，正置于冰箱（4℃）2h，然后取出，放在 30℃温箱内培养 11h，镜检。

4. 同上法涂平板，不经低温处理，直接放入 30℃温箱内培养 11h，镜检。

五、实验结果与分析

计算孢子出芽率，并观察比较上述不同处理方法菌丝的生长情况。

六、注意事项

1. 要保证整个实验过程的无菌操作。

2. 为了获得均匀的孢子悬液，应该在锥形瓶内放置玻璃珠若干。

七、思考题

请比较本方法与选择法获得同步生长微生物的适用范围和各自的优缺点？

三、　透析培养技术

实验 11　乳酸杆菌与酵母菌的透析培养

一、实验目的

掌握利用透析培养研究不同菌株相互作用的方法。

二、实验原理

透析培养是在由透析膜隔开的相邻两液相间，通过透析膜调节物质转移而进行的微生物培养的方法。在培养单种菌时，只在两液相的一方培养微生物，另一方则作为培养基贮槽，在两者之间进行营养物和产物的扩散及交换。用这种方法可以进行生长细胞的浓缩，改善孢子形成和毒素产生的条件等。同时培养两种微生物的实验中，可以分别在由透析膜隔开的两个液相中接种不同微生物进行培养，以研究两种微生物间的相互关系。

（一）透析培养装置

1. 透析纸袋法

透析纸袋法是一种利用透析膜隔开的双层培养管进行微生物培养的装置，如图 3-19 所示。由于透析纸袋是由内外管间的棉花来固定，因此，本法只适用于静止培养，而对于振荡培养或通气培养，此法就需要改良。

2. Gerhardt 透析瓶法

组装好的此种装置如图 3-20 所示。由于本法可以用于振荡培养，因此对装液量有一定的限制。这种方法的优点是可以同时研究透析膜、菌种或培养基组成以及其他条件等多个因素的相互关系。

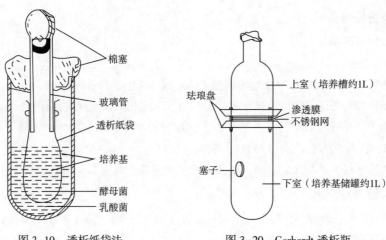

图 3-19　透析纸袋法　　　　　图 3-20　Gerhardt 透析瓶

在下室装入少于限定体积的培养基后，与未装液的上室装配在一起。为了在加压灭菌时能使空气排出，珐琅盘在灭菌时不要上紧，用无菌注射器由下室小孔抽出下室内的空气，同时注入无菌培养基把下室装满。上室用无菌操作添加 100mL 无菌蒸馏水。待上下室培养也达到平衡后，在上室接入菌种，然后进行振荡培养。对照瓶用橡胶膜代替透析膜，上室加入与下室相同的培养基 100mL。

（二）透析培养操作的注意事项

1. 培养开始前膜内外液相的平衡

一般在透析袋内（培养槽中）加入食盐水或蒸馏水，而培养基则完全加在袋外（培养贮槽）。因此，在接种前需放置一定时间，室内外液扩散而达到平衡。所需放置时间随所用透析膜的不同而不同，可以 4~24h。Gerhardt 等用葡萄糖扩散速度达到理论最高值的 1/2 浓度时所需的时间（ET_{50}）来表示达到平衡所需的时间。在透析膜质地相同时，ET_{50} 取决于膜的孔径。

2. 培养基浓度

在透析培养时，培养槽中培养基的浓度可以看作是由培养基贮槽（下室）通过膜提供给上室的营养物总量和下室液量的比。因此，如果不改变下室培养基的液量和浓度，而改变上室的液量，则上室培养基的浓度就会发生改变。也就是说，培养基贮槽和培养槽的液量比可作为培养槽培养基浓度的指标。改变这个比值便可以改变菌体的收获量。例如，在用黏质沙雷铁氏菌所做的实验中，当比值是 10：1 时，活菌体浓度最大。

3. 透析膜的质地

在选材时，除了要考虑前述的 ET_{50} 外，还必须考虑透析膜的强度，透析膜要能耐受微生物分解和蒸汽灭菌，并且廉价易得。目前，再生纤维素制成的透析膜是最常用的。

4. 搅拌和 K_d（氧吸收速度常数）

关于透析培养时搅拌对微生物生长影响的研究工作，一般都是将透析膜、培养槽以及培养基贮槽分开，再用导管和泵把它们联结在一起来进行的。因为这样的体系既不会影响透析膜，又可以随意改变培养槽内的搅拌速度。在某些实验中，一般的非透析培养，用 550r/min 和 875r/min 的搅拌速度，其生长量没有什么差异。而透析培养时，在后一种搅拌速度下，生长量却增大了 1.5 倍。透析培养中，要得到和非透析培养时间的 K_d 值，看来就必须加强搅拌。

5. 透析培养中的死菌率

它随所用的菌株和培养条件而不同，如表 3-6 所示。在相同条件下透析培养和非透析培养得到的活菌所占的比率也不相同，例如在黏质沙雷铁菌和卵状假单胞菌等菌在透析培养条件下几乎都是活菌，而蜡状芽孢杆菌则相反，活菌所占比例较非透析培养时少得多。

表 3-6 透析培养时生长细胞的活菌量

菌株	培养基	活菌数/总菌数/%	
		透析培养	非透析培养
蜡状芽孢杆菌（*Bacillus cereus*）	葡萄糖-酵母膏	6.1	60
巨大芽孢杆菌（*B. megaterium*）KM	蛋白胨	78	80
拟杆菌（*Bacteroides sp.*）	巯基乙二醇	80	72
大肠杆菌（*Escherichis coli*）K_{12}	胰化胨-大豆	64	75
感冒嗜血杆菌（*Haemophilus influenzae*）	蛋白胨-血红蛋白	85	89
卵形假单胞菌（*Pseudomonas ovalis*）	胰化胨-大豆	107	28
啤酒酵母（*Saccharomyces cerevisiae*）	糖蜜-尿素	94	67
黏质沙雷铁菌（*Serratia marcescens*）8UK	葡萄糖-柠檬酸	94	17
金黄色葡萄球菌（*Staphylococcus aureus*）	胰化胨-大豆	70	52
乳链球菌（*Streptococcus lactis*）	乳固性物-蔬菜汁	91	95
逗号弧菌（*Vibrio comma*）	胰化胨-大豆	83	49

6. 透析培养的对照

若用 Gerhardt 的装置，则可采用下述两种方法进行培养：

（1）用橡胶膜

（2）用透析膜 拆下透析膜，把上下两室变为一室进行培养。

在这里，（1）和透析培养相比，总营养量不同；（2）和透析培养相比，液量不同，因此，通气条件不一样。在含烃类等非水溶性底物的培养基中，可以把烃添加到培养槽中，这样，对照培养就和上述的不同了。

7. 生长量的数据处理

透析培养和非透析培养时菌的生长浓度之比可用下式表示：

$$X_d/X_{nd} = (S_d/S_{nd}) \cdot (V_r/V_t)$$

这里 X_d、X_{nd} 分别为透析培养和非透析培养时（即对照培养）的细胞浓度（g/mL）；在透析培养装置的上室中加入 V_t（mL）体积的蒸馏水，下室（即培养基贮槽）用限制底物浓度为 S_d（g/mL）的培养基 V_r（mL）装满。在非透析培养中，所用培养基的底物浓度一般用 S_{nd} 来表示。当用前述橡胶膜进行对照培养时与 S_d 相同。如果假定相当于一定量限制底物的细胞收获量在透析培养和非透析培养中没有变化，而且限制底物顺利的透过膜供给，那么，上式所示的 X_d/X_{nd} 之比就表示生长的理想浓缩效果（理论值）。由于用橡胶膜作对照进行透析培养时 $S_d = S_{nd}$，所以上式可以改写成：

$$X_d/X_{nd} = V_r/V_t$$

由此可见，此时的生长浓缩率取决于上下室液量之比。

本实验是利用透析膜的分离作用，在膜两侧的液相中接种不同微生物进行培养，以研究乳酸杆菌和酵母菌两种微生物间的相互关系。

三、实验材料

1. 菌种

乳酸杆菌、酵母菌新鲜斜面菌种各 1 只。

2. 培养基

不含维生素的合成培养基（附录Ⅱ-30）（液体）50mL，分装 2 只试管，每管约 10mL，其余装入 1 只大试管中（φ30mm×200mm）。

3. 其他

φ16mm×50mm 透析袋 2 个，φ15mm×180mm 玻璃管 2 支，橡皮圈 2 个，以上材料均需灭菌后才能使用。

四、实验方法与步骤

1. 取酵母菌种 2 环，接种于大试管中。

2. 取乳酸杆菌 2 环，分别接种于 2 支内盛 10mL 培养基的试管内，其中 1 支做对照。

3. 在无菌玻璃管的一端装上透析袋并固定，将透析袋下口封严，将其插入大试管中。大试管口用无菌棉花围封好，并将小试管固定住，然后将接好乳酸菌的 10mL 培养液注入透析纸袋内，塞好棉塞。

4. 整个实验装置如图 3-20 所示。

5. 将大试管及对照管置于 30℃恒温相中，培养 3~5d。取透析纸袋内的菌液以及对照管内的菌液作镜检，比较两者的细胞数量和菌体生长发育情况。

五、实验结果与分析

绘制两种细胞的生长曲线（A_{600}）。

六、注意事项

所用材料在实验前必须严格灭菌，实验过程中应做到无菌操作。

七、思考题

透析培养方法的建立有何实际意义。

四、 高密度培养技术

实验 12　产乳球菌素的乳酸乳球菌的膜过滤培养

一、实验目的

掌握利用膜过滤技术高密度培养微生物的原理和方法。

二、实验原理

高密度培养技术（high cell-density culture），是指应用一定的培养技术或装置提高菌体的密度，使菌体密度较分批培养有显著的提高，最终提高特定产物的比生产率。

在分批培养条件下，生物量和产物在经过一段培养时期后达到不再增加的稳定状态，主要原因是：可利用底物的耗尽和阻遏物的积累，如果能去除这两方面对微生物生长的限制，微生物细胞将有可能达到高密度。新科学和新技术的不断发展，为我们提供了很多达到细胞高密度的方法，其中，固定化、细胞循环和补料分批培养是较为成熟和完善的技术。

如果固定化过程比较简便而且在预定的操作期间固定化细胞能维持稳定，固定化的方法将比其他方法更有优势，但是对于好氧细胞，氧气在固定化基质中的渗透深度只有几厘米，而且只有在这个范围内细胞才有代谢活性，这大大限制了固定化方法的应用范围。

在几种高密度培养方法中，补料分批技术研究得最广泛，将先进的控制技术应用于补料分批培养的研究也很活跃，如将模糊控制、神经网络和遗传方法用于更精确的控制和模拟发酵过程，但是补料分批技术只有在产物（或副产物）不会对菌体生长和产物合成造成强烈抑制时才有应用价值。

现在，膜细胞循环技术已被用于生物反应器内保持高的细胞密度培养中。在配有膜过滤器的细胞循环反应器中，由于抑制性产物不断被排除，所以产物抑制现象不会太明显，菌体可以达到很高的密度。膜过滤培养技术是一种较新的细胞培养方法。它是在普通的培养装置上，附加一套过滤系统，用泵使培养液流过过滤器，过滤器表面的微孔结构使得微生物细胞不会漏出，滤出的是含有代谢物的培养液被浓缩的菌体细胞返回培养罐，同时控制流加泵添加新鲜培养基以维持培养液体积不变。此法的特点是在进行连续培养的同时利用过滤装置把微生物细胞保留在反应体系内并得到浓缩。代谢产物因过滤而被除去，同时微生物细胞不会流失，营养物质因流加而得到补充，因此膜技术能实现高浓度菌体培养。

膜技术首先在培养动物细胞生产干扰素、单克隆抗体等方面获得了应用，将中空纤维膜生物反应器用于动物细胞培养时，动物细胞生长于中空纤维膜组件内部，小分子产物（代谢废物）不断排除，新鲜培养基连续灌注，可使细胞密度达 10^9 个/mL，而利用一般的培养器细胞密度只能达到 $10^6 \sim 10^7$ 个/mL。近年来，有大量关于用膜过滤法培养双歧杆菌和基因重组菌以及用于生产乙醇、维生素、乳酸、乙酸等产品成功的例子。利用生物反应器与膜分离装置分体设置的外循环式膜生物反应器进行 *Streptococcus cremoris* 的连续培养，菌体密度可达到通常反应器的近 30 倍。

几种高密度培养技术的比较如表 3-7 所示。

表 3-7   几种高密度培养技术的优缺点比较

培养方式		优点	缺点
固定化		在任意稀释率下不会洗出 使细胞免受剪切力和环境的影响 高细胞密度 提高重组 DNA 稳定性	氧气和养分传递差 固定化细胞基质不稳定 不易放大 效率因素低 支持基质形状的限制
细胞循环	离心	适用于含许多颗粒的工业化底物 适用于大规模系统	难以保持无菌条件 操作昂贵复杂
	外部膜	高的膜表面积与工作体积比 操作时易替换膜具 高密度	循环需要额外的泵和氧 在循环环节细胞可能缺氧 难以灭菌 由于污染而流量下降 对细胞有剪切伤害 在反应器内不均匀
	内部膜	不需要流体循环 高细胞密度 易操作 在反应器内均匀 易灭菌	由于污染而流量下降 低的膜表面积与工作体积比 不灵活
补料分批		可以利用现有设备 易操作，能耗低，易放大 中等细胞密度	无法去除代谢阻遏物

本实验利用纤维素膜，将乳球菌素和乳酸乳球菌分离，减少产物对于菌体的抑制作用，从而获得较高的菌体量和产物产量。

三、实验材料

1. 菌种

乳酸乳球菌（*Lactococcus lactis*）斜面菌种 1 支。

2. 培养基

（1）菌种培养基　蛋白胨 0.8%，酵母膏 0.25%，牛肉膏 0.5%，蔗糖 0.5%，$Na_2HPO_4 \cdot 12H_2O$，1.0%，L-抗坏血酸 0.05%，$MgSO_4 \cdot 7H_2O$ 0.012%，琼脂 1.5%，自然 pH，培养温度 30℃。

（2）种子培养基　同上，不加琼脂。培养温度 30℃，24h。

（3）发酵培养基　蛋白胨 1.0%，蔗糖 1.0%，$Na_2HPO_4 \cdot 12H_2O$ 1.8%，$MgSO_4 \cdot 7H_2O$ 0.012%。

四、实验方法与步骤

1. 种子培养

接斜面菌种 1 环于三角瓶液体培养基中，30℃静止培养 24h。

2. 发酵培养

将培养好的种子以 5% 的接种量接入发酵培养基中，在 30℃ 条件下发酵，流加 10% 的 NaOH 溶液以维持发酵液的 pH 始终保持在 6.5 以上。起始 4h 为静止培养，4h 后开始过滤培养。

如图 3-21 所示，将发酵全液经泵 5 泵入中孔纤维过滤装置 2 中，滤液通过阀 6 不断流出，被浓缩的菌体返回发酵罐 1 中，同时从储存罐 3 向发酵罐内补料，来维持发酵液料量的恒定。中空纤维过滤装置截留相对分子质量为 60000，过滤面积为 $2m^2$，使用前用 1mol/L NaOH 和蒸馏水冲洗。

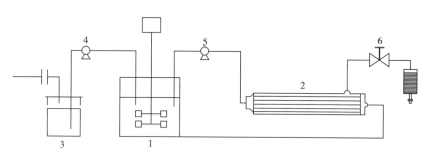

图 3-21　过滤培养系统简图

1—发酵罐　2—中空纤维过滤装置　3—培养基储存罐　4—泵　5—泵　6—阀

五、实验结果与分析

在发酵过程中不断检测菌体浓度，测定 A_{600}，以接种前发酵液作空白。

六、注意事项

实验前应对膜装置进行冲洗处理，以使其分离性能达到最佳。

七、思考题

发酵过程中，菌体浓度有什么样的变化规律？对于实际生产有何指导意义？

实验 13　简单节杆菌固定化转化醋酸可的松实验

一、实验目的

1. 了解细胞固定化的原理。

2. 掌握细胞固定化实验基本方法。

二、实验原理

固定化细胞技术是利用物理或者化学的方法将细胞固定在一定空间内的技术，包括包埋法，化学结合法和物理吸附法固定化。常用的包埋载体有明胶、琼脂糖、海藻酸钠、醋酸纤维素和聚丙烯酰胺等。本实验选用海藻酸钠作为载体包埋简单节杆菌细胞，并将其应用于醋酸可的松的（CA）生物转化。

三、实验材料

1. 菌种

简单节杆菌（*Arthrobacter simplex*）。

2. 培养基

（1）斜面培养基（g/L） 葡萄糖 10，酵母膏 10，琼脂 20，pH7.2 。

（2）种子（发酵）培养基（g/L） 葡萄糖 10，玉米浆 10，蛋白胨 5，磷酸二氢钾 2.5，pH7.2。

3. 其他

20mL 注射器、烧杯、三角瓶、玻璃棒、接种环、海藻酸钠、无水氯化钙、醋酸可的松等。

四、实验方法与步骤

1. 菌体培养

（1）斜面培养 将接有菌种的斜面于 32℃下培养 1~2d，置于 4℃冰箱中保藏备用。

（2）种子培养 挑取斜面菌种 1 环，接种于装有 30mL 种子培养基的 250mL 三角瓶中，160r/min、32℃下培养 18h。

（3）发酵培养 按 5% 的接种量将种子接种于装有 100mL 种子培养基的 500mL 挡板瓶中，110r/min，32℃培养 20h。

2. 静息细胞的制备

（1）静息细胞的收集 培养 50mL 种子液，然后将种子液转接到 1L 发酵培养基中，32℃、110r/min 摇床下振荡培养 14 h，培养结束后，用 1mL 无菌注射器加入 5mL 乙醇溶解底物 CA，使发酵液的底物终浓度为 0.1g/L，诱导简单节杆菌细胞产生脱氢酶，继续培养 6 h 后，发酵结束。发酵培养完成后，将发酵培养液于 5000r/min 下离心 10min，弃去上清液，用 0.05mol/L 的 Tris-HCl 缓冲液（pH 7.2）将离心得到的菌体洗涤 2 次，离心 10min，收集细胞。用缓冲液重悬至 A_{600} 为 1.0±0.02，于 -20℃条件下保藏备用。

（2）细胞干重的测定 将洗净并烘干的离心管称量，得离心管的空重，记为 W_0。吸取一定量的菌体悬液置于离心管内，用转速 10000r/min 离心 10min，弃去上清液，所得湿菌体用生理盐水洗涤两次。将离心收集到的菌体真空冷冻干燥至恒重，称量后得菌体及离心管重量，记为 W_1，两者重量之差（W_1-W_0）即为菌体干重。

（3）静息细胞浊度与细胞干重的关系 分别测定静息细胞样品在 600nm 处的吸光度和菌体干重，以细胞干重为纵坐标，A_{600} 值为横坐标，将两者关联得到回归线。

3. 固定化细胞的制备

（1）海藻酸钠的溶解 称取 1.5g 的海藻酸钠，加入 30mL 蒸馏水，水浴电动搅拌使其分散均匀，并于 60℃水浴溶解，冷却至室温，备用。

（2）细胞的固定化 海藻酸钠溶液冷却至室温之后，加入 20mL 静息细胞悬液搅拌均匀。在磁力搅拌下，用注射器将混合液滴加到 0.25mol/L 的 CaCl$_2$ 溶液中，形成海藻酸钙胶珠，在溶液中固定 2h 后过滤，用 Tris-HCl 缓冲液洗涤胶珠，然后重悬于上述缓冲液中，置于 4℃冰箱保存备用。

4. 固定化细胞胶珠在 CA 生物转化中的应用

准确称取 0.06g 的 CA（3g/L）于 100mL 三角瓶中，加入 20mL 缓冲液，通过超声设备将

CA 分散均匀，再加入 10mL 海藻酸钠固定化细胞胶珠，设立游离细胞为对照组，置于 34℃、180r/min 的摇床中，每隔 8 小时取样，采用 HPLC 法分析 CA 的转化情况，直至转化 24h 后结束。

五、实验结果与分析

记录 CA 在不同时间的转化率。

转化时间	8h	16h	24h
转化率			

六、注意事项

1. 固定化细胞制备全程需在冰上进行以保持细胞活性。
2. 固定化细胞制备是磁力搅拌转速不宜过大，否则胶珠容易成团。

七、思考题

1. 细胞固定化用于发酵的最大优势是什么？
2. 细胞固定化技术面临的主要挑战是什么？

五、 原位分离培养技术

实验 14 酿酒酵母酒精发酵的原位分离培养技术

一、实验目的

掌握利用膜过滤技术减缓产物抑制进行高效发酵的原理和方法。

二、实验原理

原位分离培养（In Situ Product Removal，ISPR）是指将生物细胞的代谢产物快速移走的培养方法。这样可防止代谢产物抑制细胞生长。在过去十几年里，ISPR 技术迅猛发展，并已被几个过程所证实，其产率和生产能力有很大提高。

乳酸发酵中，乳酸在发酵液中积累对发酵有明显的反馈抑制作用。乳酸发酵最适 pH 为 5.5~6.0，pH<5.0 时发酵被抑制，乳酸产率仅为 1.6% 左右。乳酸发酵过程中随着乳酸的不断产生，发酵液的 pH 不断降低，使乳酸菌的生长和产酸受到抑制，乳酸产率降低。为了提高乳酸的产率，需要控制发酵液的 pH，传统的方法是使用 $CaCO_3$、NaOH、NH_4OH 来中和产生的乳酸，以维持最适 pH。而乳酸钙浓度大，大约有 30% 乳酸钙残留在结晶母液中，不能结晶出来。另外过高的乳酸盐对乳酸菌的代谢也有抑制作用，在发酵液中造成乳酸菌活力下降，从而使发酵周期延长等。为了克服这些缺点，近十几年来，ISPR 技术引起了世界范围内的广泛关注，而且取得了很大进展。

近年来采用溶剂萃取法（以油酸、叔胺等为萃取剂）、吸附法（离子交换树脂、液膜法、活性炭、高分子树脂等）、膜发酵法（渗析、电渗析、中空纤维超滤膜、反渗透膜等）等实现乳酸发酵过程的原位分离。通过从发酵液中及时移走乳酸达到减少产物抑制，控制 pH 的目的，对于连续过程的实现具有重要的意义。

常见的原位分离技术有以下几种形式。

1. 电渗析发酵（Electrodialysis Fermentation，EDF）

EDF 方法有许多优点：①不用中和剂就可以控制 pH；②降低产物抑制；③浓缩产物；④简化后提取工艺。但乳酸菌会逐渐附着在阴离子膜上，导致电阻增大，电渗析效率下降。因此，在乳酸的 EDF 法连续生产中，乳酸高时对膜的吸附成为限制因素。Nomura 等发现固定化技术是解决此问题的有效途径。另外，他们将中空纤维超滤膜和电渗析串联使用，避免了乳酸菌附着到离子交换膜上而被杀死，取得了干细胞重量增多，活性细胞数目增多，发酵周期缩短，间歇培养速度加快的理想效果。

2. 膜法发酵

为了显著提高乳酸生产率有必要使用高细胞浓度并及时从发酵液中移走抑制性产物。膜及细胞循环生物反应器可以显著提高发酵过程的生产率。它将发酵和分离过程耦合起来，使发酵过程中保持了高的细胞浓度，细胞可循环使用，乳酸从发酵罐中连续移走。细胞循环可以使用不同类型的膜：渗析（依靠扩散排阻）、电渗析（依靠离子排阻）、微滤和超滤（依靠分子排阻）等。

3. 萃取发酵

萃取发酵是在发酵过程中利用有机溶剂连续移走发酵产物以消除产物抑制的偶合发酵技术。萃取发酵具有能耗低，溶剂选择性高和无细菌污染等优点。研究者对乙醇、丁醇的萃取发酵进行了广泛的研究，十二烷醇、油醇是常用的萃取剂。溶剂的萃取能力通常取决于胺的碱性。离子解离常数随碳原子数目增大而增大，极性稀释剂对提高溶剂萃取能力有利。

利用双水相（Agueous Twophase）萃取法进行乳酸发酵是萃取发酵的一个经典案例。将聚乙二醇（PEG）水溶液和羟基醚纤维素（HEC）水溶液加入发酵液中使乳酸和菌体分离。而 HEC 对 *L. delbrueckii* 的生长无影响。而且双水相萃取与间歇发酵相比，生物量增大 1.3 倍，乳酸产量提高 15%。

4. 吸附发酵

吸附发酵过程中常用的吸附剂有活性炭、离子交换树脂等。如可将活性炭加入到 K-卡拉胶固定化 *L. delbrueckii*（保加利亚乳杆菌）柱型流化床生物反应器中，以控制发酵液的 pH。但是活性炭作为吸附剂有许多缺点，包括：吸附容量小；吸附选择性差，不但吸附乳酸还吸附一部分葡萄糖和营养物质，使发酵受到明显影响；不同批次重复性差等。从工业化生产的角度来看，离子交换树脂法以其选择性高、交换（吸附）容量大、操作简便、易于自动化控制等优点具有较强的竞争力。

酿酒酵母发酵过程中，同时进行产物酒精的分离，将酒精从培养基中分离出来以减少产物抑制和对细胞的毒性，从而增加产物产量。

三、实验材料

1. 菌种

酿酒酵母（*Saccharomyces cerevisiae*）。

2. 培养基

淀粉经酶法水解获得可发酵性糖，浓度 10°Bx 左右，流加糖液与发酵培养基相同。

3. 分离膜

RO 分离膜为聚丙烯酰胺合成膜（No：SU-800），PV 分离膜为无机硅沸石（silicalite）膜，膜厚度为 272μm，有效膜面积 12.57cm²。

四、实验方法与步骤

1. 如图 3-22 所示，在 5L 发酵罐里进行发酵，16h 以后，发酵液中酒精浓度达到 7%（体积分数），此时开始对发酵液进行循环，边分离边发酵。

2. 在发酵过程中，发酵液中尚存在一些不能参加生物代谢的物质及微生物在代谢过程中所产生的次级代谢物质，存在于发酵罐中，直接影响到发酵的进程，为此，在发酵进行到 16h，酒精浓度达到 7% 左右时，开始进行分离。

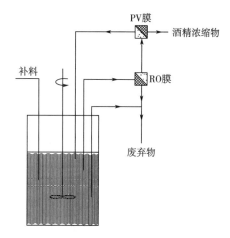

（1）首先利用泵将发酵清液通过 RO 膜将发酵液中的酒精进行分离，分离后，废弃残渣排出发酵罐。此时，酒的浓度达 50% 左右；利用 PV 膜对 RO 膜的透过液进行酒精分离；分离后，有用培养基流回发酵罐，浓缩后的酒精进行收集。此时，酒精浓度达到 98% 以上。同时当发酵液中可发酵性糖降到 3~4°Bx 以下时，放空 30% 左右的循环发酵液，然后添加等量的新鲜培养液，以继续进行发酵和分离。

图 3-22　酒精发酵与膜分离实验装置示意图

（2）再利用 PV 膜对 RO 膜的透过液进行酒精分离，分离后的酒精浓度达到 98% 以上。同时当发酵液中可发酵性糖降到 3~4°Bx 以下时，放空 30% 左右的循环发酵液，然后添加等量的新鲜培养液，以继续进行发酵和分离。

五、实验结果与分析

（1）乙醇浓度　发酵液和透过液的乙醇浓度由日本岛津气相色谱仪进行测定。对发酵液需要先进行过滤处理。

（2）细胞数　血球计数板计数。

六、注意事项

必须掌握好膜分离的开始时间，以控制某些次级代谢产物对于发酵过程的影响。

七、思考题

为什么本试验中要采用两种过滤膜？

六、 补料分批培养技术

实验 15　产杆菌肽地衣芽孢杆菌的补料分批培养

一、实验目的

掌握分批补料发酵的实验原理和方法。

二、实验原理

补料分批培养（fed batch culture）特指发酵过程中将某一种或几种限制性营养物质流加到

反应器中，而目的生成物则要与发酵液同时取出的操作方式。对那些培养基成分的浓度显著影响菌体和产物得率的反应过程十分适用。

1. 补料分批培养的应用范围

补料分批培养由于采用了相应的对基质浓度的控制方法消除了一些不利因素，因此提高了产物的生产效率，它一般应用于以下几种情况。

细胞的高密度培养：通过流加高浓度的营养物质，培养液中的细胞浓度可以达到非常高的程度，如大肠杆菌的浓度可达 $125kg/m^3$（干重），这对于胞内产物的生产过程十分有利。

减轻底物浓度抑制作用：一些微生物能利用甲醇、乙醇、乙酸、某些芳香族化合物，但这些物质在较高浓度下对细胞的生长会有抑制作用，采用补料培养法，使这些基质浓度保持在较低的水平，解除它们的抑制作用。

分解代谢物阻遏：某些很容易被微生物利用的物质（如葡萄糖）作为碳源且浓度较高时，会使细胞内某些酶的合成受到阻遏。采用补料培养使培养液中基质浓度保持在低水平，可以有效地去阻遏。

营养缺陷型菌株的培养：某些营养缺陷型菌株可以积累某种产物（如氨基酸），利用这类菌株进行生产时须补充其不能合成的物质以供生长之需，但这些物质过量存在时，可能产生反馈抑制或阻遏作用，影响产物的合成。采用补料培养法可使这些物质保持在低浓度水平，提高产物的合成率。

前体的补充：很多微生物代谢过程中，都需加入前体以促进产物的合成，但如果前体对细胞有毒性，就不能在培养基中大量加入。在培养过程中分批补入可使前体在培养液中浓度维持在低水平，但不影响产物的合成。

2. 补料分批培养的作用

传统的发酵过程是分批培养过程，菌体生长到一定的密度就停止增殖，分批培养过程中的生长抑制是由于以下两方面。

（1）基质抑制现象　高浓度的基质有时会对细胞的生长产生抑制作用。高密度发酵的生物量可达 $60\sim150g/L$，需要投入 $2\sim5$ 倍于生物量的基质，然而，高浓度营养对大多数微生物生长不利。按米氏动力学，当营养浓度增加到一定量时，生长显示饱和动力学曲线，进一步增加底物浓度，就可能发生基质抑制现象，表现为延滞期延长、比生长率降低、细胞得率下降等。对某些常用营养的极限指标是：铵盐 $5g/L$，磷酸盐 $10g/L$，硝酸盐 $5g/L$，NaCl $10\sim20g/L$，乙醇 $100g/L$，葡萄糖 $100g/L$。另一方面，基质浓度过低也对菌体生长造成抑制。

（2）产物抑制　如果细胞的代谢产物对细胞的生长有抑制作用，随着这种代谢产物的积累，细胞的比生长速率将逐渐下降。

由于补料分批发酵一方面可以调节发酵过程中的还原糖浓度，使还原糖浓度适合菌体的生长；另一方面，补料分批发酵还可以减轻由于起始糖浓度过高而发生酵解所产生的副产物对菌体生长带来的毒害抑制作用，所以这种培养方式已广泛应用于多种微生物的高密度培养过程中。

3. 补料分批培养的方法

表 3-8 所示为高密度发酵中几种补料分批培养的流加技术。对带有反馈控制的补料分批发酵，根据控制依据的指标不同可分为直接控制和间接控制。间接控制依据的指标为 pH，溶解氧

或呼吸熵等，对带有反馈控制的补料分批发酵，需要详尽考察分批发酵曲线，选择确定与过程密切相关的可检参数作为控制指标。现在，补料分批培养技术广泛应用于有机酸、酶、色素、细菌素、酵母及培养重组大肠杆菌生产外源蛋白等生产中。

表 3-8　　　　　　　　　　　　　补料分批培养中的流加技术

流加技术种类		注　解
非反馈补料	恒速补料	预先设定的恒定的营养流加速率，菌体的比生长速率逐渐下降，菌体密度呈线性增加
	变速流加	在培养过程中流加速率不断增加，菌体的比生长速率不断改变
	指数流加	流加速度呈指数增加，比生长速率为恒定值，菌体密度呈指数增加
反馈补料	恒 pH 法	在线检测、控制碳源密度，通过 pH 的变化，推测菌体的生长状态，调节流加速度，使 pH 为恒定值
	恒溶氧法	以溶氧为反馈指标，根据溶解氧的变化曲线调整碳源的流加量
	菌体密度法	通过检测菌体的浓度，拟合营养的利用情况，调整碳源的加入量
	CER 法	通过检测二氧化碳的释放率（CER），估计碳源的利用情况，控制营养的流加

在微生物培养过程中，向反应器中间歇或连续地补加供给一种或多种特定限制性底物，从而延长微生物指数生长期和稳定期的持续时间，增加生物量的积累和稳定期细胞代谢产物的积累。

三、实验材料

1. 菌种

地衣芽孢杆菌（*Bacillus licheniformis*）。

2. 斜面培养基（%）

蛋白胨 0.5，酵母膏 0.5，葡萄糖 0.1，KH_2PO_4 0.1，琼脂 1.8~2.0，pH7.0。

3. 种子培养基（%）

蛋白胨 0.5，酵母膏 0.5，糊精 0.6，葡萄糖 0.2，KH_2PO_4 0.1，pH7.0。

4. 发酵培养基（%）

豆饼粉 6，玉米粉 3，$(NH_4)_2SO_4$ 0.1，葡萄糖 0.2，$MgSO_4 \cdot 7H_2O$ 0.02，$CaCO_3$ 0.8，pH 7.0。

四、实验方法与步骤

1. 摇瓶菌种培养

挑取一环试管斜面菌种，接入装有 50mL 液体种子培养基的 500mL 三角瓶中，摇床 200r/min，37℃培养 20h。

2. 发酵罐前期培养

按 5%接种量将摇瓶菌种接入装 3L 发酵培养基的 5L 全自动发酵罐中，37℃培养 20~24h 到镜检出现芽孢。

3. 连续流加发酵

至镜检出现芽孢后，开启流加进料孔，每隔 2h 将 0.05% 葡萄糖溶液缓慢加入发酵罐中，持续 30min。

4. 检测

（1）涂片法镜检菌体形成芽孢情况；

（2）pH 检测；

（3）效价测定：用二剂量法测定抑菌圈，指示菌采用藤黄八叠球菌 28001。

五、实验结果与分析

请记录菌体的芽孢情况和地衣芽孢杆菌发酵过程的 pH、吸光度的变化情况，并记录发酵终点的效价。

六、注意事项

应该及时镜检芽孢的生长情况，以确定底物流加的开启时间。

七、思考题

为什么在芽孢出现后才开始进行流加发酵？

七、 固态发酵技术

实验 16 植酸酶的固态发酵

植物中 60%~80% 的磷以植酸的形式存在，人和单胃动物消化道中无植酸酶，饲料和粮食中大量的植酸磷不能被利用而随粪便排出，既浪费了资源，又对环境造成了磷污染，而且，植酸能与多种矿质元素和蛋白质相结合，是一种广谱性的抗营养因子。植酸酶既可降解植酸，释放植酸中的磷，同时也解除了植酸的营养抗性，提高食物及饲料中营养的利用率，减少排泄物中有机磷含量及对环境的污染，预防由磷缺乏引起的各种疾病。因此植酸酶被广泛应用在饲料和粮食工业中，用于降解饲料和食物中的植酸。

一、实验目的

掌握固态发酵的操作方式和特点。

二、实验原理

一般发酵工艺过程按照培养基物理性状，将发酵方式分为两大类：固态发酵（Solid State Fermentation，SSF）和液态发酵（Liquid State Fermentation）。

用含水量不超过 60% 的固体基质来培养微生物的工艺过程，称为固体基质发酵（Solid Substrate Fermentation）。由于人们对于固态发酵传统的认识是从固体基质开始，它既是微生物生长代谢的碳源能源，又是微生物生长的微环境，上述对于固态发酵的定义难以反映出固态发酵的科学内涵。从生物反应过程的本质考虑，固态发酵是以气相为连续相的生物反应过程；与此相反，液态发酵是以液相为连续相的生物反应过程。从这个定义中可以充分认识固态发酵的特点，以及液态发酵本质的区别（如表 3-9 所示）。

表 3-9　　　　　　　　　　　　　　固态发酵与液态发酵的比较表

项目	固态发酵	液态发酵
水含量及其种类	没有游离水的流动，水是培养基中较低的组分	始终有游离水的流动，水是主要组分
吸收营养物的方式	微生物从湿的固态基质中吸收营养物，营养物浓度存在梯度	微生物从水中吸收营养物，营养物浓度始终不存在梯度
培养体系性质	培养体系涉及气、液、固三相，气相是连续相，而液相是不连续相	培养体系大多仅涉及气、液两相，而固相所占比例低，是悬浮在液相中；液相为连续相
接种量	较大，>10%	较小，<10%
氧气与能耗	微生物所需氧主要来自气相，只需少量无菌空气，能耗低	微生物所需氧来自溶解氧，消耗较大能量用于微生物溶解氧需求

在固态发酵中，微生物附着于固体培养基颗粒的表面生长或菌丝体穿透固体颗粒基质，进入颗粒深层生长。一种可被生物降解或不被分解的多孔固体基质，有较大的用于微生物生长的气固表面积（$10^3 \sim 10^6 m^2/cm^3$）。为了具有较高的生物化学过程，基质吸附一倍或几倍的水分，保持相对高的水分活度。

在固态发酵中，微生物是在接近于自然条件的状况下生长的，有可能产生一些通常在液体培养中不产生的酶和其他代谢产物，已引起人们的重视。可使微生物保持自然界中的生长存在状态，模拟自然的生长环境，这也是许多丝状真菌适宜采用固态发酵的主要原因之一。

在相对低的压力下，空气混合在发酵料中，气固表面积是微生物快速生长的良好环境。在固态发酵中，微生物生长和代谢所需的氧大部分来自气相，因此，固态发酵的气体传递速率比液体发酵高得多。在固态发酵中，有效的供氧和挥发性产物的排除是不复杂的，但颗粒内部的传递取决于颗粒的孔隙率和颗粒内的湿润程度，缩小颗粒直径和减低湿润度可强化氧传递。由于固态发酵是非均相反应，测定和控制都比较困难，用于工程设计参数较少，大多发酵过程都依赖经验。

以麦麸和米糠为固相基质，培养黑曲霉，获得植酸酶。

三、实验材料

1. 菌种

黑曲霉（*Aspergillus niger*）。

2. 培养基

斜面培养基为 PDA 培养基和察氏培养基。

液体种子培养基（%）：葡萄糖 4.0，酵母膏 0.5，蛋白胨 1.0，KH_2PO_4 0.15，$MgSO_4$ 0.05，麦麸 0.5，pH5.5~6.0。

固体培养基：麦麸：米糠＝7：3，料：水＝1：0.9，pH5.5~6.0。

四、实验方法与步骤

1. 菌体培养

将一定量的固体培养基装于 250mL 三角瓶中，经灭菌后，按 5% 的接种量接入液体种子，在 28~30℃ 温度培养箱中培养 3~4d。

2. 酶液的制备

称取 1.0g 固态发酵物，加入 20mL pH5.4 的醋酸缓冲液，放入三角瓶中，置于摇床（150r/min）振荡 1h，用定性滤纸过滤或离心 4000r/min 离心 10min 得到粗酶液。

3. 酶活力测定

将 0.1mL 酶液（必要时可稀释）或 0.1mL 去离子水（对照）加入到 0.9mL 植酸钠反应液中（pH5.4 醋酸−醋酸钠缓冲液配制的 0.0051mol/L 植酸钠溶液），于 37℃ 恒温水浴 30min，然后加入 1mL 10% TCA 终止反应，放置 5min，加入硫酸亚铁−钼酸铵显色剂 2mL，放置 30min 充分显色后，用 721 分光光度计于 750nm 下测无机磷含量。

酶活力单位定义：以 37℃，pH5.4 条件下，水解 0.005mol/L 植酸钠 1min，释放 1 pmol/L 无机磷所需要的酶量为一个酶活力单位（U）。

五、实验结果与分析

记录 1.0g 固态发酵物所制得的植酸酶的酶活力。

六、注意事项

黑曲霉喜好酸性环境，因此固体培养基应调节至 5.5~6.0。

七、思考题

1. 该实验能否采用液态发酵？
2. 与液态发酵相比，固态发酵适用于哪些微生物的工业化生产？

第四节　染色技术及微生物细胞结构观察

由于微生物细胞含有大量的水分（一般在 80%~90% 以上），对光线的吸收和反射与水溶液的差别很小，与周围的背景没有明显的明暗差，所以，除了观察活体微生物细胞的运动性和直接计算菌体数外，绝大多数情况下都必须经过染色后，才能在显微镜下进行观察。但是，在制片与染色过程中微生物的形态与结构均发生一些变化，不能完全代表其生活细胞的真实情况。因此，在实际应用中必须根据不同的观察目的，选择相应的制片与染色方法，以获得较为理想的观察结果。

（一）染色的基本原理

微生物染色的基本原理，是借助物理因素和化学因素的作用而进行的，物理因素如细胞及细胞质对染料的毛细现象、渗透、吸附作用等。化学因素则是根据细胞物质和染料的不同性质而使之发生的各种化学反应。酸性物质对碱性染料较易于吸收。但是，要使酸性物质染上酸性染料，必须把它们的化学形式加以改变（如改变 pH），才有利于吸附作用的发生。相反，碱性物质（如细胞质）通常仅能染上酸性染料，若把它们变为适宜的化学形式，也同样能与碱性染料发生吸附作用。

细菌的等电点较低，pH 在 2~5，故在中性、碱性或弱酸性溶液中，菌体蛋白质电离后带负电荷；而碱性染料电离时染料离子带正电荷。因此，带负电的细菌常和带正电的碱性染料进行结合。所以，在细菌学上常用碱性染料进行染色。

影响染色的其他因素，还有菌体细胞的构造和其外膜的通透性、培养基的组成、菌龄、染色液中的电介质含量和 pH、温度、药物的作用等。如革兰氏染色的原理就是革兰氏阴性菌和阳性菌细胞壁构造的不同（图 3-23）。

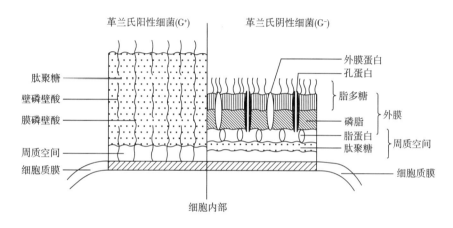

图 3-23　G⁺细菌与 G⁻细菌细胞壁构造的比较

（二）染料的种类及选择

1. 染料的一般性质

染料是一种有机化合物，能使其他物质牢固地着色。微生物镜检用的染料，应使实物在染色以后清晰可见。

微生物学上用的染料大都是含有苯环的有机化合物，染料分子都由苯环、连接苯环上的发色基团（或称为呈色团、色基）和助色基团（或称作用集团）三部分组成。苯环上若只连接有发色基团，这种化合物虽然能呈现颜色，但不能成为染料。因为它不能电离，不能成为盐类，它与细胞的亲和力差，不能与细胞牢固地结合，它覆盖在细胞上，只用水一冲洗便可除去。苯环上若再连接有助色基团，便具有了能够电离的性质，这样便能与适当的物质结合成为盐类。电离后，带有正或负电荷的染料离子便能与细胞较牢固地结合，使其呈现颜色，所以苯环必须连接以上这两个基团后才能有染料的作用。例如，三硝基苯是一种黄色的化合物，因为它不能电离，不能与酸和碱结合为盐类，因此，它虽然具有黄色，但不能把其他物质染上黄色。若苯环上再结上一个羟基（—OH），生成的三硝基苯酚，即苦味酸（苦味酸也是黄色，能够电离，能与其他物质结合生成盐类，有一定的水溶性）就是一种黄色染料。其中与苯环相连结的硝基（—NO₂）是发色基团，它使苦味酸呈黄色；羟基（—OH）是助色基团，它使苦味酸具有能染色的性质。

2. 染料的种类

染料分为天然染料和人工染料两种。天然染料有胭脂虫红、地衣素、石蕊和苏木素等，它们多从植物体中提取而得到，其成分复杂，有些至今尚未搞清楚。目前采用人工染料较多。后者也称煤焦油染料，多从煤焦油中提取而得，是苯的衍生物。多数染料为带色的有机酸或碱类，难溶于水，而易溶于有机溶剂。为使它们易溶于水，通常制成盐类。

染料可按其电离后染料离子所带电荷的性质，分为酸性染料、碱性染料、中性（复合）染料和单纯染料四大类。

（1）酸性染料　这类染料电离后染料离子带负电，如伊红、刚果红、藻红、苯胺黑、苦味酸和酸性复红等，它们可与碱性物质结合成盐。

（2）碱性染料　这类染料电离后染料离子带正电，可与酸性物质结合成盐。微生物实验一般常用的碱性染料有美蓝、甲基紫、结晶紫、碱性复红、中性红、孔雀绿和蕃红等。

（3）中性（复合）染料　酸性染料与碱性染料的结合叫做中性（复合）染料，如瑞脱氏（Wright）染料和基姆萨氏（Gimsa）染料等。

（4）单纯染料　这类染料的化学亲和力低，不能和被染的物质生成盐，其染色能力视其是否溶于被染物而定，因为它们大多数都属于偶氮化合物，不溶于水，但溶于脂肪溶剂中，如紫丹类（Sudanb）染料。

3. 微生物染色常用染料

微生物染色常用的染料如表 3-10 所示。

表 3-10　　　　　　　　　　微生物实验常用染料一览表

名称	性质	发色基	助色基	用途
刚果红 （Congo Red）	酸性	双偶氮	—NH$_2$	细菌负染色、酵母菌染色
苦味酸 （Picre Acid）	酸性	—NO$_2$	—OH	染真菌细胞群、海藻的细胞壁
伊红（曙红 Y） （Eosiny）	酸性	对位醌	—OH	细胞质染色、染细胞的嗜酸性颗粒
藻红（蓝光赤星） （Erythrosin）	酸性	对位醌	—OH	染土壤细菌
酸性复红（品红） （Acid Fuchsin）	酸性	对位醌	—NH$_2$	单染色等
碱性复红（品红） （Bisic Fuchsin）	碱性	对位醌	—NH$_2$	核染色、鉴别结核杆菌
蕃红（沙黄） （Safranine）	碱性	双偶氮	—NH$_2$	革兰氏染色、核染色

续表

名称	性质	发色基	助色基	用途
结晶紫 （Grystal Violet）	碱性	对位醌	—NH₂	革兰氏染色等
美蓝（次甲基蓝） （Methylene Blue）	碱性	对位醌	—NH₂	活体染色、放线菌染色、氧化还原指示剂
孔雀绿 （Malachite Green）	碱性	对位醌	—NH₂	细菌芽孢染色
亮绿（大皇绿） （Brilliant Green）	碱性	对位醌	—NH₂	细菌、螺旋体等的染色、鉴别培养
中性红 （Neutral Red）	碱性	醌环	—NH₂	活体染色、指示培养基、鉴别肠道细菌等
苏丹Ⅲ（三号苏丹红） （SudanⅢ）	酸性	双偶氮	—OH	脂肪染色
荧光素 （Fluorescein）	酸性	羰基	—OH	荧光染色
黑素（水溶黑素） （Nigrosin）	混合物			负染色用

4. 常用染料的选择

根据不同的染色材料及不同的观察目的，选用相应的染料配制的染色剂。在微生物范畴中，由于细菌的结构简单、个体微小，人们为了更清楚地认识它们，将染色技术广泛地应用于细菌的观察。细菌在一般情况下常带负电荷，因此在细菌的普通染色观察中，最常使用的是碱性染料。另外，在研究与应用微生物过程中，随着微生物的生长、繁殖与代谢，使培养基中的糖类分解产酸而导致 pH 下降时，菌体所带的正电荷增加，这时应选择酸性染料。对于一些菌体也可人为地造成这样一种环境，使本来不能吸附的染料在菌体上着色。为了真实地观察到微生物的内部结构与内部特殊结构，常选用中性染料（如细胞核的染色）和偶氮化合物染料（如脂肪染色）。

（三）制片与染色

制片与染色的一般程序包括制片、干燥、固定、染色、水洗和干燥等步骤。染色方法一般有单染色法、复染色法和负染色法三种。如图 3-24 所示，为革兰氏染色的操作步骤。其详细内容在第一部分的实验七（细菌染色与形态观察）中作过介绍，这里不再赘述。

（四）活体染色

过去很长一段时间，研究细胞学采用的是活体观察法。这种方法虽简便易行，但却具有很

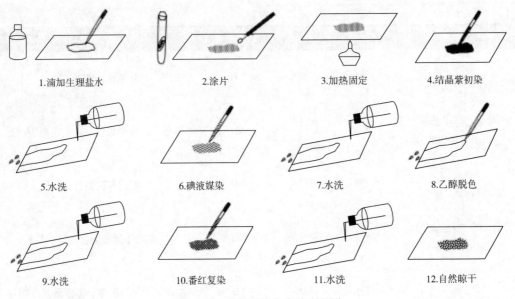

1. 滴加生理盐水　　2. 涂片　　3. 加热固定　　4. 结晶紫初染

5. 水洗　　6. 碘液媒染　　7. 水洗　　8. 乙醇脱色

9. 水洗　　10. 番红复染　　11. 水洗　　12. 自然晾干

图 3-24　革兰氏染色实验流程图

大的局限性，因为它观察时间很短，很难观察到细胞的详细构造。而固定染色法虽然能显示出细胞内的详细构造，但往往会引起细胞内发生"人工效应"而使某些本来存在的、重要的构造在固定的过程中被毁掉或者变形。而活体染色法是介于活体观察和固定染色之间的一种方法，它的目的在于显示出活细胞内的某些天然构造，而不引起细胞的物理、化学变化。因此活体染色的定义就是"利用某些无毒或毒性较小的染色剂显示出细胞内某些天然构造存在的真实性，而不影响细胞的生命活动和产生任何物理、化学变化以致引起细胞死亡的一种染色和观察方法"。

1. 活体染色的机制

活体染色最重要的特征是染料的堆集，就是染料的胶粒固定、集聚在细胞内某种特殊的构造里面。这种堆集主要受染料分子的电荷的影响。绝大部分的带电荷的染料能够全部或部分地被集聚、固定。碱性染料的胶粒表面带有正电荷，酸性染料的胶粒表面带有负电荷，而被染的部分本身也具有负电荷或正电荷，这样，它们彼此之间就发生了吸附作用。所以并不是任何染料都能作为活体染色剂。应该选择那些对于细胞无毒性或毒性极小的染料，而且要配制成稀淡的溶液来使用。因此，普遍以碱性染料最为适用，酸性染料染色效果很差，一般很少使用它们来进行活体染色。

2. 活体染色剂的分类

活体染色剂共分为两大类，即碱性染料和酸性染料。

（1）碱性染料　大部分皆属于吖嗪的醌亚胺族。

①噻嗪类：次甲基蓝、甲苯胺蓝，以上两种皆为液泡系的染料。

②噁嗪类：新次甲基蓝（2G）、尼罗蓝、亮焦油蓝、亮焦油紫。前三者也是液泡系的染料，但其中以尼罗蓝毒性较大。亮焦油紫是活染线粒体的染料。

③吖嗪类：中性红，这是液泡系特殊的染料，有专一性，无毒，可以作为真正的活体染色之用；詹纳斯绿，为线粒体系的专一性染料，是线粒体活体染料中毒性最小的一种。

以上三种碱性染料是活体染色剂中最重要的染料。

④三酚苯甲烷、玫瑰苯胺类：甲基紫（5B）、西番莲紫、维克多利亚蓝。前两种为线粒体的染料，最后一种用于拟脂质染色。

（2）酸性染料　能用于活体染色的较少，只有台盼蓝、吡咯蓝、刚果红、茜紫、（alizarine）毕士马克棕。根据很多科学工作者的实验结果，可以确信碱性染料只能使细胞内"本来存在的"构造染色。而酸性染料就不然，它们沉积在细胞质内，和细胞的构造可以不发生任何联系而产生"人工效应"的假象。所以碱性染料才符合活体染色的要求，它可以充分显示出细胞某些形态构造存在的真实性。

3. 几种重要的活体染色剂的使用方法

至今，活体染色法仍然是研究活细胞的形态学和细胞生理学的一种良好的方法，尤其是在动物和植物细胞学领域的应用更为广泛，它是研究细胞内重要细胞器的形态学及其演进规律的一种比较理想的方法。因此正确地选择和使用染色剂是十分重要的。

（1）次甲基蓝　应用化学纯制品，通常用 Ringer 液或磷酸缓冲液及蒸馏水配制，微生物活体染色须用 1/5000~1/10000 的溶液，否则容易很快地引起细胞的死亡。次甲基蓝是微生物实验中用途最广的染料之一，常用来研究微生物的细胞生理状态。与次甲基蓝作用相同的染料还有棉蓝。

（2）中性红　它是一种毒性很低的活体染色剂，在酸性或碱性反应剂的影响下，中性红具有转变颜色的特性，pH6.6~7.0 由红变黄；超过 pH7.0 呈明显的红色；pH7.2 到 7.6 为深红色；超过 pH7.6 为橙红色；在 pH8.0 时就呈现明显的黄色。这些不同的染色现象在显微镜下观察非常清晰，可使我们观察到细胞质和它的内含物的变化层次，即可在一张标本上或一个细胞内，见到多种染色反应不同的液泡；深红色（小液泡）、玫瑰红色（中性液泡），或橙红色、橙色甚至浅橙和黄色。由橙红色到浅黄色的液泡，表明它们已经发展成为成熟程度不同的酶原颗粒。至于完全成熟的酶原颗粒完全为乳白色，不再被中性红染色。

（3）詹纳斯绿　用于微生物细胞线粒体活体染色。常采用 1%~3% 的溶液。可以单独使用也可以与中性红混合使用。可以先用中性红染色，然后用詹纳斯绿染色，也可以将此两种染料混合后进行一次染色。但最终总是液泡系先着色为红色，线粒体为绿色。由于詹纳斯绿具有毒性，所以线粒体被染色后不久，往往易发生"小液泡现象"。

配制以上染料时最好用 Ringer 液。不过染料不易溶解时可以稍加热（30~40℃）使其快速溶解，然后过滤。中性红的溶液配好后须放到黑暗处（存于棕色瓶中），避光，否则容易氧化，发生沉淀，失去染色的效力。詹纳斯绿最好用时现配，以充分保持它的氧化能力（每次配几毫升即可）。

4. 活体染色方法

（1）压滴染色法　这种方法简单快速，适合于较短时间的观察。先滴一滴染色液于洁净的载玻片上，然后以无菌操作取菌少许调匀，数分钟后放上盖玻片于显微镜下观察。

（2）悬滴染色法　先在盖玻片上滴加一滴浓度适宜的染色液，再以无菌操作取菌少许，调匀，经 10min 染色后，用吸管将染液吸去，加上一滴 Ringer 氏溶液，细胞在 Ringer 氏溶液内可以继续生活。然后盖在凹心载玻片上观察。这样，所观察的材料丝毫不受挤压，可以跟踪观察很久（只要盖片上的 Ringer 溶液不干）。可以用石蜡液或凡士林涂在盖玻片四周，防止干燥。

（3）琼脂槽法　首先滴染液于盖片上，使之阴干（用 70% 酒精配少量染料，这样阴干就很快），操作注意无菌。在已凝固的琼脂平板上用无菌小刀切开两条小槽（每条 1cm×5cm 左右），把丝状菌的菌丝或孢子接种在槽上，盖上加有染色剂的盖玻片 1~2 片，然后将此平板置于合适的温度下，随时观察或 3~4d 后，直接置于显微镜下观察，也可小心地将盖玻片取下放在显微镜下观察。

（4）单细胞菌块法　对于细菌、酵母菌和霉菌孢子，可将所要观察的培养物直接加入戊二醛或锇酸固定液（10mL 培养物加 0.5~1.0mL 固定液），立即离心，收集菌体。然后再悬浮在新鲜的固定液中备用。为了便于固定后继续进行脱水、包埋等操作，可将固定后的细胞包埋在琼脂块里。其方法是将固定后的细胞用缓冲液充分洗涤，然后弃去最后离心的上清液，滴进在 45℃左右保温的 2%~4%的琼脂溶液中并加以搅拌，在非常少量的琼脂中，待细胞较为集中时，就直接冷却，使之凝固好。将凝固的琼脂取出切成 0.5mm³大小的小块，这样就可以采用与普通组织切片完全相同的方法染色处理，最后用显微镜观察。假如通过离心处理的细胞结成粒状且不会分散，也可以不必包埋到琼脂块中。

一、 微生物细胞染色与观察

实验 17　酵母的负染色法

一、实验目的

学习并掌握酵母菌负染色的方法。

二、实验原理

酵母菌细胞经染色后，虽然可以在显微镜下观察，但染色时细胞因受加热及化学药品的处理，其形状多少会有所改变。酵母菌细胞的折光率小，为透明体，若将背景染上色，则细胞就明显地衬出。此法采用使菌体不易染色的酸性染料（如刚果红）或中国墨汁等，使菌体不着色而背景着色。由于死菌可被染色，故此法又可区分菌的死活。

三、实验材料

1. 菌种

斜面生长 24~48h 的热带假丝酵母（*Candida tropicalis*）和酿酒酵母（*Saccharomyces cerevisiae*）。

2. 染料

墨汁。

四、实验方法与步骤

1. 挑取少许假丝酵母于 2mL 无菌水中，制成菌悬液。

2. 加墨汁 1~2 滴于载玻片上，加同体积菌悬液，混匀后涂成薄层。

3. 室温下风干，封盖盖玻片。

4. 高强度光源下高倍镜镜检。

五、实验结果与分析

请将假丝酵母和酿酒酵母的染色结果记录于下表中，并对不同的染色结果进行分析。

菌名	细胞排布及形态（绘图）	菌体颜色	背景颜色

六、注意事项

实验中酵母细胞涂片后不能进行加热固定，而应该风干，避免细胞皱缩变形。

七、思考题

酵母的负染色实验为什么选择墨汁作染料？除了墨汁还可以选择哪些染料？

实验 18　真菌的荧光染色与观察

一、实验目的

学习并掌握微生物荧光染色的方法。

二、实验原理

绝大多数微生物经紫外线照射后，能发出很微弱的蓝色荧光。若经荧光染色后，本身不发荧光或荧光极微弱的所有种类，都能产生明亮的荧光，可借助荧光显微镜进行观察。

荧光显微镜的光源一般采用紫外线，紫外线常借水银弧光灯、碳弧灯等产生，其反光镜宜用金属铝制造，因镀银的普通玻璃反光镜对紫外线反射不良，又能吸收部分紫外线。其透镜以石英石或萤石制造为好。为避免光波损失而使用油镜观察时，宜用檀香木油（Sandalwood Oil）。接目镜上应加放黄色或浅蓝色滤光片，以保护观察者的眼睛。荧光染色已成功地应用于结核杆菌、麻风杆菌、淋球菌等细菌及其某些螺旋体和病毒的检查。目前，其应用范围日趋广泛。在难于观察侵入植物组织的微生物时，对微生物选择性染色的最好的方法就是荧光染色。

常用的荧光染料有金胺、玫瑰红 B、黄连素和异硫氰酸荧光素等。

三、实验材料

1. 菌种

总状毛霉（*Mucor racemosus*）、黑曲霉（*Aspergillus niger*）。

2. 染色液

金胺染色液（见附录Ⅰ-10）、高锰酸钾液（1∶1000）、美蓝染色液（见附录Ⅰ-9）、8% 盐酸酒精。

四、实验方法与步骤

1. 制片

取 24~48h 霉菌培养斜面，用真菌解剖刀取毛霉至 1 滴 10%KOH 溶液中，磨散。

2. 固定

室温干燥、冷甲醇固定 10min。

3. 染色

滴加金胺染液，微微加热使染液冒蒸汽，染色 5min 后水洗。

4. 脱色

用盐酸酒精脱色 15~20s。

5. 水洗后，用高锰酸钾液处理 5s。

6. 复染

水洗后，加美蓝染色 30s，以熄灭标本中不应发光的部分。水洗晾干后即可镜检。

五、实验结果与分析

请将两种霉菌的染色结果记录于下表中。

菌名	霉菌显微形态（绘图）	菌体荧光颜色	荧光强度

六、注意事项

首先必须做好清洁准备工作，染色过程用到的试剂瓶、载玻片、吸管等玻璃器皿要彻底清洗干净，尽量避免使用放置过久的蒸馏水配制试剂，建议使用新鲜制备的双蒸水，这样才能保证金胺染液的纯度，避免杂质等沉淀影响观察。

七、思考题

霉菌的荧光染色技术在科研上有什么应用？这种方法还有哪些可以改进的地方？

实验 19 细菌的抗酸性染色法

一、实验目的

学会并掌握抗酸性染色的方法。

二、实验原理

抗酸性染色法是重要的鉴别染色法之一。分枝杆菌属或诺卡氏菌属的一些菌，用普通染色法染不上颜色，必须加温染色或经长时间染色才行。经过这样染色的细胞，即使用酸或碱处理也不能使其脱色，因此把具有这种性质的细菌称为抗酸性细菌，由于抗酸性细菌含有分枝菌酸，在完整的细胞中它能与石炭酸和复红所形成的复合物牢固地结合，并能抵抗酸性酒精的脱色，故被染成红色。而非抗酸性细菌因不含分枝菌酸，故易脱色，并被复染剂染成蓝色。

三、实验材料

1. 菌种

草分枝杆菌（*Mycobacterium phlei*）、普通变形杆菌（*Proteus vulyaris*）。

2. 试剂

姜尔氏石炭酸复红液（见附录Ⅰ-11）、3%盐酸酒精液、吕氏美蓝液（见附录Ⅰ-12）。

3. 其他

显微镜、无菌研钵、水浴锅。

四、实验方法与步骤

1. 菌液的制备

以无菌操作取少许斜面菌苔，置入盛有 2mL 生理盐水的试管中，摇匀。然后放入 80℃ 恒温水浴锅中 1h，取出待冷却后再进行水浴，如此处理 3 次，以杀死菌体。将菌液倾入灭过菌的研钵中研磨，使菌体均匀分散，适当调整菌体浓度，备用。

2. 制片

按常规法将草分枝杆菌和普通变形杆菌分别制片，再制一混合制片。自然干燥。

3. 染色

滴加石炭酸复红液于标本上，在微火上加温到染料冒蒸汽（不可使染料沸腾和干燥，并应不断地补充蒸发掉的染料），维持7~8min。倾去染料。

4. 脱色

用3%盐酸酒精脱色，至流下的酒精为淡红色或无色为止。

5. 水洗

6. 复染

加吕氏美蓝液染色1min。

7. 水洗、自然干燥后镜检

五、实验结果与分析

请将草分枝杆菌和普通变形杆菌的染色结果记录于下表中，并分析草分枝杆菌和普通变形杆菌被染成不同颜色的原因是什么？

菌名	细胞形态和排布（绘图）	细胞大小	菌体颜色

六、注意事项

除了分枝杆菌属与诺卡氏菌属的部分菌外，放线菌和类白喉杆菌的某些菌株、细菌的芽孢和酵母菌的子囊孢子等，也都具有抗酸性质，均可采用上述方法进行染色观察。

七、思考题

经典的抗酸性染色法包括加热等步骤，较繁琐，请思考下有没有更简单快捷的抗酸性染色方法或研发相关试剂盒，能更快速准确的得到抗酸性涂片结果？

二、 微生物细胞染色与观察

实验20　细菌荚膜的染色与观察

一、实验目的

1. 学习和掌握荚膜染色的方法。

2. 了解荚膜的生理功能和形态特征。

二、实验原理

简单染色法适用于一般的微生物菌体染色，是只用一种染料使细菌着色以显示其菌体外观形态，如细菌的结晶紫染色法，酵母的美蓝染色，霉菌的棉兰染色，都属于简单染色法，简单染色不能辨别细菌细胞的构造，所以部分微生物所具有得一些特殊结构，如荚膜、鞭毛和芽孢等，对它们进行观察前需要进行有针对性的染色。

荚膜是细菌在生长过程中形成的分泌于细胞壁外的透明胶状物质。其主要化学成分是多糖、多肽或糖肽复合体类物质，其中多糖占很大比例。荚膜并不是细菌的必要细胞组分，但却对细菌有重要的保护作用，例如，免受干旱损伤及黏附于其他物体表面，如变形链球菌（*Streptococcus mutans*）就具有厚实的荚膜，它能使细菌牢固地附着于牙齿表面，引起严重的龋齿。某些致病菌也能产生荚膜，荚膜可以使其躲避白细胞的吞噬，增强其对宿主的致病力。另一方面，荚膜也可以被我们很好的利用，例如，作为增稠剂广泛应用于食品、化工等领域的黄原胶就是从假黄单胞菌属发酵产生的荚膜多糖中提取出来的。

荚膜的折光率低、与染料的亲和力差，不易着色，因此用普通染色法难以观察到荚膜。实验中通常采用负染色的方法，又称衬托染色法，即使菌体和背景着色而荚膜不着色，因而荚膜在菌体周围呈一透明圈。由于荚膜含有大量水分，含水量占其重量的90%以上，故染色时一般不用热固定或微热固定，以免荚膜皱缩变形，影响观察效果。

三、实验材料

1. 菌种

褐球固氮菌（*Azotobacter chroococcum*）、肠膜状明串珠菌（*Leuconostoc mesenteriodes*）。

2. 试剂

印度墨汁或黑色素溶液（见附录Ⅰ-13）、番红染色液（见附录Ⅰ-3）。

四、实验方法与步骤

1. 制片

在载玻片一端加一滴6%葡萄糖液，取少许培养72h的褐球固氮菌或肠膜状明串珠菌与其充分混合，再滴一滴新配制的黑色素溶液，混匀。左手持载玻片，右手拿另一光滑的载玻片（推片），将推片一端边缘置于菌液前方，然后稍向后拉，当接触菌液后，轻轻地向左移动，使菌液沿推片接触后缘散开，以30°角迅速而均匀地将菌液推向玻片另一端，使菌液涂成一薄膜（图3-25）。室温自然风干。

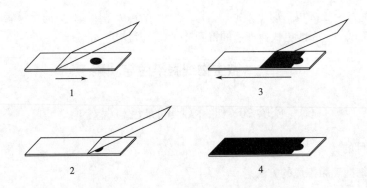

图3-25 荚膜干墨水法染色的涂片方法

1—将葡糖糖溶液、菌体与黑色素溶液混匀，置于载玻片一端　2—左手持载玻片，右手拿另一光滑的载玻片（推片），将推片一端接触到混合液前沿并轻轻地左右移动，使菌液沿推片接触后缘散开　3、4—以30°角迅速而均匀地将菌液推向玻片另一端，使菌液涂成一薄膜

2. 染色

加番红染色液于标本上，30s后，用细水流适当冲洗。

3. 干燥、镜检

五、实验结果与分析

请将褐球固氮菌和肠膜状明串珠菌的染色结果记录于下表中。

菌名	细胞形态（绘图）	荚膜（有/无）	细胞大小和荚膜厚度

六、注意事项

1. 由于荚膜的含水量大，故染色时一般不用热固定，以免荚膜皱缩变形，墨水染色后风干时间也不宜过长，否则荚膜也会失水变形，影响观察结果。

2. 涂片所取的菌体量要适中，如果取菌过少在镜检时会很难找到菌体，而如果所取得菌体量过多则涂片很难使菌体均匀分散开，会看到菌体堆积成团，无法观察到荚膜形状。

3. 染色液孵育时间不能过短，否则菌体未被染上颜色，无法看清菌体；而染色如果过长，则会导致荚膜也被染上颜色，无法看到透明圈。

4. 尽可能挑取边缘的菌种，因为边缘的菌种菌龄较年轻，并且涂片时涂抹的时间不宜过长，否则会发现使部分菌体破裂，影响观察。

5. 涂抹墨汁的时候要求墨汁量要适中，不能过多，而且要尽可能涂的均匀，才能明显看到荚膜形状。

七、思考题

荚膜染色除上述方法外还可以采用以下三种方法：①按上述方法，在加番红前，也可用甲醇固定1min。②按上述方法，用石炭酸复红染液代替番红染液，染色2min，结果同上。③Tyler法：主要采用结晶紫冰醋酸染色液（见附录Ⅰ-33）染色5~7min。然后用20% $CuSO_4$水溶液洗涤，干燥后镜检。其他操作同上。结果荚膜呈蓝紫色，细胞暗蓝色。请比较分析这几种方法的优点和缺点。

实验21　细菌鞭毛的染色与观察

一、实验目的

学习并掌握鞭毛染色的方法。

二、实验原理

鞭毛是细菌的运动"器官"，非常纤细，直径一般为20nm左右，用电镜才能观察。如果采用特殊染色法，即在染色前先经媒染剂处理，媒染剂吸附在鞭毛上，使鞭毛加粗，便可达到普通光学显微镜的辨析范围以内。染色后，即可利用普通光学显微镜进行观察。

鞭毛菌只有在一定群体和个体发育阶段才产生鞭毛。一般在外界条件适宜时，幼龄的培养体易产生鞭毛，尤其是在短期内经过多次反复移种的培养体，更容易产生鞭毛。染色时，还必须采用新鲜的染色液和清洁的载玻片才能保证染色的效果。鞭毛染色的方法很多，但基本原理雷同，本实验只选择一种简便易行，效果也较好的方法（Bailey染色法）。

三、实验材料

1. 菌种

普通变形杆菌（*Proteus vulgaris*）斜面菌种一只（培养 15~18h）。

2. 试剂

姜尔氏石炭酸复红液（见附录Ⅰ-11）、鞭毛染色媒染剂（见附录Ⅰ-14）。

四、实验方法与步骤

1. 清洗载玻片

选择光滑无裂痕的载玻片（最好选用新的）。为了避免薄片相互重叠，应将其插在专用金属架上。然后将载玻片置于洗衣粉滤过液中（洗衣粉先经煮沸，再用滤纸过滤，以除去粗颗粒），浸泡 20min。取出冷却用自来水冲洗、晾干，再放入浓洗液中浸泡 5~6d，使用前取出载玻片，用水冲去残液，再用蒸馏水洗。将水沥干后，放入 95% 乙醇中脱水。取出载玻片，在火焰上烧去酒精，立即使用。

2. 菌液的制备及涂片

用于染色的菌种应预先连续移接 5~7 代。染色前用于接种的培养基应是新鲜制备的，表面较湿润，在斜面底部应有少许冷凝水。将变形杆菌接种于肉汤斜面上，在适宜温度下培养 15~18h 后，用接种环挑取斜面底部的菌苔数环，轻轻地移入盛有 1mL 与菌种同温的无菌水中，不要振动，让有活动能力的菌游入水中，水呈轻度混浊。在最适温度下保温 10min，让老菌体下沉，而幼龄菌体可松开鞭毛而浮于水中。然后从试管上端挑取数环菌液，置于洁净载玻片的一端，稍稍倾斜玻片，使菌液缓慢流向另一端。置空气中自然干燥。

（1）媒染　在标本上加鞭毛染色媒染剂 A 液处理 5min，倾去 A 液。再加 B 液处理 7min。

（2）水洗　用蒸馏水轻轻地洗净染料。

（3）染色　水洗后立即加姜尔氏石炭酸复红液，在恒温金属板上加热，至染色液微微冒蒸汽时开始计时。加热 1~1.5min。

（4）水洗、自然干燥、镜检。

五、实验结果与分析

菌名	细胞形态和排布（绘图）	鞭毛（有/无）	细胞大小和鞭毛长度

六、注意事项

细菌鞭毛染色是一项复杂的染色技术，而且常常不易获得良好的结果，媒染液的配制一定按时间和顺序配，否则效果不好。

七、思考题

细菌鞭毛染色除了 Bailey 染色法外还有哪些染色方法？各有何优缺点？

实验 22　细菌芽孢的染色

一、实验目的

学习并掌握细菌芽孢的染色方法。

二、实验原理

自然界中，部分细菌在处于营养缺乏或者高温等不适合生长的环境中时，会分化出休眠体结构——芽孢。芽孢具有厚而致密的孢外壁，对温度和化学物质具有高度的耐受性，这使得它们能在恶劣的环境中生存很长时间。孢外壁透性低，不容易着色，若用一般的染色法只能使菌体着色而芽孢不着色（芽孢呈无色透明状）。芽孢染色法就是通过加热促使染料孔雀绿进入到芽孢里面，芽孢着色后不易脱色，能保持孔雀绿染料的颜色；而营养细胞对孔雀绿的亲和力差，水洗后即脱色，用对比度强的染料对菌体复染后，呈现出不同的颜色，从而将两者区别开来，便于后期对芽孢的形状和着生部位进行显微观察。

三、实验材料

1. 菌种

枯草芽孢杆菌（*Bacillus subtilis*）、丙酮丁醇梭菌（*Clostridium acetobutylicum*）。

2. 试剂

5%孔雀绿染色液（见附录Ⅰ-15）、番红染色液（见附录Ⅰ-3）。

四、实验方法与步骤

Schaeffer - Fulton 染色法

1. 制片

以常规的方法涂片，于室温下晾干。

2. 染色

加 5% 孔雀绿染色液于涂片处（染料以铺满涂片为度），然后用夹子夹住载玻片的一端，在酒精灯火焰上方微微加热，从染料冒蒸汽开始计时，约维持 7min，加热过程中要随时添加染色液，使标本一直处于湿润状态。

3. 水洗

待玻片冷却后，用洗瓶中的自来水轻轻地冲洗，直至流出来的水中无染色液为止。

4. 复染

用 0.5% 番红染色液染色 2min。

5. 水洗

用洗瓶中的自来水轻轻地冲洗，直至流出来的水中无染色液为止，吸干。

6. 镜检

用油镜观察

五、实验结果与分析

请将芽孢染色结果记录于下表中。

菌名	芽孢（有/无）	细胞形态和排布（绘图）	菌体/芽孢颜色	芽孢的形态、着生位置和大小（画图）

六、注意事项

芽孢染色用的菌种应选择合适的菌龄，若菌龄过老，大部分芽孢会释放到培养基中，而无法观察到芽孢着生的位置。

七、思考题

芽孢染色除了经典的 Schaeffer-Fulton 染色法，还有其他几种改进的方法，请大家查阅相关文献资料，至少列出三种改进后的方法，并分析其优缺点。

第五节　微生物生长控制

一、生物量测定

测定微生物生长的方法和技术主要有比浊法、重量法、平板计数法、血球板计数法、核酸测定法等，这些方法主要涉及生长量和计算繁殖数两个方面。

(一) 生长量测定方法

测定生长量的方法很多，适用于一切微生物。

1. 直接法

（1）测体积　这是一种很粗放的方法，用于样品的初步比较。例如，把待测培养液放在刻度离心管中作自然沉降或进行一定时间的离心，然后观察其体积。

（2）称干重

①离心法：将待测培养液用清水离心洗涤 1~5 次后，可采用 105、100、80℃ 干燥或红外线烘干，也可在较低的温度（80℃或40℃）下进行真空干燥，然后称重。

②过滤法：丝状真菌可用滤纸过滤，而细菌则可用醋酸纤维膜等滤膜进行过滤。过滤后，细胞可用少量水洗涤，然后在 40℃ 下真空干燥，称量干重。

2. 间接法

（1）比浊法　可用一系列已知菌数的菌悬液测定光密度，作出光密度-菌数标准曲线。然后，以样品液所测得的光密度，从标准曲线中查出对应的菌数。比浊法简便、迅速，可以连续测定，适合于自动控制。但是，由于光密度或透光度除了受菌体浓度影响之外，还受细胞大小、形态、培养液成分以及所采用的光波长等因素的影响。因此，对于不同微生物的菌悬液进行比浊计数应采用相同的菌株和培养条件制作标准曲线。此外，对于颜色太深的样品或在样品中还含有其他干扰物质的悬液不适合用此法进行测定。

（2）生理指标法

①测含氮量：大多数细菌的含氮量为其干重的 12.5%，酵母菌为 7.5%，霉菌为 6.0%。根据其含氮量再乘 6.25，即可测得其粗蛋白的含量（因其中包括了杂环氮和氧化型氮）。可通过消化法、Dumas 测氮气法等方法来测定含氮量。

②测含碳量：将少量（干重 0.2~2.0mg）生物材料混入 1mL 水或无机缓冲液中，用 2mL

2%重铬酸钾溶液在100℃下加热30min，冷却后，加水稀释至5mL，然后在580nm波长下读取吸光度（用试剂作空白对照，并用标准样品作标准曲线），即可推算出生长量。

③测其他成分：磷、DNA、RNA、ATP、DAP（二氨基庚二酸）和N-乙酰胞壁酸等的含量，以及产酸、产气、产CO_2（用标记葡萄糖作基质）、耗氧、黏度和产热等指标，都可用于生长量的测定。

（二）微生物计数法

适用于单细胞状态的微生物或丝状微生物所产生的孢子。

1. 总菌计数法

总菌计数法就是指对菌液中所有细胞进行计数的方法，所得的结果是包括死细胞在内的总菌数，如血球计数板法。

2. 活菌计数法

活菌计数法是根据活细胞生长繁殖会使液体培养基变得混浊，或在平板培养基表面形成菌落等原理而设计的方法。

（1）液体稀释法 对未知菌液样品适当稀释后，观测适宜稀释度出现生长的试管数（阳性管数），然后查MPN表，再根据样品的稀释倍数计算出其中的活菌含量（详见第一章实验18）。

（2）平板菌落计数法 取一定体积的稀释菌液采用倾注法或涂布法于固体培养基平板上，经保温培养后，由每个单细胞生长繁殖而形成肉眼可见的菌落，即一个单菌落应代表原样品中的一个单细胞。统计菌落数，根据其稀释倍数和取样接种量即可换算出样品中的含菌数。但是，由于待测样品往往不易完全分散成单个细胞，因此平板菌落计数的结果往往偏低。现在已倾向使用菌落形成单位（colony forming unit，CFU）而不以绝对菌落数来表示样品的活菌含量。需要注意的是，平板菌落计数法对产甲烷菌等严格厌氧菌的计数不适用。

（3）显微镜直接活菌计数 借助于特殊染料，也可较方便地在显微镜下进行活菌计数，例如，利用美蓝对酵母活细胞进行计数。又如，用特殊滤膜过滤含菌样品，经吖啶橙染色，在紫外显微镜下，凡活细胞发橙色荧光，死细胞则发绿色荧光。

必须指出的是，以上介绍的若干方法每种方法都有其优缺点和适用范围。所以，应根据研究对象和研究目的的具体要求，选用最合适的方法。

（三）商业化微生物快速检测法

上述传统的微生物检测方法通常检测过程周期长、灵敏度低、准确性差、操作繁琐，且影响因素多，极大限制其实际应用。因此微生物检测正在向快速、准确、简便、自动化方向发展。当下很多生物公司利用传统微生物检测的原理，同时结合不同的检测方法，设计出形式各异的快速微生物检测仪器和设备。

微生物快速检测仪器可分为两大类，一类是基于传统平板计数法改进后得到，另一类则是采用新的检测原理，如利用阻抗仪、压片晶体、氧化还原、量热法、光学技术、超声波技术等检测物理量的方法，以及检测细胞成分的方法，如ATP、DNA、蛋白质、放射性同位素等。

1. 螺旋平板法

将平板置于螺旋接种仪的转盘上，加样器吸取待测菌悬液后，接触培养皿中心琼脂表面，在平皿旋转的同时，加样针从平皿中心向一侧运动，并将菌悬液接种到琼脂表面。接种后，培养出来的菌落即分布在螺旋轨迹上，并随半径的增加分布得越来越分散。一般采用菌落计数器，对自平板外周向中央对平皿上的菌落进行计数，即可得到样品中微生物的数量。螺旋平板法较之人工稀释计数的方法，大大节省了人工，但是在检测时间上与传统方法一样需要较长时间，并且需要同时配合菌落计数仪使用。

螺旋接种法目前收录于 FDA、AOAC（美国分析化学家协会）、APHA（美国公共卫生协会）、AFNOR（法国标准联合会）VO8-100、ISO 7218，GB 4789、28-2013（食品微生物学检验——培养基和试剂的质量要求），SN/T 2098-2008（食品和化妆品中的菌落计数检测方法——螺旋平板法）（图3-26）。

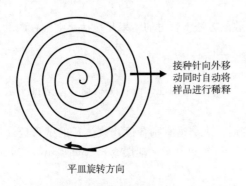

接种针向外移动同时自动将样品进行稀释

平皿旋转方向

图3-26　螺旋平板法原理

2. 皿膜法

以快速检测纸片法常见，是将培养基吸附于特定材质上，通常还含有显色剂，然后将样本适当稀释后滴于其上，培养一定时间后，特定种类微生物的菌落呈现颜色，然后计数。餐具大肠杆菌检测的国标方法即为纸片法（GB 14934—2016）。该法操作简便，携带方便，但是仍无法缩短检测时间。

3. 流式细胞仪法

流式细胞术其原理简单来说，一定波长的激光束照射到流动的单细胞上，会形成光信号被接收器所接受，一类光是侧向角反射光信号，一类是细胞本身含有或者预处理时结合上的荧光素形成的荧光信号，根据所接收的两类信号的强弱即可分析出每个细胞的物理化学特征。流式细胞仪的应用范围非常广泛，在微生物数量快速检测上已经可成熟的用于细菌、酵母菌、藻类等，可在1 h内完成样本的检测。该设备较为昂贵，运行成本较高，目前较适合于大型食品、药品、化妆品等对样品快速检测和样品处理量要求较高的企业。

4. 电化学检测技术

微生物细胞膜具有极强的绝缘性，而其内部所含溶液则含有较多带电粒子，在电场作用下，表现出特定电学性质，且随着培养状态、微生物代谢的变化，电学性质也随之发生变化。这类检测设备通常利用不同生物传感器的电极来记录微生物代谢过程中电位、电阻、电极、电导、介电常数等信息，然后建立信号特征与微生物总数之间的关系，制作标准曲线，从而确定微生物数量。常见方法有电位分析法、电流分析法、阻抗分析法、方波极谱法、还原试验法等等。电化学分析较之其他检测方法具有快速、简便、经济、适用范围广等优点，具有良好的商业应用价值。例如，将待测样本与培养基置于特定反应试剂盒内，底部有一对不锈钢电极，微生物生长时可将培养基中的大分子营养物经代谢转变为活跃小分子，产生阻抗改变，阻抗分析法可测试这种微弱变化，比传统平板法更加快速地监测微生物的存在及数量，利用这种方法可以检测细菌、酵母菌、霉菌等各类微生物菌落总数，在数小时之内即可获得结果，并且样本的颜色和光学性质都不会影响最终结果。

二、 生长曲线测定

实验 23 平板计数法测定酿酒酵母的生长曲线

一、实验目的

1. 掌握倾注法接种的操作方法。

2. 学习平板计数法的原理，掌握平板菌落计数的操作及利用其测定微生物生长曲线的方法。

二、实验原理

繁殖是微生物在内外各种环境因素相互作用下的综合反映，大多数微生物的繁殖速率很快，在合适的条件下，一定时期的大肠杆菌细胞每 20min 分裂一次。将一定量的微生物转入新鲜液体培养基中，在适宜的条件下培养，细胞的生长繁殖将经历延迟期、对数期、恒定期和衰亡期四个阶段。以培养时间为横坐标，以菌体生长速率或菌数的对数为纵坐标作图所绘制的曲线称为该种微生物的生长曲线。不同的微生物在相同的培养条件下其生长曲线不同，同样的微生物在不同的培养条件下所绘制的生长曲线也不相同。通过定时测定培养过程中微生物数量的变化绘制微生物的生长曲线，从而掌握单细胞微生物的生长规律，对研究微生物的各种生理、生化和遗传等问题具有重要意义。

平板菌落计数法是将待测样品经适当稀释后，取一定量的稀释样品液接种到平板上，经培养后，每个单细胞繁殖形成肉眼可见的菌落，选择每板上菌落数在 30~300 的平板统计菌落数，用平板上（内）出现的菌落数乘上菌液的稀释度，即可计算出原菌液的含菌数。

平板菌落计数法虽然操作较繁，结果需要培养一段时间才能取得，而且测定结果易受多种因素的影响，但是，由于该计数方法的最大优点是可以获得活菌的信息，所以被广泛用于生物制品检验（如活菌制剂），以及食品、饮料和水（包括水源水）等的含菌指数或污染程度的检测。

三、实验材料

1. 菌种

酿酒酵母（*Saccharomyces cerevisiae*）。

2. 培养基

液体和固体麦芽汁培养基（附录Ⅱ-6）。

3. 仪器或其他用具

无菌试管、无菌吸管、无菌平皿等。

四、实验方法与步骤

1. 试管编号

取 11 支无菌大试管，用记号笔分别标明培养时间，即 0，1.5，3，4，6，8，10，12，14，16，20h。

2. 接种

分别用 5mL 无菌吸管吸取 2.5mL 酿酒酵母过夜培养液（培养 10~12h）转入盛有 50mL 液体麦芽汁培养基的三角瓶内，混合均匀后分别取 5mL 混合液放入上述标记的 11 支无菌大试管中。

3. 培养

将已接种的试管置摇床30℃振荡培养（振荡频率 250r/min），分别培养 0，1.5，3，4，6，8，10，12，14，16，20h，将标有相应时间的试管取出，分别测定每支试管中的菌数，即可得知不同时间酿酒酵母的生长情况，从而绘制其生长曲线。

4. 菌数的测定

参照第一章实验 17 样品中菌落总数的测定，对某一培养时间的菌液进行 10 倍稀释，采用倾注法到平板，待平板完全凝固后，倒置于 28℃恒温箱中培养。

5. 计菌落数

培养 48h 后，取出平板，算出同一稀释度三个平板上的菌落平均数，在平板菌落计数中，可用彩色笔或钢笔在皿底点涂菌落进行计数，以防漏计和重复。在高密度菌落平板中，可如图 3-27 所示，计有代表性的 1/8～1/4 区域后粗略统计菌落数。实际工作中同一稀释度重复对照平板不能少于三个，且同一稀释度的三个重复对照的菌落数不应相差很大，否则说明试

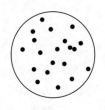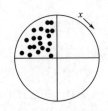

全皿计数　　　　　分区计数（菌落总数$X=x \times 4$）

图 3-27　菌落分区计数法示意图

验误差太大。由 10^{-4}、10^{-5}、10^{-6} 三个稀释度计算出的每毫升菌液中菌落形成单位数也不应相差太大。平板菌落计数法，所选择倒平板的稀释度是很重要的，培养后所出现的平均菌落数小于100 个左右为好，否则要适当增加或减少稀释度加以调整。

五、实验结果与分析

1. 结果

下面的表格是对一个培养时间菌液的平板计数结果的记录表格，其余培养时间菌液的计数表格请依此自行制作，将菌落计数结果填入表格。

培养时间/h	稀释度	每皿菌落数/个			每稀释度平均数/个	活菌数/（个/mL 菌液）
		X_1	X_2	X_3		
	10^{-4}					
	10^{-5}					
	10^{-6}					

$$活菌数（个/mL 菌液）= \frac{X_1+X_2+X_3}{3} \times 稀释倍数$$

2. 绘制酿酒酵母生长曲线

以同一培养时间的不同稀释度的菌数的对数值为纵坐标，培养时间为横坐标，绘制生长曲线。

六、思考题

1. 仔细观察一下，长在平板表面和内层的菌落有何不同？为什么？

2. 要获得本实验的成功，哪几步最为关键？为什么？

3. 试比较平板菌落计数法和显微镜下直接计数法的优缺点及应用。

4. 菌液样品移入培养皿后，若不尽快地倒入培养基并充分摇匀，将会出现什么结果？为什么？

5. 用倾注法和涂布法计数，其平板上长出的菌落有何不同？为什么要培养较长时间（48h）后观察结果？

实验 24　菌丝重量法测定丝状真菌的生长曲线

一、实验目的

学习重量法测定微生物生长曲线的原理和方法。

二、实验原理

从微生物的培养物中收集其菌体称重为菌体的湿重，经一定温度烘干后称重为菌体的干重。

三、实验材料

1. 菌种

橘青霉（*Penicillium citrinum*）。

2. 培养基

液体马铃薯葡萄糖培养基（附录Ⅱ-7）。

3. 仪器或其他用具

分析天平、定量滤纸、电热干燥箱。

四、实验方法与步骤

1. 三角瓶编号

取 9 个 250mL 三角瓶，用记号笔分别标明培养时间，即 0，1，2，3，3.5，4.5，5.5，6，7d，并向每个三角瓶中加入液体马铃薯培养基 45mL。

2. 接种

取 10 支培养好的青霉斜面，用 5mL 无菌水洗下青霉的孢子，合并孢子液，振荡混匀，用 9 支干净无菌的 5mL 移液管向已编好号的三角瓶中各转入 5mL 孢子液。

3. 培养

将已接种的三角瓶置摇床 28℃振荡培养，分别培养 0，1，2，3，3.5，4.5，5.5，6，7d，将标有相应时间的试管取出，待测。

4. 生长量测定

取定量滤纸 10 张，先分别将滤纸称重，记录每张滤纸的原始质量（a）。下面以培养 7d 的青霉培养物生长量测定为例，介绍重量法测生长量的操作。取其中一张滤纸，将青霉菌培养物进行过滤，收集菌体，沥干后称重，记录此时的质量（b），然后置 80℃干燥箱中烘干至恒重，记录此时的质量（c）。

五、实验结果与分析

1. 称重结果

将不同培养时间的青霉菌培养物的测定结果填入下表，并计算菌体的干重。

培养时间/d	质量 a	质量 b	质量 c	菌体湿重	菌体干重
0					
1					
2					
3					
3.5					
4					
4.5					
5					
5.5					
6					
7					

菌体湿重 = 质量 b − 质量 a；菌体干重 = 质量 c − 质量 a

2. 绘制青霉的生长曲线

以菌体的湿重或干重为纵坐标，以培养时间为纵坐标，绘制菌体生长曲线。

六、思考题

1. 测定过程中要注意哪些操作步骤？

2. 菌体的干重占湿重的百分比？干重主要是由菌体的哪种成分贡献的？

实验 25　核酸测定法绘制细菌的生长曲线

一、实验目的

学习核酸测定法绘制微生物生长曲线的原理和方法。

二、实验原理

核酸是微生物生活所必需的细胞成分，细菌生活所必需的全部遗传信息都贮存其中。而每个细胞的 DNA 含量相对恒定，平均为 8.4×10^{-5} ng。同时，由于核酸分子所含的碱基中都有共轭双键，故具有吸收紫外线的性质。核酸的最大紫外吸收波长在 260nm，而蛋白质的最大吸收波长在 280nm。利用这一特性可鉴别核酸样品中的蛋白质杂质对核酸进行定性、定量分析。因此我们可以通过从一定体积微生物细胞悬液中提取 DNA，通过测定样品在 260nm 和 280nm 的紫外吸收而求得 DNA 含量，再计算相应的细胞总量。

三、实验材料

1. 菌种

地衣芽孢杆菌（*Bacillus licheniformis*）749/C 菌株，其遗传标记为红霉素抗性（Ery[r]）、氨苄青霉素抗性（Amp[r]）。

2. 培养基

肉汤培养基（附录Ⅱ-20）。

3. 溶液

（1）TE 缓冲液（1mol/L Tris-HCl，pH7.8，0.5mol/L EDTA，pH7.8）。

（2）重蒸酚液 苯酚重蒸后，用 0.02mol/L Tris-0.01mol/L EDTA 缓冲液（pH7.8）饱和。

（3）10%SDS。

（4）SSC（saline sodium citrate）缓冲液。

（5）2mg/mL 溶菌酶，2mg/mL 蛋白酶 K，2mg/mLRNA 酶。

4. 仪器或其他用具

紫外分光光度计，水浴振荡摇床，无菌三角瓶，无菌吸管等。

四、实验方法与步骤

1. 标记

取 11 个无菌三角瓶，用记号笔分别标明培养时间，即 0，1.5，3，4，6，8，10，12，14，16，20h，并向每个三角瓶中加入 45mL 肉汤培养基。

2. 接种

吸取 5mL 地衣芽孢杆菌过夜培养液（培养 10~12h）转入上述标记的 11 个无菌三角瓶中。为抑制杂菌而获得纯培养物，在上述培养液中加入终浓度为 1μg/mL 红霉素和 10μg/mL 氨苄青霉素。

3. 培养

将已接种的三角瓶置摇床 37℃振荡培养（振荡频率 250r/min），分别培养 0，1.5，3，4，6，8，10，12，14，16，20h，将标有相应时间的三角瓶取出，立即放冰箱中贮存，待测。

4. 生长量测定

下面以培养 20h 的培养物为例说明通过核酸测定法进行生长量测定的方法。

（1）6000r/min 离心 10min 收集菌体，用 TE 缓冲液洗涤细胞 1 次。将菌体充分悬浮于 4mLTE 缓冲液中。

（2）加入 0.1mL 浓度为 2mg/mL 溶菌酶（终浓度为 50μg/mL），37℃保温 30min。

（3）加入 0.1mL 浓度为 2mg/mL RNase（RNase 事先应在 80℃加热 10min，使可能混杂的 DNase 失活），37℃保温 30min。

（4）加入 0.5mL 10%SDS 溶液，加入 0.1mL 浓度为 2mg/mL 蛋白酶 K（最终浓度为 100μg/mL）。37℃保温 30min 或更长时间，直至混浊的溶液颜色变清为止。

（5）加入 0.5mL 重蒸酚，轻轻摇动 2~5min，使其混合。5000r/min 离心 10min，小心地取水相移入透析袋，用 100 倍体积的 0.1×SSC 液透析 1 次，4℃过夜。再用 1×SSC 液透析 3 次。

（6）将透析后的 DNA 样品置于烧杯中，加入 2.5 倍体积的 95%冰冷乙醇，用玻璃棒慢慢搅动，把 DNA 沉淀在棒上。把棒上的 DNA 溶于 1×SSC 液中直至饱和。如果在 SSC 液中有少量 DNA 不能完全溶解，可置于 4℃的冰箱中过夜，使其溶解。如此制备的 DNA 样品可以直接用于细菌转化实验。

（7）用紫外分光光度计测定 DNA 的纯度与浓度。DNA 的吸收高峰为 260nm，蛋白质的吸收高峰为 280nm。A_{260}/A_{280} 的比值应接近 2，如果该比值小于 1.8，说明样品不纯，蛋白质未去净，需用苯酚再次处理。

5. 将不同时间的培养物均按步骤 4 进行生物量的测定，并记录测定结果。

五、实验结果与分析

1. 数据记录

培养时间/h	对照	0	1.5	3	4	6	8	10	12	14	16	20
A_{260}												

DNA 浓度的计算：260nm 处的一个 OD 单位相当于 50μgDNA。

2. 绘制地衣芽孢杆菌生长曲线

以 A_{260} 值为纵坐标，以培养时间为横坐标，绘制生长曲线。

六、思考题

用核酸测定法绘制生长曲线时的注意事项有哪些?

三、 微生物生长代谢影响因素测定

实验 26　营养因素对微生物生长的影响

一、实验目的

学习并掌握生长谱法测定微生物营养需要的基本原理和方法。

二、实验原理

　　微生物在生长过程中极易受环境因素的影响，如环境中的 pH、氧气、温度、渗透压、射线等理化因素和生物因素都能影响微生物的生长。对于特定的微生物，掌握环境因素对其的影响情况就可以通过各种控制手段促进或抑制微生物的生长过程，从而为其提供和控制良好的环境条件，促使有益的微生物大量繁殖或产生有经济价值的代谢产物。

　　微生物的生长繁殖需要适宜的营养，碳源、氮源、无机盐、微量元素、生长因子等都是微生物生长所必需，缺少其中一种，微生物便不能正常生长、繁殖。在生产和研究工作中，需要了解微生物对各种营养物质的需求，为其创造良好的生长环境。在实验室条件下，人们常用人工配制的培养基来培养微生物，这些培养基中含有微生物生长所需的各种营养成分。如果人工配制一种缺乏某种营养物质（例如碳源或氮源等）的琼脂培养基，接入菌种混合均匀后倒平板，再将所缺乏的营养物质（各种碳源或氮源等）点接于平板上（可将特定营养物吸附于滤纸片后，放于平板上），在适宜的条件下培养后，如果接种的这种微生物能够利用某种碳源，就会在点接的该种碳源物质周围生长繁殖，呈现出由许多小菌落组成的圆形区域（菌落圈），而该微生物不能利用的碳源周围就不会有微生物的生长。由于不同类型微生物利用不同营养物质的能力不同，它们在点接有不同营养物质的平板上的生长情况就会有差别，具有不同的生长谱，故称此法为生长谱法。该法可以定性、定量地测定微生物对各种营养物质的需求，在微生物育种、营养缺陷型鉴定以及饮食制品质量检测等诸多方面具有重要用途。

三、实验材料

1. 菌种

大肠杆菌（*Escherichia coli*）。

2. 培养基

无碳合成培养基 $\left[(NH_4)_2SO_4 \ 0.2\%,\ NaH_2PO_4 \cdot H_2O \ 0.05\%,\ K_2HPO_4 \ 0.05\%,\ MgSO_4 \cdot 7H_2O \ 0.02\%,\ CaCl_2 \cdot 2H_2O \ 0.01\% \right]$；无氮合成培养基 100mL（$KH_2PO_4 \ 0.1\%$，$MgSO_4 \cdot 7H_2O$ 0.07%，葡萄糖 2%）。

3. 溶液或试剂

木糖、葡萄糖、半乳糖、蔗糖、硫酸铵、硝酸钾、尿素、消化蛋白。

4. 器皿

无菌试管、直径为 0.5mm 的无菌小滤纸片、酒精灯、接种针、吸管。

四、实验方法与步骤

1. 将培养 24h 的大肠杆菌斜面用无菌生理盐水洗下。

2. 将无碳合成培养基和无氮合成培养基分别溶化并冷却至 50℃ 左右，加入上述菌悬液并混匀，各倒三块平板。

3. 取两个已凝固的无碳平板，在皿底用记号笔分别划分成四个区域，并标明要点接的各种碳源，另一块无碳平板作为对照；另取两块无氮平板如上划分区域，并标明要点接的各种氮源，另一块无氮平板作为对照。

4. 用 8 个小滤纸片分别沾取 4 种碳源和 4 种氮源对号点接。

5. 将平板倒置于 37℃ 保温 18~24h，观察各种碳源和氮源周围有无菌落圈。

五、实验结果与分析

将大肠杆菌的碳源生长谱和氮源生长谱表示于下图，并说明对照平板的菌落生长情况。

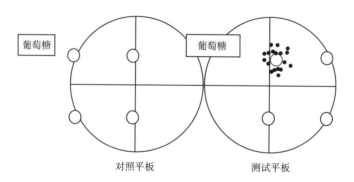

对照平板　　　　　　测试平板

六、思考题

1. 根据实验结果，大肠杆菌能利用的碳源和氮源是什么？

2. 点接碳源或氮源时应注意什么？在生长谱法测定微生物碳源要求的试验中，发现某一不能被该微生物利用的碳源周围也长出菌落圈，试分析各种可能的原因，并设法解决这个问题。

实验 27　接种量对微生物生长的影响

一、实验目的

观察接种量对微生物生长的影响。

二、实验原理

接种量是指向新鲜培养基中接种微生物的量。接种量的大小明显影响延滞期的长短，一般来说，接种量大，则延滞期短，反之则长。过长的延滞期对研究和生产都是不利的，因此掌握合适的接种量很重要。通常，若菌体生长迅速，则可适当减少接种量，而若菌体生长缓慢，则应适当加大接种量。在实验研究中，接种量常在1%~5%，而发酵生产中，常采用10%的接种量。

三、实验材料

1. 菌种

大肠杆菌（*Escherichia coli*）。

2. 培养基

肉汤液体培养基（附录Ⅱ-20）。

3. 仪器及其他用具

250mL 无菌三角瓶、接种环等。

四、实验方法与步骤

1. 向 20mL 肉汤液体培养基中接入 1 环斜面培养物，于 37℃振荡培养。

2. 根据第一章实验 13 大肠杆菌的生长曲线，待培养至对数期时，取培养物 0.5、1、2 和 5mL 分别接入另外 4 瓶 20mL 肉汤培养基中，于 37℃振荡培养。

3. 对每瓶转接的培养物分别以比浊法法测定其生长曲线。

五、实验结果与分析

绘制不同接种量接种后的大肠杆菌生长曲线。

六、思考题

1. 不同接种量接种后的生长情况有什么不同？为什么？

2. 在实际工作中应该如何控制微生物的接种量？

实验 28　种龄对微生物生长的影响

一、实验目的

观察种龄对微生物生长的影响。

二、实验原理

种龄即"种子"的群体生长年龄，即它处在生长曲线上的哪个阶段。由于微生物培养时，在不同的生长时期菌体的生长情况会发生很大的变化，如在延滞期，菌体的生长速率常数等于零，细胞内合成代谢活跃，对外界不良条件反应敏感。而在对数期，细胞进行平衡生长，菌体内各种成分均匀，酶系活跃，代谢旺盛。到了稳定期，生长速率常数又回到0，细胞开始贮藏糖原、异染颗粒和脂肪等贮藏物，芽孢杆菌通常会形成芽孢，有些微生物开始合成次级代谢产物。随着外界环境中营养物质的消耗殆尽，细胞内的分解代谢超过合成代谢，引起细胞死亡。

因此，选择适宜的种龄进行接种对微生物的培养非常重要。

三、实验材料

1. 菌种

大肠杆菌（*Escherichia coli*）。

2. 培养基

肉汤液体培养基（附录Ⅱ-20）。

3. 仪器及其他用具

250mL 无菌三角瓶、接种环等。

四、实验方法与步骤

1. 向 20mL 肉汤液体培养基中接入 1 环斜面培养物，于 37℃ 振荡培养。

2. 根据实验 5.1 中大肠杆菌的生长曲线，分别于延滞期、对数期、稳定期和衰亡期取摇瓶培养物 1mL 接入另一 20mL 肉汤培养基中，于 37℃ 振荡培养。

3. 对每瓶转接的培养物分别以 OD 值法测定其生长曲线。

五、实验结果与分析

绘制不同种龄接种后的大肠杆菌生长曲线。

六、思考题

1. 不同种龄的种子液接种后的生长情况有什么不同？为什么？

2. 在实际工作中应该如何控制微生物的种龄？

实验 29 温度对微生物生长和代谢的影响

一、实验目的

1. 了解温度对不同类型微生物生长的影响。

2. 区别微生物的最适生长温度与最适代谢温度。

二、实验原理

温度通过影响蛋白质、核酸等生物大分子的结构与功能以及细胞结构如细胞膜的流动性及完整性来影响微生物的生长、繁殖和新陈代谢。过高的环境温度会导致蛋白质或核酸的变性失活，而过低的温度会使酶活力受到抑制，细胞的新陈代谢活动减弱。不同的微生物生长繁殖要求的最适温度不同，根据微生物生长的最适温度范围，可分为高温菌、中温菌和低温菌，自然界中绝大部分微生物属中温菌。低温菌最高生长温度不超过 20℃，中温菌的最高生长温度低于 45℃，而高温菌能在 45℃ 以上的温度条件下正常生长，某些极端高温菌甚至能在 100℃ 以上的温度条件下生长。微生物群体生长、繁殖最快的温度为其最适生长温度，但它并不等于其发酵的最适温度，也不等于积累某一代谢产物的最适温度。本实验通过在不同温度条件下培养不同类型微生物，了解微生物的最适生长温度与最适代谢温度及最适发酵温度的差别。

三、实验材料

1. 菌种

大肠杆菌（*Escherichia coli*）、嗜热脂肪芽孢杆菌（*Bacillus stearothermophilus*）、黏质沙雷氏菌（*Serratia marcescens*）、酿酒酵母菌（*Saccharomyces cerevisiae*）。

2. 培养基

肉汤培养基（附录Ⅱ-20）、麦芽汁培养基（附录Ⅱ-6）（内含倒置杜氏小管）。

3. 仪器及其他用具

无菌试管、接种环等。

四、实验方法与步骤

1. 取 24 支装有灭过菌的牛肉膏蛋白胨液体培养基的试管，每管内培养基为 5mL，分别标明 4，20，37，60℃四种温度，每种温度 6 管。

2. 于同一种温度的 2 支试管上分别标明菌名，每种菌 2 支试管。

3. 向上述试管中分别无菌操作接入 1 环相应细菌，并分别置于对应温度的培养箱中保温 24~28h，观察菌的生长情况及黏质沙雷氏菌产色素情况。

4. 在 8 支装有 10°Bx 麦芽汁培养基的试管中接入酿酒酵母，每 2 支分别置于 4，20，37，60℃条件下培养 24~48h，观察酿酒酵母的生长状况以及发酵产气量。

五、实验结果与分析

比较上述四种微生物在不同温度条件下的生长状况（"–"表示不生长."+"表示生长较差，"++"表示生长一般，"+++"表示生长良好）以及黏质沙雷氏菌产色素和酿酒酵母产气量的多少，结果填入下表：

温度/℃	大肠杆菌	芽孢杆菌 嗜热脂肪	黏质沙雷菌		酿酒酵母	
	生长状况	生长状况	生长状况	产色素	生长状况	产气
4						
20						
37						
60						

六、思考题

1. 微生物的最适生长温度与其代谢或发酵的温度一致吗？为什么？

2. 在实际工作中应该如何控制微生物的培养温度？

实验 30 pH 对微生物生长的影响

一、实验目的

了解 pH 对微生物生长的影响，确定微生物生长所需最适 pH 条件。

二、实验原理

pH 对微生物生命活动的影响包括以下几个方面：一是使蛋白质、核酸等生物大分子所带电荷发生变化，从而影响其生物活性；二是引起细胞膜电荷变化，导致微生物细胞吸收营养物质能力改变；三是改变环境中营养物质的性质及有害物质的毒性。不同微生物对 pH 条件的要求各不相同，它们只能在一定的 pH 范围内生长，这个 pH 范围有宽、有窄，而其生长最适 pH 常限于一个较窄的 pH 范围，对 pH 条件的不同要求在一定程度上反映出微生物对环境的适应能力，例如肠道细菌能在一个较宽的 pH 范围生长，这与其所处的自然环境条件——消化系统是相适应的，而血液寄生微生物仅能在一个较窄的 pH 范围内生长，因为循环系统的 pH 一般恒定在 7.3。

尽管一些微生物能在极端 pH 条件下生长，但就大多数微生物而言，细菌一般在 pH4~9 范围内生长，生长最适 pH6.5~7.5；真菌一般在偏酸环境中生长，其最适 pH4~6。在实验室条件下，人们常将培养基 pH 调至接近于中性，而微生物在生长过程中常由于糖的降解产酸及蛋白质降解产碱而使环境 pH 发生变化，从而会影响微生物生长，因此，人们常在培养基中加入缓冲系统，如 K_2HPO_4/KH_2PO_4 系统，大多数培养基富含氨基酸、肽及蛋白质，这些物质可作为天然缓冲系统。

在实验室条件下，可根据不同类型微生物对 pH 要求的差异来选择性地分离某种微生物，例如在 pH10~12 的高盐培养基上可分离到嗜盐嗜碱细菌，分离真菌则一般用酸性培养基等。

三、实验材料

1. 菌种

粪产碱杆菌（*Alcaligenes faecalis*）、大肠杆菌（*Escherichia coli*）、酿酒酵母（*Saccharomyces cerevisiae*）。

2. 培养基

肉汤培养基（附录Ⅱ-20）和麦芽汁培养基（附录Ⅱ-6），用 1mol/L NaOH 和 1mol/L HCl 将其 pH 分别调至 3、5、7、9。

3. 溶液或试剂

无菌生理盐水。

4. 仪器或其他用具

无菌吸管、大试管、1cm 比色杯、722 型分光光度计。

四、实验方法与步骤

1. 无菌操作吸取适量无菌生理盐水加入到粪产碱杆菌、大肠杆菌及酿酒酵母斜面试管中制成菌悬液，使其 A_{600} 值均为 0.05。

2. 无菌操作分别吸取 0.1mL 上述三种菌悬液. 分别接种于装有 5mL 不同 pH 的牛肉膏蛋白胨液体培养基和 10°Bx 麦芽汁培养基的大试管中。

3. 将接种大肠杆菌和粪产碱杆菌的 8 支试管置于 37℃ 温箱保温 24~48h，将接种有酿酒酵母的试管置于 28℃ 温箱保温 48~72h。

4. 将上述试管取出，利用 722 型分光光度计测定培养物的 A_{600} 值。

五、实验结果与分析

将测定结果填入下表，说明三种微生物各自的生长 pH 范围及最适 pH。

菌名	pH3	pH5	pH7	pH9
大肠杆菌				
粪产碱杆菌				
酿酒酵母				

六、思考题

1. pH 是如何影响微生物生长的？

2. 氨基酸、蛋白质为何被称为天然缓冲系统？

实验 31　溶解氧对微生物生长的影响

一、实验目的

1. 了解溶解氧对微生物生长的影响。

2. 学习溶解氧的测定方法。

二、实验原理

根据微生物生长对氧的要求，微生物可分为四类：需氧、微需氧、兼性厌氧与厌氧。将这些微生物分别培养在含 0.7% 琼脂的试管中，就会出现如图 3-28 所示的生长情况。

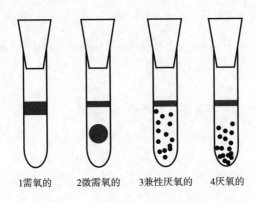

1需氧的　　2微需氧的　　3兼性厌氧的　　4厌氧的

图 3-28　微生物生长对氧的要求

专性需氧的，是通过氧化磷酸化产生能量，以分子氧作为最终氢受体。兼性厌氧微生物能够通过氧化磷酸化作用或通过发酵获得能量。厌氧微生物是一些在产生能量方面不能利用氧作为最终电子受体，因它通常缺乏把电子传送给氧的终端细胞色素。其中专性厌氧的微生物不但不会利用氧，而且氧对它也有害。微需氧微生物是需要氧，但只能在较低的氧分压下（0.01~0.03b）才能正常生长。

微生物通过其代谢过程常使环境的氧化还原电位降低，其原因主要是由于氧化消耗，其次是一些代谢产物的产生，pH 变化等。改变多少，因菌种不同、菌龄不同、培养基成分不同及培养方法不同而异。固定某些因素可根据 rH（即溶液中氢压的负对数，是表示溶液"氧化还原电位"的一种方式。）观察到菌龄的大小、代谢的强弱。在代谢过程中，rH 的变化是明显的。rH 越大，氢压越小，其氧化性越强，还原性越弱；rH 越小，氢压越大，其氧化性越弱，还原性越强。

测定 rH 的方法可用电位差计或用 rH 指示剂，前者测出是电位差，以伏特（V）或毫伏特（mV）表示（Eh），它与 rH 的关系，在 30℃ 时为：

$$rH = \frac{Eh\ (mV)}{30} + 2pH$$

在微生物学内常用的方法是把指示剂加到培养基中，接入微生物加以培养，以指示剂的变化判定培养基的 rH。常用于测定 rH 的指示剂如表 3-11 所示。

表 3-11　　　　　　　　　　　用于测定 rH 的指示剂

指示剂	rH	氧化型颜色
中性红	2~4.5	红
碱性番红	4~7.5	红
苯番红	6	红

续表

指示剂	rH	氧化型颜色
Janus 绿	6	绿
靛双磺酸盐	8.5~10.5	蓝
Nile 蓝	9~11	蓝
靛三磺酸盐	9.5~12	蓝
靛四磺酸盐	11.5~13.5	蓝
美蓝（亚甲基蓝）	13.5~15.5	蓝
硫堇（phionine）	15~17	紫
甲苯蓝	16~18	蓝紫
百里香吲酚	17.5~20	rH9 以下浅红，以上蓝
M-甲酚吲酚	19~21.5	rH8.5 以下红，以上蓝
2,6-双氯酚吲酚	20~22.5	rH6.0 以下浅红，以上蓝

微生物在生长过程中，培养基中氧化还原电位的变化为：专性厌氧菌开始生长的电位约为$-0.1V$（pH7.0），需氧菌开始良好生长的电位为$+0.3V$（pH7.0）。一些厌氧性芽孢发芽的培养基电位不能高于$-0.06V$（pH7.0），否则就不能发芽。因此，描述微生物对氧的要求还应与环境的氧化还原电位结合起来。

三、实验材料

1. 观察溶解氧对微生物生长的影响

（1）菌种 酵母菌（*Saccharomyces cerevisiae*），己酸菌（*Clostridium caproicum*）培养液，黑曲霉（*Aspergillus niger*）的孢子液。

（2）培养基 肉汤培养基（附录Ⅱ-20），麦芽汁培养基（附录Ⅱ-6），各加0.7%琼脂，pH调到7.0。

（3）器具 水浴锅、1mL无菌吸管、培养箱。

2. 学习溶解氧的测定

（1）菌种 大肠杆菌（*Escherichia coli*）、己酸菌（*Clostridium caproicum*）。

（2）培养基 肉汤培养基（附录Ⅱ-20）、乙醇醋酸盐培养基（附录Ⅱ-31）。

（3）指示剂 中性红、碱性番红、苯番红、詹纳斯绿（健那绿）、靛双磺酸盐、尼罗蓝、靛三磺酸盐、靛四磺酸盐、美蓝、硫堇、甲苯蓝、百里香吲酚、M-甲酚吲酚、2,6-双氯酚吲酚等的0.5%溶液。

四、实验方法与步骤

1. 观察溶解氧对微生物生长的影响

（1）将2管麦芽汁软琼脂和1管牛肉汁蛋白胨软琼脂在水浴锅中融化。

（2）待冷却至50℃，接入酵母液，黑曲霉孢子液和己酸菌液1mL，吹吸混匀，凝固。

（3）在20℃下培养24~48h，观察生长情况。

2. 学习溶解氧的测定

（1）培养基的制作 取28支试管，分为两组，并按序编号，其中一组装入肉汤培养基，另一组装入乙醇醋酸盐培养基，每管装入 7~10mL（深层）。每组培养基按编号大小依次加入上述各指示剂，直到培养基呈现明显的颜色，因指示剂不同，用量也有所不同。56kPa、15min 灭菌，灭菌后趁热摇动各管，以使因灭菌而变为无色的还原型指示剂吸氧后恢复为有色的氧化型，若仍有不显色的，可静置数天后用。

（2）将大肠杆菌和己酸菌分别接入相应培养液中，在 30℃ 下培养，每天轻轻地连管架取出，观察各培养液颜色的变化，每管培养液上下颜色的差异及与菌类生长的关系等。观察时，尽量不要摆动，以免空气进入培养液、菌膜下沉等。

（3）根据表 3-11 判断各菌及各生长阶段的 rH 并比较它们之间的关系。

五、实验结果与分析

1. 溶解氧对不同微生物生长的影响

菌名	酵母菌	黑曲霉	己酸菌
生长情况			

注："–"表示不生长，"+"表示生长较差，"++"表示生长一般，"+++"表示生长良好。

2. 大肠杆菌和己酸菌生长过程中培养基中氧化还原电位的变化

以 rH 为纵坐标，培养时间为横坐标，绘制大肠杆菌和己酸菌在生长过程中 rH 变化曲线。

六、思考题

1. 培养基中的氧是如何影响微生物的生长的？
2. 如何控制培养基中的溶氧量？

实验 32　渗透压对微生物生长和代谢的影响

一、实验目的

1. 了解渗透压对微生物生长的影响。
2. 分析微生物在不同渗透压下的存活率变化规律。

二、实验原理

在等渗溶液中，微生物正常生长繁殖；在高渗溶液（例如高盐、高糖溶液）中，细胞失水收缩，而水分为微生物生理生化反应所必需，失水会抑制其生长繁殖；在低渗溶液中细胞吸水膨胀，细菌、放线菌、霉菌及酵母菌等大多数微生物具有较为坚韧的细胞壁，而且个体较小，受低渗透压的影响不大。

不同类型微生物对渗透压变化的适应能力不尽相同，大多数微生物在 0.5%~3% 的盐浓度范围内可正常生长，10%~15% 的盐浓度能抑制大部分微生物的生长，但对嗜盐细菌而言，在低于 15% 的盐浓度环境中不能生长，而某些极端嗜盐菌可在盐浓度高达 30% 的条件下生长良好。

三、实验材料

1. 菌种

枯草芽孢杆菌（*Bacillus subtilis*）、大肠杆菌（*Escherichia coli*）、金黄色葡萄球菌（*Staphylococcus aureus*）和盐沼盐杆菌（*Halobactrium salinarium*）。

2. 培养基

LB 培养基（附录Ⅱ-1）。

3. 试剂

5mol/L NaCl。

4. 仪器及其他用具

酒精灯、接种环、镊子、无菌吸管。

四、实验方法与步骤

1. 滤纸片法

（1）将含浓度 5mol/L NaCl 的试剂采取 10 倍稀释的策略进行稀释，分别为 5mol/L、0.5mol/L、0.05mol/L、0mol/L 分装于试管。灭菌后备用。

（2）用上述液体滤纸小片浸润，然后放置在 LB 培养基平板上。

（3）将上述平板置于 37℃培养箱中，24h 后观察并记录含不同浓度 NaCl 的平板上细菌的生长状况。

2. 梯度盐浓度法

（1）培养基制作培养基时取一部分分别加入 0.5%、1%、15% NaCl，倒平板。

（2）标记标记菌种。

（3）接种用接种环分别取不同菌种，接种到培养基内（注意无菌操作）。

（4）培养、观察 37℃保温培养 1~2d，观察菌种生长状况并记录。

五、实验结果与分析

各菌的生长情况。

盐浓度	枯草杆菌	大肠杆菌	金黄色葡萄球菌	盐沼盐杆菌

注："-"表示不生长，"+"表示生长较差，"++"表示生长一般，"+++"表示生长良好。

六、思考题

渗透压是如何影响微生物生长的？

实验 33　表面活性剂对微生物生长和代谢的影响

一、实验目的

了解表面活性剂对微生物生长的影响。

二、实验原理

液体表面的分子被它周围和下面的分子所吸引，因而具有使收缩到尽可能小的体积的倾向，这种力量称为表面张力。表面张力的大小用 N/m 表示。每种液体都有其自己的表面张力，加入其他物质可以增大或减小表面张力。许多有机酸、醇、肥皂、甘油、去污剂、蛋白质和多肽等都能降低溶液表面张力。一些无机盐则可增加溶液的表面张力，它们都称表面活性剂。表面张力与菌体的生长，繁殖，形态均有密切关系。

有一些微生物在培养液表面会形成一层皮膜，若皮膜沉下，可能再生成一层，但沉下的皮膜不再浮回液面，这是因为菌体被培养液湿润了，而浮于表面者未被湿润。已知湿润是表面张力的函数，即表面张力大时，皮膜才能形成，若表面张力减小到不能支持皮膜时，就只能在液内生长。有些人以为形成皮膜的微生物都是专性需氧菌，其实不然，若培养液表面张力小时，它们也能在液体内部繁殖，所以产皮膜的微生物可视为需氧菌或兼性厌氧菌。

三、实验材料

1. 菌种

枯草芽孢杆菌（*Bacillus subtilis*）和醋酸杆菌（*Acetobacter aceti*）。

2. 培养基

葡萄糖豆芽汁 6 个试管，每管 10mL。

3. 表面活性剂

1：100 的吐温 80 的水溶液。

4. 仪器及其他用具

无菌吸管。

四、实验方法与步骤

1. 将葡萄糖豆芽汁分两组，每组两管，一组接入枯草杆菌，另一组接入醋酸杆菌。

2. 每组再分 1、2、3 号。1 号为空白管，2 号 3 号管内分别加蓖麻子酸钠或吐温 80 水溶液 0.5mL，1mL。

3. 混匀，30℃下培养 7d，记录菌体生长结果。

五、实验结果与分析

各菌的生长情况。

管号	枯草芽孢杆菌	醋酸杆菌
1		
2		
3		

注："−"表示不生长，"+"表示生长较差，"++"表示生长一般，"+++"表示生长良好。

六、思考题

表面张力是如何影响微生物生长的？

第六节　微生物纯种分离技术

在人为规定的条件下培养、繁殖得到的微生物群体称为培养物（culture），而只有一种微生物的培养物称为纯培养物（pure culture）。由于在通常情况下纯培养物能较好地被研究、利用和重复结果，因此把特定的微生物从自然界混杂存在的状态中分离、纯化出来的纯培养技术是进行微生物学研究的基础。

不同微生物在特定培养基上生长形成的菌落或菌苔一般都具有稳定的特征，可以成为对该微生物进行分类、鉴定的重要依据。大多数微生物能在固体培养基上形成单个的菌落，采用适宜的平板分离法很容易得到纯培养。同时，还必须随时注意保持微生物纯培养物的"纯洁"，防止其他微生物的混入，在分离、转接及培养纯培养物时严格执行无菌操作技术，以保证微生物学研究正常进行。

一、 纯种分离技术和方法

微生物纯种分离的方法有平板划线分离法、稀释倾注分离法、稀释涂布平板法、毛细管分离法、小滴分离法以及显微操作单细胞分离法。下面将逐一进行介绍。

1. 平板划线分离法

平板划线分离法是指把混杂在一起的微生物或同一微生物群体中的不同细胞用接种环在平板培养基表面通过分区划线稀释而得到较多独立分布的单个细胞，经培养后生长繁殖成单菌落，通常把这种单菌落当作待分离微生物的纯种。有时这种单菌落并非都由单个细胞繁殖而来的，故必须反复分离多次才可得到纯种。其原理是将微生物样品在固体培养基表面多次作"由点到线"稀释而达到分离的目的。

划线的形式有多种（如图3-29所示），可将一个平板分成四个不同面积的小区进行划线，第一区（A区）面积最小，作为待分离菌的菌源区，第二和第三区（B、C区）是逐级稀释的过渡区，第四区（D区）则是关键区，使该区出现大量的单菌落以供挑选纯种用。为了得到较多的典型单菌落，平板上四区面积的分配应是D>C>B>A。该分离方法的优点是快捷、方便、便于得到目的性状的单克隆。

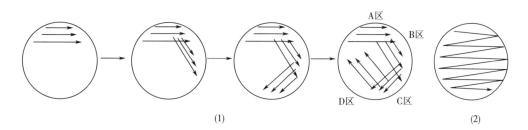

(1)　　　　　　　　　　　　　　　　　　　　　　　(2)

图3-29　常见的平板划线分离微生物的方法
（1）分区划线法　（2）连续划线法

在皿底将整个平板划分成A、B、C、D四个面积不等的区域。各区之间的交角应为120左右（平板转动一定角度约60），以便充分利用整个平板的面积，而且采用这种分区法可使D区与A区划出的线条相平行，并可避免此两区线条相接触。

具体的划线操作如下。

（1）挑取含菌样品　选用平整、圆滑的接种环，按无菌操作法挑取少量菌种。

（2）划A区　将平板倒置于煤气（酒精）灯旁，左手拿出皿底并尽量使平板垂直于桌面，有培养基一面向着煤气灯（这时皿盖朝上，仍留在煤气灯旁），右手拿接种环先在 A 区划 3~4 条连续的平行线（线条多少应依挑菌量的多少而定）。划完 A 区后应立即烧掉环上的残菌，以免因菌过多而影响后面各区的分离效果。在灼烧接种环时，左手持皿底并将其覆盖在皿盖上方（不要放入皿盖内），以防止杂菌的污染。

（3）划其他区　将烧去残菌后的接种环在平板培养基边缘冷却一下，并使 B 区转到上方，接种环通过 A 区（菌源区）将菌带到 B 区，随即划数条致密的平行线。再从 B 区作 C 区的划线。最后经 C 区作 D 区的划线，D 区的线条应与 A 区平行，但划 D 区时切勿重新接触 A、B 区，以免极该两区中浓密的菌液带到 D 区，影响单菌落的形成。随即将皿底放入皿盖中。对接种环灼烧灭菌。

（4）恒温培养　将划线平板倒置，37℃（或 28℃）培养，24h 后观察。

2. 稀释倾注分离法

稀释倾注分离法（Pour Plate Method）又称稀释倒平板法。先将待分离的菌种用无菌水作一系列的稀释（如 1∶10、1∶100、1∶1000、1∶10000……），分别取 1mL 稀释液加入无菌平皿中，然后将已溶化并冷却至 45~50℃的琼脂培养基倒入该培养皿内，迅速与菌悬液混合均匀，待琼脂凝固后，制成可能含菌的琼脂平板，保温培养一定时间即可长出菌落。如果稀释得当，在平板表面或琼脂培养基中就可出现分散的单个菌落，这个菌落可能就是由一个细菌细胞繁殖形成的。随后挑取该单个菌落，或重复以上操作数次，便可得到纯培养。

3. 稀释涂布平板法

稀释倾注法易造成某些热敏感菌的死亡，也会使一些严格好氧菌因被固定在琼脂中间缺乏氧气而影响其生长，因此在微生物学研究中常用的纯种分离方法是稀释涂布平板法。其做法是先将已熔化的培养基倒入无菌平皿，制成无菌平板，冷却凝固后，将一定量的微生物悬液滴加在平板表面，再用无菌玻璃涂棒将菌液均匀分散涂布至整个平板表面，经培养后挑取单个菌落。具体操作如下：

（1）首先对菌悬液进行系列稀释（方法同稀释倒平板法）。

（2）倒平板，方法同平板划线分离法倒平板。

（3）用三支无菌吸管分别吸取后三个稀释度的稀释液各 1mL 于三个平板表面，然后用玻璃涂布棒均匀涂布，于桌面静置 30min 后，将平板倒置于保温箱中培养，挑选单个菌落移接于斜面培养基上培养。

4. 稀释摇管法

用平板分离严格厌氧菌较特殊，如果该微生物与空气短时接触不会立即死亡，可以采用常规方法制备平板，然后放置在预先去除氧气的封闭的容器中培养。而某些对氧气极为敏感的厌氧微生物的纯培养可采用稀释摇管法进行。

具体操作如下。

（1）先将一系列盛无菌琼脂培养基的试管加热使琼脂熔化后冷却并保持在 50℃左右。

（2）将待分离的菌株用这些试管进行梯度稀释，试管迅速摇动均匀，冷凝后，在琼脂柱表面倾倒一层灭菌液体石蜡和固体石蜡的混合物，将培养基和空气隔开。

（3）培养后，在琼脂柱的中间形成菌落。挑取和移植单菌落时，需先用一只灭菌针将液体石蜡—石蜡盖取出，再用一只毛细管插入琼脂和管壁之间，吹入无菌无氧气体，将琼脂柱吸出，置放在培养皿中，用无菌刀将琼脂柱切成薄片进行观察和菌落的移植。

5. 小滴分离法

（1）将长滴管的顶端经火焰熔化后拉成毛细管，然后包扎灭菌备用。

（2）将欲分离的样品制成均匀的悬浮液，并做适当稀释。

（3）用无菌毛细管吸取悬浮液，在无菌的盖玻片上以纵横成行的方式滴数个小滴。

（4）倒置盖玻片于凹载片上，用显微镜检查。

（5）当发现某一小滴内只有单个细胞或孢子时，用另一支无菌毛细管将此小滴移入新鲜培养基内，经培养后则得到由单个细胞发育的菌落。

6. 显微操纵单细胞分离技术

稀释法分离微生物的一个重要缺点是只能分离出混杂微生物群体中占数量优势的种类。在自然界，很多微生物在混杂群体中并不占数量优势。此时，可以采取显微分离法从混杂群体中直接分离单个细胞或单个个体进行培养以获得纯培养，称为单细胞（或单孢子）分离法。单细胞分离法的难度与细胞或个体的大小成反比，对于个体相对较小的微生物，需采用显微操作仪，在显微镜下用毛细管或显微针、钩、环等挑取单个微生物细胞或孢子以获得纯培养。单细胞分离法对操作技术有比较高的要求，多限于高度专业化的科学研究中采用。

显微操纵器（micromanipulator）是在显微镜下进行显微操纵（micromanipulation）的一种仪器。它实际上是显微镜的一种附件，可以说是一种"机械手"，代替手来做各种显微镜下的操作，例如单细胞分离、细胞解剖和注射等。

显微操纵器的种类很多，根据传动原理的不同，大体上可分为气压、液压和机械传动三大类。

（1）显微操纵器的基本结构

①显微镜：各种显微操纵器对显微镜的基本要求是：物镜要有一个合适的工作距离。选择工作距离长短可调，最好要备有一个长焦距（5~6mm）的聚光镜，以便在湿室内操作。

②显微操纵器：微型工具（微针）固定在可以调整位置的滑动板上，由转鼓和连在它下面的手柄进行操作，可以使微针在水平位置上做前后左右的活动。转动鼓螺上下移动，可以调整手柄活动和微型工具活动范围的比例为 16:1~800:1，以适应不同的需要和不同放大倍数的物镜。操纵器下面外侧靠手柄处，有同轴调节的活动板、可以做上下移动的粗细升降器，这样就可以在三个不同的方向上（上下、左右和前后）任意活动微型工具。

③微型工具：显微操纵器所使用的微型工具，一般由玻璃制成，由于它太小不便于保存，所以使用前，需要操作者根据不同的要求自行制作。

④湿室：湿室是用来在显微操作时保持样品湿度的一种装置。湿室的形状不一，常以普通玻璃和玻璃条用阿拉伯树胶自行制作，可在进行单细胞分离时使用。

（2）仪器的使用方法

①单细胞分离法具体方法如下：取两块洁净灭菌的盖玻片，其中一块放置待分离的细胞悬液，另一块上滴加灭菌的稀琼脂培养基一滴，将两块盖片翻转，倒盖在湿室上；把湿室固定在显微镜载物台上，在显微镜下观察，将连在操纵器上的微针的前端，调节到视野的中央，然后将微针降下。移动镜台推进器，将观察到的待分离的单细胞悬液也移至视野中央。将微针慢慢地升起至针尖再现在视野中，并轻轻剥离细胞，当有单细胞附着在针尖后，将微针降下。再移动推进器，将加有一滴稀琼脂培养基的盖片移动到针尖上方，慢慢升起微针，使针尖轻轻地接触培养基的表面，将单细胞从针尖上移接到培养基中。经观察确认单细胞已接在培养基中时，

将盖片取下，于合适的条件培养，即分得单细胞培养物。

②酵母菌子囊孢子的分离具体方法如下：取两块无菌盖玻片，其中一块放置酵母菌子囊悬液，另一块放无菌的稀释琼脂培养基一滴。在显微镜下用微针从子囊群中分离出一个待解剖的酵母菌子囊用直角平头微针压迫子囊，使子囊破裂，游离出子囊孢子。然后按上述单细胞分离的方法，逐个地分离酵母菌的子囊孢子。

二、 细菌的分离

实验 34　酸乳制品中乳酸菌的分离

一、实验目的

1. 学习乳酸菌的分离原理。
2. 掌握乳酸菌的分离方法与操作技术。

二、实验原理

细菌广泛分布于土壤和水中，或者与其他生物共生，也有部分种类分布在极端的环境中，例如温泉，甚至是放射性废弃物中，它们被归类为嗜极生物。虽然，细菌的种类非常多，但是被研究并命名的种类只占其中的小部分，细菌域下所有门中，只有约一半的种类能在实验室培养。目前工业生产和食品行业中用到的细菌均为可培养的微生物，主要分离自土壤、水体、动物肠道、传统发酵食品等，因其长期受所处环境的影响或受某些特殊因素的刺激，细胞具有特殊的形态、营养需求和代谢特征，再经过后期人为的诱变、驯化和改造，成为优良的生产菌株。

乳酸菌是指以糖为原料，发酵产生大量乳酸的一类细胞。乳酸菌属于真细菌纲真细菌目中的乳酸细菌科。乳酸细菌科根据细胞呈球状或呈杆状，又分成乳酸杆菌族和链球菌族。有九个属：其中五个属呈球状，如乳酸球菌、迷走球菌、链球菌、明串珠菌和片球菌；四个属呈杆状，如肉食杆菌、乳酸杆菌、双歧杆菌和孢子乳酸菌。乳酸菌为兼性厌氧菌，革兰氏染色呈阳性，生长繁殖时需要多种氨基酸、维生素及微量氧。分离培养相对比较困难，在一般琼脂培养基表面形成微小的菌落，不易观察，所以分离乳酸菌时，先进行富集培养并选择合适的分离培养基培养，才能比较容易地获得。分离培养基一般可添加番茄、酵母膏、油酸、吐温80等物质，这些物质都促进乳酸菌生长。分离培养基也常常添加醋酸盐，因醋酸盐能抑制某些细菌的生长，但对乳酸菌无害。

采用溴甲酚绿（BCG）牛乳营养琼脂平板分离乳酸菌。在溴甲酚绿（BCG）牛乳培养基琼脂平板上，乳酸菌菌落 $1\sim3mm$，圆形隆起，表面光滑或稍粗糙，呈乳白色、灰白色或暗黄色；在产酸菌落周围还能产生 $CaCO_3$ 的溶解圈。溴甲酚绿指示剂在酸性环境中呈黄色，在碱性环境中呈蓝色。分离培养基配制后 pH 为 6.8，加入溴甲酚绿指示剂后，呈蓝绿色。乳酸菌在该培养基中，由于分解乳糖产生乳酸，使菌落呈黄色，菌落周围的培养基也变为黄色，所以较容易鉴别。

三、实验材料

1. 样品

市售优质含活乳酸菌的酸奶（1 瓶）。

2. 培养基

BCG 牛乳培养基（A）溶液：脱脂乳粉 100g，水 500mL，加入 1.6% 溴甲酚绿（B.C.G）乙醇溶液 1mL，80℃灭菌 20min。（B）溶液：酵母膏 10g，水 500mL，琼脂 20g，pH6.8，121℃湿热灭菌 20min。以无菌操作趁热将（A）、（B）溶液混合均匀后倒平板。

3. 试剂

草酸铵结晶紫染色液（Ⅰ-1）、路哥氏碘液（见附录Ⅰ-2）、95%乙醇、番红溶液（见附录Ⅰ-3）、无菌 CaCO₃ 粉末、生理盐水。

4. 器皿

1000mL 烧瓶、无菌培养皿、500mL 容量三角瓶、25mL 无菌移液管、20mL 无菌试管、1mL 无菌移液管、培养基分装器、玻璃涂棒、涂布器、酒精灯、接种环、天平、载玻片、盖玻片、pH 试纸、液体石蜡、棉塞、吸管等。

四、实验方法与步骤

1. 菌悬液的配制

取 1 只洁净三角瓶，盛以 225mL 生理盐水；7 只洁净试管，各盛 9mL 的生理盐水；加塞包扎了 121℃高压蒸汽灭菌 20min，得到无菌生理盐水。将酸奶样品搅拌均匀，用无菌移液管吸取样品 25mL 加入盛有 225mL 无菌生理盐水的三角瓶中，在旋涡均匀器上充分振摇，使样品均匀分散，即为 10^{-1} 的样品稀释液；将 7 只装 9mL 生理盐水的无菌试管，依次标记 10^{-2}、10^{-3}、10^{-4}、10^{-5}、10^{-6}、10^{-7}，再用无菌移液管吸 10^{-1} 的菌悬液 1mL 放入依次装有 9mL 无菌水的试管中，稀释混匀便得到 10^{-2} 稀释液，如此重复依次制得 $10^{-7} \sim 10^{-3}$ 的稀释液。

2. 倒平板

将灭菌的 CaCO₃ 加入融化了的培养基中，于自来水中迅速冷却培养基至 46℃左右（手感觉到有点烫，但能长时间握住），边冷却边摇晃使 CaCO₃ 混匀，但不得产生气泡。取无菌平板 9 个，编号标明 10^{-5}、10^{-6}、10^{-7} 各三套；将经高温灭菌的培养基冷却到 50℃左右，按无菌操作法倒 9 只平板，每皿约 15mL 培养基；平置使培养基均匀分布在皿底，待凝固。

3. 分离方法

用三支 1mL 无菌移液管分别吸取 10^{-5}、10^{-6} 和 10^{-7} 的稀释菌悬液各 1mL，对号接种于与之对应的 3 个无菌平板中，每个平皿放 0.1mL；尽快用无菌玻璃涂棒将菌液在平板上涂布均匀，平放于试验台上 20min；然后倒置于 40℃恒温箱中培养 48h。

4. 菌落观察

恒温培养 48h 过后，取出培养平板；选择菌落分布较好的平板，先对其菌落形态进行观察，初步找出乳酸菌菌落。乳酸菌的菌落很小（1~3mm），圆形隆起，表面光滑或稍粗糙，呈乳白色、灰白色或暗黄色；在产酸菌落周围还能产生 CaCO₃ 的溶解圈。

5. 镜检

取干净载玻片一块，在载玻片中央加一滴生理盐水，无菌操作法取少量菌体涂片；结晶紫初染→碘液媒染→乙醇脱色→番红复染，干燥后用油镜观察，菌体被染成蓝紫色的是乳酸菌；其中乳酸杆菌呈杆状，成单杆、双杆或长丝状。

6. 清洁实验桌，整理好仪器。

五、实验结果与分析

绘制乳酸菌细胞形态图，记录结果。

六、注意事项

1. 进行系列稀释时每进行一个稀释度要更换一支无菌移液管。
2. 倒平板要迅速，注意无菌操作。
3. 平板涂布要均匀。
4. 革兰氏染色要注意控制脱色时间，防止出现假阳性或假阴性结果。

七、思考题

配制乳酸菌分离培养基时为什么 $CaCO_3$ 单独灭菌？

实验 35　产脂肪酶细菌的分离

一、实验目的

1. 了解脂肪酶的作用原理。
2. 学习并掌握产脂肪酶菌株的初筛和复筛方法。

二、实验原理

脂肪酶（lipases）又称三酸甘油酯水解酶（triacylglycerol lipase, EC 3. 1. 1. 3），普遍存在于微生物、植物及动物中，在生物技术领域中，脂肪酶是一种极具应用潜力的物质，近年来已广泛被应用于食品、医药、清洁剂、化学合成及油脂等工业。

分解脂肪的微生物能产生脂肪酶，使脂肪水解为甘油和脂肪酸，导致肉类食品、乳及其制品中脂肪酸败。一般来讲，对蛋白质分解能力强的需氧性细菌，同时大多数也能产脂肪酶。细菌中的假单孢菌属、无色杆菌属、黄色杆菌属、产碱杆菌属和芽孢杆菌属中的许多种，都具有产脂肪酶的特性。产脂肪酶的细菌在油脂培养基中生长，可以水解油脂形成脂肪酸，培养基中的溴甲酚紫为产酸指示剂，使菌落周围培养基由绿色变为黄色。

三、实验材料

1. 样品

从食堂地沟边的土壤采样。

2. 培养基

平板筛选培养基：$(NH_4)_2SO_4$ 1g，K_2HPO_4 1g，KH_2PO_4 1g，NaCl 0.5g，$MgSO_4 \cdot 7H_2O$ 0.1g，$CaCl_2$ 0.1g，橄榄油 10g，聚乙烯醇 1g，琼脂 20g，0.5%溴甲酚紫 0.1mL，pH7.5。

3. 其他

无菌培养皿、无菌试管、接种环、接种针、恒温箱等。

四、实验方法与步骤

1. 菌悬液的配制

取 1 只洁净三角瓶，盛以 225mL 生理盐水；7 只洁净试管，各盛 9mL 的生理盐水；加塞包扎于 121℃高压蒸汽灭菌 20min，得到无菌生理盐水。无菌称取 25g 土样，加入盛有 225mL 无菌生理盐水的三角瓶中，在涡旋均匀器上充分振摇，使样品均匀分散，即为 10^{-1} 的样品稀释液；将 6 只装 9mL 生理盐水的无菌试管，依次标记 10^{-2}、10^{-3}、10^{-4}、10^{-5}、10^{-6}、10^{-7}，再用无菌移液管吸 10^{-1} 的菌悬液 1mL 放入依次装有 9mL 无菌水的试管中，稀释混匀便得到 10^{-2} 稀释液，如此重复依次制得 $10^{-3} \sim 10^{-7}$ 的稀释液。

2. 将熔化的固体油脂培养基冷却至 50°C 时，充分摇荡，使油脂均匀分布。无菌操作倒平板。

3. 用三支 1mL 无菌移液管分别吸取 10^{-5}、10^{-6} 和 10^{-7} 的稀释菌悬液各 0.2mL，对号接种于与之对应的 3 个无菌平板中；尽快用无菌玻璃涂棒将菌液在平板上涂布均匀，平放于试验台上 20min；然后倒置于 37°C 温箱中培养 48h。

4. 取出平板，观察菌苔颜色，如出现黄色晕圈，说明脂肪水解，为阳性反应。

5. 纯种鉴别

通过染色、显微镜观察，从细胞形态及菌落特征进行鉴别。

6. 纯化

将选定的菌株，采用平板分离纯化法进行纯化。

五、实验结果与分析

1. 绘制产脂肪酶细菌细胞形态图，记录结果。

2. 讨论还可以采用哪些方法分离产脂肪酶细菌？

六、注意事项

1. 进行系列稀释时每进行一个稀释度要更换一支无菌移液管。

2. 倒平板要迅速，注意无菌操作。

3. 平板涂布要均匀。

4. 纯化应使用与分离培养基成分相同的平板培养基。

七、思考题

为什么菌苔周围出现黄色晕圈说明该菌产脂肪酶？

实验 36　产淀粉酶细菌的分离

一、实验目的

1. 学习并掌握淀粉酶的定性测定方法。

2. 掌握产淀粉酶细菌的分离。

二、实验原理

淀粉酶是指一类能催化分解淀粉分子中糖苷键的酶的总称，主要包括 α-淀粉酶和 β-淀粉酶等。α-淀粉酶是一种内切葡糖苷酶，随机作用于淀粉链内部的 α-1,4 糖苷键。水解产物为糊精、低聚糖和葡萄糖，可使糊化淀粉的黏度迅速降低，变成液化淀粉，故又称为液化淀粉酶、液化酶、α-1,4-糊精酶。β-淀粉酶是一种外切葡糖苷酶，从淀粉的非还原端切开 α-1,4 糖苷键，逐个除去二糖单位，原来的 α 连接被转型，产物为 β-麦芽糖，所以此酶被称为 β-淀粉酶。

淀粉酶广泛存在于动植物和微生物中，淀粉酶对淀粉的分解作用是工业上利用淀粉的依据，也是生物体利用淀粉进行代谢的初级反应的依据。产淀粉酶的细菌在淀粉培养基中生长时会分解培养基中的淀粉，培养后在培养基表面滴加碘液，产淀粉酶菌株形成的菌落或菌苔周围的淀粉由于被分解，所以不呈现深蓝色，而其余培养基则会显示为深蓝色。原理是当碘液与淀粉接触时，碘分子能进入淀粉分子的螺旋内部，平均每六个葡萄糖单位（每圈螺旋）可以束缚一个碘分子，整个直链淀粉分子可以束缚大量的碘分子，这就形成了淀粉-碘的复合物显蓝色。

三、实验材料

1. 样品

土壤。

2. 培养基

肉汤培养基（附录Ⅱ-20）、淀粉培养基（附录Ⅱ-22）。

3. 试剂

0.02mol/L 碘液，无菌水。

4. 器皿

平皿、吸管、三角瓶。

四、实验方法与步骤

1. 采样与稀释

称取 5g 土样，放入装有 45mL 无菌水的三角瓶中，振荡 20min 后静置 5min。然后对其梯度稀释，分别稀释到 10^{-1}、10^{-2}、10^{-3}、10^{-4}、10^{-5}、10^{-6} 浓度。

2. 将熔化的淀粉培养基冷却至 50 ℃ 时，无菌操作倒平板。

3. 初步筛选

用三支 1mL 无菌移液管分别吸取 10^{-4}、10^{-5} 和 10^{-6} 的稀释菌悬液各 0.2mL，对号接种于与之对应的 3 个无菌平板中，每个稀释度平行两个平皿，尽快用无菌玻璃涂棒将菌液在平板上涂布均匀，平放于试验台上 20min；然后倒置于 37℃ 温箱中培养 24h。然后，取出平板，放入-4℃冰箱中冷却 30min，滴加碘液，如菌落周围有透明圈，说明该菌能分解淀粉，即该菌株可以产生淀粉酶。

4. 分离纯化

选择初筛菌落周围透明圈和菌落直径之比值较大的菌落，进行平板划线分离。将划线分离后的培养皿放入 37℃ 培养箱中培养 24h。

5. 纯种鉴别

通过染色、显微镜观察，从细胞形态及菌落特征进行鉴别。

6. 菌种保藏

将产淀粉酶细菌接入牛肉膏蛋白胨培养基，于 37℃ 培养箱中培养 24h，置于-4℃保存。

五、实验结果与分析

1. 绘制菌体形态图，记录实验结果。

2. 碘为什么遇淀粉变蓝色，放置一段时间后请观察是否褪色，为什么？

六、注意事项

1. 进行系列稀释时每进行一个稀释度要更换一支无菌移液管。

2. 倒平板要迅速，注意无菌操作。

3. 平板涂布要均匀。

4. 纯化应使用与分离培养基成分相同的平板培养基。

七、思考题

为什么利用稀释涂布平板法能获得产淀粉酶细菌的纯培养物？

实验 37 醋酸菌的分离

一、实验目的

1. 了解醋酸菌的分离、纯化原理。

2. 掌握倾注分离法的基本操作技术。

二、实验原理

醋酸菌即醋酸杆菌，它有两种类型的鞭毛：一群是周生鞭毛细菌，它们可以把醋酸进一步氧化成二氧化碳和水；另一群是极生鞭毛细菌，它们不能进一步氧化醋酸。两群都是革兰氏阴性杆菌。专性好氧菌，氧化各种有机物成有机酸及其他种氧化物。大多数菌株可用六碳糖和甘油作为碳源，对甘露醇和葡萄糖酸盐很少能利用或不能利用，不分解乳糖、糊精和淀粉。一般在乙醇或其他可氧化物的酵母煮液或酵母消化液培养基上生长旺盛。醋酸菌分布广泛，在果园的土壤中、葡萄或其他浆果或酸败食物表面，以及未灭菌的醋、果酒、啤酒、黄酒中都有生长。醋酸菌是重要的工业用菌之一。

醋酸为挥发酸，有醋的气味。其钠盐、钙盐等溶液与三氯化铁溶液共热时，生成红褐色沉淀，原液体变成无色，可以此进行分离菌的鉴别。醋酸菌转化乙醇生成乙酸的能力，可用 0.1mol/L NaOH 滴定。

三、实验材料

1. 样品

取发酵成熟的固体醋醪 30g。

2. 培养基

米曲汁碳酸钙乙醇培养基（附录Ⅱ-32）或葡萄糖碳酸钙培养基（附录Ⅱ-33）。

3. 试剂

1% 三氯化铁溶液、革兰染色液（附录Ⅰ-1，Ⅰ-2，Ⅰ-3）、0.1mol/L NaOH 标准溶液、1% 酚酞指示剂、无菌水等。

4. 器皿

平皿、三角瓶、吸管、试管、玻璃珠等。

四、实验方法与步骤

1. 富集培养

灭菌后，取 250mL 三角瓶，装入 30mL 米曲汁碳酸钙乙醇培养基（含 3%~5% 乙醇），加入 1~2g 醋醪样品，经 30℃ 振荡培养 24h，若测定增殖液的 pH 明显下降，有醋酸味，镜检细胞革兰氏染色阴性，形态与醋酸菌符合即可分离。

2. 倾注法分离

（1）取增殖液 1mL 于装有 9mL 无菌水三角瓶中（内含玻璃珠数粒），摇匀后，以 10 倍稀释法依次稀释至 10^{-7}，然后分别取 10^{-7}、10^{-6}、10^{-5} 三个稀释度的稀释液各 1mL 置于无菌平皿中，每个稀释度平行两个平皿。

（2）融化米曲汁碳酸钙培养基，稍冷后加入 3% 的无水乙醇，摇匀，待冷至 45~50℃，迅速倾入上述各皿，轻轻摇匀，待凝固后置于 30℃ 保温培养 3~5d。观察小菌落的出现，醋酸菌因生醋酸溶解了培养基中的碳酸钙，而使菌落周围产生透明圈，圈的大小因菌而异。

（3）挑透明圈直径与菌落直径比值较大的菌落接种于米曲汁碳酸钙乙醇平板培养基（含 3%~5% 乙醇），30℃保温培养 3~5d。

（4）挑透明圈直径与菌落直径比值较大的菌落接种于米曲汁碳酸钙乙醇斜面培养基上，30℃培养 3d。

3. 性能测定

将上述各分离株分别接入米曲汁液体培养基中（250mL 三角瓶装有 20mL 培养基），加无水乙醇至终浓度为 5%，30℃振荡培养 24h。

（1）镜检　细胞呈整齐的椭圆或短杆状，革兰染色阴性。

（2）醋酸的定性分析　取发酵液 5mL 于洁净的试管中，用 10% NaOH 液中和，加 1% 三氯化铁溶液 2~3 滴，摇匀，加热至沸，如有红褐色沉淀产生，而原发酵液已变得无色，即可证明是醋酸。

（3）生酸量的测定　取发酵液 1mL 于 250mL 三角瓶中，加中性蒸馏水 20mL，酚酞指示剂 2 滴，用 0.1mol/L 氢氧化钠溶液滴定至微红色，计算产酸量。

$$醋酸（g/100mL）= \frac{NaOH\ 浓度 \times V \times 60.06 \times 10^{-3}}{样品的体积（mL）} \times 100 \tag{3-1}$$

式中　V——滴定时耗用的氢氧化钠的体积，mL；

60.06——醋酸的摩尔质量，g/mol。

五、实验结果与分析

1. 绘制醋酸菌的形态图。

2. 记录滴定结果，计算产酸量。

3. 在分离筛选培养过程中若添加适当浓度的醋酸，对分离结果有何影响。

4. 碳酸钙的作用是什么？

六、注意事项

1. 米曲汁碳酸钙培养基融化后，要待稍冷后加入 3%~5% 的无水乙醇。

2. 滴定时注意滴定终点。

七、思考题

米曲汁碳酸钙培养基融化后，为什么要待稍冷后加入 3%~5% 的无水乙醇？

实验 38　固氮菌的分离

一、实验目的

1. 掌握自生固氮菌的种类。

2. 学习用选择性培养基从土壤中分离自生固氮菌的技术。

二、实验原理

自生固氮菌是指在土壤中能够独立进行固氮的细菌。由于培养等处理容易，在实验室里可固定大量氮素，所以对固氮的研究多使用此种生物。自生固氮菌大多数是杆菌或短杆菌，单生对生皆有。经过 2~3d 的培养，成对的菌体呈"∞"排列，并且细胞壁外有一层厚厚的荚膜。在自然界广泛分布于土壤和水中，一般不适合在酸性环境中培养。该菌除能固氮外，还具有极高的呼吸活性，呼吸商（Q_{O_2}）可高达 2000。随着条件的不同，有的种类可形成包囊。褐色球形自生固氮菌（*A. chroococcum*）（又称圆褐固氮菌）、棕色自生固氮菌（*A. vinelanii*）、敏捷氮单胞菌（*A. agilis*）、印度拜耶林克氏菌（*Beijerinckia indica*）。

自生固氮菌能够独立生活固氮，可利用空气中的氮气作为氮源，因此，用无氮培养基来分离固氮菌，既能使固氮菌旺盛生长，又能使混合样品中的其他微生物难以生长，具有选择作用。但在分离培养时一定要严格培养基成分（所用琼脂要用蒸馏水浸泡、洗涤几次），以防带入少量的含氮化合物而使微嗜氮微生物生长。此外，用选择性培养基分离固氮菌还要注意挑菌落的时间，因为在无氮培养基上生长的固氮菌，如果培养时间过长，会向培养基中分泌含氮化合物，从而造成固氮菌大菌落的四周有少数微嗜氮菌落生长。用本方法分离所得到的菌，还应测定它的固氮酶活性，才能最后肯定其是否为固氮菌。本实验仅介绍好气性自生固氮菌和厌氧固氮菌的分离培养方法。

三、实验材料

1. 样品

肥沃菜园土。

2. 培养基

阿须贝（Ashby）无氮培养基（附录Ⅱ–34）、Burk's 无氮培养基（附录Ⅱ–35）、Do 氏低氮培养基（见附录Ⅱ–36）。

3. 器材

无菌吸管和无菌平皿、无菌水、接种环、酒精灯等。

四、实验方法与步骤

1. 好气性自生固氮菌的加富培养

有时从土壤中直接分离自生固氮菌比较困难，须进行加富培养才容易成功，加富方法如下：将欲分离的土样均匀地撒在无菌的 Burk's 无氮培养基平板上，于 28~30℃下培养 4~7d。选土粒周围有混浊、半透明的胶状菌落（有的在后期能产生褐色或黑褐色的色素）。进一步采用划线法或稀释平板分离法即可得到自生固氮菌的纯培养。也可用 Do 氏低氮培养基，30℃下加富培养 1~2d，即可用作进一步分离的样品。

2. 好气性自生固氮菌的分离培养

将融化的阿须贝（Ashby）无氮培养基倒入无菌平板中，凝固后将平板放入 65~70℃的烤箱中烘烤 15~20min，以除去平板表面的水分。将土样或加富后的土粒样品用无菌水分别稀释至 10^{-1}、10^{-2}、10^{-3} 稀释度，并将各稀释度的菌液 0.1mL 加在平板上，用无菌涂布器涂匀后，放 28~30℃下恒温培养 7d，经过一周后，长出的菌落即为好气性自生固氮菌。

3. 厌氧固氮菌的分离培养方法

固氮菌中还有一部分属于厌氧的，它们主要是固氮螺菌（*Azospirillum*）和固氮梭菌（*Clostridium*），如巴斯德梭菌（*Clostridium pasturiuanum*）。分离它的培养基、分离方法与普通的稀释平板法相同（采用混菌法，培养基倒多一点，让菌在培养基里面生长），要求稀释操作更迅速，做好后迅速置厌氧条件下培养。

4. 挑菌培养并保存

挑取纯化的菌落转接在适当的培养基斜面上置于 28~30℃下培养好后，于冰箱中保存备用。

五、实验结果与分析

1. 分离固氮菌使用的培养基是何种培养基？它的碳源是什么？氮源是什么？

2. 自然界的自生固氮菌有哪些主要类群？它们能制成菌肥用于农业生产实验吗？为什么？

六、注意事项

1. 阿须贝（Ashby）无氮培养基平板凝固后将其放入 65~70℃ 的烤箱中烘烤 15~20min，去除水分。

2. 厌氧固氮菌培养时注意除微环境中的氧。

七、思考题

固氮酶对氧气敏感，好氧性自生固氮菌如何进行固氮？

实验 39 嗜盐菌的分离

一、实验目的

1. 了解嗜盐菌（*Halobacterium*）的培养特性。

2. 掌握嗜盐菌的分离纯化方法。

二、实验原理

嗜盐菌在系统发生上与甲烷细菌、热酸菌均属于古细菌类。这种只有在极高盐浓度介质中才能生长的细菌，在分类学上属于盐杆菌科（Halobacteriaceae）。此科下有两个属：一个属为盐杆菌属（*Halobacterium*），如盐沼盐杆菌（*H. salinarium*）、盐生盐杆菌（*H. halobium*）；另一个属为盐球菌属（*Halococcus*），如鳕盐球菌（*H. morrhuae*）。嗜盐菌中盐杆菌属细胞壁由糖蛋白组成，在 2mol/L NaCl 中会完全失去其坚硬性，在低于 1mol/L NaCl 的介质中，细胞壁破碎并发生溶胞；具有古细菌类特征的核糖体（如 16S rRNA），不具有一般细菌所具有的肽聚糖；它们的酶系也仅在高盐的介质中才具有正常活性，它们的蛋白质含有较多的酸性氨基酸残基。

在 20 世纪 60 年代，发现了嗜盐菌中含细菌视紫质（Bacteriorhodopsin，BR）的膜，即紫膜（为细胞膜的一部分）具有光驱动的质子泵功能，并可介导产生光化磷酸化产生 ATP。

盐杆菌的细胞所要求的生长环境，如介质中离子组分、盐浓度和 pH 等，常反映了它们的生态特点，如从高碱性、高盐分的沙漠湖中分离到的种类，都要求高 pH、低镁和高 NaCl 浓度的介质；而从晒盐场中分离的则要求中性 pH、一般镁离子浓度和高 NaCl 浓度的介质。

嗜盐菌生长的条件除了 NaCl 浓度要大于 2mol/L 以外，还要求 Na^+、Mg^{2+} 为细胞外介质中的主要阳离子，而在细胞内部这类离子也保持着同样的强度，但 K^+ 则是细胞内的主要阳离子。

本实验介绍从晒盐场中分离嗜盐菌的方法。

三、实验材料

1. 材料

晒盐场地表深度 10cm 采样。

2. 试剂

牛肉膏、蛋白胨、NaCl、KCl、$MgSO_4 \cdot 7H_2O$、琼脂。

3. 培养基

含高盐的牛肉膏蛋白胨培养基（g/L）：牛肉膏 5、蛋白胨 10、NaCl 80、KCl 5、$MgSO_4 \cdot 7H_2O$ 2.5；蒸馏水定容至 1L，调节 pH 至 7.0~7.2，固体培养基添 加 20g/L 琼脂，121℃ 高压蒸汽灭菌 20min。

四、实验方法与步骤

1. 制备含 80g/L NaCl 的牛肉膏蛋白胨培养基平板。

2. 梯度稀释 无菌称取采集的试样 1g 加入含 50mL 生理盐水的 250mL 三角瓶中，振荡培养 2h，将制备的土壤悬液进行梯度稀释至 10^{-6}。

3. 分离纯化 取 0.2mL 不同稀释度的菌悬液分别涂布于含高盐的牛肉膏蛋白胨培养基平板，平行实验 2 次，30℃培养 72h，挑取单菌落继续纯化，直至获得纯嗜盐菌。

五、实验结果与分析

1. 对土壤中晒盐场的嗜盐菌进行分离并描述菌落特征。

2. 嗜盐菌分离过程是否需要无菌操作？

六、注意事项

1. 系列稀释注意无菌操作。

2. 在含高盐的牛肉膏蛋白胨培养基表面涂布要均匀。

七、思考题

嗜盐菌如何进行产能代谢？

实验 40 硝化细菌的分离

一、实验目的

1. 掌握从土壤中分离亚硝酸细菌、硝酸细菌的方法。

2. 掌握土壤亚硝酸细菌、硝酸细菌数量的测定方法。

二、实验原理

土壤中的无机含氮化合物，主要是以硝酸盐的状态存在，它们是植物最好的氮素养料。土壤中硝酸盐类的累积，又主要是由氨化作用所产生的氨，通过硝化细菌的活动（硝化作用）氧化为硝酸，再与土壤中的金属离子作用形成硝酸盐。因此，土壤中硝化细菌的存在与活动，对于土壤肥力以及植物营养有着重要的意义。

氨化作用的细菌很多，把氨继续氧化成硝酸的细菌种类则很少，只限于某些特殊的细菌。氨氧化为硝酸，是由两类细菌经过两个阶段而完成的。第一阶段是氨氧化为亚硝酸，由亚硝酸细菌（*Nitrosomonas*）来完成的，第二阶段是由亚硝酸氧化为硝酸，由硝酸细菌（*Nitrobacter*）来完成的。

亚硝化细菌有五个属：亚硝化单胞菌（*Nitrosomonas*）、亚硝化囊杆菌（*Nitrosocystis*）、亚硝化螺菌（*Nitrosospira*）、亚硝化胶杆菌（*Nitrosogloea*）和亚硝化球菌（*Nitrosococcns*）。

硝酸细菌有两个属：硝化杆菌（*Nitrobacter*）和硝化囊杆菌（*Nitrocystis*）。

因为在土壤中硝化作用的第一阶段和第二阶段是连续进行的。土壤中很少发现亚硝酸盐的累积。数量测定时，测定参与第一阶段的亚硝酸细菌的数量，即能反映硝化细菌数量的多寡。格利斯试剂是由两种溶液组成，即：第一液，将 0.5g 的对氨基苯磺酸（Sulfanilic acid）加到 150mL 的 20% 稀醋酸溶液中；第二液，将 1g α-萘胺加到 20mL 蒸馏水和 150mL 20% 稀醋酸溶液中。另外，也可应用锌碘淀粉试剂测定亚硝酸的产生。于白瓷比色板中加锌碘淀粉试剂 3 滴，20% H_2SO_4 1 滴，混匀，再加入培养液 2 滴，如有亚硝酸存在，则出现蓝色。

三、实验材料

1. 样品

肥沃菜园土。

2. 培养基

改良的斯蒂芬逊（Stephenson）培养基 A，B（附录Ⅱ-37）。

3. 器材

无菌吸管和无菌平皿、白瓷比色板、无菌水、接种环、酒精灯等。

4. 试剂

锌碘淀粉试剂：取 20g 氯化锌溶于 100mL 蒸馏水中，煮沸。另取 4g 可溶性淀粉，加水少许，调成浆状。徐徐加入煮沸的氯化锌溶液，边加边搅拌。将混合液煮沸，直至淀粉完全溶解为止。然后加入干燥的碘化锌（也可用碘化钾代替）2g，并加蒸馏水至 1000mL。

二苯胺试剂：溶 0.5g 无色的二苯胺（Diphenylamine）于 20mL 蒸馏水及 100mL 浓纯硫酸（相对密度 1.84）中即成。

酚二磺酸（Phenol disnl fonic acid）试剂：称 3g 纯酚，与 37g（约 20.1mL）浓硫酸（相对密度 1.84）混合。在沸水浴上回流加热 6h，即得酚二磺酸溶液。

四、实验方法与步骤

1. 亚硝酸细菌数量的测定—稀释法

（1）将培养基 A 分装于试管（1.8cm×18cm）中，每管 5mL，每个样品需培养基 19 支试管。

（2）一般土壤悬液可采取 10^{-2}、10^{-3}、10^{-4}、10^{-5}、10^{-6}、10^{-7} 六个稀释度。在每管培养基中，用无菌吸管接种土壤悬液 1mL。每一稀释度重复 3 管，另取一管培养基接种 1mL 无菌水作为对照。于 25~28℃培养。

（3）培养 10~14d 后，取出培养液 5 滴于白瓷比色板上，加入格利斯试剂（Griess，reagent）第一、第二液各两滴，如有亚硝酸存在，则呈红色。从《三次重复数量指标》表中求得数量指标后，换算成每克干土样中的亚硝酸细菌数量。

也可以采用锌碘淀粉试剂测定亚硝酸的产生。

2. 硝酸细菌数量的测定——稀释法

（1）与测定亚硝酸细菌数量的方法基本相同。一般采用 10^{-2}、10^{-3}、10^{-4}、10^{-5}、10^{-6} 五个连续稀释度。每个土样应用 19 支培养基 B 试管。于 25~28℃培养，10~14d 后测定硝酸的产生。其法是在白瓷比色板上先用格利斯试剂测试培养基中亚硝酸消失情况。如不呈红色，则表示亚硝酸已完全消失。此时，另取 5 滴培养液于白瓷比色板上，加二苯胺试剂 2 滴，如呈蓝色，则表示亚硝酸已被氧化成硝酸，说明有硝酸细菌的存在。

（2）如果培养液中还存留一些亚硝酸时，用二苯胺试剂也可得到呈深色反应。因此，建议用酚二磺酸试剂测定较好。如硫酸中有微量的硝酸，事先可用水银振荡除去。测试时，取培养液 1mL，加 0.02mL 酚二磺酸试剂，10min 后，再滴加氢氧化铵水溶液 1 滴，使呈微碱性。如有硝酸存在即呈黄色。但是，培养液内如有亚硝酸存在，也会干扰呈色反应。可在测试前，在 1mL 培养液中加尿素 1~2mg，硫酸 0.5~1 滴，以除去亚硝酸，然后再测硝酸。

3. 亚硝酸细菌或硝酸细菌生长情况的观察及分离鉴定——硅胶平板培养法

（1）硅胶平板的制备方法　将硅酸钾或硅酸钠（水玻璃）制成相对密度为 1.08 的溶液，

过滤澄清。取 1 份溶液，与等量的配制为相对密度 1.10 的盐酸混合，倒成平板。每一培养皿 20~25mL，室温下凝固。凝固后（以手指弹敲培养皿边有弹性感觉），用流水冲洗 2~3d，以除去氯离子。氯离子除去的程度，可用 1% 的硝酸银溶液测试。如呈白色，继续冲洗，至氯离子完全除去。氯离子也可用阳离子交换剂除去。

（2）冲洗后，平板用煮沸的蒸馏水冲洗三次灭菌，也可用 80℃ 间歇灭菌法或紫外光照射灭菌。紫外光灭菌时，培养皿距离 20cm，照射 30min 即达灭菌目的。

（3）注入浓缩的培养液，每皿 2mL，并混以碳酸钙 0.5~1g，摇匀，放 55℃ 恒温箱中干燥，至平板表面无积水。然后进行土壤悬液接种培养。如菌株在平板表面生长，则碳酸钙形成溶解圈。

五、实验结果与分析

1. 对土壤中亚硝酸细菌、硝酸细菌进行分离并分别记数细菌数量。

2. 土壤中的亚硝酸细菌、硝酸细菌有何生态学意义？

六、注意事项

1. 注意观察颜色变化。

2. 注意有毒试剂的防护。

七、思考题

为什么向硅胶平板注入浓缩的培养液时混以碳酸钙？

实验 41　反硝化细菌的分离

一、实验目的

1. 了解反硝化细菌的生理特性。

2. 掌握从土壤中分离与纯化反硝化细菌的基本原理及方法。

二、实验原理

硝酸盐的还原，即反硝化作用（Denitrification）。广义的反硝化作用，包括一切硝酸盐的还原作用，可以形成各种产物，如亚硝酸盐、氨、含氮有机物等。狭义的反硝化作用，是专指硝酸盐的还原的最终产物是分子态氮。引起这一反应的细菌称为反硝化细菌。土壤中由于硝化作用所累积的硝酸，在一定的条件下，如土壤湿度大，通气不良，并有可溶性有机物质存在时，可以被一些嫌气性的反硝化细菌还原为亚硝酸、氨，甚至还原成氮气，造成有效态氮的损失。反硝化作用对于农业来说是一种有害的作用。因为它能导致植物营养物质（硝酸盐类）的损失。所以测定在不同生态条件下土壤中反硝化细菌的数量与活动强度是有必要的。

反硝化细菌都是兼性厌氧菌。在通气良好的条件下，它们利用有氧呼吸产生能量；而在通气不良的条件下，则利用硝酸取得其中的氧来完成氧化作用。这类菌中，如荧光假单胞菌（*Pseudomonas fluorescens*）、铜绿假单胞菌（*Pseudomonas aeruginosa*）、脱氮微球菌（*Micrococcus denitrificans*）和芽孢杆菌属（*Bacillus*）中的某些代表，都是异养的硝酸还原菌，而脱氮硫杆菌（*Thiobacil1us denitrificans*）则是典型的自养型的硝酸还原菌。

配制含有硝酸盐的培养基，创造一厌氧环境，可分离到反硝化细菌，并可根据检测培养液中硝酸盐的消失及氮气的产生，证实反硝化作用从反硝化细菌的存在。

三、实验材料

1. 样品

经 2mm 筛新鲜土样，荧光假单胞菌（*Pseudomonas fluorescens*）菌株 1 支。

2. 培养基

反硝化细菌培养基（附录Ⅱ-38）。

3. 试剂

20% KOH 溶液、二苯胺试剂、格利斯试剂、尿素、浓硫酸、奈氏试剂、无菌水。

4. 器皿

无菌吸管、比色板、恒温培养箱、反硝化装置（150mL 三角瓶与发酵管配套，121℃灭菌 30min）。

四、实验方法与步骤

1. 接种培养

取 3 套反硝化装置三角瓶，其一加入 12g 土样，其二倒入一管荧光假单胞菌（*P. fluorescens*）悬液，其三不接种作为对照。

2. 分别向 3 个三角瓶中倾入反硝化细菌培养基至瓶颈，迅速塞紧发酵管上的胶塞，注意不要使溶液压入发酵管内。

3. 自发酵管上端加入 3mL 20% KOH 溶液，用以吸收培养过程中产生的 CO_2，将培养瓶置 30~35℃恒温培养 47d。

4. 检查

（1）气泡的产生　培养过程中产生的 CO_2 可被 KOH 吸收，而 N_2 则聚集在发酵管上部，可见有很多气泡，其至会将 KOH 溶液顶出发酵管。

（2）培养液中硝酸盐不断减少。NO_3 及 NH_3 的形成可用下述方法检测：

硝酸盐的消失：可用二苯胺试剂。检查前需去掉亚硝酸，因亚硝酸与二苯胺也会出现蓝色反应。

去掉 NO_2^- 的方法：取培养液 1mL 置一干净试管中，加尿素数粒，溶解后加浓硫酸 10 滴，混匀，其反应式如下：

$$CO \begin{matrix} NH_2 \\ \\ NH_2 \end{matrix} + HNO_2 \xrightarrow{H_2SO_4} CO_2 + NH_3 + N_2 + H_2O$$

吸取去掉 NO_2^- 的溶液 2 滴置白瓷比色板上，并滴加二苯胺试剂检查硝酸盐的消失。亚硝酸盐的产生可用格利斯试剂检查，一般在反硝化过程中，亚硝酸积累很少，很快会被还原。

NH_3 的生成可用奈氏试剂检查。

（3）镜检　取无菌吸管 1 支，先用手指压紧管口，再松手。此时培养液会自动吸入。取出后涂片，经革兰氏染色后镜检，一般用酒石酸钾钠作为碳源的多为革兰氏染色阴性的细杆菌。

5. 吸取土壤培养物 1mL 置新鲜培养液中富集培养。然后可在固体培养基平板上进行分离与纯化。

五、实验结果与分析

1. 绘制反硝化细菌菌体形态图，并记录实验结果。

2. 讨论反硝化作用在自然界 N 物质循环的意义？

六、注意事项

1. 向三角瓶中倾入反硝化细菌培养基至瓶颈，注意迅速塞紧发酵管上的胶塞，注意不要使溶液压入发酵管内。

2. 注意观察 KOH 溶液是否出现顶出发酵管的现象。

七、思考题

为什么在反硝化过程中，亚硝酸积累很少？

实验 42 谷氨酸产生菌的分离

一、实验目的

1. 了解从土壤中分离与纯化微生物的基本原理及方法。

2. 掌握谷氨酸产生菌的个体形态及群体形态。

二、实验原理

谷氨酸产生菌在自然界中广泛存在，尤以中性或含有机质丰富的土壤中最多。

目前味精生产使用的谷氨酸产生菌多以棒杆菌属（*Corynebacterium*）、短杆菌属（*Brevibacterium*）、小杆菌属（*Microbacterium*）的细菌为主，它们在分类学上虽系不同属种，但都有共同的特性：细胞形态为类球形、短杆至棒状呈八字排列。无鞭毛，不运动，不形成芽孢，革兰氏染色阳性；生物素缺陷型，在通气条件下培养，产生谷氨酸。菌落一般为乳白色、淡黄色或黄色，表面平滑，圆形，中央略隆起，中等生长。

谷氨酸产生菌的分离筛选要控制生物素的亚适量。在平板分离培养基中添加 0.1% 的葡萄糖和适量的溴百里酚蓝（BTB）指示剂，该指示剂的变色范围在 pH6.8~7.6（酸性呈黄色，碱性呈蓝色），生酸菌在此种培养上使菌落及周围的培养基变为黄色。再通过控制生物素亚适量，从中可进一步筛选谷氨酸产生菌。谷氨酸可用纸层析法鉴别。

三、实验材料

1. 样品

含有机质较丰富的土壤。

2. 培养基

BTB 肉汤培养基（附录 Ⅱ-39）、谷氨酸产生菌初筛培养基（附录 Ⅱ-40）、谷氨酸产生菌复筛培养基（附录 Ⅱ-41）。

3. 试剂

0.4% 溴百里酚蓝酒精液、0.5% 茚三酮溶液、正丁醇、冰醋酸、标准谷氨酸溶液、无菌水配制。

4. 器皿

平皿、涂布器、吸管、三角瓶、玻璃珠、层析缸、新华 1 号滤纸、小铲、信封等。

四、实验方法与步骤

1. 采样

到园田用无菌小铲采集离地面 5~10cm 深处的土壤若干，装入无菌信封中，记录时间、地点、植被情况。

2. 分离

（1）水浴融化 BTB 肉汤琼脂培养基，稍冷后倒平板，每皿大约 12mL。

（2）取土样 1g 于 200mL 无菌三角瓶中，内加 99mL 无菌水及数粒无菌玻璃珠，置摇床上振荡 5~10min，用无菌纱布过滤收集滤液。

（3）将滤液适当稀释，取后两个稀释度的稀释液各 0.1mL 于 BTB 肉汤琼脂平板上，用无菌涂布器依次涂布 2~3 个皿，然后置 32℃培养 48h。

（4）将生酸的典型菌落移接至肉汤琼脂斜面上，32℃培养 24~48h。

3. 性能测定

将上述各分离株分别接至初筛培养管中，各接 1 支，30℃振荡培养 24~48h。镜检细胞个体均匀，单个呈八字排列，无鞭毛，无芽孢，棒状略弯曲，革兰氏染色阳性。将具此特征的菌落挑出。

4. 以涂布法或划线法进一步纯化，从中选出理想的菌株。

五、实验结果与分析

1. 绘制谷氨酸产生菌菌体形态图，并记录实验结果。
2. 讨论谷氨酸产生菌在现代发酵工业的意义。

六、注意事项

1. 注意实验过程中无菌操作。
2. 注意革兰氏染色鉴定菌种时脱色时间的把握。

七、思考题

为什么筛选谷氨酸产生菌要控制生物素亚适量？

实验 43　双歧杆菌的分离

一、实验目的

1. 了解双歧杆菌的生化特征及其在食品行业的应用。
2. 学习并掌握厌氧菌的分离原理及方法。

二、实验原理

双歧杆菌是动物体肠道内的正常优势生理细菌，革兰氏阳性，无芽孢，没有运动能力，最适生长温度 37~41℃，专性厌氧。双歧杆菌的细胞呈现多样形态，有短杆较规则形、纤细杆状具有尖细末端形、球形、长杆弯曲形、分枝或分叉形、棍棒状或匙形等。单个或链状、V 形、栅栏状排列或聚集成星状。双歧杆菌的菌落光滑、凸圆、边缘完整、乳脂至白色、闪光并具有柔软的质地。

双歧杆菌是严格厌氧细菌，因此，双歧杆菌的分离、培养及活菌计数的关键是提供无氧和低氧化还原电势的培养环境。双歧杆菌的培养方法很多，如厌氧箱法、厌氧袋法、厌氧罐法。这些方法都需要特定的除氧措施，操作步骤多，较繁琐。本实验介绍的是一种简便的试管培养法——亨盖特厌氧滚管技术，亨盖特厌氧滚管技术是美国微生物学家亨盖特于 1950 年首次提出并应用于瘤胃厌氧微生物研究的一种厌氧培养技术。以后这项技术又经历了几十年的不断改进，从而使亨盖特厌氧技术日趋完善，并逐渐发展成为研究厌氧微生物的一套完整技术，而且多年来的实践已经证明它是研究严格、专性厌氧菌的一种极为有效的技术。该技术的优点是：预还原培养基制好后，可随时取用进行试验；任何时间观察或检查试管内的菌都不会干扰厌氧条件。

三、实验材料

1. 样品

婴儿粪便。

2. 培养基

MRS 培养基（附录Ⅱ-42）。

3. 试剂

高纯氮气、冰块、细菌生化微量鉴定管。

4. 器皿

厌氧管、注射器、水浴锅、镊子、记号笔、酒精棉球、瓷盘、振荡器、铜柱、除氧系统、定量加样器、恒温水浴、载玻片、显微镜、恒温培养箱、酒精灯、封口膜、厌氧罐等。

四、实验方法与步骤

1. 铜柱系统除氧

铜柱是一个内部装有铜丝或铜屑的硬质玻璃管。此管的大小为 40～400mm，两端被加工成漏斗状，外壁绕有加热带，并与变压器相连来控制电压和稳定铜柱的温度。铜柱两端连接胶管，一端连接气钢瓶，另一端连接出气管口。由于从气钢瓶出来的气体如 N_2、CO_2 和 H_2 等都含有微量 O_2，故当这些气体通过温度约 360℃ 的铜柱时，铜和气体中的微量 O_2 化合生成 CuO，铜柱则由明亮的黄色变为黑色。当向氧化状的铜柱通入 H_2 时，H_2 与 CuO 中的氧就结合形成 H_2O，而 CuO 又被还原成铜，铜柱则又呈现明亮的黄色。此铜柱可以反复的使用，并不断起到除氧的目的。当然 H_2 源也可以由氢气发生器产生。

2. 预还原培养基及稀释液的制备

制作预还原培养基及稀释液时，先将配置好的培养基和稀释液煮沸驱氧，而后用定量加样器趁热分装到螺口厌氧试管中，一般琼脂培养基装 4.5～5.0mL，稀释液装 9mL，并插入通 N_2 气的长针头以排除 O_2。此时可以清楚地看到培养基内加入的氧化还原指示剂——刃天青由蓝到红最后变成无色，说明试管内已成为无氧状态，然后盖上螺口的丁烯胶塞及螺盖，灭菌备用。

3. 滚管分离法

（1）编号　取五支无菌水试管，分别用记号笔标明 10^{-1}、10^{-2}……10^{-5}。

（2）稀释　在无菌条件下，用无菌注射器吸取 1mL 混合均匀的液体样品，加入装有预还原生理盐水的厌氧试管中，用振荡器将其混合均匀，制成 10^{-1} 稀释液。用无菌注射器吸取 1mL10^{-1} 稀释液至另一装有 9mL 生理盐水的厌氧试管中，制成 10^{-2} 稀释液。依此进行 10 倍系列稀释，至 10^{-7}，制成不同样品稀释液。通常选 10^{-5}、10^{-6}、10^{-7} 三个稀释度进行滚管计数。

（3）滚管分离

①滚管：将无氧无菌的琼脂培养基在沸水浴中溶化，分装到试管中，置 46～50℃ 恒温的水浴中，待用。用无菌注射器吸取 10^{-4}、10^{-5}、10^{-6} 三个稀释度样品各 0.1mL，分别注入前述试管中，然后将其平放于盛有冰水的瓷盘中迅速滚动，带菌的溶化琼脂在试管内壁会即刻形成凝固层。

②分离：生成的菌落需挑取出来，镜检其形态及纯度。如尚未获得纯培养物，需再次稀释滚管，并再次挑取菌落，直至获得纯培养物为止。待挑取的单菌落预先在放大镜下观察确定，做好标记。然后将培养基试管固定于适当的支架上，打开试管胶塞，同时迅速将气流适当、火焰灭过菌的氮气长针头插入管内。同时，另一液体厌氧管去掉胶塞插入另一灭过菌的通气针头。将准备好的弯头毛细管小心插入固体培养基内，找准待挑菌落，轻轻吸取，转移至液体试管内，加塞，37℃培养。培养 24h 或待培养液混浊后检查已分离培养物的纯度。如尚未获得纯培养物，需再次稀释滚管，并再次挑取菌落，直至获得纯培养物为止。

（4）计数并镜检

①计数：液体纯培养物经系列稀释后，按上述滚管法培养。然后对固体滚管计数，计算每克或每毫升样品中含有的双歧杆菌数量。公式如下：

双歧杆菌数量 CFU/g（mL）样品 = 0.1mL 滚管计数的实际平均值×10×稀释倍数

②镜检：挑取特征性菌落制片，革兰氏染色后镜检，观察菌体形态。

五、实验结果与分析

1. 绘制双歧杆菌菌体形态图，并记录实验结果。

菌号	细胞大小	细胞形态	菌落大小	菌落颜色	菌落形态

2. 分析影响实验结果的因素有哪些？

3. 试述还有哪些方法可以用于双歧杆菌的分离？

六、注意事项

1. 注意滚管速度要快，以利于培养基均匀分布于试管壁。

2. 利用定量加样器分装培养基到螺口厌氧试管中时注意操作迅速，防止培养基冷却凝固。

七、思考题

为什么用 MRS 培养基鉴别乳酸菌？

三、 放线菌的分离

实验 44　弹土分离法分离金色链霉菌

一、实验目的

1. 了解链霉菌在抗生素生产中的重要作用。

2. 学习并掌握利用弹土分离法分离金色链霉菌的方法。

二、实验原理

金色链霉菌是链霉菌的一种，在马铃薯、葡萄糖等固体培养基中生长时，营养菌丝能分泌金黄的色素，但其气生菌丝无色。孢子在初形成时是白色的，随着培养时间的延长，孢子从棕灰色转变为灰黑色。孢子丝呈紧密螺旋形，有的菌株孢子丝呈柔曲、松敞螺旋形。孢子形状一般呈圆形或椭圆形，也有的呈方形或长方形，表面光滑。孢子在气生菌丝上排列成链状，这些培养特征随菌株的不同而异。金色链霉菌在30℃以下时，合成金霉素的能力较强；当温度超过35℃时则只合成四环素。

放线菌属好气性微生物，主要生活在较干燥、透气性好、中性到微碱性、有机质丰富的土壤中，特别是在我国南方热带及亚热带地区肥沃的土壤中，放线菌种类丰富。采集土壤标样时，应根据放线菌的生活特性，有针对性地进行采样。宜选择菜地、茶园、果园等地采样。选定采样地点后，先铲去表层土，挖取5～30cm深的土壤数十克，装入牛皮纸信封，封好袋口；潮湿的土壤宜装入塑料袋或铝盒内，做好编号记录，带回实验室供分离用。采回的土壤标本一般宜及时进行分离，如不能做到随采随分，宜将土壤放在阴凉、通风干燥处，使其风干，保藏备用，但保藏时间不宜过长。

三、实验材料

1. 样品

含水量较低、通气较好的土样。

2. 培养基

分离放线菌常用的培养基主要有：高氏1号培养基（附录Ⅱ-2）和葡萄糖天门冬素琼脂培养基（附录Ⅱ-43）。

3. 器皿

平皿、研钵、筛子（60目）、光滑硬纸板、定性滤纸、层析缸。

四、实验方法与步骤

1. 土壤准备与接种

将土壤用研钵研细，60目过筛，取一定量细土平铺于灭过菌的光滑硬纸板上，纸面积略大于培养皿的口径，将多余的土轻轻倾去，见纸板上有一层细土粒黏附着则较为理想。接种时将倒好培养基的皿盖微微揭开，将土壤纸板黏土面向下轻轻插入覆盖其上，用皿盖微微触动一下纸板并立刻抽出，盖好皿盖即接种完毕。取下的土壤纸板，还可用于第2、第3及第4套分离培养皿接种。用于第2套接种时，轻轻弹动一下纸板；用于第3、第4套皿接种时，可在纸板背面稍加重弹力，使黏附于纸板上残留的少量土粒落下，达到控制理想的出菌率。

2. 将上述培养皿，倒置于28℃保温箱中培养3～4d，观察菌落生长的情况，挑选与金霉菌类似的菌落制片镜检，挑个体形态也相近者接于斜面培养基培养备用。

3. 纯化

可以采用稀释涂布分离的方法，达到纯化的目的。

4. 抗生素鉴定

四环类抗菌素在紫外线照射下都产生荧光，这个性质可用于纸层析和薄板层析中。将层析谱熏以氨气，经过几秒钟后，抗生素呈黄绿色荧光。所以挑出的菌经液体发酵后可进行层析鉴定。

五、实验结果与分析

1. 详细记录分离菌株的细胞形态及群体形态特征。

2. 设想在进行土样处理或分离时是否可采用抑菌剂？哪种物质较理想？

六、注意事项

1. 制分离培养平板时，培养基尽量倒厚些，避免因培养时间过长而干燥。
2. 细土平铺于灭过菌的光滑硬纸板上时铺层尽量薄，免得平板出现菌苔，无法实现分离。

七、思考题

为什么四环类抗菌素在紫外线照射下会产生荧光？

实验 45　诺卡氏菌的分离

一、实验目的

1. 了解诺卡氏菌在抗生素生产中的重要作用。
2. 学习并掌握从土壤中分离、纯化诺卡氏菌的技术。

二、实验原理

诺卡氏菌是好气菌，革兰氏阳性，抗酸或部分抗酸，大部分无气生菌丝，基内菌丝分枝，横隔断裂成杆状体和球状体。诺卡氏菌（Nocardia）被认为是分枝杆菌和链霉菌之间的中间型，但可能更接近于后者。菌丝体不分枝，其断片不像分枝杆菌那么容易，气生菌丝体可能存在，也是球菌样似小珠的菌链或孢子。在普通琼脂平板上培养 3 天后有可见菌落，7~10d 后菌落凸起，气生菌丝形成后，表面呈绒毛状。不同种的菌落有黄、橙、红或这些色素的混合色。DNA 中的 G+C 摩尔含量为 60%~72%。大多为腐生菌，存在于土壤中。

诺卡氏菌是生物活性物质的重要产生菌，可以产生多种抗生素，是一种土壤中的稀有放线菌，采用常规的方法很难分离得到。对样品进行风干、干热处理、培养基添加重铬酸钾的方法减少细菌和真菌的数量；用干热和苯酚处理减少链霉菌数量，可以分离得到诺卡氏菌。本实验介绍了诺卡氏菌的分离纯化方法。

三、实验材料

1. 样品

旱地土和河塘泥各若干份，脓、痰和渗出液。

2. 培养基

高氏 1 号琼脂（附录Ⅱ-2）。

3. 器皿

无菌培养皿（9cm）、无菌移液管、装有 45mL 无菌水的三角瓶、无菌试管（15mm×150mm）、涂布棒等。以上器皿所需的数量根据样品的份数以及使用培养基的种类而定。

4. 其他

台秤、灭菌的称量纸、研钵、培养箱等。

四、实验方法与步骤

1. 土样的采集

采土时，先选择采土的地点，铲去表层土，挖 5~20cm 深度的土样约 10g，装入无菌的牛皮纸袋内，封好袋口。潮湿的土样应装入铝盒或塑料袋内，并做好记录（编号、采土地点、土壤类型、植被等），带回实验室供分离。采来的土样，最好能及时分离，如不能及时分离，须将土样风干保藏备用，但不宜保藏过久。采集来的土样必须自然风干或低温（约45℃）下烤干，并用研钵磨细，用80目筛子过筛后用于分离。

2. 稀释分离法

（1）将培养基配制后，分装三角瓶，灭菌备用（另外分装少量试管，以备今后挑菌用）。使用时将培养基融化，待冷却至50℃左右，倾倒于无菌培养皿中，每皿倒入15mL培养基，凝固后待。根据土样的份数决定使用的皿数，一般每个土样倒四皿。

（2）做稀释分离时，稀释的倍数要根据土样中含菌量来决定，一般在分离前先做1次预分离实验，找出适当的稀释度，同时通过预分离试验，也可以了解土样中放线菌、细菌和霉菌的数量关系，以便正式分离时采取相应的对策。如果土样中细菌和霉菌太多，可在分土的培养基中加入呋喃西林（使每毫升培养基达到50mg/kg浓度），以抑制细菌，加入制霉菌素（50U/mL）以抑制霉菌，向培养基中适量添加一定浓度的四环素，会提高诺卡氏菌的分离效果。

（3）称取研细的土样5g，加入盛有45mL无菌水的三角瓶中充分摇匀，制成1∶10浓度的土壤悬液，静止片刻，吸取上清液1mL，加入到盛有9mL无菌水的试管中，充分摇匀制成1∶100（即10^{-2}）浓度悬浮液，依次类推制成10^{-3}、10^{-4}的悬液，一般选择10^{-3}和10^{-4}稀释度比较合适。分别吸取10^{-3}和10^{-4}的土壤悬液各0.2mL，滴加到培养基上，用涂布棒均匀涂布，然后将培养皿倒置于28℃恒温箱培养。

3. 培养和挑菌

培养3~5d后，将长成熟的单菌落及时转接到高氏一号琼脂斜面上，再继续培养供鉴定。如果培养皿上的细菌或霉菌污染严重，则应先接入新鲜的平板中，进行划线分离，等长出单菌落后再移接斜面。

诺卡氏菌的菌落较小，生长较慢，光秃型，无气丝、色泽鲜艳。挑菌时应根据诺卡氏菌的菌落特征来挑选。

五、实验结果与分析

1. 详细记录诺卡氏菌的细胞形态及群体形态特征。
2. 探讨诺卡氏菌在抗生素发酵工业的应用。

六、注意事项

1. 采集来的土样必须干燥、研磨、过筛后用于分离。
2. 做稀释分离时，稀释的倍数要根据土样中含菌量来决定，因此，建议做预分离试验。

七、思考题

诺卡氏菌和链霉菌在菌落形态有什么区别？

实验46 植物内生放线菌的选择性分离

一、实验目的

1. 了解植物内生放线菌的概念。
2. 学习并掌握植物内生放线菌的选择性分离方法。

二、实验原理

植物内生菌（endophytes）是指在其生活史的一定阶段或全部阶段生活于健康植物组织内

部或细胞间隙、不引起植物产生明显病症的微生物。植物与其内生菌构成了稳定的共生关系。绝大多数植物内生放线菌为链霉菌（*Streptomyces*），其次是小双孢菌属（*Microbispora*）、诺卡氏菌（*Nocardia*）属、小单孢菌属（*Micromonospora*）、链孢囊菌属（*Streptosporangium*）和拟诺卡氏菌属（*Nocardiopsis*）也较为常见。从植物内生放线菌代谢产物中分离到的新抗生素，可以杀灭多种引起人体、动物及植物病害的细菌、真菌、病毒和原生动物，此外，内生放线菌还可用于化工行业和治理环境污染。由于放线菌的生长较慢，分离比较困难，必须用特殊的具有高度选择性的分离条件才能分离到。

植物叶片暴露于空气中，与放线菌的大本营–土壤有一定的距离，其内生放线菌可能与宿主有着更为密切的关系。本实验以植物叶片为研究对象，对其中的内生放线菌进行分离纯化。

三、实验材料

1. 样品

植物叶片。

2. 培养基

分离培养基为自来水酵母粉琼脂培养基：酵母浸汁 0.25g，K_2HPO_4 0.5g，琼脂 18g，蒸馏水 1000mL，其中添加放线菌酮和制霉菌素各 50μg/mL。

3. 器皿

培养皿（9cm）、无菌移液管、涂布棒、封口袋、低温盒、无菌刀等。

4. 其他

超声波清洗器、培养箱等。

四、实验方法与步骤

1. 采样

使用乙醇擦拭植物叶片表面，待表面干燥后，放入无菌封口袋中，并保存于低温盒中带回实验室。采样后使用乙醇简单消毒并干燥的目的是为了尽可能避免外源微生物通过植物组织的伤口侵入到植物组织内部，同时也是为了抑制腐生菌生长。样品接种前通常应保存在 4℃ 并尽快进行内生放线菌的分离。

2. 表面消毒及样品的处理

使用流水冲洗和超声波清洗样品。使用无菌水、70% 乙醇和次氯酸钠（有效氯含量通常为 1%~10%）依次对样品进行表面消毒。表面消毒效果的检查方法：将表面消毒后最后一遍清洗的无菌水涂布于不含抗生素的分离培养基，28℃ 下培养 2 周后无菌落长出，表明表面消毒彻底。

3. 植物内生放线菌的选择性分离

使用无菌刀将表面消毒后的样品切成 1cm×1cm 的正方形小块放入分离培养基平板表面。在 27℃ 并保持湿润的环境中培养 2~6 周，观察平板表面的菌落，挑取放线菌特征性单菌落并进一步分离纯化。

五、实验结果与分析

1. 详细记录分离到的内生放线菌的细胞形态及群体形态特征。

2. 为什么要进行样品表面消毒效果的检查？

六、注意事项

1. 用乙醇完全擦拭植物叶片表面，防止外源微生物对分离的干扰。

2. 培养过程中防止培养基水分流失。

七、思考题

植物内生放线菌在农业生产中有何意义？

四、 酵母菌的分离

实验 47　酒曲中酵母菌的分离

一、实验目的

1. 学习并掌握酒曲中酵母菌的分离方法。

2. 观察酒曲中酵母菌形态。

二、实验原理

酵母菌是单细胞真菌，细胞大小为 $(2.5\sim10)$ μm $\times$ $(4.5\sim21)$ μm。在液体培养基中，酵母菌较霉菌生长得快，对于酸性环境酵母菌较细菌适宜。因此可以利用这两点特性，使酵母在酸性的液体培养基中进行富集培养，以降低霉菌及细菌的增殖率。然后以合适的培养基进行分离。

三、实验材料

1. 样品

酒曲。

2. 培养基

麦芽汁培养基（附录Ⅱ-6）。

3. 试剂

乳酸、无菌水。

4. 器皿

平皿、涂布器、小刀、吸管。

四、实验方法与步骤

1. 富集培养

用无菌小刀割开曲块，从内部挖取米粒大小的一块（约0.5g），加入10mL麦芽汁培养液试管中，同时加入一滴乳酸摇匀后于28℃培养24h。而后取1mL接种于另一支添加乳酸的麦芽汁试管中，再行培养。在培养过程中若出现菌丝体应立即挑出，烧毁。经过如此3~4次转接培养即可分离。

2. 酵母菌的分离

取最后一代酵母增殖液1mL，以10倍稀释法稀释至 10^{-7}，然后取后两个稀释度的稀释液各0.2mL，分别接于麦芽汁固体平板表面，用无菌涂布器依次涂布2~3个皿，28℃培养48h。

3. 酵母菌的选择

选择不同类型的酵母单菌落分别接于麦芽汁斜面，置25℃培养24~48h备用。若菌株不纯，可以对菌落进行多次平板划线分离，以获得纯菌落。

4. 形态镜检

对斜面上长出的酵母菌进行描述性记录，然后在显微镜下观察其形态。

五、实验结果与分析

1. 详细记录实验结果。

菌号	菌落颜色	菌落形态	细胞形态	出芽	裂殖

2. 若平皿中出现细菌及霉菌，如何解释？应该怎么办？

六、注意事项

1. 从酒曲中取样时注意无菌操作。
2. 在富集培养过程中注意是否出现霉菌的菌丝体，如有，一定要及时清除。

七、思考题

酵母菌在食品工业中有何应用？如何检测酵母菌粉中的活酵母菌数？

实验48 耐双乙酰啤酒酵母菌的分离

一、实验目的

1. 学习并掌握耐双乙酰啤酒酵母菌的分离原理及方法。
2. 学习梯度平板的分离操作技术。

二、实验原理

双乙酰含量直接影响着啤酒的风味，当它的含量超过阈值 0.5mg/kg 时，啤酒就会出现馊饭味。降低啤酒中双乙酰含量，除采取工艺措施外，选用耐双乙酰的酵母菌株是行之有效的方法。由于该菌能加速双乙酰的还原速率，导致啤酒中双乙酰含量的降低。

分离筛选耐双乙酰的啤酒酵母突变菌株，有两种方法，其一是采用双乙酰梯度平板法。在双乙酰梯度平板中双乙酰浓度较高的区域生长的菌落，一般具有较强的耐双乙酰能力，因此这是一种很好的方法；其二是筛选除草剂 SM 抗性菌株。除草剂（Sulfomturonmethyl，SM）作用于酵母位点是 α-乙酰乳酸合成酶，也是一种切实可行的方法。

三、实验材料

1. 样品

啤酒酵母菌。

2. 培养基

酵母菌完全培养基（附录Ⅱ-44）、12°Bx 麦芽汁培养基（附录Ⅱ-45）、含酒花的 12°Bx 麦芽汁培养基（附录Ⅱ-45）。

3. 试剂与器皿

双乙酰、除草剂（SM）、生理盐水（0.85%氯化钠）、平皿、吸管。

四、实验方法与步骤

1. 活化培养

将啤酒酵母接种于装有 30mL 完全培养液的 500mL 三角瓶中，25℃振荡培养 18~20h，连续培养 2 代，接种量为 2%。

2. 菌悬液的制备

取第二代培养液 10mL 于无菌离心管中，3500r/min 离心 10min 收集细胞。并用生理盐水洗涤细胞 2~3 次制成悬浮液，其浓度为 10^6 个细胞/mL。

3. 目的菌的分离

融化完全培养基，冷却至 50℃迅速加入双乙酰使终浓度为 250μg/mL 或一定浓度的 SM，摇匀制成梯度平板。

4. 取经适当稀释的菌体细胞悬浮液 0.1~0.2mL，涂布于含有双乙酰或 SM 的梯度平板上，20℃培养 3~5d。

5. 将生长在高浓度区域的单个菌落，转接在麦芽汁斜面培养基或完全培养基斜面上，25℃培养 48h。

6. 性能测定

为了确保啤酒质量，将上述各分离株转接于含酒花的麦芽汁中，15℃培养 5~7d 进行性能测定，最后选择优良菌株投入生产。性能测定包括所分离菌株的发酵力、凝集力、生孢子能力、热死温度以及定发酵液和成品酒中的双乙酰含量（具体方法见相关实验）。

五、实验结果与分析

1. 记录分离株的培养特征。

2. 如何降低啤酒中双乙酰含量以改善啤酒风味？

六、注意事项

1. 制做梯度平板时需要注意梯度形成的控制。

2. 筛选抗双乙酰或 SM 菌株时涂布要均匀。

七、思考题

在啤酒发酵中双乙酰含量对啤酒品质有何影响？

实验 49　耐二氧化硫葡萄酒酵母菌的分离

一、实验目的

1. 了解葡萄酒酵母菌的分离原理及方法。

2. 熟练掌握平板操作技术。

二、实验原理

在葡萄酒酿造中，为了保持原果汁的风味，通常不经杀菌，只通过向果汁中添加 50~100mg/kg 二氧化硫，抑制野生酵母菌及有害微生物的生长繁殖，以保证发酵作用的正常进行。因此应选用耐亚硫酸的优良葡萄酒酵母菌。葡萄酒酵母具有比一般酵母菌对酸和酒精较强的耐性。故可利用这些生理特性进行葡萄酒酵母的分离和纯化。

葡萄酒酵母有较强的呼吸能力，可以用 TTC 法加以鉴定。TTC 染色呈红色菌落说明发酵力强。

三、实验材料

1. 样品

成熟的新鲜葡萄或常年栽培葡萄的果园土。

2. 培养基

葡萄汁培养基（附录Ⅱ-46）、麦芽汁培养基（附录Ⅱ-6）、TTC 上层培养基（附录Ⅱ-47）。

3. 其他

偏重亚硫酸钾、无菌水、三角瓶、涂布器、平皿。

四、实验方法与步骤

1. 富集培养

将精选的优良葡萄，用一层纱布包裹挤压成汁，装入无菌三角瓶中，添加 50~100mg/kg 亚硫酸（含偏重亚硫酸钾 0.05~0.1g/500g 果汁），再加 4% 乙醇，用纱布包扎瓶口，置 25℃ 培养 2~3d，待出现发泡现象后即可分离。

2. 分离

首先制备含有浓度为 100mg/L 二氧化硫的葡萄汁固体平板。再将上述发酵液适当稀释，其浓度为 3.5×10^3 细胞/mL，取 0.1mL 涂布于葡萄汁琼脂平板，25℃ 培养 2~3d。

3. 耐性菌株的选择

融化 TTC 上层培养基冷至 45℃，轻轻由平皿一边注入已培养好的平板上，要求将底层培养物全部覆盖。然后置 30℃ 保温 2~3h，取出，迅速比较菌落颜色。将红色菌落移接于麦芽汁琼脂斜面，25℃ 培养 48h。

4. 纯化

采用平板分离的方法纯化。

5. 性能测定

测定所分离菌株的发酵力、耐亚硫酸能力、凝集力、耐酒精能力和生孢子（具体方法见相关实验）。

五、实验结果与分析

详细记录实验结果。

菌号	发酵力	耐亚硫酸能力	凝集力	耐酒精能力	生孢子

六、注意事项

1. 富集培养取葡萄汁时注意无菌操作。

2. 融化的 TTC 上层培养基要将底层培养物全部覆盖。

七、思考题

1. 土壤采样时应注意的哪些问题？
2. 还可以采用哪些方法对菌株进行分离和鉴定？

实验 50　果汁中水解柠檬酸的酵母菌的分离

一、实验目的

1. 学习从果汁中分离水解柠檬酸的酵母菌的实验方法。
2. 了解果汁生物降酸方法。

二、实验原理

适量的有机酸可以赋予果酒醇厚感和清爽感，可以抑制病菌的活动，另外酸还可以溶解色素物质，使果酒的颜色更加美丽，所以说有机酸是影响果酒感官特性的重要指标之一。但是，酸度过高会影响果酒口感，因此利用生物降酸是果酒降酸的一种"绿色"方式。某些酵母菌能水解果汁中的柠檬酸，利用其作为碳源，将其分解为二氧化碳和水，可用于果酒降酸。本实验从果汁中分离水解柠檬酸的酵母菌。

三、实验材料

1. 样品

瓶装变质果汁。

2. 液体

12.5% 豆芽汁基础液、10% 煮沸灭菌的柠檬酸液。

3. 器具

杜氏管、艾氏管、无菌移液管、恒温箱、特制的显微针等。

四、实验方法与步骤

1. 取 12.5% 豆芽汁基础液，于装有杜氏管的试管中，0.07~0.08MPa 灭菌 15min。如用艾氏管（Einhorn's tube），基础液与艾氏管分别灭菌后，再用无菌移液管分装。

2. 用无菌移液管吸取 10% 煮沸灭菌的柠檬酸液分装于上述试管中，使其浓度达 2%。

3. 取瓶装变质果汁 1mL，无菌水倍比稀释后，取 1mL 样品加入到含有上述培养液的试管中，25℃培养 2d。

4. 新鲜培养物转接于新的发酵液，25~28℃下培养，每天观察结果。

5. 能够水解柠檬酸的酵母，则在小管顶部收集到一定量的 CO_2。用杜氏管时，CO_2 气泡集中在杜氏管内小套管的顶部；用艾氏管时，CO_2 集中在封闭一端的顶部。

6. 纯化

采用稀释涂布平板法纯化。

五、实验结果与分析

1. 对实验结果进行描述并填入下表。

菌号	菌落大小	菌落形态	菌落颜色	产 CO_2

2. 讨论生物降酸在食品加工中的应用。

六、注意事项

1. 细胞分散，菌体下沉于底部的酵母菌使用杜氏管，用这种发酵管比较灵敏，并能节约试剂。而对于那些有较多菌丝的酵母或类酵母，就需要用艾氏管，且每天观察时，均需要用接种针将菌丝塞入艾氏管封闭的一端，以免 CO_2 逸出开口端液面。

2. 产气实验一般观察 2~3d 即可。

七、思考题

还可以采用什么方法分离水解柠檬酸的酵母菌？

五、 霉菌的分离

实验 51　产蛋白酶毛霉的分离

一、实验目的

1. 了解毛霉分离纯化的原理及方法。
2. 熟练掌握纯种分离技术。

二、实验原理

毛霉（Mucor）属于毛霉目，在自然界分布甚广，现代酿造厂多采用蛋白酶活性高的鲁氏毛霉进行腐乳的发酵生产，因此从豆腐坯上较易于分离到水解蛋白质的毛霉。分离培养后可依照形态特征进行鉴别。

毛霉无匍匐枝及假根，营养菌丝能渗入琼脂培养基内 1.5~2.0mm 处。孢囊梗直接由气生菌丝生出，单生，较少分枝，分枝常出现在近顶端处呈单轴式，各分枝顶端均生孢子囊。孢子囊呈球形，成熟后可见表面有针刺状突出。囊轴近球形或卵形，未见明显囊领，无囊托。孢囊孢子呈短卵形或球形，表面光滑。

三、实验材料

1. 样品

腐乳生产中的半成品豆腐坯。

2. 培养基

马铃薯葡萄糖琼脂培养基（附录Ⅱ-7）。

3. 试剂与器皿

无菌水、平皿、接种环、显微镜等。

四、实验方法与步骤

1. 从长满霉菌菌丝的豆腐坯上取小块于 5mL 无菌水中，摇振，制成孢子悬液。

2. 用接种环取该孢子悬液在灭菌马铃薯葡萄糖琼脂培养基平板表面做划线分离，20℃培养1~2d，以获取单菌落。

3. 鉴定（形态）

（1）菌落呈白色棉絮状，菌丝发达。

（2）于载玻片上加一滴石炭酸乳酚油，用解剖针从菌落边缘挑取少量菌丝于载玻片上，轻轻将菌丝体分开，加盖玻片，于显微镜下观察孢子囊、梗的着生情况。若无假根和匍匐菌丝或菌丝不发达，孢囊梗直接由菌丝长出，单生或分枝，则可初步确定为毛霉。

必要时可进一步通过生理生化试验予以验证。

4. 性能测定

毛霉菌用马铃薯葡萄糖琼脂培养基培养后测其蛋白酶活力，以定优劣。

五、实验结果与分析

绘制毛霉分离株形态图。

六、注意事项

1. 镜检时注意不要破坏霉菌的形态。

2. 在灭菌马铃薯葡萄糖琼脂培养基平板表面做划线分离时不要划破培养基。

七、思考题

在腐乳制作中毛霉的作用是什么？

实验 52　甜酒曲中根霉菌的分离

一、实验目的

1. 了解根霉分离纯化的原理及方法。

2. 熟练掌握纯种分离技术。

二、实验原理

根霉（*Rhizopus*）属于毛霉目，根霉的菌丝无隔膜、有分枝和假根，营养菌丝体上产生匍匐枝，匍匐枝的节间形成特有的假根，从假根处向上丛生直立、不分枝的孢囊梗，顶端膨大形成圆形的孢子囊，囊内产生孢囊孢子。根霉在自然界分布甚广，土壤、空气、水和动植物体上均有它们的存在。

根霉的特点是蔓延繁殖，没有一定的菌落形态，常易与其他霉菌混生。所以分离时可采取大稀释度，早移植、添加抑制剂等措施，可获得良好效果。分离培养后可依照形态特征进行鉴别。

三、实验材料

1. 样品

甜酒药一袋。

2. 培养基

葡萄糖豆芽汁培养基（附录Ⅱ-48）。

3. 试剂与器皿

无菌水、玻璃研钵、平皿、接种钩。

四、实验方法与步骤

1. 取甜酒药一小块置于无菌研钵中，加 10mL 无菌水，研磨成均匀的悬浮液。

2. 融化葡萄糖豆汁琼脂培养基制作平板。

3. 将上述悬液以 10 倍法稀释至 10^{-8}，取后三个稀释度的稀释液各 0.2mL 于无菌平皿中（每一稀释度平行二个皿），用玻璃涂布器涂布均匀，置 25℃培养 18h。

4. 观察有无菌丝生长，由于此时菌丝细短，颜色与培养基近似，不易发现，故宜在光线处斜视才易见到。用接种钩，挑挖菌丝一段，移植于豆芽汁斜面培养基中 25℃培养 3d。

5. 鉴定

根据形态鉴别根霉，必要时可进一步通过生理生化试验予以验证。

6. 性能测定

根霉菌用米粉或麸皮培养基培养后测其糖化酶活力，以定优劣。

五、实验结果与分析

1. 绘制分离株形态图。

2. 从形态上看根霉菌最突出的特征是什么？

六、注意事项

1. 甜酒药取样时注意无菌操作。

2. 镜检时注意不要破坏根霉假根和匍匐枝的形态。

七、思考题

根霉在发酵工业上有哪些应用？

实验 53　产柠檬酸黑曲霉的分离

一、实验目的

1. 了解黑曲霉菌在工业生产中的不同作用。

2. 掌握利用变色圈法筛选产酸菌的方法。

二、实验原理

柠檬酸是一种重要的有机酸，又称枸橼酸，无色晶体，常含一分子结晶水，无臭，有很强的酸味，易溶于水，在食品工业具有广泛的用途。柠檬酸可由曲霉菌发酵糖类而生成，其中尤以黑曲霉生酸能力最强。目前工业生产中多以黑曲霉为柠檬酸产生菌。

黑曲霉，半知菌亚门，丝孢纲，丝孢目，丛梗孢科，曲霉属真菌中的一个常见种，广泛分布于世界各地的粮食、植物性产品和土壤中。在固体培养基表面菌丝蔓延迅速，初为白色，后变成鲜黄色直至黑色厚绒状，背面无色或中央略带黄褐色。菌丝顶部形成球形分生孢子头，直径 $700 \sim 800\mu m$，其上全面覆盖一层梗基和一层小梗，小梗上长有成串褐黑色的球状分生孢子，直径 $2.5 \sim 4.0\mu m$。菌落呈放射状。黑曲霉是重要的发酵工业菌种，可生产淀粉酶、酸性蛋白酶、纤维素酶、果胶酶、葡萄糖氧化酶、柠檬酸、葡糖酸和没食子酸等。有的菌株还可将羟基孕甾酮转化为雄烯。

黑曲霉耐酸性较强，在 pH 1.6 时仍能良好生长。利用其产酸高、耐酸强的生理特征，使用 pH 1.6 的酸性营养滤纸分离该菌，简单易行。也可以用变色圈法进行初筛，使产柠檬酸的菌株更易被选出。黑曲霉产生的柠檬酸，可利用 Deniges 氏液鉴别，生酸量可用 0.1mol/L 氢氧化钠滴定。

三、实验材料

1. 样品

霉烂橘皮。

2. 培养基

察氏-多氏琼脂培养基（0.04%溴甲酚绿）：蔗糖 30g，$NaNO_3$ 2g，$MgSO_4 \cdot 7H_2O$ 0.5g，KH_2PO_4 1g，KCl 0.5g，$FeSO_4 \cdot 7H_2O$ 0.01g，溴甲酚绿 0.4g，琼脂 20g，蒸馏水 1000mL，pH 自然；酸性蔗糖培养基（附录Ⅱ-49）。

3. 试剂与器皿

Deniges 氏液、2%高锰酸钾溶液、0.1mol/L 氢氧化钠、1%酚酞指示剂、三角瓶、吸管。

4. 仪器

高压蒸汽灭菌锅、恒温培养箱、烘干箱等。

四、实验方法与步骤

1. 取烂橘皮一小块切碎，置 10mL 带珠的无菌水三角瓶中，用力振荡 5min，然后进行系列稀释，分别稀释 10^{-2}、10^{-3}、10^{-4}、10^{-5}、10^{-6}、10^{-7}。

2. 将后 3 个稀释度的稀释液涂在察氏-多氏琼脂培养基制成的平板上，于 30℃培养。由于产酸，菌落周围会出现黄色变色圈。在变色圈还未互相连成一片时，测量变色圈直径（d_C）与菌落直径（d_H）之比。取 d_C/d_H 比例较大者，并且具有黑曲霉特征的菌落挑出接到斜面上（点接法，点接在斜面中部偏下方）。

3. 性能测定

将各分离株接种于酸性蔗糖培养基中（500mL 三角瓶中装有培养基 25mL），30℃振荡培养 24~48h。

（1）柠檬酸鉴定　取 5mL 发酵液于洁净试管中，加 Deniges 氏液 1mL，加热至沸，然后一滴一滴地加入高锰酸钾溶液，若有白色沉淀，即证明有柠檬酸存在。

（2）产酸量的测定　以常规酸碱中和的方法测定，用细针头注射器抽取发酵液 1mL，用 0.1mol/L NaOH 滴定酸度，柠檬酸的毫克当量为 0.064，以此计算出柠檬酸的百分含量。

五、实验结果与分析

1. 计算黑曲霉发酵酸性蔗糖培养基的产酸量。

2. 黑曲霉柠檬酸产生菌菌株的富集应考虑利用哪些特点来进行富集？

六、注意事项

1. 筛选时要考虑菌种耐高温、抗杂菌污染及原料。

2. 利用察氏-多氏琼脂培养基分离筛选时注意控制培养时间。

七、思考题

为什么在平板分离中有些菌落透明圈或显色圈很大，但摇瓶发酵试验结果产酸确较低？

实验 54　产右旋糖酐酶青霉的分离和培养

一、实验目的

1. 明确右旋糖酐酶的功能及其在食品、医药领域的应用。

2. 掌握产右旋糖酐酶青霉的分离和培养方法。

二、实验原理

右旋糖酐酶（dextranase，α-1,6-D-glucan-6-glucanohydrolase，EC 3.2.1.11）能够催化水解右旋糖酐中的 α-1,6 糖苷键，并释放出异麦芽糖。右旋糖酐酶是一种诱导酶，主要的诱导物有：右旋糖酐、改良的底物酮基右旋糖等。右旋糖酐酶可以用于龋齿的防治，可以用于催化水解高分子右旋糖酐合成血浆替代品，可以增强药物的化学稳定性、生物利用度；在制糖工业中，可以增加糖的回收率，降低黏度。

青霉是产右旋糖酐酶的优势菌株，本实验介绍产右旋糖酐酶青霉的分离和培养方法。

三、实验材料

1. 样品

土壤。

2. 培养基

（1）马铃薯葡萄糖培养基（附录Ⅱ-7）。

（2）用于右旋糖酐酶产生菌的筛选培养基（w/v）：1.5% dextran T2000，0.3% NaNO$_3$，0.1% K$_2$HPO$_4$·3H$_2$O，0.05% MgSO$_4$·7H$_2$O，0.001% FeSO$_4$·7H$_2$O，0.05% KCl。

（3）发酵培养基（w/v）：1.0% dextran 70ku，0.3% 蛋白胨，0.1% K$_2$HPO$_4$·3H$_2$O，0.05% MgSO$_4$·7H$_2$O，0.05% KCl，0.001% FeSO$_4$·7H$_2$O。

3. 试剂与器皿

dextran T2000、打孔器、试管、培养皿。

四、实验方法与步骤

1. 系列稀释样品

对土样进行系列稀释，参考第三章实验 34 的稀释方法。

2. 菌种筛选

将 10^{-3}、10^{-4}、10^{-5} 倍稀释度的菌悬液涂布到 PDA 培养基平板表面，28℃恒温倒置培养 5d 左右，分离出土壤中的真菌；将分离到的真菌转接到右旋糖酐酶产生菌的筛选培养基上，28℃恒温倒置培养 5d。

3. 将筛选培养基上生长的菌株接种于发酵培养基，28℃恒温培养 5d，4℃、10000r/min 离心 10min 保留上清液。

4. 利用平板打孔法检测发酵上清液能否降解 Dextran T2000，并筛选出能够产生较大透明圈的菌株。

五、实验结果与分析

1. 经过上述实验是否分离到产右旋糖酐酶青霉的纯培养物？如果没有分离到，试分析原因。

2. 为什么筛选培养基中要添加 Dextran T2000？

六、注意事项

1. 在 PDA 培养基平板表面涂布时要均匀。

2. 利用平板打孔法检测发酵上清液能否降解 Dextran T2000 时要注意打孔均匀，以免产生大的误差。

七、思考题

右旋糖酐酶在食品工业中有何应用价值？

六、　噬菌体的分离

实验 55　大肠杆菌噬菌体的分离与纯化

一、实验目的

1. 学习分离、纯化噬菌体的基本原理和方法。

2. 掌握用双层琼脂平板法测定噬菌体效价的方法。

二、实验原理

噬菌体是专性寄生物，自然界中凡有细菌分布的地方，均可发现其特异的噬菌体的存在，即噬菌体是伴随着宿主细菌的分布而分布的。粪便与阴沟污水中含有大量大肠杆菌，故也能很容易地分离到大肠杆菌噬菌体；乳牛场有较多的乳酸杆菌，也容易分离到乳酸杆菌噬菌体等。

由于噬菌体侵入细菌细胞后进行复制而导致细胞裂解，噬菌体即从中释放出来，所以①在液体培养基内可使混浊的菌悬液变为澄清，此现象可指示有噬菌体存在；也可利用这一特性，在样品中加入敏感菌株与液体培养基，进行培养，使噬菌体增殖、释放，从而可分离到特异的噬菌体；②在有宿主细菌生长的固体琼脂平板上，噬菌体可裂解细菌而形成透明的空斑，称噬菌斑，一个噬菌体产生一个噬菌斑，利用这一现象可将分离到的噬菌体进行纯化与测定噬菌体的效价。

本实验是从阴沟污水中分离大肠杆菌噬菌体，刚分离出的噬菌体常不纯，如表现在噬菌斑的形态、大小不一致等，然后再作进一步纯化。

三、实验材料

1. 样品

37℃培养 18h 的大肠杆菌斜面，阴沟污水。

2. 培养基

本次实验均用普通牛肉膏蛋白胨培养基 500mL，三角烧瓶内装三倍浓缩的液体培养基 100mL（附录Ⅱ-20），试管液体培养基，琼脂平板，上层琼脂培养基（含琼脂 0.7%，试管分装，每管 4mL），底层琼脂平板（含培养基 10mL、琼脂 2%）。

3. 器材

灭菌吸管、灭菌玻璃涂布器、灭菌蔡氏细菌滤器、灭菌抽滤瓶、恒温水浴箱、真空泵等。

四、实验方法与步骤

1. 噬菌体的分离

（1）制备菌悬液　取大肠杆菌斜面一支，加 4mL 无菌水洗下菌苔，制成菌悬液。

（2）增殖培养于100mL三倍浓缩的牛肉膏蛋白胨液体培养基的三角烧瓶中，加入污水样品200mL与大肠杆菌悬液2mL，37℃培养12~24h。

（3）制备裂解液　将以上混合培养液2500r/min离心15min。将已灭菌的蔡氏过滤器用无菌操作安装于灭菌抽滤瓶上，用橡皮管连接抽滤瓶与安全瓶，安全瓶再连接于真空泵。将离心上清液倒入滤器，开动真空泵，过滤除菌。所得滤液倒入灭菌三角烧瓶内，37℃培养过夜，以作无菌检查。

（4）确证试验　经无菌检查没有细菌生长的滤液作进一步证实噬菌体的存在。①于牛肉膏蛋白胨琼脂平板上加一滴大肠杆菌悬液，再用灭菌玻璃涂布器将菌液涂布成均匀的一薄层。②待平板菌液干后，分散滴加数小滴滤液于平板菌层上面，置37℃培养过夜。如果在滴加滤液处形成无菌生长的透明噬菌斑，便证明滤液中有大肠杆菌噬菌体。

2. 噬菌体的纯化

（1）如已证明确有噬菌体存在，则用接种环取滤液一环接种于液体培养基内，再加入0.1mL大肠杆菌悬液，使混合。

（2）取上层琼脂培养基，溶化并冷却至48℃（可预先溶化、冷却，放48℃水浴锅内备用），加入以上噬菌体与细菌的混合液0.2mL，立即混匀。

（3）并立即倒入底层培养基上，铺匀，置37℃培养24h。

（4）此时长出的分离的单个噬菌斑，其形态、大小常不一致，再用接种针在单个噬菌斑中刺一下，小心采取噬菌体，接入含有大肠杆菌的液体培养基内，37℃培养。

（5）待管内菌液完全溶解后，过滤除菌，即得到纯化的噬菌体。

3. 高效价噬菌体的制备

刚分离纯化所得到的噬菌体往往效价不高，需要进行增殖。将纯化了的噬菌体滤液与液体培养基按1∶10的比例混合，再加入与噬菌体滤液等量的大肠杆菌悬液，37℃培养，使之增殖，如此重复移种数次，最后过滤，可得到高效价的噬菌体制品。

五、实验结果与分析

1. 描述各种分离平板上所得到的噬菌斑的大小、形态等特征。

序号	噬菌斑的大小	噬菌斑的形态

2. 计算噬菌体的测定效价。

$$噬菌体的效价（pfu/mL）=噬菌斑数目×噬菌体稀释度×10$$

六、注意事项

1. 制备裂解液时注意无菌操作。

2. 制作双层平板的第二层时需要迅速操作，并且要混匀。

七、思考题

为什么采用双层平板法测量噬菌体效价？

第七节　微生物分类鉴定

1. 细菌 16S rRNA 基因序列分析

一直以来，对细菌的分类鉴定主要采用形态观察、生理生化反应和免疫学等方法，但这些方法存在特异性差、敏感度低及耗时长等问题，随着聚合酶链式反应（PCR）技术的出现，可采用 16S 核糖体核糖核酸（ribosomal RNA，rRNA）基因序列分析对细菌基因鉴定。16S rRNA 基因分析技术具体的方法为：提取细菌基因组 DNA；利用 16S rRNA 基因序列通用引物扩增 16S rDNA 基因片段；通过测序获得 16S rDNA 基因序列信息；将该信息与生物信息数据库（Genbank）中序列信息进行比对和同源性分析，构建系统发育树分析该细菌与其他细菌之间的亲缘关系，从而对该细菌进行分类鉴定。

由于微生物存在多样性，评价微生物之间的亲缘关系成为其研究的一个主要内容，也是对微生物分类鉴定的重要依据，因此通过系统发育分析，推断和评估微生物形成或进化的历史和进化的关系，成为微生物研究不可或缺的手段。

在微生物进化研究中，可通过构建系统发育树，推断被研究微生物与其他个体之间及群体间的亲缘关系，以及其在系统树中的进化地位等。系统发育树又称分子进化树，是一种可表现分类群之间系统亲缘关系的树状分支图。构建系统发育树的步骤一般是序列比对；利用比对的结构通过合适的算法获得遗传距离；根据遗传距离构建发育树。

2. 真菌的 18S rRNA 和 ITS 序列分析

由于酵母菌和霉菌等真核生物中 18S rRNA 与细菌中 16S rRNA 的特点一致，因此，可通过 18S rRNA 基因分析技术对酵母菌和霉菌进行分类鉴定。

由于 18S rRNA 进化缓慢而相对保守，是在系统发育中种级以上阶元的良好标记。ITS（Internal Transcribed Spacer）为内转录间隔区，位于 18S 和 5.8S rDNA 之间（ITS1）以及 5.8S rDNA 和 28S rDNA 之间（ITS2），ITS1 和 ITS2 常被合称为 ITS。ITS 的进化速率是 18 S rRNA 的 10 倍，其保守性表现为种内相对一致，种间差异比较明显，可反映出属间、种间以及菌株间的碱基差异，此外 ITS 序列长度一般在 650~750bp，片段小且易于分离，因此，目前已被广泛应用于酵母菌和霉菌等真核生物属内不同种间或近似属间的系统发育和分离鉴定中。

3. 基因组测序分析

对于每个细菌和真菌个体来说，其基因组包涵了整个的遗传信息。随着测序技术与设备的不断更新，利用全基因组测序技术即可对一种微生物基因组中的全部基因进行测序，从而全面、精确地获得其的 DNA 碱基序列，揭示其基因组所包含的信息，从而对微生物进行分类鉴定。

4. 生理生化实验

微生物的代谢活动，主要是各种物质的合成和分解过程，这些生理生化活动是生命体基本的过程，通过生理生化反应了解微生物在不同基质中的各种代谢途径和产生不同的代谢产物，成为分类鉴定的重要依据之一。

一、 细菌的分类鉴定

实验 56　16S rDNA 序列分析和进化树构建

一、实验目的

1. 掌握 PCR 扩增基因的基本方法。

2. 了解 16S rDNA 序列分析鉴定细菌的基本程序。

二、实验原理

采用特定引物对 16S rDNA 基因片段进行 PCR 扩增，然后采用 Sanger 双脱氧法对 PCR 扩增产物进行测序。将所测序列与 GenBank 中储存的相关序列进行比对，计算被分析细菌与已知种类的遗传距离，以确定其系统发育分类地位和分类水平。

三、实验材料

1. 菌种

地衣芽孢杆菌（*Bacillus licheniformis*）。

2. 其他材料

见第一章实验 15。

四、实验方法与步骤

1. 16S rDNA 序列扩增及测序

见第一章实验 15。

2. 系统发育树的构建

用 CLASTALX 软件对地衣芽孢杆菌及从 GenBank 中获得的其他已知地衣芽孢杆菌的 16S rRNA 的基因序列进行比对，并以 PHYLIP 软件可识别的格式保存后，利用 DNADIST 程序计算各菌株之间的遗传距离，然后转化为相似性矩阵，最后通过 CLASTALX 软件中的构树程序得到系统树，如图 3-30 所示。

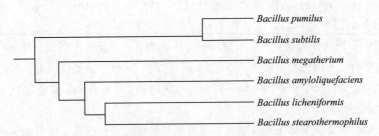

图 3-30　地衣芽孢杆菌菌株和相关菌株 16S rRNA 基因的系统发育树

五、实验结果与分析

1. 列出地衣芽孢杆菌 16S rRNA 的基因序列。

2. 分析地衣芽孢杆菌与其他芽孢杆菌的亲缘关系。

六、注意事项

1. 在进行 PCR 加样过程中，注意规范操作，避免 DNA 被降解。

2. 没有一种方法能够保证其构建的系统发育树一定代表了真实进化途径，可通过不同方法构建系统发育树进行结果比较。

七、思考题

1. 如何能够高效获得 PCR 产物？
2. 分析不同系统发育树构建方法的优劣？

实验 57 细菌全基因组测序

一、实验目的

1. 掌握基因组测序的基本方法。
2. 了解基因组用于细菌鉴定的基本程序。

二、实验原理

通过对原核生物进行个体的基因组测序，与数据库中已有的基因组序列进行比较分析，以确定其分类地位和应用价值。

三、实验材料

1. 菌种

地衣芽孢杆菌（*Bacillus licheniformis*）。

2. DNA 提取试剂

参照第二章实验 4。

四、实验方法与步骤

1. 模板 DNA 提取

参照第二章实验 4。

2. 序列测定

相关基因测序公司。

3. 序列分析

用 MUMmer 软件（基因组序列比对软件）对获得的序列数据进行 Synteny Block（共线性分析），以再一次检查拼接的情况，由此确定不同 contigs（连续序列）之间的位置关系，填补 contigs 间的 gap（空白序列/空隙），然后采用 Pilon 软件（用于对初步组装的基因组的修饰、润色）再次校正得到完整的序列，地衣芽孢杆菌基因组环形图谱如图 3-31 所示。

五、实验结果与分析

1. 获得地衣芽孢杆菌全基因组序列。
2. 分析地衣芽孢杆菌与其他芽孢杆菌的亲缘关系。

六、注意事项

在提取基因组过程中，注意规范操作，避免 DNA 被降解。

七、思考题

DNA 测序基于什么原理？

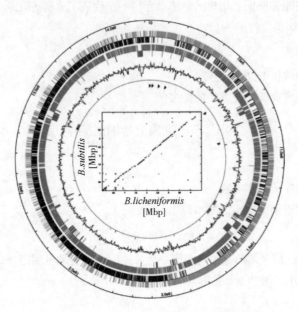

图 3-31　地衣芽孢杆菌基因组环形图谱

实验 58　利用微生物快速测定仪对细菌进行分类

一、实验目的

1. 学习利用计算机微生物分类鉴定系统进行分类鉴定的基本原理和一般操作方法。

2. 了解一般细菌在分类鉴定时，菌种培养和菌悬液制备的方法。

3. 学习并掌握读数仪读取微孔培养板的结果。

4. 学习使用 BIOLOG MicroLog 软件，掌握数据库使用方法。

二、实验原理

BIOLOG 分类鉴定系统由微孔板、菌体稀释液和计算机记录分析系统组成，其中微孔板有 96 孔，横排为：1，2，3，4，5，6，7，8，9，10，11，12；纵排为：A，B，C，D，E，F，G，H。96 孔中都含有四氮唑类氧化还原染色剂，其中 A1 孔内是作为对照的水。其余 95 孔是 95 种不同的碳源物质。不同种类的微生物采用不同碳源组成的微孔板。

待测微生物利用碳源进行代谢时会将四氮唑类氧化还原染色剂从无色还原成紫色，从而在微孔板上形成该微生物特征性的反应模式或"指纹"，通过读数仪来读取颜色变化，并将该反应模式或"指纹"与数据库进行比对，就可以在瞬间得到鉴定结果，对于真核微生物酵母菌和霉菌还需要通过读数仪读取碳源物质被同化后的变化（即浊度的变化），以进行最终的分类鉴定。

三、实验材料

1. 菌种

革兰氏阳性细菌、革兰氏阴性细菌。

2. BIOLOG 专用培养基

BUG 琼脂培养基（附录Ⅱ-50）；BUG+B 培养基（附录Ⅱ-51）；BUG+M 培养基（附录Ⅱ-52）；BUA+B 培养基（附录Ⅱ-53）BUY 琼脂培养基（附录Ⅱ-54），可由 BIOLOG 公司购买。

3. 试剂

BIOLOG 专用菌悬液稀释液、脱血纤维羊血、琼脂粉、蒸馏水等。

四、实验方法与步骤

1. 斜面培养物的准备

使用 BIOLOG 推荐的培养基和培养条件，对待测细菌进行斜面培养。

（1）培养基　好氧细菌使用 BUG+B 培养基；

厌氧细菌使用 BUA+B 培养基。

（2）培养温度　选择不同细菌生长最适宜的培养温度；

（3）培养时间　24h。

2. 制备特定浓度的菌悬液

将对数生长期的斜面培养物转入 BIOLOG 专用菌悬液稀释液中，同时对于革兰氏阳性球菌和杆菌，必须在菌悬液中加入 3 滴巯基乙酸钠和 1mL 100mmol/L 的水杨酸钠，使菌悬液浓度与标准悬液浓度具有同样的浊度。

3. 微孔板接种

革兰氏染色阳性细菌采用 GP 板、革兰氏染色阴性细菌采用 GN 板。使用八道移液器，将菌悬液接种于微孔板的 96 孔中。接种量为 150μL，接种过程不能超过 20min。

4. 细菌培养

按照 BIOLOG 系统推荐的培养条件进行培养，并根据经验确定培养时间。

五、实验结果与分析

1. 读取结果

仔细阅读读数仪的使用说明，按照操作说明读取培养实验结果。如果认为自动读取的结果与实际明显不符，可以人工调整域值以得到认为是正确的结果。

GN、GP 数据库是动态数据库，微生物总是最先利用最适碳源并产生颜色变化，颜色变化也最明显；而对于不适碳源菌体利用较慢，相应产生的颜色变化也较慢，颜色变化也没有最适碳源明显。这种数据库充分考虑了细菌利用不同碳源产生颜色变化速度不同的特点，在数据处理软件中采用统计学的方法使结果尽量准确。

2. 结果解释

软件将对 96 孔板显示出的实验结果按照与数据库的匹配程度列出鉴定结果，并在 ID 框中进行显示，如果实验结果与数据库已鉴定的菌种都不能很好匹配，则在 ID 框中就会显示"No ID"。

3. 评估鉴定结果的准确性，若鉴定结果不理想，分析其可能原因。

六、注意事项

1. 进行鉴定的微生物必须是纯种。

2. 操作过程中，严格注意无菌操作，杂菌的污染会干扰结果。

3. 为了获得可靠的鉴定结果，必须确保待检菌种为活菌。

七、思考题

1. BIOLOG 分类鉴定系统能够 100% 的鉴定出微生物的属名和种名吗？如果不能，还需要进行什么实验才能鉴定出菌株的种名？

2. 实验过程要严格控制接种液的浊度（菌体浓度）吗？

3. 鉴定细菌时，如果 4h 鉴定的结果与 16~24h 的结果不同，该如何判断结果？

实验 59　淀粉水解试验

一、实验目的

1. 了解淀粉水解试验的原理及用途。

2. 学习淀粉水解试验的操作技术。

二、实验原理

许多细菌产生淀粉酶，能把培养基中的淀粉水解为无色糊精的等小分子，或进一步水解为麦芽糖或葡萄糖。淀粉水解后，遇碘不再变蓝色。

三、实验材料

1. 菌种

大肠杆菌（*Escherichia coli*）和枯草芽孢杆菌（*Bacillus subtilis*）。

2. 培养基

在肉汤蛋白胨琼脂中添加 0.2% 的可溶性淀粉，分装，0.1MPa 20min 灭菌。

3. 试剂

路哥氏碘液（附录 I -2）。

4. 其他

酒精棉球、酒精灯、接种针、恒温箱等。

四、实验方法与步骤

将培养基融化，倒成平板，凝固后，取菌种点种于平板上，每皿可点 3~5 个菌，37℃培养 2~4d，观察结果。

五、实验结果与分析

取培养好的平皿，在平板上滴加路哥氏碘液以铺满菌落周围为度，平板呈蓝色，而菌落周围如有无色透明圈出现，说明淀粉已被水解，称为淀粉水解试验阳性。透明圈与菌落直径比值的大小一般说明水解淀粉能力的大小。

六、注意事项

路哥氏碘液需要避光保存。

七、思考题

为什么通过透明圈与菌落直径比值的大小来说明水解淀粉能力的大小？

实验 60　氧化酶试验

一、实验目的

1. 了解氧化酶试验的用途及原理。

2. 学习氧化酶试验的操作技术。

二、实验原理

在以氧为直接受氢体的生物氧化中，一种是氧化酶催化的体系，另一种是以需氧脱氢酶所催化的体系，前者生成水，后者生成过氧化氢。不同的菌有不同的酶系统。氧化酶的测定是鉴别菌种的依据之一。

氧化酶在有分子氧存在时，可氧化二甲基对苯二胺，加入 α-萘酚参与反应，产物为吲哚酚蓝。

三、实验材料

1. 菌种

某种沙门氏菌（*Salmonella* sp.）和空肠弯曲菌（*Campylobacter jejuni*）。

2. 培养基

肉汤培养基（附录Ⅱ-20）。

3. 试剂

（1）1%盐酸二甲基对苯二胺溶液（用水配制），于棕色瓶中在冰箱中贮存。

（2）1% α-萘酚酒精（95%）溶液。

4. 其他

白色洁净滤纸两小张（长5cm、宽1.5cm）、酒精棉球、酒精灯等。

四、实验结果与分析

1. 取白色洁净滤纸分别蘸取两种试验菌的菌落。分别加盐酸二甲基对苯二胺溶液一滴，阳性者呈现粉红色，并逐渐加深；再分别加一滴 α-萘酚溶液，阳性者于半分钟内呈鲜蓝色，阴性于2min内不变色。

2. 以滴管吸取试剂，直接滴加于菌落上，其显色反应与以上相同者，则将反应结果记录下来。

五、注意事项

二甲基对苯二胺溶液配置后需在棕色瓶保存。

六、思考题

为什么加入 α-萘酚溶液后，阳性者会呈鲜蓝色？

实验61　过氧化氢酶试验

一、实验目的

1. 了解过氧化氢酶试验的用途与原理。

2. 学习过氧化氢酶试验的操作技术。

二、实验原理

在以氧化脱氢酶催化的氧化体系中，氧原子接受电子后，即与溶液中氢离子结合，生成过氧化氢，此物对微生物有毒性。有的菌具有过氧化氢酶，可将其分解成水和氧，但有的菌不具有此酶。故过氧化氢酶试验是鉴别菌种的依据之一。

三、实验材料

1. 菌种

大肠杆菌（*Escherichia coli*）和某种乳酸杆菌（*Lactobacillus* sp.）。

2. 培养基

肉汤培养基（附录Ⅱ-20）、麦汁培养基。

3. 试剂

3%过氧化氢溶液。

4. 其他

酒精棉球、酒精灯、洁净小试管、接种环等。

四、实验方法与步骤

从斜面挑取一环菌种置于洁净试管内，滴加3%过氧化氢溶液约2mL，观察结果。

五、实验结果与分析

在半分钟内产生气泡者为过氧化氢酶试验阳性；不发生气泡者为阴性。

六、注意事项

不应在含有培养基的试管内进行试验。

七、思考题

检测的过氧化氢酶是在微生物的细胞内还是细胞外存在？

实验62　酪蛋白分解试验

一、实验目的

1. 了解酪蛋白分解试验的用途及原理。
2. 学习酪蛋白分解试验的操作技术。

二、实验原理

某些菌具有酪蛋白分解酶，而有的菌则不具有。具有酪蛋白分解酶的细菌在酪蛋白琼脂平板上，可以分解酪蛋白而使菌落周围形成透明圈。

三、实验材料

1. 菌种

蜡样芽孢杆菌（*Bacillus cereus*）和球形芽孢杆菌（*Bacillus sphaericus*）。

2. 培养基

酪素培养基平板（附录Ⅱ-21）。

3. 其他

酒精棉球、酒精灯、接种环、恒温箱等。

四、实验方法与步骤

以划线接种法将试验菌接种于酪蛋白琼脂培养基上，然后置37℃恒温箱培养1~2d后，观察结果。

五、实验结果与分析

平板中菌落周围有透明圈者，为酪蛋白分解试验阳性，反之为阴性。

六、注意事项

注意酪蛋白的灭菌温度，保证酪蛋白琼脂培养基未发生变性。

七、思考题

酪蛋白琼脂培养基中各成分的作用分别是什么？

实验 63　β-半乳糖苷酶试验

一、实验目的

1. 了解 β-半乳糖苷酶试验的用途与原理。

2. 学习 β-半乳糖苷酶试验的操作技术。

二、实验原理

在邻硝基酚 β-D-半乳糖苷培养基（ONPG 培养基）中含有邻硝基酚 β-D-半乳糖苷和 pH7.5 的 0.01mol/L 的磷酸缓冲液。当试验菌产生 β-半乳糖苷酶时，邻硝基酚 β-D-半乳糖苷被水解，释放出邻硝基酚，此物为酸碱指示剂，它的指示范围是 6.8（无色）→8.6（黄色），故能使 pH7.5 的培养液成为黄色，否则不变色。

三、实验材料

1. 菌种

大肠杆菌（*Escherichia coli*）、爱德华氏菌（*Edwardsiella* sp.）。

2. 培养基

ONPG 培养基（附录Ⅱ-55）。

3. 其他

酒精棉球、酒精灯、接种针、恒温箱等。

四、实验方法与步骤

取 ONPG 培养基试管三支，于其上分别做好培养基名称和"大肠杆菌""爱德华氏菌""空白对照"等标记，然后分别将试验菌相应地接入 ONPG 培养基中，连同对照，置（36±1）℃培养 1~3h 和 24h 观察结果。

五、实验结果与分析

试管中培养基颜色变黄者为该试验阳性，记"+"号，否则记"-"号。

六、注意事项

确保在配制培养基时 β-D-半乳糖苷不被水解，且保证培养基的 pH 为 7.5 左右。

七、思考题

该方法为何被认为是迟缓发酵乳糖细菌的快速鉴定方法？

实验 64　含碳化合物的利用试验

一、实验目的

学会测定某菌能否利用某一含碳化合物的方法。

二、实验原理

细菌能否利用某些含碳化合物作为唯一碳源，反映该菌是否含有代谢这种含碳化合物有关的酶，因而可作为鉴定的依据。做这项测定的基础培养基配方很多，因菌的种类而异。培养基可制成液体分装试管，也可加 1.5% ~ 2% 水洗琼脂制成平板。可用来测定的底物种类很多，有单糖类、双糖类、糖醇类、脂肪酸类、羟基酸类、各种有机酸类、醇类、各种氨基酸类、胺类以及碳氢化合物等。糖的含量一般为 1%，醇类、酚类等底物在培养基中含量一般为 0.1% ~ 0.2%，氨基酸的含量一般为 0.5%。因碳氢化合物不溶于水，可在液体中振荡培养，或加入45℃左右的固体培养基中，用力振荡后立即倒成平板。有些底物不宜加压灭菌，可用过滤法灭菌后加入无菌的基础培养基中，某些醇类和酚类则不须灭菌。

三、实验材料

1. 菌种

大肠杆菌（*E.coli*）和枯草芽孢杆菌（*B.subtilis*）。

2. 培养基

细菌基础培养基（附录Ⅱ-56）。试验时，往基础培养基中加糖类 1%，或醇、酚 0.1% ~ 0.2%，或氨基酸 0.5%。

四、实验方法与步骤

将实验菌种首先制成悬液，以避免带入少量碳源而干扰实验结果。平板接种用接种环点种，液体培养用直针接种。每一测定菌都必须接种未加碳水化合物的空白基础培养基作对照。适温培养 2，5，7d 后观察。

五、实验结果与分析

凡测定菌在有碳水化合物的培养基中的生长情况明显超过在空白基础培养基的生长量者为阳性，否则为阴性。如两种培养基上生长情况差别不明显，可在同一培养基上连续移种三次，如差别仍不明显，则为阴性。

六、注意事项

需根据培养基的不同成分，选择不同的灭菌方法。

七、思考题

为何要将实验菌株制成悬液以减少碳源干扰？

实验 65 丙二酸盐试验

一、实验目的

1. 了解丙二酸钠试验的用途及原理。
2. 学习丙二酸钠试验的操作技术。

二、实验原理

由于微生物的酶系统不同，故有的菌能利用醋酸盐作为碳源，有的则不能。当醋酸盐被分解利用后，培养基中产生碱性物质，使培养基显碱性，促使培养基中酸碱指示剂溴麝香草酚蓝由绿色变为蓝色。可用此反应来鉴别有关的微生物。

三、实验材料

1. 菌种

大肠杆菌（*Escherichia coli*）及沙门氏菌（*Salmonella* sp.）。

2. 培养基

丙二酸钠培养基（附录Ⅱ-57）。

3. 其他

酒精棉球、酒精灯、接种环、恒温箱等。

四、实验方法与步骤

取丙二酸钠培养基试管三支，于其上分别做好培养基名称和"大肠杆菌""沙门氏菌"及"空白对照"等标记。然后对应地将菌种接入丙二酸钠培养基试管中，连同空白对照置37℃恒温箱中培养48h观察结果。

五、实验结果与分析

培养基由绿色变为蓝色者，表明实验菌能利用醋酸盐作为碳源，故丙二酸钠实验结果为阳性，记作"+"号，培养基不变蓝色者为阴性，记做"-"号。将观察结果以表格方式记录。

六、注意事项

由于产碱量少，可能造成观察困难，一定要进行空白对照实验。

七、思考题

当醋酸盐被分解利用后，产生碱性物质主要为何物质?

实验66 葡萄糖铵试验

一、实验目的

1. 了解葡萄糖铵试验的用途及原理。

2. 学习掌握葡萄糖铵试验的操作技术。

二、实验原理

有的菌能利用铵盐作为氮源而生长，有的菌则不能，在葡萄糖铵培养基中，磷酸二氢铵是唯一的氮源，故以能否在该培养基上生长来作为鉴别有关的细菌的依据之一。

三、实验材料

1. 菌种

大肠杆菌（*Escherichia coli*）和福氏志贺菌（*Shigella flexneri*）。

2. 培养基

葡萄糖铵培养基（附录Ⅱ-58），普通营养琼脂斜面。

3. 其他

酒精棉球、酒精灯、接种针、无菌生理盐水8mL（2支）。

四、实验方法与步骤

1. 做标记

取葡萄糖铵培养基、普通营养琼脂斜面、无菌生理盐水各两支，分别于其上做好培养基名称和菌名等标记。

2. 制备菌悬液

将菌种相应接入生理盐水管内，研磨并搅动使其均匀。要求每一接种环内，含菌数在 20~100 个为宜（或肉眼观察不见混浊）。

3. 接种

用无菌接种环分别取大肠杆菌菌液一环，在对应的葡萄糖铵斜面培养基和普通营养琼脂斜面培养基上划线接种，并以同样方法接种志贺菌。

4. 培养

将接种好的试管置（36±1）℃恒温箱内培养 24h，观察结果。

五、实验结果与分析

在葡萄糖铵斜面上有正常大小菌落生长者，为葡萄糖铵试验阳性，记做"+"号；不生长或只生长为极微小的菌落，而在对照培养基上生长良好者，为阴性，记做"−"号，将观察结果以表格形式记录。

六、注意事项

配制培养基时注意不能混入其他氮源。

七、思考题

葡萄糖铵培养基中各成分的作用分别是什么？

实验 67　动力试验

一、实验目的

1. 了解动力试验的用途及原理。

2. 学习动力试验的操作技术。

二、实验原理

某些细菌具有鞭毛，它是细菌的运动器官，这些细菌可以在半固体培养基中游动，却又不能任意游走。进行动力试验，是有关菌种鉴定的依据之一。

三、实验材料

1. 菌种

大肠杆菌（*Escherichia coli*）和某种八联球菌（*Sarcina* sp.）

2. 培养基

半固体琼脂（附录Ⅱ-59）。

3. 其他

酒精棉球、接种针、酒精灯、恒温箱等。

四、实验方法与步骤

将试验菌种以穿刺方式接种于半固体琼脂培养基中，置 37℃培养 1~3d，进行观察。

五、实验结果与分析

将培养好的试管，举至眼的高度，仔细观察，如果菌只在穿刺线上生长，边缘十分清晰，则表示被测试菌株无运动性，即为阴性；如菌由穿刺线向四周呈云雾状扩散，则表示被试验菌株有运动性，即为阳性。

六、注意事项

注意琼脂含量，需为半固体培养基。

七、思考题

细菌的运动原理是什么？

实验 68　耐盐试验

一、实验目的

1. 了解耐盐性试验的用途及原理。
2. 学习耐盐性试验的操作技术。

二、实验原理

某些细菌耐渗透压的能力很强，即耐盐的能力较强。因此，在检验这些菌时，对可疑菌先做一下耐盐性试验，必要时再做生化试验，则能减少很大的工作量。

三、实验材料

1. 菌种

大肠杆菌（*Escherichia coli*）和副溶血性弧菌（*Vibrio parahaemolyticus*）。

2. 培养基

耐盐性试验培养基（附录Ⅱ-60），NaCl 浓度可取 0、3%、7%、9%、11% 等。

3. 其他

酒精棉球、酒精灯、接种环、恒温箱等。

四、实验方法与步骤

取各种浓度的嗜盐性培养基试管各 3 支，1 支作为空白对照，其他两支分别接入大肠杆菌和副溶血性弧菌。连同对照试管均放于 37℃恒温箱中培养 24h，观察结果。

五、实验结果与分析

将同一盐浓度的 3 支试管举起对光观察，与空白对照比较，观察试管内培养液的混浊程度。澄清者为阴性。

六、注意事项

每支试管接种时尽量保证接种量相近。

七、思考题

相比其他微生物，细菌为何耐受渗透压能力更强？

实验 69　TTC 试验

一、实验目的

1. 了解 TTC 试验（或称氯化三苯基四氮唑盐酸盐试验）的用途及反应原理。
2. 学习 TTC 试验的操作技术。

二、实验原理

某些细菌菌体内含有脱氢酶，能将相应的作用物氧化。TTC 为无色化合物，它可以接受脱氢酶所得的氢，形成红色的甲䏡。脱氢酶的有无或多少，直接影响红色的有无或深浅。而且甲䏡不再被氧气所氧化，所以试验不必在无氧或密闭的条件下进行。

三、实验材料

1. 菌种

空肠弯曲菌（*Campylobacter jejuni*）和肠道弯曲菌（*Campylobacter intestinalis*）。

2. 培养基

TTC 琼脂平板培养基（附录Ⅱ-47）。

3. 其他

酒精棉球、酒精灯、接种环、恒温箱、小层析缸、一小段蜡烛、凡士林少许、镊子等。

四、实验方法与步骤

1. 取 TTC 琼脂平板两个，将试验的空肠弯曲菌和肠道弯曲菌分别以划线法接种于其上。

2. 将上步平板倒放于洁净的层析缸内，于其上放一空培养皿，然后将蜡烛点燃放于空皿上，立即盖严层析缸盖，并用凡士林封口（因空肠弯曲菌在微氧环境下生长），将层析缸送入43℃保温箱中培养48h，观察结果。

五、实验结果与分析

在 TTC 平板上生长为红色菌落者为 TTC 试验阳性；非红色菌落者为阴性。

六、注意事项

由于实验结果所产红色可能较浅，造成观察困难，一定要进行空白对照。

七、思考题

由氯化三苯基四氮唑盐酸盐变为甲䏡，此为何种类型反应？

二、　酵母菌和霉菌的分类鉴定

实验 70　真核微生物 18S rRNA/ITS 序列的分离及测序分析

一、实验目的

1. 学习丝状真菌 DNA 的提取方法。

2. 了解真核微生物 18S rRNA/ITS 序列的分离及序列分析过程。

二、实验原理

首先提取真核微生物染色质 DNA 做为模板，用特定引物对 18S rRNA/ITS 序列片段进行PCR 扩增，然后采用 Sanger 双脱氧法对 PCR 扩增产物进行测序。

三、实验材料

1. 菌种

黑曲霉（*Aspergillus niger*）。

2. 18S rRNA 扩增引物

正向引物：5′-CCAACCTGGTTGATCCTGCCAGTA-3′

反向引物：5′-CCTTGTTACGACTTCACCTTC CTCT-3′

3. ITS 扩增引物

参见第一章实验 16。

4. 其他材料

参见第一章实验 16。

四、实验方法与步骤

参见实验 16。

五、实验结果与分析

1. 列出黑曲霉 18S rRNA 的核苷酸序列。

2. 分析黑曲霉与其他相关真菌的亲缘关系。

六、注意事项

在进行 DNA 提取过程中，规范操作，避免 DNA 被降解，从而影响 PCR 结果。

七、思考题

1. 影响 DNA 提取效率的关键操作是什么？

2. 如何能够高效获得 PCR 产物？

实验 71　利用微生物快速测定仪对真菌进行分类

一、实验目的

1. 了解酵母菌和霉菌在分类鉴定时，菌种培养和菌悬液制备的方法。

2. 学习并掌握读数仪读取微孔培养板的结果。

3. 学习使用 BIOLOG MicroLog 软件，掌握数据库使用方法。

二、实验原理

在第一章实验 16 描述基础上，对于真核微生物如酵母菌和霉菌还需要通过读数仪读取碳源物质被同化后的变化（即浊度的变化），以进行最终的分类鉴定。

三、实验材料

1. 菌种

酵母菌、霉菌各 1 株。

2. BIOLOG 专用培养基

BUY 培养基（附录Ⅱ-54），可由 BIOLOG 公司购买。

3. 2% 麦芽汁琼脂培养基。

4. 试剂

BIOLOG 专用菌悬液稀释液、麦芽糖、麦芽汁提取物、琼脂粉、蒸馏水等。

四、实验方法与步骤

1. 斜面培养物的准备

使用 BIOLOG 推荐的培养基和培养条件，对待测真菌进行斜面培养。

（1）培养基　酵母菌使用 BUY 培养基；

　　　　　　丝状真菌使用 2% 麦芽汁琼脂培养基。

（2）培养温度　选择不同真菌生长最适宜的培养温度；

（3）培养时间　酵母 72h，丝状真菌 10d。

2. 制备特定浓度的菌悬液

将对数生长期的酵母以及丝状真菌孢子转入 BIOLOG 专用菌悬液稀释液中，使菌悬液浓度与标准悬液浓度具有同样的浊度。

3. 微孔板接种

酵母菌采用 YT（专门鉴定酵母用的板）板、霉菌采用 FF（专门鉴定丝状真菌的板）板。使用八道移液器，将菌悬液接种于微孔板的 96 孔中。接种量为 100μL，接种过程不能超过 20min。

4. 真菌培养

按照 BIOLOG 系统推荐的培养条件进行培养，并根据经验确定培养时间。

五、实验结果与分析

1. 读取结果

按照操作说明读取培养实验结果。如果认为自动读取的结果与实际明显不符，可以人工调整域值以得到认为是正确的结果。

2. 结果解释

软件将对 96 孔板显示出的实验结果按照与数据库的匹配程度列出鉴定结果，并在 ID 框中进行显示，如果实验结果与数据库已鉴定的菌种都不能很好匹配，则在 ID 框中就会显示 "No ID"。

3. 评估鉴定结果的准确性，若鉴定结果不理想，分析其可能原因。

六、注意事项

1. 进行鉴定的微生物必须是纯种。

2. 操作过程中，严格注意无菌操作，杂菌的污染会干扰结果。

3. 为了获得可靠的鉴定结果，必须确保待检菌种为活菌。

七、思考题

1. 用 BIOLOG 分类鉴定系统能够 100% 地鉴定出微生物的属名和种名吗？如果不能，还需要进行什么实验才能鉴定出菌株的种名？

2. 用 BIOLOG 方法鉴定酵母和霉菌时，菌体沉淀或菌丝是否会对检查结果产生干扰？如何避免？

实验 72　脂肪分解试验

一、实验目的

1. 了解脂肪分解试验的原理及应用。

2. 学习脂肪分解试验的操作技术。

二、实验原理

某些酵母能产生脂肪酶，分解脂肪形成脂肪酸，与培养基中的钙盐形成白垩状的脂肪酸钙沉淀。

三、实验材料

1. 菌种

解脂假丝酵母（*Candida lipolytica*）和酿酒酵母（*Saccharomyces cerevisiae*）。

2. 培养基

果罗德科瓦（Gorodkowa）培养基（见附录Ⅱ-61）。

3. 其他

牛脂（或猪油）、酒精棉球、酒精灯、恒温箱、冰箱、接种环等。

四、实验方法与步骤

将牛脂（或猪油）熔化后，取 0.5mL 注入热的无菌培养皿中（培养皿可置于水浴上保温），使成一均匀的薄层，放入冰箱中冷却 2h。然后取果罗德科瓦培养基 15~20mL，熔化并冷却到 45℃后，细心倒在油层上，待凝固后划线接种，28℃下培养数天后观察。

五、实验结果与分析

若在划线处呈现不透明的脂肪酸钙白垩状沉淀，表明该菌可分解脂肪，本试验阳性。

六、注意事项

本实验周期较长，需设置多个平行实验和重复实验。

七、思考题

产脂肪酶的酵母菌可以应用于哪些工业领域？

实验 73　类淀粉化合物形成试验

一、实验目的

1. 了解类淀粉化合物形成的测定原理及应用。
2. 学习类淀粉化合物形成的测定试验操作技术。

二、实验原理

某些酵母可以合成类淀粉化合物，遇碘呈蓝色反应，故可以作为酵母分类的一个指标。

三、实验材料

1. 菌种

酿酒酵母（*Saccharomyces cerevisiae*）和热带假丝酵母（*Candida trpicalis*）。

2. 培养基

产生类淀粉化合物培养基（附录Ⅱ-62）。

3. 试剂

10% 三氯化铁水溶液。

4. 其他

路哥氏碘液、酒精棉球、酒精灯、接种针、培养箱等。

四、实验方法与步骤

本实验常用方法有两种：固体法和液体法。

1. 固体法

取产生类淀粉化合物培养基斜面试管和平板培养基，在其上划线接入实验菌种，置 28℃ 下培养 1~2 周后，在表面上滴 1~2 滴路哥氏碘液。凡能产生类淀粉化合物的酵母，其生长的菌落周围便呈现出蓝色，为试验阳性。

2. 液体法

向产生类淀粉化合物的液体培养基中，接入一环供试酵母，28℃ 下培养 3 周，然后加入 1~2 滴路哥氏碘液，如颜色变蓝或紫，则证明该菌产生类淀粉化合物。

五、实验结果与分析

记录两株菌的颜色反应，并分析原因。

六、注意事项

路哥氏碘液配置后需避光保存。

七、思考题

1. 为何在菌种鉴定时要进行类淀粉化合物形成试验？

2. 合成类淀粉化合物酵母的应用价值是什么？

实验 74　尿素分解试验

一、实验目的

1. 了解尿素分解试验的原理及应用。

2. 学习尿素分解试验的操作技术。

二、实验原理

有些酵母能产生脲酶，可分解尿素而形成大量的氨，氨可使培养基的 pH 升高，使酚红指示剂变红。

三、实验材料

1. 菌种

酿酒酵母（*Saccharomyces cerevisiae*）和热带假丝酵母（*Candida tropicalis*）。

2. 培养基

水解尿素斜面培养基（附录Ⅱ-63）。

3. 其他

酒精棉球、酒精灯、接种针、恒温箱等。

四、实验方法与步骤

将供试酵母接种于水解尿素琼脂斜面培养基上，28℃ 培养，每天观察生长情况。

五、实验结果与分析

培养 4~5d 后，斜面上呈淡红色时，表明该菌能产生脲酶，分解尿素。

六、注意事项

保证培养基的 pH 准确，以便现象明显。

七、思考题

酵母菌产脲酶有何价值？

实验 75　杨梅苷分解试验

一、实验目的

1. 了解分解杨梅苷测定试验的原理及应用。

2. 学习分解杨梅苷测定试验的操作技术。

二、实验原理

杨梅苷又称熊果苷，该试验常作为酵母的分类依据，主要测定酵母 β-葡萄糖苷酶的活性。如果酵母将杨梅苷分解后，形成非糖体（羟基醌）遇到铁盐即变成暗褐色。本试验主要用于鉴定汉逊酵母属（Hansenula）、毕赤酵母属（Pichia）、假丝酵母属（Candida）、季也蒙酵母属（Guilliermondia）和酵母属（Saccharomyces）等。

三、实验材料

1. 菌种

酿酒酵母（Saccharomyces cerevisiae）和热带假丝酵母（Candida trpicalis）。

2. 培养基

杨梅苷琼脂培养基（附录Ⅱ-64）。

3. 试剂

10%三氯化铁水溶液。

4. 其他

酒精棉球、电炉、酒精灯、接种环、无菌滴管、培养箱等。

四、实验方法与步骤

将装有杨梅苷琼脂培养基的试管先融化，用无菌滴管向其内各加一滴三氯化铁水溶液，摆成斜面，待凝后，接入实验菌，置28℃下恒温培养一周后观察结果。

五、实验结果与分析

培养基呈现褐色者，说明该菌能分解杨梅苷，试验阳性；否则为阴性。

六、注意事项

由于实验周期较长，需进行多个平行以及空白对照实验。

七、思考题

1. 如何比较不同酵母 β-葡萄糖苷酶的活力？

2. 如果待测菌株不能分解杨梅苷，就一定不产 β-葡萄糖苷酶吗？不同的 β-葡萄糖苷酶是否具有底物水解特异性？

第八节　微生物传统诱变育种

一、概　　述

诱变育种不仅可以提高菌株的生产能力，而且还可以改进产品质量，扩大品种，简化生产工艺。其方法简便，收效显著。因此，在科学实验和生产上得到广泛应用。

微生物诱变育种，一般按照图 3-32 所示工作程序进行。

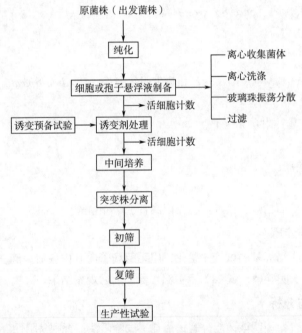

图 3-32　诱变育种工作程序

（一）出发菌株的选择及细胞悬浮液的制备

1. 出发菌株的选择

（1）从自然界分离出的野生型菌株，这种菌株对诱变剂敏感，易发生正相突变。

（2）通过生产选育，即由自发突变经筛选得到的菌株。这类菌株也属于野生型菌株，易收到好效果。

（3）经诱变处理的高产菌株，一般认为，诱变获得的高产菌株在诱变时易出现负突变，继续提高产量较难。常用回复突变或基因重组后，再作为诱变菌株，将会收到较好效果。

2. 染色体组倍数对诱变剂的效应

（1）选择单倍体细胞　变异性状除一部分为显性，大部分为隐性性状。如果是二倍体细胞，尽管两条同源染色体中有一条发生了隐性突变。由于另一条是正常的，其细胞表型并不发生改变或极少变化。因此,在一般突变试验中,应选易于表现出基因发生改变的单倍体细胞。如酵母二倍体细胞很稳定,应挑选异宗接合的单倍体菌株或用子囊孢子进行诱变。

(2)选择单核或细胞核尽量少的细胞 霉菌的菌丝虽然是单倍体,但是多核的。在这种细胞里,即使有一个核发生了隐性突变,因有其他野生型核的存在,仍会表现为野生型表型。在混有野生型和变异型的异核体中,有可能通过细胞分裂,分离出只有突变型的细胞来,得到表现出了变异的表型细胞。这种实际发生变异与变异表现出来相隔若干世代现象,称分离性表型延迟现象。核数目越少的细胞,分离性表型延迟的时间越短,越易分离出突变菌株。在霉菌的诱变中,多采用分生孢子或子囊孢子进行诱变处理。

3. 细胞悬浮液的制备

采用生理状态一致的单细胞或单孢子进行诱变处理,不但能使细胞均匀地接触诱变剂,还可以减少分离性表型延迟现象的发生。因此,诱变处理前的细胞应尽可能达到同步培养状态和对数培养期的状态。

一般处理细菌的营养细胞,采用生长旺盛的对数期细胞,其突变率高且重现性好。因此,细菌、酵母菌在诱变前,既要同步培养,又要使细胞处于对数期。真菌和放线菌的诱变,多使用单核的无性孢子。由于孢子的生理处于休眠状态,处理时力求使用刚刚成熟的孢子或事先经数小时培养的,脱离静止状态的孢子,会增强突变的效果。

根据所使用的诱变剂的不同,细胞悬浮液可用生理盐水或缓冲液配制。一般情况下,使用物理诱变剂处理时,用生理盐水配制细胞悬浮液;而使用化学诱变剂处理时,由于 pH 易引起诱变剂性质的改变而使用缓冲液配制细胞悬浮液。根据经验,一般诱变处理真菌的孢子或酵母菌的营养细胞,其悬浮液浓度为 10^6 个/mL;而细菌的营养细胞或放线菌孢子浓度为 10^8 个/mL。细胞悬浮液浓度可用平板活菌计数法或血球计数板法测定。也可用光密度法、电子技术法测定。根据实际选用适当的方法。

(二)诱变剂的选择及处理方式

1. 诱变剂的选择

要知道某一诱变剂是否有诱变作用以及诱变作用的强弱,最理想的方法当然是直接测定它对诱变某一菌株的实际效果。可是在具体工作中,此方法工作量大,又难于简单判断实验结果,因此,经常使用一些简便的操作方法来检测诱变效果,如营养缺陷型的回复突变、抗药性突变、形态突变和溶源细菌的裂解等方法测定。其中用抗药性突变作为筛选诱变剂的诱变效应强弱的指标比较方便。

应该指出,在诱变育种中,对诱变剂的要求应该是遗传物质改变较大,难于产生回复突变的诱变剂,这样获得的突变株性状稳定。NTG 或 EMS 等烷化剂虽然能引起高频度的变异,但它们多引起碱基对转换突变,得到的突变性状易发生回变;而那些能引起染色体巨大损伤和移码突变的紫外线、γ射线、烷化剂、吖啶类等诱变剂,确实显示了优越的性能。

尽管如此,目前在实际育种中,仍多使用 NTG 或 EMS 等化学诱变剂。据报道,有人用 EMS 处理棒状杆菌和枯草杆菌(处理 18h)在细胞存活率为 1.0×10^{-5} 时。突变率达 82.7% 用 NTG(浓度 1000μg/mL)处理谷氨酸产生菌 30min,营养缺陷型高达 49.6%。

2. 诱变剂量的选择

一切诱变剂都有杀菌和诱变双重效应。如果以诱变剂量为横坐标,细胞存活率和突变率为纵坐标,就可以看到,当细胞存活率高时,突变率往往随诱变剂量的增大而增大当达到某一数值时突变率反而下降。说明在诱变剂的使用中存在最适剂量。

一般认为，致死率在 70%~80% 或更低剂量，诱变效果较好。特别是经过多次诱变的高产菌株更是如此。在使用 NTG 或 EMS 等高效化学诱变剂时，其最适剂量也应在较低的致死率范围内。但是，对多核的细胞来说，剂量不宜过低。

3. 诱变处理方法的选择

（1）紫外线　是一种使用方便且诱变效果较好的物理诱变剂。通常在特制的诱变箱内进行，箱内上方装有 15W 紫外线灯，箱体放置磁力搅拌器一台，紫外线灯管下沿至搅拌器载物台面距离 30cm。

（2）5-溴尿嘧啶（5-BU）　是一类与碱基结构相类似的诱变剂。其突变作用是通过活细胞的代谢活动掺入 DNA 分子中引起的，使用方法如下：

①配制 5-BU 溶液，加入无菌生理盐水微热溶解，使浓度为 2mg/mL。

②将培养至对数期的细胞在缓冲液或生理盐水中培养过夜，耗尽自身游离营养物质。

③将 5-BU 加热到融化并冷却至 60℃ 的固体培养基中，使最终浓度为 10~20μg/μL，制成平板，将②菌液适当稀释涂于平板上使细胞在生长过程中引起诱变。

（3）亚硝酸　亚硝酸极不稳定，以分解为水和亚硝酸酐，亚硝酸酐继续分解为 NO 和 NO_2，而失去诱变作用。因此需要临时将 $NaNO_2$ 在 pH4.5 醋酸缓冲液中生成 HNO_2

$$NaNO_2 + H^+ \longrightarrow HNO_2 + Na^+$$

诱变后，采用大量水稀释或用 NaOH 或 Na_2HPO_4 终止亚硝酸作用。亚硝酸易挥发，诱变处理时必须用密封容器。操作方法如下：

①配制醋酸缓冲液、亚硝酸钠溶液和磷酸氢二钠溶液：

1mol/L pH4.5 的醋酸缓冲液　称取 1mol/L 醋酸溶液 126mL，加入 1mol/L 醋酸钠溶液 126mL；

0.1mol/L 亚硝酸钠溶液　称取 0.69g $NaNO_2$ 定容于 100mL 蒸馏水中；

0.07mol/L pH8.6 Na_2HPO_4　称取 9.94g Na_2HPO_4（相对分子质量 142）定容于 100mL 蒸馏水中。

将以上三种溶液灭菌备用。

②取细胞悬浮液 2mL，加入 1mL 0.1mol/L $NaNO_2$ 溶液，加入 1mL pH4.5 醋酸缓冲液（$NaNO_2$ 浓度为 0.025mol/L），27℃ 保温处理一定时间。

③处理一定时间后，取 2mL 处理液加入 pH8.6 Na_2HPO_4 溶液，调整 pH 至 7，诱变作用终止。

④适当稀释后涂平板或进行中间培养。

（4）硫酸二乙酯（DES）

①菌悬液制备：将细菌接入肉汤液体培养基中，震荡培养过夜。离心收集菌体，将细胞悬浮于 pH7.0 磷酸缓冲液中，制成细胞浓度为 10^8 个/mL 菌悬液。

②取 4mL 菌悬液，加入 16mL pH7.0 磷酸缓冲液，加入 0.2mL DES，30℃ 处理一定时间。

③取 1mL 处理液，放入 20mL 肉汤培养基中培养过夜或直接稀释涂平板。

注意：硫酸二乙酯有毒，切勿口吸接触皮肤。

（5）亚硝基胍（NTG）

在适当条件下，NTG 能在较低的死亡率下得到较高的突变率。因此，经常用来诱变筛选某些氨基酸、核苷酸等营养缺陷型菌株。

在不同条件下，NTG 的诱变效率及突变率不同。例如 pH<5 时，NTG 形成 HNO_2；在碱性条件下，形成重氮甲烷（CH_3N_2），能使 DNA 分子烷化，引起突变。在 pH6.0 时，以上二者均不形成。此时其诱变效应是 NTG 自身作用于核蛋白所致。其操作方法如下：

①制备 1~10mg/mL NTG 溶液（现用现配）称取 10mgNTG，加入 2~4 滴胺甲醇溶液，于水浴充分溶解，加入 5mL 蒸馏水，使 NTG 浓度为 2mg/mL。

②培养 10h 呈对数生长的细菌，离心收集菌体，以 pH6.0 Tris-HCl 或醋酸缓冲液制成浓度为 10^8 个/mL 的菌悬液。

③取 5mL 菌悬液，加入 5mL NTG 溶液（NTG 最适浓度为 1mg/mL）。

④30℃保温处理一定时间后，离心收集菌体，用无菌水洗涤数次，以终止 NTG 的诱变作用。

⑤直接稀释涂平板或以肉汤培养过夜，稀释涂平板。

（6）盐酸氮芥

①配制缓冲液和解毒液：

缓冲液：称 $NaHCO_3$67.8mg，溶于 10mL 蒸馏水中，灭菌备用。

解毒液：称 $NaHCO_3$136mg，甘氨酸 120mg 溶于 200mL 蒸馏水中，灭菌备用。

②将两只小瓶加塞灭菌：称取 10mg 盐酸氮芥，加入一只小瓶中，加入蒸馏水 2mL，其浓度为 5mg/mL。

③取 1mL 浓度为 10^8 个/mL 菌悬液于另一只小瓶中，加入 0.6mL 缓冲液，在加入 0.4mL 盐酸氮芥溶液，塞进塞子摇匀，氮芥作用浓度为 1mg/mL。

④反应 30s 后，开始计算诱变时间，处理一定时间，吸取 0.1mL 处理液于 9.9mL 解毒液中终止诱变作用。

⑤适当稀释后涂平板。

注意：氮芥对人体有毒，切勿接触皮肤。

（7）氯化锂（LiCl） 氯化锂为易溶于水的白色粉末，易潮解。其诱变机制尚不清楚。但与紫外线、乙烯亚胺、羟胺、硫酸二乙酯复合诱变处理能收到良好效果。其诱变方法如下：

①将 0.3%~0.5% LiCl 加入冷却至 60℃的固体培养基中，制成平板。

②将细胞悬浮液涂于平板即可。

表 3-12 列出了各种化学诱变剂常用浓度和处理时间等参考条件。

表 3-12　　　　　　　　　各种化学诱变剂常用浓度和处理时间

诱变剂	诱变剂的浓度	处理时间	缓冲液	终止反应方法
亚硝酸	0.01~0.1mol/L	5~10min	pH4.5 1mol/L 醋酸缓冲液	pH8.6, 0.07mol/L NaH_2PO_4溶液
硫酸二乙酯 （DES）	0.5~1%（体积分数） 0.1%（体积分数）	15~30min 孢子 18~24min	pH7.0 磷酸缓冲液	硫代硫酸钠 或大量稀释
甲基磺酸乙酯 （EMS）	0.05~0.5mol/L	10~60min 孢子 90~12min	pH7.0 磷酸缓冲液	硫代硫酸钠 或大量稀释

续表

诱变剂	诱变剂的浓度	处理时间	缓冲液	终止反应方法
亚硝基胍 （NTG）	0.1~1.0mg/mL 孢子 3mg/mL	15~60min 90~120min	pH7.01mol/L 磷酸 或 Tris-HCl 缓冲液	大量稀释
亚硝基甲基胍 （NMU）	0.1~1.0mg/mL	15~90min	pH7.0 磷酸/ Tris-HCl 缓冲液	大量稀释
氮芥	0.1~1mg/mL	5~10min		甘氨酸或大量稀释
乙烯胺亚	1:1000~1:10000	30~60min		稀释
羟胺	0.1%~5%	数小时或生长过程 中引起突变		稀释
氯化锂	0.3%~0.5%	加入培养基中，长 过程中突变		稀释
秋水仙碱	0.01%~0.2%	加入培养基中，长 过程中突变		稀释

上面是单一诱变因子的处理方法。关于几种诱变剂交替的处理方法介绍如下。

（1）紫外线与光复活的交替处理　应用光复活现象能使紫外线诱变作用明显增强。当用一次紫外线处理后，光复活一次会降低突变率，但增加紫外线照射剂量再次照射时，发现突变率增加了。若多次紫外线照射后，并在每一次照射后进行一次光复活，突变率将大大提高。例如，链霉素生产菌经 6 次光复活交替处理，结果突变率由初始的 14.6% 提高到 35%。

（2）复合处理　诱变剂的复合处理呈现一定的协同性，如表 3-13 所示。复合处理有以下几种方式：两种或多种诱变因子先后使用；两种或两种以上诱变剂的交替使用；同一种诱变剂先后使用；两种或两种以上诱变剂的交替使用等。

表 3-13　　　　　　　复合处理和分别处理对金霉素的诱变效果的比较

诱变剂	菌落数	突变菌落数	突变率/%
二乙烯三胺（1:10000，28℃，处理 4h）	105	6	6.06
硫酸二乙酯（0.01mol/L）	224	28	12.7
紫外线（30cm，15min）	328	40	12.5
二乙烯三胺+紫外线	428	111	26.6
硫酸二乙酯+紫外线	2005	719	35.86
对照（不处理）	712	35	5.12

4. 中间培养

突变基因的出现不意味着突变表型的出现，表型的改变落后于基因改变的现象，称为表型延迟。其原因有分离性延迟或生理性延迟。为了克服表型延迟，必须将诱变处理的菌液进行中间培养。即将一定量的菌液接入完全液体培养基中培养过夜。

（三）突变型菌株的分离

1. 营养缺陷型菌株的分离

营养缺陷型菌株分离筛选，一般为诱变处理、中间培养、淘汰野生型、缺陷型的检出和鉴定等步骤。

（1）营养缺陷型的浓缩　此过程的目的在于选择性地去除中间培养后群体细胞中的野生型（原养性）细胞，即淘汰野生型细胞，从而提高缺陷型细胞分离和检出效率。浓缩缺陷型的方法有：青霉素法、D-环丝氨酸法、五氯酚法、亚硫酸法、制霉素法、脱氧葡萄糖法、过滤法、差别杀菌法。

（2）营养缺陷型菌株的检出　经浓缩处理的菌液中，只是营养缺陷型比例增大，但并不是每个细胞都是缺陷型，还要通过一定的方法分离检出。缺陷型细胞的检出方法有很多，主要有逐个检出法、夹层培养法、限量补充法、影印接种法等。

（3）营养缺陷型的鉴定

①氨基酸、维生素、核酸碱基三大营养要求的鉴定：将生长在完全培养基斜面上的待测营养缺陷型细胞或孢子，用无菌水洗下离心收集菌体，充分洗涤离心后，制成细胞浓度为 $10^6 \sim 10^8$ 个/mL 的悬浮液。取 1mL 悬浮液于培养皿中，倾入 15mL 融化并冷却至 40~50℃ 的基本培养基，充分混匀凝固后，即制得含菌的待测平板。在平板背面用记号笔划分三个区域，然后在平板的三个区域上分别贴上蘸有氨基酸、维生素、核酸水解物的滤纸片。经培养后，发现某一物质的滤纸片周围出现微生物生长圈，说明该待测菌株在生长时需要补充该添加的营养物质，该菌株即某营养物质的营养缺陷菌株，如图 3-33 所示。

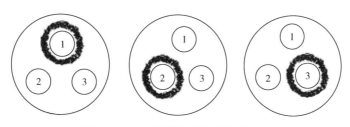

图 3-33　三大类营养素物质缺陷鉴定
1—氨基酸混合液　2—水溶性维生素混合液　3—核酸水解物

②单一氨基酸营养缺陷型的确定：一般采用生长谱法进行测定。具体操作见第二章实验③。

在鉴定营养缺陷时，营养物质的添加浓度如表 3-14 所示。

表 3-14　营养缺陷型菌株所需营养的添加浓度

营养物质类型		对各类菌生长时所添加的浓度/（mg/L）			
		A	B	C	D
氨基酸类	赖氨酸	10	50	70	30
	精氨酸	10	50	80	35
	甲硫氨酸	10	50	70	30

续表

营养物质类型		对各类菌生长时所添加的浓度/（mg/L）			
		A	B	C	D
氨基酸类	胱氨酸	50	50	120	100
	亮氨酸	10	50	70	30
	异亮氨酸	10	50	70	30
	缬氨酸	10	50	60	25
	苯丙氨酸	10	50	80	35
	酪氨酸	10	50	90	40
	色氨酸	10	50	100	100
	组氨酸	10	70	80	35
	苏氨酸	20	50	60	500
	谷氨酸	10	50	90	30
	脯氨酸	10	50	60	25
	天冬氨酸	10	50	70	30
	丙氨酸	10	50	40	20
	甘氨酸	10	50	40	15
	丝氨酸	10	50	50	25
	羟脯氨酸	10	50	70	30
维生素类	硫胺素	0.001	3	0.5	0.2
	烟酰胺	0.1	1	1	0.2
	核黄素	0.5	4	1	0.2
	吡哆醇	0.1	2	0.5	0.2
	泛酸	0.1	5	2	0.2
	生物素	0.001	2	0.002	0.002
	对氨基苯甲酸	0.1	1	0.1	0.2
	胆碱	2	1	2	25
	肌醇	1	2	4	10
核酸碱基类	腺嘌呤	10	15	70	30
	黄嘌呤	10	15	80	30
	次黄嘌呤	10	15	70	30
	鸟嘌呤	10	15	60	30
	胸腺嘧啶	10	10	60	25
	尿嘧啶	10	10	60	25
	胞嘧啶	10	10	60	25

注：A：大肠杆菌；B：天蓝色链霉菌；C：构巢霉菌；D：啤酒酵母。

2. 抗性突变株的分离

抗性突变包括抗药性突变、抗噬菌体突变、抗代谢结构类似物突变等。这里主要介绍抗药性突变株和抗代谢结构类似物突变株的分离和筛选。

（1）抗药性突变株的分离

①制备含不同药物浓度的培养基平板，将培养至对数培养期的菌液（一般浓度 $10^6 \sim 10^8$ 个/mL）涂布于平板上培养。

②确定菌的增殖几乎完全被抑制所需的最低药物浓度平板，以此药物浓度作为该药剂的临界用量。

③制备多个含有这种药物浓度的培养基平板，取诱变处理过的细胞悬浮液 0.1mL，涂于平板上，在适当温度下培养数日，挑出稀疏的长出的菌落。

对于那些无法找到临界用量的药剂，一般采用 Siybalski 等设计的一种梯度平板法进行分离。即在培养皿中加入 10mL 完全琼脂培养基，倾斜培养皿使培养基刚好可以流到另一端，在这种状态下使其凝固 [图 3-34（1）]。然后放平培养皿，再倒入 10mL 含有完全抑制野生型菌株的最低药物培养基，制成梯度平板 [图 3-34（2）]。在其上涂布诱变后的菌液 0.1mL。培养后，会出现 [图 3-34（3）] 所示的图像。在临界剂量以下时，对药物敏感的细胞能大量生长，而在药物高浓度区域，只有少数菌落生出，这可视为抗药性突变。

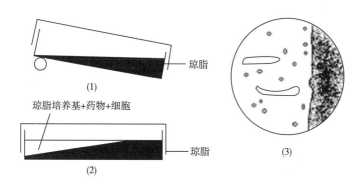

图 3-34 Siybalski 梯度浓度平板的制备和抗性菌株的分离

（2）抗代谢结构类似物突变株的分离 抗代谢结构类似物突变可分为两大类：一类是发生了使酶蛋白结构对反馈抑制脱敏的突变，而这种酶在该代谢系统中起关键作用；另一类是酶蛋白自身合成所受的反馈阻遏抑制脱敏的突变。确切地讲，前者的突变发生在调节酶的结构基因上，致使无需诱导物（或辅助诱导物）存在下，酶就合成了，这种突变亦称组成型突变。一般应用筛选代谢结构类似物抗性菌株的方法将这类突变株分离出来。其操作方法同抗药性突变株分离方法。

3. 呼吸缺失突变株的分离

分离呼吸缺失突变株的方法是：将葡萄糖琼脂培养基（1% 葡萄糖、1.5% 琼脂）融化并冷却至60℃，加入终浓度 0.05% 三苯基四唑盐酸盐（TTC），混匀，使温度降至45~50℃，小心地倾倒已生长好菌落的琼脂平板上（一般用量为 10mL）。凝固后于30℃保温培养 2~3h。结果野生型菌落（呼吸型）由于能还原 TTC 而呈现红色菌落；呼吸缺失型由于不能还原 TTC 而呈现白色菌落。此外，呼吸缺失突变株没有氧化利用碳源的能力，在除了糖之外的加有甘油、乙酸盐、乳酸盐的培养基上不能生长。

4. 温度敏感型突变株的分离

一般情况下，不管何种突变都会发生温度敏感突变。这种突变是由于产生了对温度敏感的酶蛋白（如 DNA 聚合酶、氨基酸活化酶等）所造成的。此种酶蛋白在某一温度下有活性，而在另一温度下是钝化的。其原因是这些酶蛋白的肽链中更换了几个氨基酸，从而降低了原有酶抗热性之故。分离温度敏感突变株，可在诱变后将全部培养物放在低温下（大肠杆菌 30℃，霉菌、酵母菌 25℃）培养并以固体平板分离。从该平板复制两个相同的检测平板，其一在上述低温条件下培养，另一个放在较高温度下（大肠杆菌 40℃，霉菌、酵母菌 35℃）培养。观察两平板上相应位置菌落形态的不同，即可鉴定温度敏感突变株。

5. 产量性状突变株的分离

在产量性状诱变育种中，诱变处理后的微生物群体中，将会出现各种突变类型的个体。但其中绝大多数个体是负向突变。要将其中少数的产量提高较为显著的正向突变个体筛选出来确实很难。为了花最少时间，最少工作量取得最大成效就要设计和采用效率较高的筛选方案和适宜的筛选方法。

一般认为筛选过程可分为初筛和复筛。前者以量（选留菌株的数量）为主，后者以质（测定数据的精度）为主。例如，在工作量限度为 200 只摇瓶的具体条件下，为了取得较高工作效率，有人提出以下筛选方案：

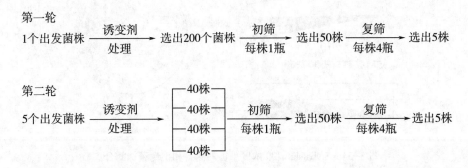

第三轮、第四轮（同第二轮）

以上筛选工作可重复进行多轮，直至获得良好结果为止。采用这种筛选方案，不仅可以通过较少的工作量得到较好的菌株，而且还可以使某些眼前产量虽不很高，但有发展前途的优良菌株不致落选。

（1）初筛方法的简化

①根据形态突变淘汰低产菌株：对于放线菌、霉菌、形成不产孢子的突变株，可立即淘汰。因为它们会引起生产上的接种困难。

在某些菌落形态突变与生产性能相关的情况下，可直接在平板上选择高产菌株。例如，在灰黄霉素生产菌的选育中，暗红色的菌落变深者产量就高。又如，含有可溶性紫色色素的赤霉素产生菌的菌落，其赤霉素产量降低。从以上例子可以看出形态与产量的相关性。但就目前的研究，多数突变株菌落外观形态与生理的相关性还不明了。

②根据在平板上的直接反应挑选高产菌株：所谓平板上的直观反应系指每个菌落产生的代

谢产物与培养基内的指示剂作用后的变色圈、透明圈、生长圈、抑菌圈或沉淀圈。因为它可以粗略地表示菌落产生的某些生理物质活性的高低，所以常作为初筛的标志。

在微生物产量诱变育种中，初筛平板的设计及初筛方法的选定对结果的影响甚大，因此应努力地创造性地设计初筛方法。

（2）复筛　对突变株的生产性能作比较精细的测定称为复筛。

二、突变菌株的分离

实验76　大肠杆菌链霉素抗性标记制作

一、实验目的

通过大肠杆菌（*Escherichia coli*）抗药性菌株的选育学习利用基因突变制作抗性遗传标记的方法。

二、实验原理

链霉素的作用靶点为细菌的核糖体亚基，细菌对链霉素产生抗性往往是由于核糖体亚基结构发生改变。而核糖体结构的改变又会导致蛋白翻译效率以及细菌细胞的其他生理代谢变化，如魔斑效应等。另外还会导致一些次级代谢产物的合成。制作链霉素抗性标签在工业菌种选育中具有非常重要的意义。

三、实验材料

1. 菌株

大肠杆菌（*E. coli*）K_{12}。

2. 培养基

（1）含有终浓度为100、200、300、400、500μg/mL链霉素的肉汤固体培养基。

（2）含有终浓度为100、200、300、400、500μg/mL链霉素的肉汤液体培养基。将其分装于100mL三角瓶中，每瓶10mL，每一浓度做5瓶。

四、实验方法与步骤

1. 前培养

将经活化的 *E. coli* K12 菌株斜面1环，接种于装有10mL肉汤液体培养基的250mL三角瓶中37℃培养14 h，使细胞处于对数增殖期。

2. 细胞悬浮液制备

取10mL培养液，离心（3000r/min，10min）收集菌体，用无菌水离心洗涤2次，之后将菌体充分悬浮于10mL无菌水中，调整细胞浓度为10^8个/mL。

3. 诱变处理

取10mL细胞悬浮液于 φ90培养皿中，于紫外线下照射1min。

4. 中间培养

（1）取1mL处理液于10mL肉汤培养基中，37℃培养12h。

（2）取1mL菌液，分别接于含有最终浓度分别为100、200、300、400、500μg/mL链霉素（链霉素母液浓度为5000mg/mL）的肉汤培养基中于37℃培养12h。

5. 抗药性菌株的分离

（1）吸取上述培养的菌液 0.1mL，对应地涂布于含有相同浓度链霉素的肉汤固体平板上，置于37℃培养 2~3d。

（2）将平板长出的菌落（每一浓度任意挑选5株），分别接种到含有相应浓度链霉素的肉汤液体培养中，37℃培养过夜。

（3）分别取上述培养液 0.1mL，涂布于含有相应浓度链霉素肉汤固体平板上，37℃培养 1~2d。

6. 抗药性菌株的鉴定

（1）将平板上的菌落，用牙签对应点接到含有相应浓度链霉素的肉汤固体平板上和不含有链霉素的肉汤固体平板上，37℃培养 1~2d，观察对应平板上菌落生长情况。

（2）在 2 个平板上对应位置均有菌落生长的为链霉素抗性菌落（Str^r）。如仅在含有链霉素平板上生长，而在不含链霉素平板的相对位置不形成菌落的，则为链霉素依赖性菌落（Str^r）。

五、实验结果与分析

1. 分析链霉素对原始菌株以及突变菌株的最低抑菌浓度（MIC）。
2. 比较链霉素抗性突变株和原始菌株的生长差异及菌落形态差异。

六、注意事项

1. 实验之前一定要确定原始菌株对链霉素的敏感程度，即链霉素的最低抑制浓度。
2. 中间培养过程中要避光培养。

七、思考题

结合实际工作讨论抗生素抗性标志制作的意义？

实验 77　反馈抑制调节突变型赖氨酸高产菌株筛选

一、实验目的

学习应用代谢终产物的结构类似物的选择性培养基筛选抗反馈抑制突变性菌株的方法，提高赖氨酸生产菌株的产量。

二、实验原理

北京棒状杆菌（*Corynebacterium Pekinese*）A.S1563 菌株是生产使用的赖氨酸生产菌种，它是高丝氨酸缺陷型（hom$^-$），赖氨酸产量比野生型高得多。但由于存在着终产物赖氨酸和苏氨酸的协同反馈抑制的自我调节作用，不利于赖氨酸进一步积累（见图 3-35）。用理化因子处理后，通过含有 S-（2-氨基乙酸）-L-半胱氨酸（AEC）的选择性培养基平板，可以筛选到抗反馈抑制的突变株。因为 AEC 是赖氨酸的结构类似物，因此在含有一定浓度的 AEC 平板生长的抗 AEC 菌落，能消除赖氨酸的反馈抑制，从中可以筛选到赖氨酸高产菌株。在选择性培养基中还应该补加少量苏氨酸，以起协同反馈抑制作用。

三、实验材料

1. 菌种

北京棒状杆菌（*Corynebacterium pekinense*）A.S1563 高丝氨酸缺陷型（hom$^-$）。

2. 培养基

（1）肉汤培养基（见附录Ⅱ-20）。

（2）含有 AEC 的培养基：含有 AEC 浓度分别为 2~15mg/mL 的肉汤固体培养基。

四、实验方法和步骤

1. 菌体前培养

将经活化的菌种斜面 1 环，接种于装有 20mL 肉汤培养基的 250mL 三角瓶中，30℃振荡培养 16~18h。取 1mL 培养物转接入另一只装有 20mL 肉汤培养基的 250mL 三角瓶中，30℃振荡培养 6~8h，使细胞处于对数增殖期。

2. 细胞悬浮液的制备

取 20mL 培养液，离心（3500r/min，10min）收集菌体，将菌休用生理盐水离心洗涤 2 次，最后将菌体充分地悬浮于 20mL 生理盐水中，调整细胞浓度为 10^8 个/mL。

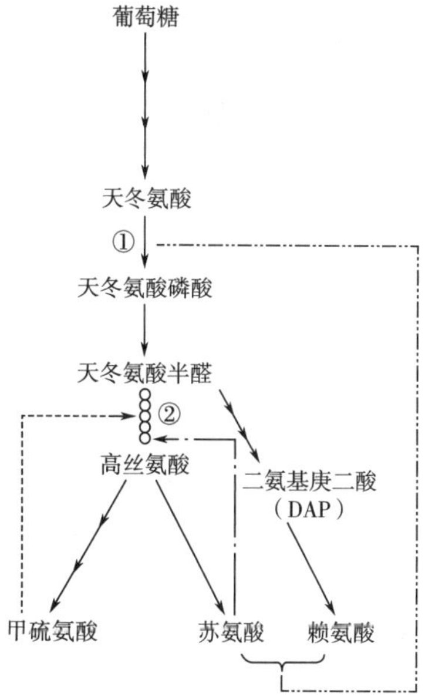

3. 紫外线诱变处理

各取 10mL 细胞悬浮液于 ϕ90 的培养皿中，置于诱变箱中进行紫外线诱变，照射时间为 30s 和 60s（具体操作参照第一部分实验 22）。

图 3-35 赖氨酸生物合成的代谢途径
①—天冬氨酸激酶 ②—高丝氨酸脱氢酶
------、— · —反馈抑制 ------协同反馈抑制

4. 测定紫外线的杀菌率

分别取处理菌液 1mL，做适当稀释，以倾注法测定细胞存活数。同时，以同样的方法测定处理前的细胞悬浮液浓度。最后计算细胞存活率。

5. 抗 AEC 突变株的筛选

（1）AEC 药物临界浓度的确定　将处于对数增殖期的菌液 0.1mL 分别涂布于含有终浓度 2~15mg/mL 的各个 AEC 肉汤固体平板上，于 30℃培养 2d，观察平板上的菌落生长情况。如果在某一浓度下形成菌落，而在其后一个较高浓度的平板上不形成菌落，那么该浓度就为此菌株的药物临界浓度，也称该药物的最小抑制浓度（MIC）（本实验所用菌株对 AEC 药物临界浓度为 5mg/mL）。

（2）取处理后菌液（不经稀释）和处理前菌液各 0.1mL，分别涂布于含有终浓度为 5mg/mL 的 AEC 肉汤固体培养基平板上（每一剂涂 5 皿或者更多），30℃避光培养 4~5d，观察各平板上菌落生长情况。在含有 AEC 的肉汤培养基平板上生长的菌落，即为 AEC 抗性突变株（AEC^R）。

6. AEC 抗性突变株生成赖氨酸能力的测定参照有关赖氨酸生产工艺和检测方法进行。

五、实验结果与分析

1. 分析赖氨酸高产突变株生产赖氨酸的能力。

2. 分析比较 AEC 药物对原始菌株以及赖氨酸高产突变株的最低抑制浓度。

六、注意事项

ACE 药物具有一定毒性，操作时避免用手直接接触或吸入。

七、思考题

探讨为何用 AEC 进行赖氨酸高产突变株的筛选？

实验 78　反馈抑制调节突变型卡那霉素高产菌株的选育

一、实验目的

通过耐高浓度卡那霉素的卡那霉素链霉菌的选育，学习选育耐高浓度自身代谢产物的抗反馈抑制突变株的方法。

二、实验原理

微生物通过反馈阻遏和反馈抑制等自我调节机制，使代谢产物不能过量积累。通过基因突变可以消除某些代谢的反馈阻遏和反馈抑制，使某些特定的代谢产物得以大量积累，从中筛选出高产的突变株。为此目的，除了筛选抗代谢产物结构类似物突变型外，也可以直接筛选耐高浓度自身代谢产物的抗反馈抑制或抗反馈阻遏突变性菌株。

为了提高突变率，先用理化因子对出发菌株做诱变处理，将菌液涂布于含较高浓度代谢终产物的固体培养基平板上，选出耐高浓度代谢终产物的突变株。此法简便而高效。

卡那霉素链霉菌的孢子耐自身代谢终产物卡那霉素水平一般为 500mg/mL。理化因子处理后，涂布于含有 800mg/mL 卡那霉素的琼脂平板上，复筛得到抗较高浓度药物的突变株。最后，在含有 1 万~10 万 μg/mL 卡那霉素琼脂平板上筛选耐高浓度卡那霉素的抗反馈阻遏和抗反馈抑制的突变株。

三、实验材料

1. 菌种

生产使用的卡那霉素链霉菌（*Streptomyces kanamyceticus*）77-1-35 或 77-12-41 菌株。

2. 培养基

（1）斜面培养基　葡萄糖 1%，蛋白胨 0.5%，牛肉膏 0.5%，琼脂 2%，NaCl 0.5%，pH7.2。

（2）分离用平板培养基　同斜面培养基组成。

（3）含卡那霉素分离用平板培养基

①卡那霉素母液的制备：称取卡那霉素粉剂 29g（含卡那霉素 690μg/mg），用蒸馏水溶解，定溶 50mL，使浓度为 400000μg/mL，用灭过菌的细菌漏斗过滤除菌。

②制备分别含卡那霉素 100、500、800、1000、4000、8000μg/mL 的分离用培。

养皿各 4 皿，含 1 万、5 万、10 万 μg/mL 卡那霉素（可直接加入粉剂）的分离培养基平板各 13 皿。

（4）摇瓶发酵培养基　黄豆粉 3%，麦芽糖 2.5%，NaNO₃0.8%，ZnSO₄0.01%，淀粉 2.5%，pH7.2。

四、实验方法和步骤

1. 出发菌株性能测定

（1）将分离纯化好的卡那霉素链霉菌斜面种子 1 环，接种于摇瓶培养基中，27℃、240r/min 旋转摇床上培养 144h，测定其生物效价。

（2）出发菌株耐自身代谢终产物水平的测定用 10mL 生理盐水将出发菌株斜面上的孢子洗下，倒入装有玻璃珠的 250mL 三角瓶中，充分摇动，使孢子分散成单个孢子，之后用新华 1 号滤纸过滤，得单孢子悬浮液。

各取 0.1mL 孢子悬浮液，分别涂布于含有 100、500、800μg/mL 卡那霉素的分离培养基平板上（每个浓度做三皿），27℃培养 6~8d，观察平板上菌落生长情形。如果在某一浓度的平板上形成菌落，而下一较高浓度的平板上不形成菌落，该浓度就是选定的初筛药物浓度。该菌株耐卡那霉素浓度为 800μg/mL。

2. 诱变处理

可用紫外线、NTG、EMS、^{60}Co γ 射线等作为诱变剂。本实验采用 ^{60}Co γ 射线作为诱变剂。

按方法 1（2）所述方法制备孢子悬浮液，各取 2mL 分装 4 只试管中，其中 1 支做对照，其他三个进行 ^{60}Co γ 射线照射。所用剂量为 0.5 万、1 万、5 万伦琴。

3. 测定 ^{60}Co γ 射线的杀菌率

将对照和诱变处理过的菌液作适当稀释，各取 0.1mL 涂布于分离用培养基平板上（每个稀释度做 3 皿），27℃培养 2~3d，计算细胞存活率。

4. 初筛

出发菌株在含有 800μg/mL 卡那霉素的分离培养基平板上不生长，取此浓度为做初筛含卡那霉素分离琼脂平板。取经处理后的原菌液和对照菌液各 0.1mL，涂布于含有 800μg/mL 卡那霉素的分离琼脂平板上（每个样品 10 皿），27℃培养 6~8d。统计生长的抗性菌落，挑入斜面保存。

5. 第一次复筛

制作含卡那霉素 1000、4000、8000μg/mL 的分离培养基琼脂平板各 4 皿，将出筛菌株斜面孢子各取 1 环在平板上划线，每皿划 8 只菌，27℃培养 6~8d，挑选不同浓度的抗性菌株接入斜面保存，并进行摇瓶培养，测定卡那霉素产量，从中挑出 10 株产量较高菌株进行第 2 次复筛。

6. 第二次复筛

制作含 1 万、5 万、10 万 μg/mL 卡那霉素分离培养基平板各 10 皿。将选出的 10 株斜面孢子用生理盐水洗下，按前述方法制作孢子悬浮液。各取 0.1mL 涂布于上述含有高浓度卡那霉素分离培养基平板上，27℃培养 8d 后，观察结果。

7. 摇瓶发酵测定卡那霉素产量

将在含有 1 万、5 万、10 万 μg/mL 卡那霉素分离培养基琼脂平板上生长出的菌落进行摇瓶发酵，测定卡那霉素产量，从中筛选出耐高浓度卡那霉素的高产突变株。

五、实验结果与分析

1. 测定原始菌株以及卡那霉素高抗性突变株生产卡那霉素的能力。

2. 分析比较原始菌株与卡那霉素高抗性突变株的生长差异。

六、注意事项

链霉菌菌丝体为多核细胞，因此在筛选单克隆过程中往往需要对产生的孢子反复筛选。

七、思考题

探讨卡那霉素高抗突变株产生的原因及可能的分子机理？

实验 79　酿酒酵母呼吸缺失突变株的筛选

一、实验目的

理解基因突变可在核染色体上发生，也可在细胞质基因中发生；学习酿酒酵母呼吸缺失突变株选育方法。

二、实验原理

酿酒酵母（*Saccharomyces cerevisiae*）的呼吸缺失突变，是核染色体之外的细胞质遗传现象。由于基因突变，致使酿酒酵母细胞中线粒体缺少细胞色素 a、a_1、a_2 和 b，因此丧失了呼吸能力，表现在葡萄糖琼脂平板上所形成的菌落较野生型小。

吖啶类化合物、溴化乙锭等可诱发酵母细胞呼吸缺失突变。利用三苯基四氮唑盐酸盐（TTC）可以检出呼吸缺失突变菌株。野生型菌株，由于有正常的呼吸作用，可以还原 TTC 而变成红色菌株，呼吸缺失型菌株无此能力，因此菌落成白色。另外呼吸缺失株不能在以甘油为唯一碳源的培养基上生长，因此可利用这一特征鉴定呼吸缺失突变。

在酒精发酵生产中，利用呼吸缺失突变型菌株进行生产，可提高酒精得率。在酵母育种中，则利用呼吸缺失突变作为菌种的遗传标记。

三、实验材料

1. 菌种

酿酒酵母（*S. cerevisiae*）A. S1308 菌株。

2. 培养基

（1）酵母菌用完全培养基（YPD）（见附录Ⅱ—4）。

（2）含有吖啶黄素的 YEPD 培养基　YEPD 固体培养基灭菌后，加入终浓度为 1μg/mL 吖啶黄素或 20~30μg/mL 溴化乙锭。

（3）酵母菌甘油培养基（见附录Ⅱ—126）。

（4）TTC 底层培养基（见附录Ⅱ—127）。

（5）TTC 上层培养基（见附录Ⅱ—128）。

四、实验方法与步骤

1. 前培养

将经活化了的酿酒酵母 A. S1308 菌种斜面 1 环，接于 5mL YEPD 液体培养基中，30℃培养 24h。取 1mL 培养基转接于另一个盛有 5mLYEPD 液体培养基的试管中，30℃培养 12~16h，使细胞处于对数生长状态。

2. 诱变处理

取 1mL 培养液，作适当稀释（每皿约 100 个菌落）。取 0.1mL 菌液涂布于含有 1μg/mL 吖啶黄素或 20~30μg/mL 溴化乙锭的 YEPD 培养基平板上，30℃培养 2~3d。

3. 突变株的分离

将长出的菌落用影印接种法全部移至 TTC 底层平板或不含吖啶黄素的 YEPD 琼脂平板上，30℃培养 2~3d，待长出菌落。

4. TTC 上层培养基灭菌后，冷却至 60℃时，加入 TTC 染色剂溶液，混匀，立即小心的倾于上述长出菌落的 TTC 底层平板或 YPD 培养基平板上，30℃培养 2~3h，观察菌落颜色变化情况。

5. 呼吸缺失突变株的鉴定

（1）制作 YPD 培养基和甘油培养基固体平板，并在皿底背面划格（每皿 30 个格）。

（2）用牙签逐个从 TTC 双重平板挑取白色菌落，依次点接在 YPD 培养基平板的小格内，于 30℃培养 48h 后，用影印接种法将菌落全部转接至甘油培养基平板的相对位置上，30℃培养 2~3d，观察两皿菌落生长情况。凡在 YPD 平板上生成菌落，而在甘油平板的相对位置上未形成菌落者，即为呼吸缺失突变型菌株。将该菌落转接于 YPD 培养基斜面中保存。

（3）将呼吸缺失型突变菌株和野生型菌株 1 环分别接种于 5mL 甘油液体培养基中，30℃培养 2~3d，观察其发酵情况。野生型菌株能发酵甘油，发酵过程中有气泡发生；而呼吸缺失型菌株不能发酵甘油，液体中无气泡产生。

五、实验结果与分析

比较野生型菌株和呼吸缺失型突变菌株发酵甘油的情况以及两种菌的生长差异。

将实验结果记录于下表中：

菌株	生长量	能否发酵甘油	分析原因
野生型			
突变型			

六、注意事项

吖啶类化合物以及溴化乙锭等均为有毒化合物，并具有致癌性，因此操作时应注意操作规范。

七、思考题

探讨呼吸链缺失突变与乙醇发酵之间的关系？

实验 80　酱油曲霉温度敏感型突变株的筛选

一、实验目的

通过酱油曲霉温度敏感型突变株的选育，进一步理解生化条件突变的机理，学习温度敏感型突变株的育种方法。

二、实验原理

在诱变育种中，经常发现经诱变处理的少数霉菌形成不产孢子或产孢子很少的菌丝型菌落，但这些菌株产生的酶活力却很强。由于这种菌株不形成或很少形成分生孢子，给接种和扩大培养带来困难，应该被淘汰。但有的菌株在较低的温度下培养，可恢复其形成孢子的能力。这是一类温度敏感突变型菌株，这类菌株在实际生产中十分有用。关于其突变机制请参考本章第二节中温度敏感型突变株的分离的有关内容。

三、实验材料

1. 菌种

沪酿 3042 菌株。

2. 培养基

（1）米曲汁培养基（见附录Ⅱ-65）。

（2）酪素培养基（见附录Ⅱ-21）

（3）三角瓶麸曲培养基　冷榨豆饼55%，麸皮45%，水分90%（占总料量的百分数），充分润湿混匀。每300mL三角瓶装湿料20g，于0.12 MPa灭菌25min。

四、实验方法与步骤

1. 将经5~6d培养的新鲜的沪酿3042菌株米曲汁固定斜面上的孢子，用生理盐水洗下，二层纱布过滤，得孢子悬浮液，然后调整孢子悬浮液浓度为10^6个/mL。

2. 诱变处理

采用理化因素诱变处理孢子悬浮液（具体方法参照诱变剂的使用方法有关内容），要求剂量为细胞存活率为0.1%~1%。

3. 温度敏感型菌株的分离

（1）将诱变处理过的菌液适当稀释，取0.1mL涂布于米曲汁固体培养基平板上（每一个稀释度为3皿，每皿菌落不超过30个为宜），35℃培养3~4d，观察菌落生长情况。

（2）把在35℃培养后形成菌丝型的菌落点接在米曲汁固体琼脂平板上，置25℃培养3~4d，观察菌落生长情况。

（3）将在25℃培养，能形成丰满的分生孢子的菌落，接入米曲汁固体斜面，25℃培养3~4d，待孢子成熟后保存于4℃冰箱备用。

4. 初筛

将分离得到的保存于冰箱中的斜面孢子用生理盐水洗下，二层纱布过滤制得单孢子悬浮液，适当稀释（每皿不超过10个菌落）。取0.1mL涂布于酪素固体培养基平板上，35℃培养48h，测得菌落周围呈现的透明圈直径与菌落直径的比值（H/C值）。从中选出产蛋白酶活力强的菌株，将其转接米曲汁固体斜面上，25℃培养5~6d，保存，待复筛用。

5. 复筛（三角瓶麸曲培养）

将初筛获得的菌株斜面1环，接种于三角瓶麸曲培养基中，摇匀，于32℃培养12~13h，麸曲表面呈现少量白色菌丝时，进行第一次克瓶（即摇动瓶子，是物料松散，以便排出曲料中的CO_2和降温，有利于菌丝生长），继续培养至18h，进行第二次克瓶，之后继续培养至30h，用改良的Anson's法测定麸曲中的中性、碱性，酸性蛋白酶含量。每1诱变因子初筛得到的菌株，经复筛后选择5株优良菌株。作为另一诱变因子处理时的出发菌株。

五、实验结果与分析

1. 筛选蛋白酶活力强的突变株，比较突变菌株与野生型菌株的生长差异。

2. 测定突变株发酵麸曲中的中性、碱性、酸性蛋白酶含量。

六、注意事项

曲霉为多核、多倍体细胞，因此需要对筛选到的突变株进行纯化培养与分离。

七、思考题

1. 温敏型突变产生的分子机理?

2. 温敏型突变菌株在酱油发酵中的应用价值体现在哪些方面?

第九节　微生物现代育种

一、概　　述

　　微生物与生物产业的关系非常密切，菌株（细胞株）的优良直接关系到生物工程产品的好坏，甚至影响人们的日常生活质量，所以培育优质、高产的菌株（细胞）十分必要。分子水平的基因工程育种和细胞水平的基因组重组育种在优良菌株（细胞株）的选育上已经广泛应用。

　　基因工程育种系指将特定基因或性状导入缺乏此基因或特性之目标细胞的育种方法；因此利用基因工程技术进行微生物育种，可以突破种源的限制和种间杂交的瓶颈，创造新性状或新品种。基因组重组育种选用已知性状的供体和受体菌作为亲本，通过细胞杂交的方式实现细胞的遗传改良，利用细胞杂交育种还可以消除某一菌株作长期诱变处理后所出现的产量上升缓慢的现象。Genome shuffling 技术是近年来出现的一种基因组重组育种手段，它是 DNA shuffling 技术在全基因组水平上的延伸，它将改良的对象从单个基因扩展到整个基因组，因此可以在更广泛的范围内对菌株的目标性状进行优化组合。

（一）重组 DNA 中常用的工具酶

1. 限制性内切酶

　　要将两个不同来源的 DNA 分子重新组合在一起，形成一个重组 DNA 分子，首先就得利用合适的方法将两种 DNA 分子打断或切断。在基因克隆过程中，最常使用 DNA 断裂的方法就是利用限制性内切酶（restriction endonuclease），简称限制酶（restriction enzymes）。

　　限制性内切酶可特异地结合于一段被称为限制酶识别序列的 DNA 序列位点上并在此切割双链 DNA。绝大多数限制性内切酶识别长度为 4、5 或 6 个核苷酸且呈二重对称的特异序列，切割位点相对于二重对称轴的位置因酶而异。一些酶恰在对称轴处同时切割 DNA 双链而产生带平端的 DNA 片段，另一些酶则在对称轴两侧相对的位置上分别切断两条链，产生带有单链突出端（即粘端）的 DNA 片段。1 个单位限制性内切酶是指在最适条件下，在 $50\mu L$ 体积 1h 内完全切开 $1\mu g$ λ 噬菌体 DNA 所需的酶量。不同的限制性内切酶生产厂家往往推荐使用截然不同的反应条件，甚至对同一种酶也如此。但是，几乎所有的生产厂家都对其生产的酶制剂的反应条件进行过优化，因此购买的内切酶说明书上均有其识别序列和切割位点，同时提供酶切缓冲液（buffer，10×、5×）和最适条件，便于酶切反应的进行。

2. T4 DNA 连接酶

　　DNA 连接酶催化两条双链 DNA 片段相邻的 $5'$-磷酸和 $3'$-羟基间形成磷酸二酯键。在分子克隆中最有用的 DNA 连接酶是来自 T4 噬菌体的 DNA 连接酶，该酶需要 ATP 作为辅助因子。

　　T4 DNA 连接酶在分子克隆中主要用于：①连接具有同源互补黏性末端的 DNA 片段；②连接双链 DNA 分子间的平端。

（二）载体-宿主系统

　　载体（vector）是携带外源 DNA 进入宿主细胞进行扩增和表达的 DNA，它们一般是通过改造天然质粒、噬菌体或病毒等结构而构建的。

载体应具备的条件包括：

（1）能在适当的宿主细胞中复制；

（2）具有多种限制酶的单一切点（即所谓多克隆位点）以便外源 DNA 插入；

（3）具有筛选标志以区别阳性与阴性重组分子；

（4）载体分子较小，以便体外基因操作，同时载体 DNA 与宿主 DNA 便于分离；

（5）对于表达型载体还应具有与宿主细胞相适应的启动子、增强子、加尾信号等基因表达元件。

宿主细胞是基因克隆中重组 DNA 分子的繁殖场所，适当的宿主细胞，必须符合以下条件：

（1）载体的复制和扩增没有严格的限制；

（2）不存在特异的内切酶体系降解外源 DNA；

（3）在重组 DNA 增殖过程中，不会对它进行修饰；

（4）重组缺陷型，不会产生体内重组；

（5）容易导入重组 DNA 分子；

（6）符合重组 DNA 操作的安全标准。

二、 生物信息数据库与查询

生物信息学是综合运用生物学、数学、物理学、信息科学以及计算机科学等诸多学科的理论方法的崭新交叉学科。生物信息学是内涵非常丰富的学科，其核心是基因组信息学，包括基因组信息的获取、处理、存储、分配和解释。基因组信息学的关键是"读懂"基因组的核苷酸顺序，即全部基因在染色体上的确切位置以及各 DNA 片段的功能；同时在发现了新基因信息之后进行蛋白质空间结构模拟和预测，然后依据特定蛋白质的功能进行药物设计。了解基因表达的调控机理也是生物信息学的重要内容，根据生物分子在基因调控中的作用，描述人类疾病的诊断、治疗内在规律。它的研究目标是揭示基因组信息结构的复杂性及遗传语言的根本规律，解释生命的遗传语言。生物信息学已成为整个生命科学发展的重要组成部分，成为生命科学研究的前沿，基因工程研究中经常需要进行生物信息数据库的查询与一些重要软件的使用，下面简单介绍一下生物信息学方面知识在基因工程研究中最基本的应用。

近年来大量生物学实验的数据积累，形成了当前数以百计的生物信息数据库。它们各自按一定的目标收集和整理生物学实验数据，并提供相关的数据查询、数据处理的服务。随着因特网的普及，这些数据库大多可以通过网络来访问，或者通过网络下载。一般而言，这些生物信息数据库可以分为一级数据库和二级数据库。一级数据库的数据都直接来源于实验获得的原始数据，只经过简单的归类整理和注释；二级数据库是在一级数据库、实验数据和理论分析的基础上针对特定目标衍生而来，是对生物学知识和信息的进一步整理。国际上著名的一级核酸数据库有 Genbank 数据库、EMBL 核酸库和 DDBJ 库等；蛋白质序列数据库有 SWISS-PROT、PIR等；蛋白质结构库有 PDB 等。国际上二级生物学数据库非常多，它们因针对不同的研究内容和需要而各具特色，如人类基因组图谱库 GDB、转录因子和结合位点库 TRANSFAC、蛋白质结构家族分类库 SCOP 等等。下面简要介绍一些常用的生物信息数据库。

1. 基因和基因组数据库

（1）Genbank　Genbank 库包含了所有已知的核酸序列和蛋白质序列，以及与它们相关的文献著作和生物学注释。它是由美国国立生物技术信息中心（NCBI）建立和维护的。它的数据直接来源于测序工作者提交的序列；由测序中心提交的大量 EST 序列和其他测序数据；以及与其他数据机构协作交换数据而来。Genbank 每天都会与欧洲分子生物学实验室（EMBL）的数据库，和日本的 DNA 数据库（DDBJ）交换数据，使这三个数据库的数据同步。Genbank 的数据可以从 NCBI 的 FTP 服务器上免费下载完整的库，或下载积累的新数据。NCBI 还提供广泛的数据查询、序列相似性搜索（BLAST）以及其他分析服务，用户可以从 NCBI 的主页上找到这些服务。

　　Genbank 库里的数据按来源约 55000 个物种，其中 56% 是人类的基因组序列（所有序列中的 34% 是人类的 EST 序列）。每条 Genbank 数据记录包含了对序列的简要描述，它的科学命名、物种分类名称、参考文献、序列特征表以及序列本身。序列特征表里包含对序列生物学特征注释如：编码区、转录单元、重复区域、突变位点或修饰位点等。所有数据记录被划分在若干个文件里，如细菌类、病毒类、灵长类、啮齿类，以及 EST 数据、基因组测序数据、大规模基因组序列数据等 16 类，其中 EST 数据等又被各自分成若干个文件。

　　NCBI 的数据库检索查询系统是 Entrez。Entrez 是基于 Web 界面的综合生物信息数据库检索系统。利用 Entrez 系统，用户不仅可以方便地检索 Genbank 的核酸数据，还可以检索来自 Genbank 和其他数据库的蛋白质序列数据、基因组图谱数据、来自分子模型数据库（MMDB）的蛋白质三维结构数据、种群序列数据集以及由 PubMed 获得 Medline 的文献数据。Entrez 提供了方便实用的检索服务，所有操作都可以在网络浏览器上完成。用户可以利用 Entrez 界面上提供的限制条件（Limits）、索引（Index）、检索历史（History）和剪贴板（Clipboard）等功能来实现复杂的检索查询工作。对于检索获得的记录，用户可以选择需要显示的数据，保存查询结果，甚至以图形方式观看检索获得的序列。更详细的 Entrez 使用说明可以在该主页上获得。

　　测序工作者可以把自己工作中获得的新序列提交给 NCBI，添加到 Genbank 数据库。这个任务可以由基于 Web 界面的 BankIt 或独立程序 Sequin 来完成。BankIt 是一系列表单，包括联络信息、发布要求、引用参考信息、序列来源信息、以及序列本身的信息等。用户提交序列后，会从电子邮件收到自动生成的数据条目，Genbank 的新序列编号，以及完成注释后的完整的数据记录。用户还可以在 BankIt 页面下修改已经发布序列的信息。BankIt 适合于独立测序工作者提交少量序列，而不适合大量序列的提交，也不适合提交很长的序列，EST 序列和 GSS 序列也不应用 BankIt 提交。BankIt 使用说明和对序列的要求可详见其主页面。大量的序列提交可以由 Sequin 程序完成。Sequin 程序能方便地编辑和处理复杂注释，并包含一系列内建的检查函数来提高序列的质量保证。它还被设计用于提交来自系统进化、种群和突变研究的序列，可以加入比对的数据。Sequin 除了用于编辑和修改序列数据记录，还可以用于序列的分析，任何以 FASTA 或 ASN. 1 格式序列为输入数据的序列分析程序都可以整合到 Sequin 程序下。在不同操作系统下运行的 Sequin 程序都可以在 ftp：//ncbi. nlm. nih. gov/sequin/下找到，Sequin 的使用说明可详见其网页。

　　NCBI 的网址是：http：//www. ncbi. nlm. nih. gov。

　　Entrez 的网址是：http：//www. ncbi. nlm. nih. gov/entrez/。

　　BankIt 的网址是：http：//www. ncbi. nlm. nih. gov/BankIt。

　　Sequin 的相关网址是：http：//www. ncbi. nlm. nih. gov/Sequin/。

　　（2）EMBL 核酸序列数据库　EMBL 核酸序列数据库由欧洲生物信息学研究所（EBI）维

护的核酸序列数据构成，由于与 Genbank 和 DDBJ 的数据合作交换，它也是一个全面的核酸序列数据库。该数据库由 Oracal 数据库系统管理维护，查询检索可以通过因特网上的序列提取系统（SRS）服务完成。向 EMBL 核酸序列数据库提交序列可以通过基于 Web 的 WEBIN 工具，也可以用 Sequin 软件来完成。

数据库网址是：http：//www. ebi. ac. uk/embl/。

SRS 的网址是：http：//srs. ebi. ac. uk/。

WEBIN 的网址是：http：//www. ebi. ac. uk/embl/Submission/webin. htmL。

2. 蛋白质数据库

（1）PIR 和 PSD　国际蛋白质序列数据库（PSD）是由蛋白质信息资源（PIR）、慕尼黑蛋白质序列信息中心（MIPS）和日本国际蛋白质序列数据库（JIPID）共同维护的国际上最大的公共蛋白质序列数据库。这是一个全面的、经过注释的、非冗余的蛋白质序列数据库，其中包括来自几十个完整基因组的蛋白质序列。所有序列数据都经过整理，超过 99% 的序列已按蛋白质家族分类，一半以上还按蛋白质超家族进行了分类。PSD 的注释中还包括对许多序列、结构、基因组和文献数据库的交叉索引，以及数据库内部条目之间的索引，这些内部索引帮助用户在包括复合物、酶-底物相互作用、活化和调控级联和具有共同特征的条目之间方便的检索。每季度都发行一次完整的数据库，每周可以得到更新部分。

PSD 数据库有几个辅助数据库，如基于超家族的非冗余库等。PIR 提供三类序列搜索服务：基于文本的交互式检索；标准的序列相似性搜索，包括 BLAST、FASTA 等；结合序列相似性、注释信息和蛋白质家族信息的高级搜索，包括按注释分类的相似性搜索、结构域搜索 GeneFIND 等。

PIR 和 PSD 的网址是：http：//pir. georgetown. edu/。

数据库下载地址是：https：//www. rcsb. org/。

（2）SWISS-PROT　SWISS-PROT 是经过注释的蛋白质序列数据库，由欧洲生物信息学研究所（EBI）维护。数据库由蛋白质序列条目构成，每个条目包含蛋白质序列、引用文献信息、分类学信息、注释等，注释中包括蛋白质的功能、转录后修饰、特殊位点和区域、二级结构、四级结构、与其他序列的相似性、序列残缺与疾病的关系、序列变异体和冲突等信息。SWISS-PROT 中尽可能减少了冗余序列，并与其他 30 多个数据建立了交叉引用，其中包括核酸序列库、蛋白质序列库和蛋白质结构库等。

利用序列提取系统（SRS）可以方便地检索 SWISS-PROT 和其他 EBI 的数据库。SWISS-PROT 只接受直接测序获得的蛋白质序列，序列提交可以在其 Web 页面上完成。

SWISS-PROT 的网址是：http：//www. ebi. ac. uk/swissprot/。

（3）PROSITE　PROSITE 数据库收集了生物学有显著意义的蛋白质位点和序列模式，并能根据这些位点和模式快速和可靠地鉴别一个未知功能的蛋白质序列应该属于哪一个蛋白质家族。有的情况下，某个蛋白质与已知功能蛋白质的整体序列相似性很低，但由于功能的需要保留了与功能密切相关的序列模式，这样就可能通过 PROSITE 的搜索找到隐含的功能 motif，因此是序列分析的有效工具。PROSITE 中涉及的序列模式包括酶的催化位点、配体结合位点、与金属离子结合的残基、二硫键的半胱氨酸、与小分子或其他蛋白质结合的区域等；除了序列模式之外，PROSITE 还包括由多序列比对构建的 profile，能更敏感地发现序列与 profile 的相似性。PROSITE 的主页上提供各种相关检索服务。

PROSITE 的网址是：http：//www. expasy. ch/prosite/。

（4）PDB　蛋白质数据库（PDB）是国际上唯一的生物大分子结构数据档案库，由美国 Brookhaven 国家实验室建立。PDB 收集的数据来源于 X 射线晶体衍射和核磁共振（NMR）的数据，经过整理和确认后存档而成。目前 PDB 数据库的维护由结构生物信息学研究合作组织（RCSB）负责。RCSB 的主服务器和世界各地的镜像服务器提供数据库的检索和下载服务，以及关于 PDB 数据文件格式和其他文档的说明，PDB 数据还可以从发行的光盘获得。使用 Rasmol 等软件可以在计算机上按 PDB 文件显示生物大分子的三维结构。

RCSB 的 PDB 数据库网址是：http：//www. rcsb. org/pdb/。

3. 基因工程重要软件的使用方法简介

（1）DNAMAN　DNAMAN 是一种常用的核酸序列分析软件。由于它功能强大，使用方便，已成为一种普遍使用的 DNA 序列分析工具，在基因工程和分子生物学实验中具有重要的作用。DNAMAN 的使用方法简介如下。

①将待分析序列装入 Channel：通过 File Open 命令打开待分析序列文件，则打开的序列自动装入默认 Channel。（初始为 channel1）可以通过激活不同的 channel（例如：channel5）来改变序列装入的 Channel。

②通过 Sequence/Load Sequence 菜单的子菜单打开文件或将选定的部分序列装入 Channel。通过 Sequence/Current Sequence/Analysis Defination 命令打开一个对话框，通过此对话框可以设定序列的性质（DNA 或蛋白质）、名称及要分析的片段等参数。

③以不同形式显示序列：通过 Sequence//Display Sequence 命令打开对话框，根据不同的需要，可以选择显示不同的序列转换形式。对话框选项说明如下：

Sequence &Composition 显示序列和成分

Reverse Complement Sequence 显示待分析序列的反向互补序列

Reverse Sequence 显示待分析序列的反向序列

Complement Sequence 显示待分析序列的互补序列

Double Stranded Sequence 显示待分析序列的双链序列

RNA Sequence 显示待分析序列的对应 RNA 序列

④DNA 序列的限制性酶切位点分析：将待分析的序列装入 Channel，点击要分析的 Channel，然后通过 Restriction/Analysis 命令打开对话框，选择酶等参数即可显示分析结果。

⑤DNA 序列比对分析（Dot Matrix Comparision）：要比较两个序列，可以使用 DNAMAN 提供的序列比对工具 Dot Matrix Comparision（点矩阵比较）。

⑥序列同源性分析：两序列同源性分析通过 Sequence/Two Sequence Alignment 命令打开对话框进行分析。多序列同源性分析通过打开 Sequence/MµLtiple Sequence Alignment 命令打开对话框进行分析。

⑦PCR 引物设计：首先，将目标 DNA 片段装入 Channel，并激活 Channel。点击主菜单栏中的 Primer 主菜单进行分析。

⑧画质粒模式图：我们常常要用到各种质粒图，无论是制作幻灯片，还是发表文章，常常需要质粒图。DNAMAN 提供强大的绘质粒图功能，能满足我们的需要。通过 Restriction/Draw map 命令打开质粒绘图界面进行画图。

（2）Vector NIT　Vector NIT 是一套功能强大，界面美观而又友好的分子生物学应用软件，可以为分子生物学研究项目的全过程提供数据组织、编辑和数据分析。该程序可进行基因序列常规分析，如 PCR 引物设计、酶切图谱分析、PRF 查找、翻译、反翻译，并且可进行图形操作，绘制质粒图谱并进行编辑修饰。下载地址：http：//vector-nti. software. informer. com/11. 0/。

以下举例使用 Vector NIT 软件导入新序列及一些常规操作。

①导入新分子：创建新分子的方法有 4 种：a. 用 GenBank/GenPept，EMBL/SWISS-PROT，FASTA ASCⅡ等格式输入 DNA 或氨基酸。b. 手工粘贴，然后保存到数据库中。c. 从其他分子、接头、载体中剪切、拼接构建。d. 从 DNA 或 RNA 分子的编码区翻译成蛋白质。

②常规简单操作：序列导入完成后，在桌面出现三个窗口，左上侧的窗口显示的是该序列的常规信息，上右侧窗口则以图形的格式展示序列的特征区及酶切图谱等。下面一个窗口显示的是序列：默认状态下以双链形式出现，也可以更改为单链显示。

③选择序列区域：在图形区域或序列区域直接拖动鼠标左键，同时在最下端的状态栏中显示出所选区域的范围。

④删除：选中后直接点击键盘上的 Delete 键，确认后即可删除。

⑤选中序列片段后，点击 Edit 菜单，用其中的命令可以完成对此片段的剪切、复制、删除、定义为新的特征区和用其他序列来代替等。

⑥当点在其一特定位置时，我们也可以在此位置插入新的序列：Edit – New – Insert Sequence as

⑦当希望序列显示单链时，点击 View–Show Both Strands。

（3）CodonW　生物体对于氨基酸同义密码子的编码广泛存在偏好性。计算密码子偏好性有很多软件，如 CUSP、SYCO、CHIPS 等，但都必须在 Unix/Linux 平台上运行，唯有 CodonW 能在 Window 平台运行，软件下载地址：http：//codonw. sourceforge. net/. 解压后使用，但此款软件没有开发图形化用户界面，程序只能以 DOS 命令行方式运行。现有 CodonW（http：//mobyle. pasteur. fr/cgi-bin/portal. py? form＝codonw#forms：：condonw）在线版供初学者学习使用，通常适合原核生物。

以下介绍该软件的简单操作：

● 输入序列：在 Swquence File 下面的文本框中粘贴（Plaste）或从数据库（DB）或通过文件（File）输入查询序列，输入的序列必须是编码序列。默认设置栏包括遗传密码，这里设定物种的密码子表。CodonW 可以设定计算编码基因的适应指数（CAI）、密码子偏爱指数（CBI）、最优密码子使用频率（Fop），这些指标具有物种特异性，不同物种的计算参数不一样。对于 Fop 及 CBI，CodonW 提供了 8 种原核生物供选择，而 CAI 仅提供 3 种。如需计算的物种不在此列，需手动计算相应的参数数值，并将计算到的值粘贴在相应的文本框中。

● 运算：参数设定之后，通过 Yes 或 No 来选择全部或部分指标，点击 RUN 进行运算。

在 seqfile. fasta. indices 结果文件中，CodonW 会列出 CAI、CBI、Fop、GC3s、GC 等参数数值。

（4）MEGA　MEGA 工具的主要功能包括序列数据的获取，多序列的比对，进化距离估计，系统进化树构建和分析。下载地址：http：//www. megasoftware. net/。

以下简单介绍该软件序列数据的获取和比对，进化距离的估计及系统进化树构建的操作。

● 打开本地文件：从 MEGA 安装目录，进入 MEGA 主界面，从 File 选项可打开本地的序列。

● 数据库直接检索：MEGA 可与 NCBI 网站直接相连，资源共享。点击工具栏 Align 中的 Query Databanks，链接 NCBI 网站，选择合算数据库，在搜索框中输入要对比的核苷酸序列号，每次搜索后会显示 GenBank 中序列的信息，然后点击 "Add to Alignment"，MEGA 会弹出一个序列标签窗口让你确认，点击 "OK"，序列比对窗口便自动导入序列。

● 多序列比对：完成多序列输入后，返回序列比对窗口，将已存在数据库中的序列全选，用 ClustaW 做多序列比对。在 ClustalW 参数设置中，可调整空位开放罚分和空位延伸罚分。运行结束后，比对窗口显示多序列比对结果，可将比对结果以 meg 格式倒出。

● 进化距离估计：打开 MEGA 主窗口，点击 "T⋯A⋯"，或点击 "File 中的 Open A File/ Session" 打开多序列比对结果文件，在状态栏可以看到一个当前打开的文件名称，点击后显示一个 ClustalW 多序列比对数据集。

关闭 Sequence Data Explorer，返回 MEGA 主窗口，点击 "Distance 中的 Compute Pairwise Distances"，设置两两序列比对参数，点击 "Compute"。运算完成后获得两两序列见的进化距离。

三、 基因工程基本操作

一个完整的基因工程基本操作主要包括以下 5 个步骤：

1. 获得待克隆的 DNA 片段（目的基因）

可通过建立基因文库分离靶基因、化学合成法制备 DNA 片段和 PCR 扩增等方法获得基因片段。

基因文库包括两类：基因组文库和 cDNA 文库，两种文库的建库过程不同，产生的基因结构也不同，因此应用范围也不相同。

（1）基因组文库 是含有某种生物体（或组织、细胞）全部基因的随机片段的重组 DNA 克隆群体。

用 λ 噬菌体载体构建基因组文库的基本步骤包括以下几个环节：

①准备载体 DNA（如置换型 λ 噬菌体载体），用适当的限制酶消化并分离得到载体的左右两臂。

②纯化真核细胞高分子质量 DNA，并用适当的限制酶部分消化。

③分离适当大小的基因组 DNA 片段（20~24kb）。

④连接载体与外源 DNA。

⑤连接产物体外包装及感染。

⑥基因组文库的扩增。

由于基因组文库包含了染色体的所有随机片段形成的重组 DNA 克隆，因此，利用适当的筛选方法，就可以从中找出携带所需目的基因片段的重组克隆。

（2）cDNA 文库 cDNA 是指以 mRNA 为模板，在逆转录酶的作用下形成的互补 DNA，以细胞的全部 mRNA 逆转录合成的 cDNA 组成的重组克隆群体称为 cDNA 文库。从 cDNA 文库可以获得较完整的连续编码序列（不含内含子），便于表达成蛋白质。

构建 cDNA 文库的主要步骤：①mRNA 分离；②cDNA 第一链合成；③cDNA 第二链合成；④载体与 cDNA 的连接；⑤噬菌体的包装及转染；⑥cDNA 文库的扩增和保存。

2. 目的基因与载体在体外连接

DNA 片段体外连接是重组 DNA 技术的关键。DNA 连接是由 DNA 连接酶催化完成的。

（1）黏性末端连接　如果载体和插入片段具有相同的黏性末端，则很容易用 DNA 连接酶连接成环状的重组 DNA 分子，但是要注意当载体和插入的两个末端均为同源的黏性末端时，连接后可能出现以下问题：载体自身环化，造成假阳性背景克隆，为避免此问题，可在连接前，用碱性磷酸酶将载体 DNA 5′-端去磷酸化，这样只有载体和插入片段之间才能发生连接；插入片段可双向插入；插入片段可多拷贝插入。

当 DNA 片段两端为非同源的黏性末端时，可实现定向克隆，这时的连接效率非常高，是重组方案中最有效和简捷的途径。

（2）平端连接　平端连接的优点是可用 T4 连接酶连接任何 DNA 平端，这对不同 DNA 分子的连接十分有利。因为除了相同或不同限制酶酶切产生的平末端分子外，含 3′-或 5′-突出的黏性末端也可以被补齐或削平，实现平端连接。

3. 重组 DNA 分子导入宿主细胞

体外连接的重组 DNA 分子必须导入适当的受体细胞中才能大量的复制、增殖和表达。根据所采用的载体的性质，将重组 DNA 分子导入受体可有不同的方法。

（1）转化　指以细菌质粒为载体，将外源基因导入受体细胞的过程。转化时，细菌必须经过适当的处理使之处于感受态，然后利用短暂热休克使 DNA 导入细菌宿主中。

此外还可用电穿孔法转化细菌，它的优点是操作简便、转化效率高、适用于任何菌株。

（2）转染和感染　利用噬菌体 DNA 作为载体时可经两种方式导入受体菌：一种是感染，即在体外将噬菌体 DNA 包装成病毒颗粒，然后使其感染受体菌；另一种方式是转染，即在 DNA 连接酶作用下使噬菌体 DNA 环化，再像重组质粒一样地转化进受体菌。

4. 筛选、鉴定阳性重组子

基因克隆的最后一步是从转化菌落中筛选出含有阳性重组子的菌落，并鉴定重组子的正确性。通过菌体培养以及重组子的扩增，获得所需的基因片段的大量拷贝。进一步研究该基因的结构、功能，或表达该基因的产物。

（1）抗药性标记的筛选　如果克隆载体带有某种抗药性标记基因（如 amp^r 或 tet^r），转化后只有含这种抗药基因的转化子细菌才能在含该抗菌素的平板上幸存并形成菌落，这样就可将转化菌与非转化菌区别开来。如果重组 DNA 时将外源基因插入标志基因内，该标志基因失活，通过有无抗菌素培养基对比培养，还可区分单纯载体或重组载体（含外源基因）的转化菌落。

（2）β-半乳糖苷酶系统筛选　很多载体都携带细菌的一段 lacZ 基因片段，它编码 β-半乳糖苷酶 N-端的 146 个氨基酸，称为 α-肽，载体转化的宿主细胞为 lacZΔ15 基因型，它表达 β-半乳糖苷酶的 C-端肽链，当载体与宿主细胞同时表达两个片段时，宿主细胞才有 β-半乳糖苷酶活性，使特异的底物 X-gal 变为蓝色化合物，这就是所谓的 α-互补，而重组子由于基因插入使 α-肽基因失活，不能形成 α-互补，在含 X-gal 的平板上，含阳性重组子的细菌为无色菌落或噬菌斑。

（3）菌落快速裂解鉴定法　从平板上直接挑选菌落裂解后，直接电泳检测载体质粒大小，判断有无插入片段存在，该法适于插入片段较大的重组子初筛。

（4）内切酶图谱鉴定　经初筛鉴定有重组子的菌落，小量培养后，再分离出重组质粒或重组噬菌体 DNA，用相应的内切酶切割，释放出插入片断；对于可能存在双向插入的重组子，还要用内切酶消化鉴定插入的方向。

（5）通过聚合酶链反应筛选重组子 一些载体的外源 DNA 插入位点两侧存在特定的序列，如启动子序列等，利用这些特异性序列作为引物，对小量制备的质粒 DNA 进行聚合酶链反应（PCR）分析，不但可迅速扩增插入片断，判断是否阳性重组子，还可直接对插入 DNA 进行序列分析。

（6）菌落或噬菌斑原位杂交 它是先将转化菌落或噬菌斑直接铺在硝酸纤维素膜或琼脂平板上，再转移至另一膜上，然后用标记的特异 DNA 探针进行分子杂交，挑选阳性菌落。该法能进行大规模操作，特别适于从基因文库中挑选目的基因。

5. 重组子的扩增与/或表达

利用适宜的培养基和培养条件，对重组子进行培养，检测目的产物的表达量或重组子的生产性能。

实验81 酵母菌 DNA 的提取及检测

一、实验目的

了解并掌握提取基因组 DNA 的原理和步骤。

二、实验原理

制备基因组 DNA 是进行基因结构和功能研究的重要步骤，通常要求得到的片段的长度不小于 100~200kb。在 DNA 提取过程中应尽量避免使 DNA 断裂和降解的各种因素，以保证 DNA 的完整性，为后续的实验打下基础。一般真核细胞基因组 DNA 有 $10^{7\sim9}$ bp，可以从新鲜组织、培养细胞或低温保存的组织细胞中提取，原理是在 EDTA 以及 SDS 等试剂存在下用蛋白酶 K 消化细胞，随后用酚抽提而实现的。本实验以甲醇毕赤酵母为例来学习真核生物总 DNA 的提取方法。

三、实验材料

1. 菌种

甲醇毕赤酵母（*Pichia methanolica*）。

2. 培养基

BMDY 培养基：蛋白胨 20g，葡萄糖 20g，酵母提取物 10g，100mmol 磷酸钾缓冲液（pH6），生物素 4×10^{-4} g。

3. 试剂

SCED 溶液：1mol/L 山梨醇，10mmol/L 柠檬酸钠（pH7.5），10mmol/L EDTA，10mmol/L DTT；1% SDS；饱和酚；氯仿/异戊醇；70% 及无水乙醇；7.5mol/L 醋酸铵；TE 缓冲液；Zymolyase。

4. 仪器

高速冷冻离心机、台式离心机、取液器、电泳仪、水平电泳槽、紫外观测仪。

四、实验方法与步骤

1. 接种甲醇毕赤酵母单菌落到装有 10mL BMDY 培养基的 250mL 三角瓶中，30℃培养至 $A_{600}=2\sim10$。

2. 室温下 3000r/min 离心 5min 收集菌体。

3. 用 10mL 无菌水洗涤菌体，室温下 3000r/min 离心 5min 收集菌体。

4. 细胞悬浮在 2mL SCED Buffer 中（pH7.5）。

5. 加入 0.1~0.3mg Zymolyase，37℃温育 50min。

6. 加入 2mL 1%SDS，轻柔混匀，冰浴 5min。

7. 加入 1.5mL 5mol/L 醋酸钾（pH8.9），轻柔混匀。

8. 4℃，10000r/min 离心 5min，收集上清液。

9. 将上清液转入另一支离心管，加入等体积的无水乙醇，室温作用 15min。

10. 温度 4℃，10000r/min 离心 20min。

11. 沉淀悬浮在 0.7mL 的 TE Buffer 中（pH7.4），转入 1.5mL 离心管中。

12. 小心加入等体积的苯酚：氯仿（1：1，V/V）混合液，4℃，10000r/min 离心 5min。

13. 上清液移入另一支离心管中，再加入等体积的氯仿：异戊醇（24：1，V/V），4℃，10000r/min 离心 5min。

14. 上清液移入另一支离心管中，加入 1/2 体积 7.5mol/L 醋酸铵（pH7.5），两倍体积无水乙醇。干冰中放置 10min 或-20℃放置 60min。

15. 4℃，10000r/min 离心 20min，用 1mL70% 乙醇洗涤沉淀两次。

16. 迅速空气干燥。每支管中加入 50μL TE 缓冲液（pH7.5）溶解沉淀。

17. 所提 DNA 进行琼脂糖凝胶分析，紫外观测仪观测，凝胶成像系统拍摄。

五、实验结果与分析

1. DNA 定量

DNA 在 260nm 处有最大的吸收峰，蛋白质在 280nm 处有最大的吸收峰，盐和小分子则集中在 230nm 处。因此，可以用 260nm 波长进行分光测定 DNA 浓度，A_{260} 值为 1 相当于大约 50μg/mL 双链 DNA。如用 1cm 光径，用 H_2O 稀释 DNA 样品 n 倍并以 H_2O 为空白对照，根据此时读出的 A_{260} 值即可计算出样品稀释前的浓度：DNA（mg/mL）=（50×A_{260}×稀释倍数）1000。

DNA 纯品的 A_{260}/A_{280} 为 1.8，故根据 A_{260}/A_{280} 的值可以估计 DNA 的纯度。若比值较高说明含有 RNA，比值较低说明有残余蛋白质存在。A_{230}/A_{260} 的比值应在 0.4~0.5，若比值较高说明有残余的盐存在。

2. 电泳检测

取 1μg 基因组 DNA 0.8% 琼脂糖凝胶电泳，检测 DNA 的完整性或多个样品的浓度是否相同。电泳结束后在点样孔附近应有单一的高分子量条带。

六、注意事项

1. 所有用品均需要高温高压，以灭活残余的 DNA 酶。

2. 所有试剂均用高压灭菌双蒸水配制。

3. 用大口滴管或吸头操作，以尽量减少打断 DNA 的可能性。

4. 用上述方法提取的 DNA 纯度可以满足一般实验（如 Southern 杂交、PCR 等）目的。如要求更高，可参考有关资料进行 DNA 纯化。

七、思考题

DNA 提取中用到的 SCED 溶液的作用是什么？

实验 82　丝状真菌总 RNA 的提取及检测

一、实验目的

了解并掌握提取真核生物 RNA 的原理和步骤。

二、实验原理

完整 RNA 的提取和纯化，是进行 RNA 方面的研究工作，如 Nothern 杂交、mRNA 分离、RT-PCR、定量 PCR、cDNA 合成及体外翻译等的前提。所有 RNA 的提取过程中都有五个关键点，即（1）样品细胞或组织的有效破碎；（2）有效地使核蛋白复合体变性；（3）对内源 RNA 酶的有效抑制；（4）有效地将 RNA 从 DNA 和蛋白混合物中分离；（5）对于多糖含量高的样品还牵涉到多糖杂质的有效除去。但其中最关键的是抑制 RNA 酶活力，RNA 酶极为稳定且广泛存在，因而在提取过程中要严格防止 RNA 酶的污染，并设法抑制其活性，这是本实验成败的关键。所有的组织中均存在 RNA 酶，人的皮肤、手指、试剂、容器等均可能被污染，因此全部实验过程中均需戴手套操作并经常更换（建议使用一次性手套）。所用的玻璃器皿需置于干燥烘箱中 200℃烘烤 2h 以上。凡是不能用高温烘烤的材料如塑料容器等皆可用 0.1% 的焦碳酸二乙酯（DEPC）水溶液处理，再用蒸馏水冲净。DEPC 是 RNA 酶的化学修饰剂，它和 RNA 酶的活性基团组氨酸的咪唑环反应而抑制酶活性。DEPC 与氨水溶液混合会产生致癌物，因而使用时需小心。试验所用试剂也可用 DEPC 处理，加入 DEPC 至 0.1% 浓度，然后剧烈振荡 10min，再煮沸 15min 或高压灭菌以消除残存的 DEPC，否则 DEPC 也能和腺嘌呤作用而破坏 mRNA 活性。但 DEPC 能与胺和巯基反应，因而含 Tris 和 DTT 的试剂不能用 DEPC 处理。Tris 溶液可用 DEPC 处理的水配制然后高压灭菌。配制的溶液如不能高压灭菌，可用 DEPC 处理水配制，并尽可能用未曾开封的试剂。除 DEPC 外，也可用异硫氰酸胍、钒氧核苷酸复合物、RNA 酶抑制蛋白等。此外，为了避免 mRNA 或 cDNA 吸附在玻璃或塑料器皿管壁上，所有器皿一律需经硅烷化处理。

细胞内总 RNA 制备方法很多，如异硫氰酸胍、热苯酚法等。许多公司有现成的总 RNA 提取试剂盒，其中 Trizol 法可快速有效地提取到高质量的总 RNA，适用于人类、动物和植物组织以及微生物细胞，样品量从几十毫克至几克。用 Trizol 法提取的总 RNA 绝无蛋白和 DNA 污染。RNA 可直接用于 Northern 斑点分析、斑点杂交、Poly（A）+分离、体外翻译、RNase 封阻分析和分子克隆。

三、实验材料

1. 菌种

黄孢原毛平革菌 *Phanerochaete chrysosporium* 5.776。

2. 培养基

黄孢原毛平革菌限氮培养基（1/L）：葡萄糖 0.2g，糊精 1.8g，酒石酸铵 24mmol，藜芦醇 3mmol，吐温 80 1g，醋酸缓冲液 10mmol（pH4.5），KH_2PO_4 4g，$MgSO_4 \cdot 7H_2O$ 0.2g，$CaCl_2 \cdot 2H_2O$ 0.4g，维生素 B_1 0.001g，微量元素混合液 70mL。

微量元素液（1/L）：氨基乙酸 0.5g，$MgSO_4 \cdot 7H_2O$ 3g，NaCl 1g，$FeSO_4 \cdot 7H_2O$ 0.1g，$CoSO_4$ 0.1g，$CaCl_2 \cdot 2H_2O$ 0.1g，$ZnSO_4 \cdot 7H_2O$ 0.1g，$CuSO_4 \cdot 5H_2O$ 0.01g，KAl$(SO_4)_2 \cdot 12H_2O$ 0.01g，H_3BO_3 0.01g，$Na_2MoO_4 \cdot 2H_2O$ 0.01g，$MnSO_4 \cdot H_2O$ 0.1g；维生素 A 经过滤除菌

后加入。

3. 试剂

（1）无 RNase 灭菌水　用将高温烘烤的玻璃瓶（180℃、2h）装蒸馏水，然后加入 0.01%（体积分数）的 DEPC，处理过夜后高压灭菌。

（2）75% 乙醇　用 DEPC 处理水配制 75% 乙醇，（用高温灭菌器皿配制），然后装入高温烘烤的玻璃瓶中，存放于低温冰箱。

（3）Trizol 试剂　异丙醇、氯仿。

4. 器皿

研钵、高速冷冻离心机、台式离心机、取液器、电泳仪、水平电泳槽、紫外观测仪。

四、实验方法与步骤

1. 总 RNA 的提取

（1）接种黄孢原毛平革菌 5.776 在限氮培养基中，34℃ 静置培养以诱导木质素过氧化物酶基因（*lip*H8）的表达。

（2）6d 后，过滤收集菌丝，菌丝用预先冷却的 DEPC 水洗涤数次（一般来说从新鲜的样本中总是能够得到预期质量的 RNA，但是没有保存在液氮或 -80℃ 冰箱中的样品是不可靠的。即使是保存在液氮或 -80℃ 冰箱中的样品，如果储存时间过长，或者取材时处理不得当，RNA 质量也会显著降低）。

（3）取 400mg 菌丝，加入含有 4mL Trizol 试剂的预冷匀浆管中，于冰浴中迅速匀浆，以充分破碎组织，然后将样品分装到 4 个 1.5mL 离心管中。

（4）在 15~30℃ 放置 5min，加入 0.2mL 氯仿，加盖，剧烈振荡 15s，然后在 15~30℃ 放置 2~3min。2~8℃ 12000r/min 离心 15min。

（5）将水相（上部）转至一个新管中，加入 0.5mL 异丙醇，沉淀 RNA，15~30℃ 放置 10min。然后 2~8℃12000r/min 离心 10min，凝胶样沉淀物为 RNA。

（6）吸出上清液，加入 1mL 75% 乙醇，旋涡振荡器混匀，2~8℃ 7500r/min 离心 5min。

（7）自然干燥 5~10min。用微量移液器吸头反复吸取溶解 RNA 于无 RNase 的水中，在 55~60℃ 保温 10min，-70℃ 保存。

2. 总 RNA 样本质检的前处理

溶于水的 RNA 样本直接进行质检。75% 乙醇保存的 RNA 样本 37℃ 迅速融化。在样本管中加入 1/10 体积的 3mol/L NaAc（pH5.2）混匀，-20℃ 放置 2h，4℃，12000r/min 离心 20min。小心弃去上清，加入 1mL 75% 乙醇洗一次，挥干乙醇，加适量水于 50℃ 水浴 10min 溶解 RNA。

3. 总 RNA 的吸光度分析（定量分析）

RNA 定量方法与 DNA 定量相似。RNA 在 260nm 波长处有最大的吸收峰。因此，可以用 260nm 波长分光测定 RNA 浓度，A_{260} 值为 1 相当于大约 40μg/mL 的单链 RNA。如用 1cm 光径，用 ddH$_2$O 稀释 DNA 样品 n 倍并以 ddH$_2$O 为空白对照，根据此时读出的 A_{260} 即可计算出样品稀释前的浓度：

$$RNA（mg/mL）= 40 \times A_{260} 读数 \times 稀释倍数（n）/1000$$

RNA 纯品的 A_{260}/A_{280} 的比值为 2.0，故根据 A_{260}/A_{280} 的比值可以估计 RNA 的纯度。若比值较低，说明有残余蛋白质存在；比值太高，则提示 RNA 有降解。

4. RNA 的电泳图谱

一般的 RNA 的电泳都是用变性胶进行的，如果仅仅是为了检测 RNA 的质量是没有必要进行如此麻烦的实验，用普通的琼脂糖胶就可以了。但是用于 RNA 电泳的电泳槽需做如下处理：先用 2%SDS 水溶液洗净，用双蒸水冲洗，再用无水乙醇干燥，灌满 3%H_2O_2 溶液，室温 10min 后，用 DEPC 处理过的水彻底冲洗电泳槽。电泳的目的是在于检测 28S 和 18S 条带的完整性和它们的比值，或者是 mRNA 弥散条带的完整性。一般的，如果 28S 和 18S 条带明亮、清晰、条带锐利（指条带的边缘清晰），并且 28S 的亮度在 18S 条带的两倍以上，则认为 RNA 的质量是好的。

5. 总 RNA 的保温实验（完整性分析）

以上是常用的两种方法，但是都无法明确指示 RNA 溶液中有没有残留的 RNA 酶。如果溶液中有非常微量的 RNA 酶，用以上方法很难察觉。由于后续的酶学反应多数在 37℃ 以上并且长时间进行，如果 RNA 溶液中存在非常微量的 RNA 酶，则在后续的实验中仍然会有水解 RNA。下面介绍一个可以确认 RNA 溶液中是否残留 RNA 酶的方法。

按照样品浓度，从 RNA 溶液中吸取两份 1000 ng 的 RNA 加入至 0.5mL 的离心管中，并且用 pH7.0 的 Tris 缓冲液补充到 10μL 的总体积，然后密闭管盖。把其中一份放入 70℃ 的恒温水浴中，保温 1h。另一份放置在 -20℃ 冰箱中保存 1h。然后，取出两份样本进行电泳，比较两者的电泳条带。如果两者的条带一致或者无明显差别（当然，他们的条带也要符合方法 3 中的条件），则说明 RNA 溶液中没有残留的 RNA 酶污染。相反，如果 70℃ 保温的样本有明显的降解，则说明 RNA 溶液中有 RNA 酶污染。

五、实验结果与分析

电泳检测分析提取的 RNA 的质量和纯度，结果附电泳图。

六、注意事项

1. 整个操作要戴口罩，最好使用一次性手套，并尽可能在低温下操作。

2. 加氯仿前的匀浆液可在 -70℃ 保存一个月以上，RNA 沉淀在 75% 乙醇中可于 4℃ 保存一周，-20℃ 保存一年。

七、思考题

实验过程中，避免 DNA 对实验结果影响的关键步骤及原理是什么。

实验 83　RT-PCR 获得真核生物的目的基因

一、实验目的

了解 RT-PCR 的基本原理，掌握 RT-PCR 的基本操作技术。

二、实验原理

RT-PCR 即逆转录-聚合酶链反应（Reverse Transcription-Polymerase Chain Reaction），以组织或细胞的总 RNA 中 mRNA 作为模板，采用 Oligo（dT）或随机引物利用逆转录酶反转录成 cDNA。再以 cDNA 为模板进行 PCR 扩增，可获得目的基因。RT-PCR 使 RNA 检测的灵敏性提高了几个数量级，使一些极为微量 RNA 样品分析成为可能。该技术主要用于：分析基因的转录产物、获取目的基因、合成 cDNA 探针、构建 RNA 高效转录系统。

（一）反转录酶的选择

1. Money 鼠白血病病毒（MMLV）反转录酶

有强的聚合酶活力，RNA 酶 H 活性相对较弱，最适作用温度为 37℃。

2. 禽成髓细胞瘤病毒（AMV）反转录酶

有强的聚合酶活力和 RNA 酶 H 活性，最适作用温度为 42℃。

3. *Thermus thermophilus*、*Thermus flavus* 等嗜热微生物的热稳定性反转录酶

在 Mn^{2+} 存在下，允许高温反转录 RNA，以消除 RNA 模板的二级结构。

4. MMLV 反转录酶的 RNase H⁻ 突变体

商品名为 SuperScript 和 SuperScript Ⅱ。此种酶较其他酶能多将更大部分的 RNA 转换成 cDNA，这一特性允许从含二级结构的、低温反转录很困难的 mRNA 模板合成较长 cDNA。

（二）合成 cDNA 引物的选择

1. 随机六聚体引物

当特定 mRNA 由于含有使反转录酶终止的序列而难于拷贝其全长序列时，可采用随机六聚体引物这一不特异的引物来拷贝全长 mRNA。用此种方法时，体系中所有 RNA 分子全部充当了 cDNA 第一链模板，PCR 引物在扩增过程中赋予所需要的特异性。通常用此引物合成的 cDNA 中 96% 来源于 rRNA。

2. Oligo（dT）是一种对真核细胞 mRNA 特异的方法

因绝大多数真核细胞 mRNA 具有 3′端 Poly（A⁺）尾，此引物与其配对，仅 mRNA 可被转录。由于 Poly（A⁺）RNA 仅占总 RNA 的 1%~4%，故此种引物合成的 cDNA 比随机六聚体作为引物得到的 cDNA 在数量和复杂性方面均要小。

3. 特异性引物

最特异的引发方法是用含目标 RNA 的互补序列的寡核苷酸作为引物，若 PCR 反应用二种特异性引物，第一条链的合成可由与 mRNA 3′端最靠近的配对引物起始。用此类引物仅产生所需要的 cDNA，导致更为特异的 PCR 扩增。

本实验通过 RT-PCR 获得黄孢原毛平革菌的木质素过氧化物酶基因。

三、实验材料

1. 仪器

PCR 仪、离心机、取液器、电泳仪、电泳槽、紫外观测仪。

2. 试剂

BCABEST ᵀᵐ RNA PCR 扩增试剂盒。

上游引物为：5′-CCG GAA TTC ATGGCCTTCAAGCAGCTCT

下游引物为：5′-TTC GGA TCC TTA AGC ACC CGG AGG CGG A

四、实验方法与步骤

1. 黄孢原毛平革菌总 RNA 的提取见第三章实验 82。

2. cDNA 第一条链的合成

（1）反应体系的组成

2×Bca1st 缓冲液	10μL
25mmol/L MgSO₄	4μL
dNTP	1μL
Mixture RNase Inhibitor（40U/μL）	0.5μL

　　BcaBEST 聚合酶（22U/μL）　　　　　　　　　　1μL

　　Oligo dT 引物　　　　　　　　　　　　　　　　1μL

　　RNA 试验样品　　　　　　　　　　　　　　　　1μL

　　无 RNase 灭菌水　　　　　　　　　　　　　　1.5μL

　　总体积　　　　　　　　　　　　　　　　　　　20μL

（2）反转录反应条件

　　65℃　　　　　　　　　　　　　　　　　　　　1min

　　30℃　　　　　　　　　　　　　　　　　　　　5min

　　65℃　　　　　　　　　　　　　　　　　　15~30min

　　98℃　　　　　　　　　　　　　　　　　　　　5min

　　5℃　　　　　　　　　　　　　　　　　　　　5min

3. PCR 反应

（1）反应体系的组成

　　5×Bca 2nd 缓冲液　　　　　　　　　　　　　　16μL

　　25mmol/L MgSO$_4$　　　　　　　　　　　　　　6μL

　　Bca-Optimized Taq　　　　　　　　　　　　　　1μL

　　上游引物（20μmmol/L）　　　　　　　　　　　1μL

　　下游引物（20μmmol/L）　　　　　　　　　　　1μL

　　ddH$_2$O　　　　　　　　　　　　　　　　　　55μL

　　总体积　　　　　　　　　　　　　　　　　　　80μL

将上述反应液加入到 A 步骤反转录反应结束后的反应管中，轻轻混匀。

（2）PCR 条件为

　　94℃　1min（1 次）；

　　94℃　30s，51℃　30s，72℃　2min；（30 个循环）；

　　72℃　5min（1 次）。

4. RT-PCR 产物分析

反应产物上 0.8% 的琼脂糖凝胶电泳分析结果，扩增条带为 1119bp。

5. 扩增产物在 -20℃ 保存。

五、实验结果与分析

琼脂糖凝胶电泳分析检测 RT-PCR 的结果，附电泳图表明大小并将结果进行分析。

六、注意事项

　　1. RT-PCR 能否有效地进行，依赖于模板 mRNA 的完整性和纯度。在操作中必须具备一个无 RNA-酶的环境，实验过程中应该用消毒的离心管、吸液头，戴手套，用 DEPC 处理的水。如果要从核酸酶活性高的样品中分离 RNA 时，建议使用 RNA 酶抑制剂。

　　2. 在 RT-PCR 实验中，最好进行对照和空白反应，在进行对照反应实验时，反应体系中加入试剂盒提供的对照模板和对照上下游引物；在进行空白反应时，则采用灭菌的无 DNA 水代替 RNA 作为模板，用于反应体系。在实验中要特别注意防止各次实验之间样品与前次实验的残留核酸（DNA 或 RNA）的交叉污染。每次实验中扩增前的操作步骤应与扩增后的操作步骤最好有相互分开的工作区和取液器具。操作中最好使用能很好防尘的吸头。操作人员要戴上手套，并经常更换。

七、思考题

若琼脂糖凝胶电泳检测的大小与理论大小不一致，可能的原因有哪些。

实验 84　原核表达载体构建及在宿主中表达

一、实验目的

了解并掌握原核表达载体构建及在宿主中表达的基本流程和技术，理解其原理。

二、实验原理

将克隆化基因插入合适载体后导入大肠杆菌用于表达大量蛋白质的方法一般称为原核表达。这种方法在蛋白纯化、定位及功能分析等方面都有应用。大肠杆菌用于表达重组蛋白有以下特点：易于生长和控制；用于细菌培养的材料不及哺乳动物细胞系统的材料昂贵；有各种各样的大肠杆菌菌株及与之匹配的具各种特性的质粒可供选择。但是，在大肠杆菌中表达的蛋白由于缺少修饰和糖基化、磷酸化等翻译后加工，常形成包涵体而影响表达蛋白的生物学活性及构象。

表达载体在基因工程中具有十分重要的作用，原核表达载体通常为质粒，典型的表达载体应具有以下几种元件：①选择标志的编码序列；②可控转录的启动子；③转录调控序列（转录终止子，核糖体结合位点）；④一个多限制酶切位点接头；⑤宿主体内自主复制的序列。

原核表达一般程序如下：获得目的基因—准备表达载体—将目的基因插入表达载体中（测序验证）—转化表达宿主菌—诱导靶蛋白的表达—表达蛋白的分析—扩增、纯化、进一步检测。

三、实验材料

1. LB 培养基（附录Ⅱ-1）。

2. 100mol/L IPTG（异丙基硫代-β-D-半乳糖苷）：2.38g IPTG 溶于 100mL ddH$_2$O 中，0.22μm 滤膜抽滤，-20℃保存。

四、实验方法与步骤

（一）获得目的基因

1. 通过 PCR 方法

以含目的基因的克隆质粒为模板，按基因序列设计一对引物（在上游和下游引物分别引入不同的酶切位点），PCR 循环获得所需基因片段。

2. 通过 RT-PCR 方法

用 TRIzol 法从细胞或组织中提取总 RNA，以 mRNA 为模板，逆转录形成 cDNA 第一链，以逆转录产物为模板进行 PCR 循环获得产物。

（二）构建重组表达载体

1. 载体酶切

将表达质粒用限制性内切酶（同引物的酶切位点）进行双酶切，酶切产物进行琼脂糖电泳后，用胶回收 Kit 或冻融法回收载体大片段。

2. PCR 产物双酶切后回收，在 T4DNA 连接酶作用下连接入载体。

（三）获得含重组表达质粒的表达菌种

1. 将连接产物转化大肠杆菌 DH5α，根据重组载体的标志（抗 Amp 或蓝白斑）做筛选，挑取单斑，碱裂解法小量抽提质粒，双酶切初步鉴定。

2. 测序验证目的基因的插入方向及阅读框架均正确，进入下步操作。否则应筛选更多克隆，重复亚克隆或亚克隆至不同酶切位点。

3. 以此重组质粒 DNA 转化表达宿主菌的感受态细胞。

（四）诱导表达

1. 挑取含重组质粒的菌体单菌落至 2mL LB（含 Amp50μg/mL）中 37℃过夜培养。

2. 按 1∶50 比例稀释过夜菌，一般将 1mL 菌加入到含 50mLLB 培养基的 300mL 培养瓶中，37℃震荡培养至 A_{600} 0.4~1.0（最好 0.6，大约需 3h）。

3. 取部分液体作为未诱导的对照组，余下的加入 IPTG 诱导剂至终浓度 0.4mmol/L 作为实验组，两组继续 37℃震荡培养 3h。

4. 分别取菌体 1mL，离心 12000g×30s 收获沉淀，用 100μL 1%SDS 重悬，混匀，70℃10min。

5. 离心 12000g×1min，取上清作为样品，可做 SDS-PAGE 等分析。

五、实验结果与分析

1. 琼脂糖凝胶电泳检测所获取目的基因和酶切后载体的结果，附电泳图。

2. 琼脂糖凝胶电泳检测双酶切验证的结果，附电泳图。

3. SDS-PAGE 检测表达的蛋白，附图并分析讨论。

六、注意事项

1. 选择表达载体时，要根据所表达蛋白的最终应用考虑。如为方便纯化，可选择融合表达；如为获得天然蛋白，可选择非融合表达。

2. 融合表达时在选择外源 DNA 同载体分子连接反应时，对转录和转译过程中密码结构的阅读不能发生干扰。

七、思考题

1. 验证重组表达质粒时，若片段大小与理论值不相符，其可能的原因有哪些。

2. 若 SDS-PAGE 分析未检测到目标蛋白，可能的原因有哪些。

实验85 真核表达载体构建及在宿主中表达

一、实验目的

了解并掌握真核表达载体构建及在宿主中表达基本流程和技术，理解其原理。

二、实验原理

一些真核蛋白在原核宿主细胞中的表达不但行之有效而且成本低廉，然而许多在细菌中合成的真核蛋白或因折叠方式不正确，或因折叠效率低下，结果使得蛋白活性低或无活性。不仅如此，真核生物蛋白的活性往往需要翻译后加工，例如二硫键的精确形成、糖基化、磷酸化、寡聚体的形成或者由特异性蛋白酶进行的裂解等，而这些加工原核细胞则无能为力。需要表达具有生物学功能的膜蛋白或分泌性蛋白，例如位于细胞膜表面的受体或细胞外的激素和酶，则更需要使用真核表达系统。由于真核表达系统有关技术方法的发展，使真核表达成为可能。

利用克隆化的真核基因在真核表达体系表达蛋白质，具有以下多种不同用途：

（1）通过对所编码的蛋白质进行免疫学检测或生物活性测定，确证所克隆的基因。

（2）对所编码的蛋白质须进行糖基化或蛋白酶水解等翻译后加工的基因进行表达。

（3）大量生产从自然界中一般只能小量提取到的某些生物活性蛋白。

（4）研究在各种不同类型细胞中表达的蛋白质的生物合成以及在细胞内转运的情况。

（5）通过分析正常蛋白质及其突变体的特性，阐明蛋白质结构与功能的关系。

（6）使带有内含子而不能在原核生物中正确转录为 mRNA 的基因组序列得到表达。

（7）揭示某些与基因表达调控有关的 DNA 序列元件。

下面以毕赤酵母表达系统来介绍真核表达载体构建及在宿主中表达基本流程和技术。

三、实验材料

1. 菌株和培养基

大肠杆菌 DH5α，采用 LB 培养基培养（10g/L 蛋白胨，5g/L 氯化钠，5g/L 酵母粉，16g/L 琼脂粉）。

异源表达宿主甲醇毕赤酵母为 PMAD16（ade2-11 pep4△ prb1△），采用 YPAD 培养基培养（10g/L 酵母粉，20g/L 蛋白胨，20g/L 葡萄糖，0.1g/L 腺嘌呤，16g/L 琼脂粉）。

（1）BMDY　10g/L 酵母粉，20g/L 蛋白胨，100mmol/L 磷酸钾（pH6.0），13.4g/L YNB，4×10^{-4}g/L 生物素，20g/L 葡萄糖。

（2）BMMY　10g/L 酵母粉，20g/L 蛋白胨，100mmol/L 磷酸钾（pH6.0），13.4g/L YNB，4×10^{-4}g/L 生物素，0.5%甲醇。

（3）用于筛选转化子的 MD 培养基　13.4g/L YNB，4×10^{-4}g/L 生物素，20g/L 的葡萄糖。

（4）YNB 培养基　13.4g/L YNB（酵母基础氮液培养基 yest nitrogen base），20g/L 葡萄糖。

2. 试剂和质粒、仪器

重组表达载体 pMETα A/LipH8；NEB 1kb 标准分子质量片段；*Bam*HI、*Eco*RI、*Pac*I 限制酶及 10×K buffer；琼脂糖；T4 DNA ligase 及其缓冲液（Takara）；TBE 缓冲液（10×）；溴化乙啶染色液（10mg/mL）；KD 缓冲液：50mmol/L 磷酸钾缓冲液（pH 7.5），25mmol/L DTT，在使用前配制，过滤除菌；STM 缓冲液：270mmol/L 蔗糖，10mmol/L Tris（pH 7.6），1mmol/L $MgCl_2$过滤除菌，4℃保存。

电转化仪、电泳仪，电泳槽，紫外透射仪，凝胶成像仪，一次性塑料手套等。

四、实验方法与步骤

1. 重组表达载体 pMETα A/LipH8 的构建，见实验10.6。

2. 重组质粒 pMETα A/LipH8 的线性化及纯化

重组质粒采用 *Pac*I 酶切线性化。

（1）反应体系

10×NEB 缓冲液	2μL
重组质粒	5μL
BSA（10mg/mL）	0.2μL
*Pac*I	0.5μL

ddH$_2$O	12.3μL
总体积	20μL

（2）酶切条件　37℃反应4h。

（3）酶切片段进行纯化。

3. *Pichia methanolica* 感受态细胞的制备

（1）从活化好的斜面上挑取PMAD16，在YPAD平板上划线分离，平板在28~30℃培养2d。

（2）接种单菌落到装有50mL YPAD培养基的250mL三角瓶中，28~30℃、250r/min培养过夜。测定培养液的 A_{600} 值。A_{600} 控制在5~10。

（3）转接于装有200mL YPAD液体培养基的1000mL三角瓶中，使 $A_{600}=0.3$，28~30℃，200~250r/min培养4h；

（4）测定培养液的 A_{600} 值，应在0.6~1，如果<0.6，继续培养1h；如果>1，用灭菌的YPAD培养基稀释到 $A_{600}=0.6$，继续培养1h，使其处于对数生长期。

（5）3000r/min离心5min，收集细胞。

（6）细胞悬浮在40mL无菌的KD缓冲液中（现用现配）。

（7）细胞悬浮液于30℃温育15min。

（8）4℃，3000r/min离心5min收集菌体，细胞重新悬浮在50mL冰冷的STM缓冲液中。

（9）3000r/min，4℃离心5min，弃上清。

（10）沉淀用50mL冰冷的STM缓冲液重复洗涤两次，最后细胞悬浮在1mL冰冷的STM缓冲液中。

（11）悬浮液装于1.5mL离心管中，每管100μL，-80℃保存。

4. 电转化 *Pichia methanolica*

（1）感受态细胞100μL转入1.5mL离心管中；

（2）加入1~3μgDNA片段，轻轻混匀，冰浴2min；

（3）将细胞、DNA混合液转入冰冻电转杯中；

（4）电转仪经预热后，设定参数，按照说明书进行电转操作。

（5）电转化后立即加入1mL室温的YPAD培养基，转入1.5mL离心管中；

（6）28~30℃静置培养1h；

（7）室温下3000r/min离心3min收集菌体。

（8）弃上清液，细胞悬浮在100μL YNB培养基中；

（9）取100μL菌悬液涂布在MD平板上；

（10）28~30℃培养3~4d，待菌落长出。实验分别用不加DNA片段的感受态细胞和DNA片段作对照。

5. 转化子的鉴定

（1）转化子的表型鉴定

①挑选电转后MD平板上长出的单菌落，在无腺嘌呤的基本培养基上划线分离，以保证所检测的转化子为单一克隆。

②用无菌牙签挑取转化子单菌落分别点接MM和MD平板，确保先点接MM平板，后点接MD平板。（点接pMAD16作为负对照）。

③平板置于30℃培养2~5d。

④MD 平板上生长状态良好而在 MM 平板上生长缓慢的即为 Mut[s] 表型，在 MD 和 MM 平板上生长均良好的即为 Mut[+] 表型。

（2）转化子中目的基因的 PCR 方法检测　以提取的转化子总 DNA（提取方法见实验 10.1）为模板，用目的基因的特征引物进行 PCR 反应，检测目的基因是否已经整合到其染色体 DNA 上。

①反应体系：

10×Taq 缓冲液	5μL
dNTPs（10mol/L）	1μL
模板	1μL
上游引物	1μL
下游引物	1μL
Taq 酶	0.5μL
ddH$_2$O	40.5μL
总体积	50μL

②反应条件：

94℃　1min（一次）；

94℃　30s，51℃　30s，72℃　2min；（30 个循环）

72℃　5min（一次）。

PCR 产物进行琼脂糖电泳检测。

（3）转化子的诱导表达　小规模表达采用 250mL 三角瓶，通过增加转数以保证培养液的溶氧。

①取分纯后的单菌落接入装有 50mL BMDY 的 250mL 三角瓶中；

②28~30℃，200~250r/min 培养过夜至培养液 $A_{600}=2~10$（需要 16~18h）；

③室温下 3000r/min 离心 5min，弃去上清液，重新悬浮菌体于 25mL BMMY 以诱导表达；

④28~30℃，200~250r/min 培养 96h；

⑤每隔 24h 补加 5% 甲醇，使培养液中甲醇的终浓度为 0.5%；

⑥定期取样，3000r/min 离心 5min，取上清液进行目的蛋白检测。

五、实验结果与分析

1. 琼脂糖凝胶电泳检测重组质粒 pMETα A/LipH8 的线性化结果，附图说明。

2. 琼脂糖凝胶电泳检测转化子中目的基因的 PCR 结果，附图说明。

3. SDS-PAGE 分析检测目的蛋白，附图说明。

六、注意事项

毕赤酵母的转化不同于大肠杆菌转化，所有的表达载体均不含酵母复制原点。即导入酵母体内的重组表达载体只有和酵母染色体上的同源区发生重组，从而整合到染色体上，外源基因才能够稳定存在，外源蛋白也才能得到稳定表达。这种整合的转化子一旦形成就非常稳定。

七、思考题

若 SDS-PAGE 分析检测的目的蛋白的大小与理论大小不一致，其可能的原因有哪些。

实验 86　微生物 cDNA 文库构建技术

一、实验目的

了解并掌握 cDNA 文库构建的基本流程和技术，理解其原理。

二、实验原理

cDNA（Complementary DNA）是以 mRNA 为模板，在反转录酶作用下合成互补 DNA，它的顺序可代表 mRNA 序列。cDNA 文库的构建是将 cDNA 与克隆载体 DNA 体外重组，然后去化转克隆载体 DNA 的宿主细胞，从而得到一群含重组 DNA 的细菌或噬菌体的过程。这些序列来自并代表一定组织或细胞类型特定发育或分化的整个 mRNA 群体。

三、实验材料

mRNA 分离系统试剂盒、异丙醇、3mol/LNaAC 、cDNA 合成试剂盒、饱和酚、氯仿/异丙醇、EDTA、乙醇、TE 缓冲液、EcoR I 连接子试剂盒、离心机、取液器、分光光度计、恒温水浴、电泳仪、电泳槽、紫外观测仪。

四、实验方法与步骤

1. 在 DEPC 处理过的 1.5mLEppendof 管中，加入 0.2~1mg 的总 RNA 和无 RNase 的水至终体积为 0.5mL。

2. 65℃加热 10min。

3. 加入 2μL 生物素标记的 Oligo（dT）探针和 12μL 的 20×SSC 于 RNA 中轻轻混匀，室温放置，逐渐冷却平衡至室温，此步操作一般需 10min。

4. 将 SA-PMPS 轻晃开后，放入磁性分离架中，使 SA-PMPS 集中于试管一侧（约 30s），小心去除上清（不用离心方法）用 1.5mL0.5×SSC 漂洗 SA-PMPS，用磁性分离架集中磁珠，去除上清，漂洗 3 次。

5. 将漂洗过的 SA-PMPS 重新悬浮于 0.2mL0.5×SSC 中。

6. 将步骤 3 中褪火的生物素标记的 Oligo（dT）探针，全部加到步骤 5 管中，轻轻混匀，室温放置 10min。每隔 2min 轻轻混匀一次。

7. 用磁性分离架捕获磁珠，吸弃上清。

8. 用 0.3mL0.1×SSC 漂洗 SA-PMPS，用磁性分离架集中磁珠，吸弃上清，漂洗 4 次。

9. 将漂洗过的 SA-PMPS 重新悬浮于 0.2mLDEPC 水中。

10. 用磁性分离架捕获磁珠，将洗脱的水相吸至一新管中。重复洗涤一次，吸取水相，两次水相合并（约 0.25mL）。

11. 在洗脱液中加入 0.1 体积的 NaAc，1 体积的异丙醇，-20℃沉淀过夜，12000g 离心 10min，75% 乙醇洗沉淀，干燥。

12. 提取 mRNA 质量的分光光度计检测，将所提 mRAN 分别在 260 和 280nm 比色，要求 A_{260}/A_{280} 不小于 2.0，40μg 所提样品在 A_{260} 的值为 1。

13. 提取 mRNA 质量的电泳检测，在 1% 的变性胶上，EB 染色后，mRNA 应在 0.5~8kb 间均匀着色，1.5~2kb 间着色较强。

14. 第一链的合成

（1）在灭菌的 DEPC 处理 Eppondef 管中，分别加入：

模板	样品 mRNA 1μg
引物（0.5μg/μL）	1μL6 碱基随机引物 或 oligo（dT）
加水至	10μL

（2）70℃ 5~10min，冰浴冷却 5min。

（3）在上管中，根据下表依次序分别加入：

5×第一链缓冲液	4μL
核酶抑制剂	40μ
40mmol/L 焦磷酸钠	2μL
AMV 反转录酶	20μL
加水至	20μL

（4）敲打混合，离心后放于 37℃ 或 42℃ 60min。

（5）反应完毕后，将反应管置于冰浴。用于第二链合成。

注：引物可为特异引物（构建特异文库）、oligo（dT）15 引物或 6 核苷酸随机引物，但不同引物 RT 时温度不同，前两种在 42℃ 下进行，而随机引物则在 37℃ 下进行。

15. 第二链的合成

（1）第一链合成完毕后，直接进行第二链的合成。在第一链合成体系中分别加入：

2.5×第二链缓冲液	40μL
DNA 聚合酶Ⅰ	23μL
RNase H	0.8μL
加水至	100μL

（2）14~16℃ 下放置 2h（>3kb 时反应时间延长至 3~4h）。

（3）70℃，10min，点动离心，置于冰浴。

（4）在样品管中加入 T4DNA 聚合酶 2μL，37℃ 放置 10min。

（5）加入 4μL 500mmol/L 的 EDTA 到该样品管中，然后置于冰浴上。

（6）等体积加入酚＼氯仿＼异戊醇抽上清，12000g，3min。

（7）上清液转移至一干净试管，加 2V 乙醇，1/10V 乙酸钠，−20℃ 30min 沉淀，12000g，15min 收集沉淀，70% 乙醇洗沉淀，干燥，TE 复溶。

16. cDNA 加接头反应

（1）按下表准备反应体系

10×T4DNA 连接酶缓冲液	3μL
BSA	3μL
cDNA	2.5μL
连接子	1μL
T4DNA 连接酶	1μL
加水至	30μL

（2）15℃ 保温 6~18h。

（3）70℃ 加热 10min 后放置于冰浴。

17. 磷酸化反应

（1）按下表准备反应体系

上述 16 (1) 反应物	30μL
T4 磷酸激酶 10×缓冲液	4μL
0. 1mmol/L ATP	2μL
T4 激酶 (10μ/μL)	1μL
水	3μL
总体积	40μL

(2) 37℃保温 30min。用 DNA 纯化柱纯化带接头的 cDNA。

(3) 用 1mL Sephacryl S-400 装柱，TEN 缓冲液平衡拄，平衡液流干后，加套管，800g 5min。

(4) 上样，用 1mLTEN 缓冲液洗柱 2 次，收集洗脱液。洗脱时加套管，800g 5min。

(5) 合并洗脱液。

(6) 3mol/LNaAC 和无水乙醇沉淀，干燥复溶。

18. cDNA 与载体连接

(1) 准备 4 个离心管，按下表加入：

单位：μL

	A	**B**	**C**	**D**
载体 DNA/ (0.5μg/μL)	2	2	2	2
cDNA/ (10ng/μL)	0	3	2	1
10×T4DNA 连接酶缓冲液	1	1	1	1
水	6	3	4	5
T4DNA 连接酶	1	1	1	1

(2) 保温，室温 3h、4℃过夜。

19. 体外包装

(1) 从 -70℃取出包装蛋白，冰浴中融化，每管 50μL。

(2) 包装蛋白混合液完全融化后，立即加入 10μL (1) 中的连接液，轻弹管壁，轻轻混匀。

(3) 22℃ (室温) 放置 3h。

(4) 上述包装混合液中加入 445μL 的 phage 缓冲液和 25μL 氯仿，轻轻混匀，冰浴保存 (包装液 4℃下可存放 7d)。

20. 感染

(1) 灭菌培养皿中倒入下层 LB 培养基，凝固后，37℃保温。

(2) 按 1∶1000 的比例稀释 "4" 中的包装混合液。

(3) 取 100μL 稀释液和 100μL 菌株 (Y1090、LE392)。

(4) 取 4mL 融化 45℃保温的上层培养基加入到 (3) 中的混合液中，混匀后倒在 37℃预热的下层培养基上，37℃过夜。

21. 收集和扩增文库

构建的 cDNA 文库经扩增后，才能保存和进行长期筛选。本文库由 λgt11 作为载体而构成，因此扩增时应在大肠杆菌 Y1090 中进行。

（1）在过夜后的培养皿上挑取出现的噬菌斑，加 2~3mLSM 缓冲液，室温震荡 2h。4℃ 7000g 离心 30min，以除去细胞碎片，分装上清，溶解噬菌斑，4℃ 8000~10000g 快速离心 10min，以除去细胞碎片和培养基成分。

（2）重复上步操作。

（3）上清液转入一新管中，如要在 4℃ 短期保存则按 1mL 上清中加入 20~30μL 的比例加入氯仿，4℃ 保存；如要长期保存则应加入终浓度为 7% 的二甲基亚砜，于-70℃ 保存。以被需要时重新涂板筛选文库。

五、实验结果与分析

1. 检测所提取出 mRNA 的质量，并将结果进行分析。

2. 以图片形式显示培养皿出现的噬菌斑，并进行分析讨论。

六、注意事项

1. 保证获得数量足够的高质量的起始 RNA。不仅要求 RNA 相当完整而无降解，而且要求多酚、多糖、蛋白、盐、异硫氰酸胍等杂质少。

2. 保证反转录的成功及反转录的效率。其这是构建 cDNA 文库中最关键的一步，也是核酸质变的一步，它将易降解的 RNA 变成了不易降解的 cDNA。

七、思考题

微生物 cDNA 文库构建技术的技术关键是什么，其实际应用价值有哪些。

实验 87　PCR 定点突变技术改造微生物菌种

一、实验目的

学习 PCR 定点突变技术。

二、实验原理

利用导入变异点的引物进行 PCR 反应后，对 PCR 产物进行末端平滑及 5′ 磷酸（P）化处理，再用高效连接试剂 Ligation Solution I 进行自身连接（环化反应），然后转化、克隆、提取变异体 DNA。

三、实验材料

1. 仪器

PCR 仪、离心机、取液器、电泳仪、电泳槽、紫外观测仪。

2. 试剂

TaKaRa MutanBEST Kit 试剂盒。

模板（含有要改造的目的基因的载体）。

四、实验方法与步骤

（一）PCR 反应

设计合成高特异性的变异导入引物和对应 PCR 用引物。对应 PCR 用引物的 5′ 碱基的互补碱基必须和变异导入引物的 5′ 碱基相邻接（见图 3-36）。

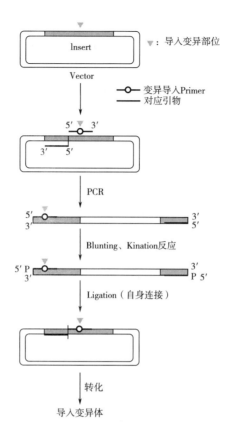

图 3-36 运用 MutanBEST Kit 进行定点突变的原理图

1. 调制以下组成的 PCR 反应液（总量 50μL）

10×Pyrobest 缓冲液	5μL
dNTP Mixture（各 2.5mmol/L）	4μL
引物 1	0.2~1.0μmol/L（final conc.）
引物 2	0.2~1.0μmol/L（final conc.）
模板	1~10 ng
Pyrobest DNA 聚合酶（5U/μL）	0.25μL

加灭菌双蒸水到 50μL

2. 按下列反应条件进行 PCR 反应。

94℃ 30s，55℃ 30s，72℃ 5min。共进行 30 个循环。

3. 对 PCR 反应液进行 1% Agarose 凝胶电泳。

4. 切胶回收目的 DNA 片段。

（二）末端平滑化反应

1. 在微量离心管内制备下列反应液

DNA 片段	0.2~20 pmol
末端平滑化反应缓冲液	2μL
末端平滑化反应酶混合液	1μL
ddH₂O	至 20μL

2. 37℃反应 10min。

3. 把反应溶液用 ddH$_2$O 稀释至 100μL，加入等量的苯酚/氯仿溶液。

4. 剧烈振荡均匀，用微型离心机离心 1min，液体分为二层。小心取出水相（上层）移到另一个新的微量离心管中。

5. 重复操作步骤 3~4。

6. 向水相溶液中加入等体积的氯仿，充分混匀后离心数秒钟。小心取出水相（上层）移到另一个新的微量离心管中。

7. 向水相溶液中加入 1/20 体积的 3mol/L NaCl，然后再加入 2.5 倍体积的乙醇，混匀后在 -20℃下放置 30min。

8. 用微型离心机离心 10min，除去上清液。

9. 沉淀用 70%乙醇清洗 2 次，除去乙醇后，沉淀真空干燥。

10. 用 20μL TE 缓冲液溶解沉淀。

（三）连接反应

1. 取 5μL 上述 10 的溶液于新的微量离心管中。

2. 加入等量的连接溶液 I，均匀混合后 16℃反应 1h。

3. 全量反应液用于转化 100μL 的感受态细胞（用电刺激法转化时，先用乙醇沉淀等方法置换连接液后再进行转化）。

4. 筛选鉴定。

五、实验结果与分析

将突变获得的菌株送去测序并对相关性状进行检测。

六、注意事项

利用 PCR 技术进行定点突变时，在引物设计过程中注意长度适中，退火温度不宜过高，避免终止密码子的出现。

七、思考题

利用 PCR 定点突变技术改造微生物菌种的方法同诱变育种的方法相比，优势是什么，缺点是什么？

四、 细菌的转化

实验 88 枯草杆菌染色体 DNA 的转化

一、实验目的

熟悉微生物染色体 DNA 提取和遗传转化方法。

二、实验原理

受体菌直接吸收了来自供体菌的 DNA 片段（外源 DNA），通过基因交换，把它整合到自己的基因组中，从而获得了供体菌的部分遗传性状的现象称为转化。转化后的受体菌称为转化子。

在原核生物中，转化虽然是一个较普遍的现象，但目前仍是在部分细菌种、属中发现。然而，即使在能转化的微生物种、属内，也只有那些能形成"感受态"的细胞才能转化。遗传转化过程分为：供体细胞外源 DNA 的制备、受体细胞感受态的形成、受体细胞对外源 DNA 的吸收、外源 DNA 的片段掺入受体细胞的整合过程。

1. 供体细胞外源 DNA 的制备

用溶菌酶或去污剂溶解供体菌细胞，可以制备供转化用的外源 DNA 样品。为了制备纯度较高的供转化用的 DNA，应注意：①用核糖核酸酶（RNase）除去样品中的 RNA；②用化学药剂沉淀蛋白质；③在纯化 DNA 时，为了防止脱氧核糖核酸酶（DNase）对 DNA 的降解作用，将 DNA 溶解在含有柠檬酸盐类的溶液中，这是因为柠檬酸能与 DNase 所需的 Mg^{2+} 络合，使其失去活性。

原核生物的 DNA 游离存在于细胞之中，当细胞被温和的裂解时，DNA 释放出来。DNA 很长（如大肠杆菌的 DNA 长度为 $1100\sim1400\mu m$），易于断裂，即使用极温和的方式抽提，也会断裂成 100 个或更多片段（相对分子质量为 2.8×10^9 的大肠杆菌 DNA 断裂成约 100 个相对分子质量为 2.8×10^7 的片段）。一个基因相对分子质量为 6×10^5（约 1000 个核酸碱基对）。因此，每个片断可能有 50 个基因。每个感受态细胞约可掺入 10 个转化片段。所以说在一个转化过程只能将供体细胞基因组中的少数基因转移到受体细胞中去，一般只有 $0.1\%\sim1\%$，最高者只能达 10%。

外源 DNA 片段的大小与转化子数目相关，供转化用 DNA 片段越小，则转化活性越低，相对分子质量小于 5×10^5 的 DNA 片段，没有转化作用。只有双链 DNA 才具有转化活性，但能进入受体细胞的却是单链，另一单链将协助该单链进如细胞。

2. 体细胞"感受态"的形成

最易接受外源 DNA，并能实现转化的生理状态的受体细胞，称为"感受态"细胞。处于感受态的细胞，吸收外源 DNA 的能力，有时比一般细胞大 1000 倍。一个菌株能否形成感受态，不但由遗传特性所决定，且环境条件也起一定作用，不同菌株，不同培养条件，感受态细胞出现的时间不同，持续的时间也不同。

3. 受体细胞得外源 DNA 的吸收

双链 DNA 片断与感受态细胞表面特定位点发生不可逆结合；膜上的内切核苷酸将位点上的 DNA 降解，形成平均相对分子质量为 $4\sim5\times10^6$ 的 DNA 片段；外切核苷酸酶将 DNA 双链中的一条单链逐步降解，另一条单链进入细胞。只有不可逆吸附的 DNA 才能成为转化 DNA。

4. 外源 DNA 掺入受体细胞的整合

转化 DNA 单链与受体细胞染色体组上的同源区段配对，接着受体细胞染色体组的相应单链片断被切除，并被外源 DNA 单链取代和交换，于是形成杂合 DNA 区段；受体菌染色体复制，就会形成一条亲代类型和一条重组类型的 DNA。当细胞分裂时，重组体类型的 DNA 就形成一个转化细胞。

本实验包括枯草杆菌（B. subtilis）168 菌株染色体 DNA 提取和受体菌枯草杆菌 151 菌株转化两部分。其原理和操作方法基本同质粒 DNA 的提取和转化。不同点在于提取过程不宜激烈振荡，以防造成染色体大量断裂。

三、实验材料

1. 菌种

（1）供体菌 *B. subtilis* 168 *trp⁻*、*Str^r*。

（2）受体菌 *B. subtilis* 151 *Str^s*。

2. 培养基

（1）*B. subtilis* 168 半合成培养基（见附录Ⅱ-129）。

（2）Bpy 斜面培养基（活化菌种用，附录Ⅱ-130）。

（3）1/2Bpy 培养基（转化用）（附录Ⅱ-131）。

（4）Spizizen 无机盐溶液（附录Ⅱ-132）。

（5）GMⅠ培养基（附录Ⅱ-133）。

（6）GMⅡ培养基（附录Ⅱ-134）。

3. 溶液

（1）ST 缓冲液　25% 蔗糖，0.05mol/L Tris-HCl，（pH8.0）。

（2）TE 缓冲液　0.01mol/L Tris-HCl，0.001mol/L EDTA（pH 8.0）。

（3）0.25mol/L EDTA（pH 8.0）溶液。

（4）0.1mol/L 醋酸钠（pH 5.0）溶液。以配制 500mL 1mol/L 醋酸钠溶液计，量取 57.2mL 冰醋酸，加 6.2gNaOH，定容 500mL。稀释 10 倍即为 0.1mol/L 醋酸钠溶液。

四、实验方法与步骤

1. 染色体 DNA 的提取

（1）菌体前培养　将 Bpy 斜面活化的 *B. subtilis* 168 菌种 2 环接种于 100mL 168 半合成培养液中，37℃振荡培养 10h，然后全部转移至 1000mL 半合成培养液中，37℃振荡培养过夜。

（2）收集菌体　将培养物离心（5000r/min，15min），收集菌体，以 ST 缓冲液离心洗涤 2 次，称取菌体重量，菌体直接用于染色体 DNA 提取。

（3）染色体 DNA 的提取

①将菌体悬浮于 50mLTE 缓冲液中（用带盖的三角瓶），加入溶菌酶 50~70mg，使终浓度为 1~1.5mg/mL，冰浴保持 15~20min，此间缓缓地摇动瓶子 5~6 次。

②加入 12mL 0.25mol/L EDTA，继续冰浴 5~10min，缓缓地转动瓶子 3~5 次。

③加入 6mL 20%SDS 溶液，置于 37℃保温 45min，缓缓地转动瓶子 3~5 次。

④冷冻离心（5000r/min，15min），取上清液加入 0.5mL 20mg/mL 浓度的 RNase，使 RNase 终浓度为 100μg/mL，37℃保温 1h。

⑤加入 1.8mL 5μg/mL 蛋白质酶溶液，37℃保温 1h。

⑥加入等体积水饱和酚和 1/2 体积氯仿，混匀，冷冻离心（5000r/min，15min），收集水相，此操作反复 3 次。

⑦加入水相两倍体积的 95% 乙醇，边加边用灭过菌的玻璃棒慢慢搅动，待絮状 DNA 粘在玻棒上或溶于酒精溶液后将玻棒上的 DNA 以及离心收集的 DNA 一起再溶于 TE 溶液中，置于低温冰箱保存。

2. 转化

（1）将 Bpy 斜面活化的受体菌枯草杆菌 151 菌株一环接种于 5mL Gm Ⅰ培养液中，置 30℃缓慢振荡培养过夜；然后以 1/10 接种量接入 5mLGm Ⅰ培养基中，置 37℃摇床培养（200r/min）3.5h 至对数生长中后期；再以 1/10 接种量接入 25mLGm Ⅰ培养基中，37℃摇床培养 90min。冷冻离心（3500r/min，10min），收集菌体。再将菌体悬浮于 1/10 体积的上清液中。

（2）取 5~10μL 染色体 DNA 于试管中，加入 0.5mL 上述培养的受体菌液，37℃培养 30min。同时取受体菌液 1mL，分别涂布于不含链霉素的 1/2Bpy 琼脂平板上，作为对照。

（3）将经转化处理的菌体、未接触受体菌的 DNA 溶液、未接触 DNA 溶液的受体菌 151 菌液，各取 0.1mL（染色体 DNA 取 5~50μL）涂布于含链霉素的 1/2 Bpy 琼脂平板上，置 37℃ 培养 20~30h。观察菌落生长状态。

五、实验结果与分析

首先检查染色体 DNA 液和受体菌液所接种的含链霉素平板是否长出菌落。如果不生菌，则表明 DNA 液和受体菌不含链霉素的杂菌，实验结果成立。然后计算转化处理液的平板上的菌落数，即为转化子数；再计算受体菌 151 菌稀释液在不含链霉素平板上的菌落数。然后计算转化频率。

$$转化频率 = \frac{每毫升 151 菌的转化子数}{每毫升 151 菌液的菌数} \times 100\%$$

六、注意事项

1. DNA 提取过程简化操作步骤，缩短提取时间，以减少各种有害因素对核酸的破坏。

2. 注意防止基因组 DNA 的生物降解，主要是 DNase 降解基因组 DNA。

七、思考题

1. 简述转化子筛选原理。

2. 若含链霉素平板上均未长出菌落，请分析原因。

五、 细菌的转导

实验 89　枯草杆菌噬菌体的普遍转导

一、实验目的

通过枯草杆菌噬菌体普遍性转导实验，理解转导现象的原理和掌握微生物的转导方法。

二、实验原理

枯草杆菌的 PBS1 噬菌体能转导宿主染色体上任何一个基因，所以是普遍转导。PBS1 噬菌体从溶源菌枯草杆菌 SB19 中裂解出来，偶尔包裹了宿主染色体组的 *trp*、*thy* 基因，当噬菌体感染受体菌枯草杆菌 168 菌株（遗传标记记为 *trp*⁻、*thy*⁻）时，在基本培养基平板上长出稳定的转导子。PBS1 噬菌体转导只能在游动的受体细胞中进行。它转导的 DNA 片段可达 1.7×10^8 Da，转导频率只有 $10^{-6} \sim 10^{-5}$/感染细胞。

PBS1 噬菌体感染敏感菌枯草杆菌 SB19，溶源菌中 PBS1 噬菌体不需要紫外线诱导裂解，其自发裂解频率较高。

三、实验材料

1. 菌株

溶源菌　枯草杆菌（*B. subtilis*）SB19（含有 PBS1 噬菌体基因组）。

受体菌　枯草杆菌（*B. subtilis*）168*trp*、*thy*、*str*ˢ。

敏感菌　枯草杆菌（*B. subtilis*）SB19。

2. 培养基

（1）肉汤固体培养基和肉汤液体培养基（见附录Ⅱ-20）。

（2）0.8% 肉汤半固体培养基。

（3）0.3% 肉汤软琼脂培养基。

（4）噬菌体培养液　牛肉膏 8g，酵母膏 2g，NaCl 4g、$MgSO_4 \cdot 7H_2O$ 0.2g，KH_2PO_4 1.5g，$Na_2HPO_4 \cdot 7H_2O$ 5.7g，蒸馏水 1000mL，pH7.5。

（5）噬菌体稀释液　NaCl 20g，K_2SO_4 25g，KH_2PO_4 7.5g，$Na_2HPO_4 \cdot 12H_2O$ 18.8g，$MgSO_4 \cdot 7H_2O$ 0.6g，蒸馏水 1000mL，1% $CaCl_2$ 50mL（使用时加入），0.5% $FeCl_3$ 过滤除菌，使用时加入。

（6）10×最低盐溶液培养基　10×最低盐溶液　100mL，葡萄糖 0.25g，琼脂 2g。

10×最低盐溶液：$K_2HPO_4 \cdot 3H_2O$ 40g，柠檬酸钠 10g，KH_2PO_4 60g，$MgSO_4 \cdot 7H_2O$ 2g，$(NH_4)_2SO_4$ 20g，蒸馏水 1000mL。

四、实验方法与步骤

1. PBS1 噬菌体裂解液制备

（1）菌体培养　将溶源菌 *B. subtilis* SB19 接种于盛有 7mL 噬菌体培养基的 150mL 三角瓶内，以 37℃ 振荡培养 3h，然后在 37℃ 静置培养 16h。

（2）裂解液的制备　离心（3500r/min，15min）分离，取上清液用直径 0.45μm 的微孔滤膜过滤，滤液就是 PBS1 噬菌体裂解液。噬菌体裂解液中加入几滴氯仿，置 4℃ 保存。

2. PBS1 噬菌体裂解液效价测定

（1）取 1 环敏感菌 SB19 接种于装有 3mL 肉汤液体培养基的试管中，37℃ 振荡培养 16h，取 0.15mL 培养物接种于 3mL 肉汤培养液中，37℃ 振荡培养 5h。将培养物离心（3000r/min，15min）收集菌体，之后将菌体悬浮于 7.5mL 噬菌体稀释液中。

（2）将 PBS1 裂解液用噬菌体稀释液作 10 倍递增稀释至 10^{-9}。取若干支试管，各管加入已融化的 0.8% 肉汤半固体培养基 3mL，然后将试管放在 50℃ 恒温水浴中保温。

（3）取 0.5mLSB19 菌液和 PBS1 噬菌体裂解液（10^{-7}、10^{-8}、10^{-9}）各 1mL 于上述保温的 3mL0.8% 肉汤半固体培养基中，迅速混匀，倒在肉汤半固体培养基平板上。另外，各取 0.5mLSB19 菌液加入到 3mL0.8% 肉汤半固体培养基中，倒在肉汤固体平板上作为对照。将全部平板置于 28℃ 培养 24h，观察不同浓度噬菌体裂解液所形成噬菌斑情况，计算 PBS1 噬菌体的效价。

3. 筛选游动性受体菌

（1）用无菌滴管吸取 0.3% 肉汤软琼脂培养基 1 滴，滴在底层肉汤固体培养基平板的不同位置上。用接种针挑选几个受体菌 168 菌落，直刺于各滴软琼脂中，置于 37℃ 培养 48h。

（2）挑取在软琼脂中游离距离最远的菌，作为转导的受体菌。

4. 转导

（1）受体菌的培养　取一环游动性受体菌 168 菌落接种于 3mL 肉汤液体培养基中，37℃ 培养 16h。取 0.15mL 培养物接种于 3mL 肉汤培养基中，37℃ 培养 5h，至细胞呈对数生长期。

（2）混合培养　分别取 0.9mL 受体菌液和不同稀释度（10^0、10^{-1}、10^{-2}、10^{-3}）的 PBS1 裂解液 0.1mL 于试管中混合，置 37℃ 振荡培养 30min。

（3）将上述混合液离心（3500r/min、15min）收集细胞，将菌体分别悬浮于 1mL 10×最低盐溶液培养基中，各取 0.1mL 悬浮液涂布于 10×最低盐溶液培养基琼脂平板上。同时制造受体菌液和 PBS1 噬菌体裂解液对照平板。以上全部平板置于 37℃ 培养 24h。

五、实验结果与分析

观察并统计每个平板中的转导子数，将结果填入下表。最后计算转导频度。

转导子数　　　　组别　平板数	裂解液稀释度				受体菌对照	裂解液对照
	10^0	10^{-1}	10^{-2}	10^{-3}		
1						
2						

$$转导频度 = \frac{转导子数}{噬菌体裂解液效价} \times 100\%$$

六、注意事项

在倒平板及接种时注意规范操作，防治染杂菌，影响实验结果。

七、思考题

1. 噬菌体裂解液中加入几滴氯仿的作用是什么？

2. 什么是噬菌体的效价？

六、　细菌的接合

实验 90　大肠杆菌的接合

一、实验目的

通过大肠杆菌的杂交实验，理解细菌接合现象的原理，学习杂交实验的方法。

二、实验原理

根据对细菌接合行为的研究，发现了大肠杆菌有性的分化。决定它们性别的因子称为 F 因子（即致育因子或性质粒）。F 因子的相对分子质量为 $5×10^7$。在大肠杆菌中，F 因子的 DNA 含量约占染色体 DNA 含量的 2%。F 因子既可以脱离寄主染色体在细胞内独立存在，也可插入（即整合）到染色体组上。同时，它既可通过细菌接合作用获得，也可通过一些理化因子（如吖啶橙、丝裂霉素 C、烷化剂）的处理，使其 DNA 复制受抑制后，而从细胞中消失。由于 F 因子的有无和存在方式的不同可将大肠杆菌分为以下四种接合类型。F^+（雄性）菌株、F^-（雌性）菌株、Hfr（高频重组）菌株和 F' 菌株。

细菌的接合过程和单倍重组体的形成有以下两种形式。

1. Hfr× F^-（杂交频度一般为 $10^{-4} \sim 10^{-3}$）

（1）细胞配对和接合管的形成　取处于对数期浓度为 10^8 个/ mL 的 Hfr 和 F^- 细胞，以 1：10 或 1：20 比例混合。保温 37℃，细胞配对，并由性伞毛形成一个很细的胞质桥——接合管。

（2）定向传递和部分二倍体的形成　接合管形成促使 Hfr 染色体向 F^- 细胞传递，Hfr 染色体的一条链由某一起点（Ori）定向地、有顺序地向 F^- 细胞传递。接合过程中由于接合管随时可以中断，所以传递到 F^- 细胞中去的是不同长度的 Hfr 染色体片断。在 F^- 细胞内形成了不同长度染色体片断的部分二倍体或部分合子。

（3）同源染色体交换与单倍体重组体的形成　部分二倍体形成后，必须通过双交换才能得到有活性的带有新的遗传性状的重组体。

2. F$^+$×F$^-$（杂交频度一般为 $10^{-6} \sim 10^{-7}$）

F$^+$×F$^-$在细胞配对形成接合管方面和 Hfr× F$^-$一样，不同点在于它是游离的 F 因子，以一条链并以很高的频率穿过接合管进入 F$^-$细胞，30min 内就有 70% F$^-$细胞获得了 F 因子而变为 F+菌株。

①Hfr 与 F$^-$细胞配对；②形成接合管，Hfr 的染色体在起始子（i）部位开始复制，至 F 因子插入的部位才结束。亲本 DNA 的一条单链通过结合管进入受体细胞；③发生接合中断，使 F$^-$成为一部分双倍体（在那里单链 DNA 合成了另一条互补的链）；④外来 DNA 片段与受体 DNA 间进行两次交换，产生了稳定的重组子。图中的 F 因子用波线表示，虚线表示新合成的 DNA 单链，双环表示细菌染色体的 DNA 双链。

3. 细菌杂交方法有三种

（1）点接法　取对数生长期的菌体浓度为 10^8个/mL 带有遗传标记的 Hfr（F$^+$）和 F$^-$菌株，混合涂布于选择培养基或基本培养基平板上，置 37℃培养 48h。涂布过的平板上出现分散的小菌落即为杂交菌落。对照平板应无菌落。

（2）混合培养　取对数生长期的菌液浓度为 10^8个/mL 带有遗传标记的 Hfr（F$^+$）和 F$^-$菌的培养液离心洗涤后，各吸取一定量混合于半固体培养基中，然后倾于选择培养基或基本培养基固体平板上，置 37℃培养 48h，观察菌落生长情况。此法较简便，可计算相对杂交频率。

（3）液体接合培养法　取对数生长期的菌液浓度为 10^8个/ mL 带有遗传标记的 Hfr（F$^+$）和 F$^-$菌的培养液，以 1∶20 或 1∶10 的比例，先混合于预热的三角瓶，于 37℃水浴中保温培养，每隔一段时间轻轻摇动三角瓶，使其充分接合转移。经 90min 或 100min，定量吸取接合菌液，混合于半固体培养基中，然后倾于选择培养基或基本培养基平板上，置 37℃培养 48h。观察菌落生长情况。此方法较繁琐，但能精确的计算杂交频率。

根据细菌接合原理，采用对链霉素敏感的供体菌（F$^+$或 Hfr 菌株）和带有营养缺陷标记且对链霉素抗性的受体菌（F$^-$菌株）混合培养于含有链霉素的基本培养基上选择杂交子，以杂交子的数目推算出杂交频率。

三、实验材料

1. 菌种

（1）F$^+$菌株　*E. coli* K$_{12}$ F$^+$pro（λ），*E. coli* W$_{1485}$ F$^+$his ile。

（2）F$^-$菌株　*E. coli* W$_{1177}$ F$^-$thr、leu、thi、xyl、gal、ara、mtl、mal、lac、str^r（λ）。

（3）Hfr 菌株　*E. coli* HfrC met、try。

2. 培养基

（1）肉汤培养基（见附录Ⅱ-20）。

（2）基本培养基（见附录Ⅱ-23）。

（3）半固体基本培养基。

四、实验方法与步骤

1. 取保存菌种斜面 1 环，接种于盛有 5mL 肉汤液体培养基中（共 4 瓶），置 37℃培养过夜。

2. 于每瓶培养物中加入 5mL 新的肉汤培养液，摇匀。然后将每瓶培养液等量分为两瓶，置

37℃继续培养 3~5h。

3. 取培养液，分别倒入无菌离心管中（F⁻菌株 W₁₁₇₇共做 4 支离心管），离心（3500r/min，10min）收集菌体，菌体用无菌水或生理盐水离心洗涤 2 次，然后将菌体充分悬浮于原体积的无菌水或生理盐水中。

4. 杂交

（1）取 12 支无菌试管，每管加入 3mL 半固体培养基，并于 50℃水浴保温。

（2）将 12 支试管分为 3 个杂交组：

①$E. coli$W₁₁₇₇ F⁻×$E. coli$K₁₂ F⁺

②$E. coli$W₁₁₇₇ F⁻×$E. coli$W₁₄₈₅ F⁺

③$E. coli$W₁₁₇₇ F⁻×$E. coli$ HfrC

每个杂交组做 4 个试管，其中 2 支为对照，2 支为杂交混合菌液。

（3）每组两支对照试管中加入 F⁺、Hfr 菌液 1mL；每组其余两支试管按照杂交组各加入供体菌 F⁺、Hfr）和受体菌（F⁻）的菌液 0.5mL，充分混合。

（4）将上述各试管中含菌的半固体培养基迅速倾于底层为基本培养基的平板上，轻轻摇匀，凝固后置 37℃培养 48h。

五、实验结果与分析

将结果填入下列表格。

杂交子数　杂交组合　平皿号	W₁₁₇₇ F⁻ × K₁₂ F⁺	W₁₁₇₇ F⁻ × W₁₄₈₅ F⁺	W₁₁₇₇ F⁻ × HfrC

菌落数　亲株　平皿号	对照		
	W₁₄₈₅ F⁺	HfrC	K₁₂ F⁺

六、注意事项

半固体培养基注意保温，避免凝固。

七、思考题

1. F⁻、F⁺、Hfr 细胞之间如何转变？

2. 分别简述 F⁻、F⁺、Hfr 细胞特点。

实验 91　丝状真菌的转化技术

一、实验目的

学习丝状真菌的转化方法。

二、实验原理

丝状真菌在形成原生质体后，经过 PEG/CaCl$_2$ 处理后，转化 DNA 进入细胞，然后再选择转化子。本实验程序适用于各种丝状真菌的转化。

三、实验材料

1. 菌株

受体菌为黑曲霉 *Aspergillus niger* N402。

2. 培养基

完全培养基 70mmol/L NaNO$_3$，7mmol/L KC1，11mmol/L KH$_2$PO$_4$，2mmol/L Mg$_2$SO$_4$，10g/L 葡萄糖，5g/L 酵母粉，2g/L 水解酪蛋白氨基酸。

微量元素液 1000 × 储备液 76mmol/L ZnSO$_4$，178mmol/L H$_3$BO$_3$，25mmol/L MnC1$_2$，18mmol/L FeSO$_4$，7.1mmol/L CoC1$_2$，6.4mmol/L CuSO$_4$，6.2mmol/L Na$_2$MoO$_4$，174mmol/L EDTA。

维生素液 1000 × 储备液 100mg/L 硫胺素，100mg/L 核黄素，100mg/L 烟酰胺，50mg/L 吡多醇，10mg/L 泛酸，0.2mg/L 生物素。

3. 载体

载体 pAN7~18；Hygromycin B；Phleomycin；NovoZym 234；PEG 4000。

4. STC1700 溶液

1.2mol/L 山梨糖醇，10mmol/L Tris-HC1（pH 7.5），50mmol/L CaCl$_2$，35mmol/L NaCl。

四、实验方法与步骤

1. *Aspergillus niger* N402 分生孢子接种在完全培养基使其最终浓度为 （1~2）×10^6/mL，30℃，300~400r/min 振荡培养 16~20h，产生 1~5g 菌丝/100mL 培养物（湿重）。

2. 过滤收集菌丝，菌丝用 0.27mol/L CaC1$_2$，0.6mol/L NaCl（1g 菌丝/20mL）洗涤数次。

3. 原生质体制备是通过加入 1~5mg/mL NovoZym 234，在 50~100r/min、30℃条件下作用，每隔 30min 显微镜下检测原生质的形成，当能观察到原生质体同时菌丝没有完全降解为小片段的时候，然后冰浴 60~120min。用这种方法原生质体的产量一般为 10^7~10^8 原生质体/g 菌丝。

4. 过滤收集原生质体，按照 1∶1 比例加入 STC1700 溶液，然后冰浴 5~10min。

5. 0℃，3000r/min 离心 10min 收集原生质体，用 STC 1700 溶液洗 2 次，最后原生质体重新悬浮在 STC 1700 使其最终浓度为 10^7~10^8/mL。

6. 原生质体（100~150μL）和 1~20μL 转化 DNA（5~10μg）混合后在 20~25℃ 孵浴 20~30min。孵浴时加入终浓度 10~20mmol/L 金精三羧酸 DNA 酶抑制剂可以增加 2~4 倍的转化率。分 3 次加入 250、250、850μL 的 60% PEG 4000 或 PEG 6000［60% PEG 4000 含有 10mmol/L Tris-HCl（pH 7.5），50mmol/L CaC1$_2$］和 DNA-原生质体溶液混合。如果转化的 DNA 分子大于 50 kb，在第一次混合时用 25% PEG 代替 60% PEG，这种方法可以防止 DNA 的聚集，然后混合物在 20~25℃孵浴 20min。

7. 混合物中加入 5~10mL STC 1700 后，0℃、3000r/min 离心 10min，收集原生质体，然后重新悬浮在 500μL STC1700。100~200μL 的转化液涂布在选择培养基。在选择培养基长出的转化子进行鉴定。

五、实验结果与分析

1. 观察和计算原生质体的形成率和再生率。

2. 阳性转化子的鉴定和分析结果。

六、注意事项

1. 菌体培养过程需要注意控制培养时间和菌丝的生长量。

2. 原生质体制备和转化过程中应严格控制缓冲液的浓度和添加比例，同时尽量避免对细胞造成机械损伤。

七、思考题

对于真菌转化来说，采用原生质体转化优势是什么？

七、 原生质体融合技术

实验 92　细菌原生质体细胞融合

一、实验目的

学习细菌原生质体细胞融合的操作方法。

二、实验原理

原生质体细胞融合的基本方法是：在高渗稳定剂存在的溶液中，加入消化细胞壁的酶或抑制细胞壁合成的试剂，使细胞壁消化而形成球形的原生质体；在融合促进剂聚乙二醇存在下，使二亲本原生质体细胞凝集和融合；在再生选择培养基上使融合细胞再生，以恢复成原来的细胞形态，形成克隆；最后选择适合于育种目的融合子。作为育种，还要进行生产性能的筛选，以期得到实用性菌株。

1. 融合亲株的选择

根据融合目的，所选择的亲株应性能稳定，并带有遗传标记，以利于融合子的筛选。采用的标记为营养缺陷型、抗药性、温度敏感型、糖发酵和同化性能、呼吸缺失、形态和颜色等标记，但经常采用前两种标记。要求单一标记的菌株回复突变率应小于 10^{-7}。每个亲株都各带有二个隐性性状的营养缺陷标记，可以排除以后实验结果中获得的原养型融合子是回复突变株的可能。选择标记也无须过多，以减少标记对菌株正常代谢的干扰，也可用无标记或一个标记菌株作为融合的亲株。

2. 原生质体细胞制备

（1）菌体的前处理　为了使细胞对酶更敏感，可将菌体作某些处理。如在细菌的培养中，于培养液中加入亚抑制剂量的青霉素；酵母培养中加入 2-脱氧葡萄糖，以抑制细胞壁的正常合成；在放线菌的培养中加入 1%～4% 的甘氨酸也起到抑制细胞壁合成的作用。或者以 EDTA 及巯基乙醇处理对数期的菌体，都会收到好的效果。

（2）菌体培养时间　细胞处于对数生长状态一般对酶的作用最敏感。但是，在对数的前期还是后期为好，按菌株不同而异。芽孢杆菌以对数期的后期较好；放线菌培养到对数到平衡期的转点为最佳；而丝状真菌多采用孢子发芽形成发芽管的时期。

（3）酶浓度　对于不同微生物，不仅对酶的种类要求不同，而且对酶浓度的要求也有差别。

（4）酶处理温度　以枯草芽孢杆菌为例，温度在 25～40℃ 内，壁的消化时间随温度上升而缩短。但是，在较高温度下，破壁难于控制，且原生质体易损伤而影响原生质体的再生率。酵母多采用30℃下破壁，青霉采用0.8mol/L KCl配制的混合酶以33℃为好。一般来讲，细菌破壁温度偏高，酵母及霉菌偏低些。有人提出，当遇到很难形成原生质体的微生物时，用改变温度的方法是很奏效的。

（5）酶处理的pH　在pH稍有升降时，对制备青霉菌和芽孢杆菌的原生质体影响不大，但缓冲液的离子浓度对其有一定影响，一般原则是酶浓度增加时，离子浓度应予减少。

（6）渗透压稳定剂　等渗透压在原生质体制备中，不仅起到保护原生质体细胞免于膨胀破裂，而且还有助于酶和底物的结合。渗透压稳定剂多采用甘露醇、山梨醇、蔗糖等有机物和KCl、NaCl、NH$_4$Cl、（NH$_4$）$_2$SO$_4$等有机物，菌种不同，最佳稳定剂也不同。产黄青霉以NaCl、KCl为好；酵母多采用山梨醇和甘露醇；细菌则以蔗糖为好。采用无机物作为渗透压稳定剂有减低黏度的优点，易于离心收集原生质体。稳定剂的浓度一般均为0.3~0.8mol/L。

由于原生质体较正常细胞对渗透压敏感得多，处于像蒸馏水这种低渗压环境下会立即破裂，在普通培养基中也难于形成菌落，根据上述原理，可计算出原生质体的形成率。

原生质体形成率（%）＝（原生质体数/未经酶处理的细胞总数）×100%

$$= \left[\frac{（未经酶处理细胞总数-酶处理和低渗处理后剩余菌数）}{未经酶处理的总菌数} \right] \times 100\%$$

下面具体说明不同细菌原生质体细胞制备的条件。

①革兰氏阳性细菌：枯草杆菌和巨大芽孢杆菌能被单一的溶菌酶消化掉细胞壁。但是，不同的阳性细菌，其细胞壁成分与结构有差异，因此它们对溶菌酶的敏感程度不同。例如，乳酸链球菌的原生质体细胞是通过溶菌酶和细菌α-淀粉酶协同在含有3mg分子MgCl$_2$和20%蔗糖的Tris-HCl缓冲液中处理获得的。以黄色短杆菌为材料制备原生质体细胞时，取对数生长中期，细胞浓度为108个/mL的菌液，加入青霉素G 0.3单位/mL，此浓度不抑制细胞正常生长，振荡培养1.5h后，将细胞离心并悬浮于溶菌酶溶液中，再静置培养（30℃，16h），就能获得原生质体。显然青霉素能抑制细胞壁的完整合成而有利于溶菌酶的作用。使细菌生长在一种含有较高浓度的甘氨酸培养基中，也能提高其对溶菌酶的敏感度。这是因为肽聚糖中的D-丙氨酸残基为甘氨酸代替所致，引起细胞壁合成不完全。

②革兰氏阴性细菌：革兰氏阴性细菌与阳性细菌结构不同，它们的肽聚糖层外侧有蛋白质、脂质等组成的外膜，细胞壁紧密，所以单用溶菌酶还不足以完全脱壁。但真正的原生质体是达到有效融合关键的一步。可采用EDTA加溶菌酶处理，转变大肠杆菌为真正的原生质体。或用一种甘氨酸-溶菌酶-EDTA法联合制备原生质体。也可应用含有青霉素的培养基来培养细菌，达到抑制细胞壁合成的目的。

③链霉菌：链霉菌不同于其他细菌，因它具有菌丝体，在固体培养基上分化成孢子丝构成的气生菌丝。液体培养物是由单细胞的具不同菌龄和生理状态的菌丝构成，这就使得制备原生质体复杂化。与细菌相似，将链霉菌菌丝接种到含有足够量甘氨酸的培养基中，引起一定程度的菌体生长衰退，较之缺乏甘氨酸生长的菌丝对溶菌酶更敏感。Rodicio等发现，某些菌株很幼嫩的菌丝（仅数小时菌龄的孢子芽管），当用溶菌酶处理时，即使在生长阶段不加甘氨酸也形成原生质体。但较老的菌丝必须生长在含甘氨酸的培养基内。除了在不同的培养基中加入的甘氨酸量不同，对那些影响肽聚糖对溶菌酶敏感度的其他物质的浓度变化也要注意。有关钾、镁和钙离子对原生质体形成的影响以及对原生质体的稳定性影响，请参考有关文献。

3. 原生质体细胞融合

促融剂聚乙二醇在原生质体细胞融合中起着重要作用。如果仅把两亲本的原生质体等量混合，融合频度很低或不发生融合，只有加入表面活性剂聚乙二醇，融合才能出现突破性的提高，这是它具有强力促进原生质体结合的作用。

在枯草芽孢杆菌和巨大芽孢杆菌的原生质体融合中，采用 PEG6000，浓度 36%，得到的融合频率 0.5%，而且发现 PEG4000、1000、6000 和 2000 能得到相同的重组频度。在芽孢杆菌的融合中，PEG 处理时间一般为 1min。

在 L-型金黄色葡萄球菌的融合研究中，诱导重组的 PEG 浓度 50% 较 40% 有效，较 30% 更明显，PEG6000 较 4000、1000 更好。

在真菌原生质体融合中，PEG 浓度要低些。一般采用 25% ~ 30%，PEG 的相对分子质量较高（4000 或 6000）较好。

除 PEG 本身的因素外，它还受各种阳离子的存在和浓度的影响。已知需 Ca^{2+}，其浓度为 0.01mol/L 最合适。Mg^{2+} 也有促进融合作用。根据植物原生质体融合的研究，认为带负电荷的 PEG 与带正电荷的 Ca^{2+}、Mg^{2+} 因细胞膜表面的分子互相作用，使原生质体的表面形成电的极性，以至相互易于吸着融合。培养基中加入 Na^+ 和 K^+ 会降低融合频度。这可能是因为 K^+ 和 Na^+ 优先结合到质膜上，从而降低了 Ca^{2+} 的刺激作用，以至于降低了融合频度。融合液中的 pH 也很重要，在 Ca^{2+} 存在下，碱性条件（最高 pH9.0）能得到较高的融合频度；在缺乏 Ca^{2+} 时，在低 pH 条件下，融合频度也较高。这可能涉及膜的氢键的融合。无 Ca^{2+} 存在，低 pH 可能促进氢键形成键合。

融合的程序开始是由于强烈脱水而引起原生质体的黏合，不同程度形成聚集物，原生质体收缩并高度变形，大量黏着的原生质体形成非常紧密的接触，接着可能是接触的裸露蛋白膜之间的脂-脂相互反应。由于 Ca^{2+} 强烈地促进脂分子的扰动和重新组合，结果接触处形成小区域的融合，形成小的原生质桥，原生质桥逐渐增大，直至两个原生质体融合。但融合的具体机制仍不清楚。

4. 再生

原生质体是已经被脱去坚韧的外层细胞壁，失去了原有细胞形态的球状体，其外仅有一层厚度约 10nm 的细胞膜。虽然它们具有生物活性，但它不是一种正常细胞，在普通培养基上也不能生长繁殖。所以它们不能正常地表达融合后的性状，必须使其细胞壁再合成，恢复细胞原来的形状。

再生的常用方法有三种：（1）将原生质体涂布到高渗培养基的底层上，然后加一层软琼脂，例如巨大芽孢杆菌；（2）直接涂布于高渗培养基表面。采用高渗基本培养基，可以使营养互补的融合的原生质体再生，但菌落形成速度较慢，再生率也低，例如枯草芽孢杆菌；（3）将原生质体与半固体再生培养基混合，倾在再生基本（或选择）培养基平板上，例如啤酒酵母。

$$原生质体再生率（\%）= \frac{再生培养基平板上总菌数-低渗处理后剩余菌数}{原生质体数} \times 100\%$$

$$= \frac{再生培养基平板上总菌数-剩余菌数}{未经酶处理细胞总数-剩余菌数} \times 100\%$$

5. 融合子的选择

原生质体融合重组效率较常规杂交高得多。但由于菌株不同，融合方式不同，其融合频度相差很大。因此靠选择性遗传标记，融合子可以在各种选择性培养基上显示出来。由于原生质体融合后会出现两种情况：一种是真正的融合，即产生杂核二倍体；另一种是只质配，不核配，形成异核体。它们都能在再生培养基平板上形成菌落，但前者是稳定的，而后者则是不稳定的，在传代中将会分离为亲本类型。所以要获得真正的融合子，应该进行几代的分离、纯化和选择。

$$融合频度=融合子数/再生较少的亲本原生质体再生数$$

三、实验材料

1. 菌种

Bacillus subtilis T4412 ade⁻、his⁻，*Bacillus subtilis* TT2 ade⁻、pro⁻。

2. 培养基

（1）完全培养基（CM） 葡萄糖 1.0%，多聚蛋白胨 1.0%，酵母粉 0.5%，牛肉膏 0.5%，NaCl0.5%，pH7.2。

（2）基本培养基（MM） 葡萄糖 0.5g，$(NH_4)_2SO_4$ 0.2g，柠檬酸纳 0.1g，$K_2HPO_4 \cdot 3H_2O$ 1.4g，KH_2PO_4 0.6g，$MgSO_4 \cdot 7H_2O$ 0.02g，蒸馏水 100mL，纯化琼脂 2%，pH7.0。

（3）补充基本培养基（SM） 在 MM 培养基中加入 20μg/mL 的腺嘌呤，纯化琼脂 2%。

（4）完全再生培养基（CMR） 在 CM 中加入 0.5mol/L 蔗糖和 0.02mol/L $MgCl_2$，纯化琼脂 2%。

（5）再生补充基本培养基（SMR） 在补充基本培养基中加入 0.5mol/L 蔗糖，纯化琼脂 2%。

3. 溶液

（1）高渗液（SMM） 0.5mol/L 蔗糖溶液中加入 0.02mol/L 顺丁烯二酸，调整 pH 为 6.5，在加入 0.02mol/L $MgCl_2$。

（2）PEG 溶液 用 SMM 溶液配置 40% 聚乙二醇（PEG-4000）溶液。

（3）溶菌酶液（酶活为 4000U/g 酶粉） 用 SMM 溶液配制终浓度为 2mg/mL 酶液，过滤除菌。

四、实验方法与步骤

1. 原生质体的制备

（1）菌体培养 将活化的两亲本斜面菌种 1 环，分别接种于 20mL 液体完全培养基中，32℃ 振荡培养 14h。各取 1mL 培养物转接入装有 20mL 液体完全培养基的 250mL 三角瓶中，32℃ 振荡培养 5h，使细胞呈对数生长状态。

（2）原生质体制备 各取培养物 10mL，离心（4000r/min，10min）收集菌体，用 SMM 溶液洗涤菌体二次，最后将菌体分别悬浮于 10mL SMM 溶液中。取 1mL 悬浮液，适当稀释后，以完全培养基测定细胞浓度。

取 5mL 菌悬液，加入 5mL 溶菌酶液，混匀后于 36℃ 水浴保温处理 30min，镜检观察原生质体形成情况，当 95% 以上细胞变成原生质体时，终止酶的作用。

将消化液离心（2500r/min，10min）收集原生质体，用 SMM 溶液洗涤一次，最后悬浮于 5mLSMM 液中，即为制备好的原生质体。

取 1mL 原生质体，用无菌水作适当稀释，涂布于完全培养基平板上，计算酶处理后剩余细胞数，并计算原生质体形成率。

取 1mL 原生质体，用 SMM 液作适当稀释，涂布于再生完全培养基平板上，计算原生质体再生率。

2. 原生质体融合

（1）取两亲本原生质体等量混合，放置 5min 后离心（2500r/min，10min）收集原生质体。于沉淀中加入 0.2mL SMM 溶液，充分悬浮。在加入 1.8mLPEG 溶液，混匀后 36℃ 水浴保温处理 2min；离心（2500r/min，10min）收集原生质体，将沉淀充分悬浮于 2mL SMM 液中。

（2）取 1mL 融合液，用 SMM 液作适当稀释，取 0.1mL 稀释液于冷却至 50℃ 的再生补充基本培养基软琼脂中混匀，迅速倾入底层为再生补充基本培养基（SMR）的平板上，32℃ 培养 2d，检出融合子。

3. 融合子分析与鉴定

五、实验结果与分析

1. 原生质体形成率=原生质体数/（原生质体数+完整细胞数）×100%

序号	原生质体数	完整细胞数	原生质体形成率/%

2. 原生质体再生率（%）$= \dfrac{再生培养基平板上总菌数-低渗处理后剩余菌数}{原生质体数} \times 100\%$

$= \dfrac{再生培养基平板上总菌数-剩余菌数}{未经酶处理细胞总数-剩余菌数} \times 100\%$

序号	再生培养基平板上总菌数	低渗处理后剩余菌数	原生质体再生率/%

3. 原生质体融合率

序号	融合子数	融合前原生质体数	融合率/%

六、注意事项

1. 涂布平板时动作轻柔，过多机械力会使原生质体破裂，降低再生率。

2. 稀释到合适浓度，有利于计数。

七、思考题

1. 细菌原生质体融合有哪些优点？

2. 哪些因素会影响原生质体融合？

3. 高渗液（SMM）、PEG 溶液、溶菌酶的作用分别是什么？

实验 93　酵母原生质体细胞融合

一、实验目的

学习以酵母为材料的原生质体细胞融合的方法。

二、实验原理

1. 酵母形成原生质体的条件

对于酵母属可以取对数期后期的菌体，通常经过一夜振荡培养，收集、洗涤，培养于含 0.2% 巯基乙醇和 0.06mol/L EDTA 溶液中，如此处理的菌体易原生质体化。然后加入由藤黄节杆菌（*Arthrobacter lateus*）分泌的 β-1.3 葡萄糖苷酶为主体的细胞壁溶解酶 Zymolyase-5000 或 6000 处理，处理时间按酶的种类、浓度和菌体而异。原生质体的稳定剂多采用 0.6~1.2mol/L 山梨醇，但鲁氏酵母（*S. rouxii*）采用 2mol/L KCl，也可采用山梨醇或甘露醇。在实验过程中，一般随原生质体形成率的不断增加，其再生率大幅下降。因此，实验中需要衡量二者的比率来判断原生质体形成的条件。

2. 丝状真菌形成原生质体条件

丝状真菌原生质体制备的酶主要有四种：Novozym234、纤维素酶 CP、Zymolyase、溶解酶 L1。我国采用褐云玛瑙螺酶和纤维素酶已成功地分离到了青霉菌、曲霉菌的原生质体。

丝状真菌原生质体的制备不同于单细胞微生物。酶的作用往往在菌丝顶端水解 1 个小孔，细胞内容物通过小孔漏出，形成有细胞质膜的原生质体。先期形成的原生质体来自菌丝尖端的细胞，以后则来自菌丝的各个边远部位，由此决定了原生质体的不均匀、不同步和往往无残留细胞壁的特点。在无隔多核的菌丝内，细胞质在整个菌丝中分割而产生原生质体；在有隔膜菌丝中，分隔内的细胞质可能作为单个原生质体或分割成为更小的单位而释放。丝状真菌的无性孢子是非常有用的原生质体来源，多数孢子是单细胞，其生理状态比较一致，唯有其孢子壁对酶抗性大，难得到原生质体。现将一些丝状真菌原生质体制备条件列于表 3-15。

表 3-15 　　　　　　　　　一些丝状真菌的原生质体制备条件

菌株	酶	制备条件
布拉克须霉 （*Phycomyces blakesleeanus*）	几丁质和壳聚糖水解酶	0.35mol/L 山梨醇，pH7.0 0.01mol/L 磷酸缓冲液；0.2% 几丁质酶，0.01% 壳聚糖酶；25℃，30~60min，原生质体率为出芽子数的 100%
构巢曲霉 （*Asp. nidulans*）	自链霉菌制得的裂解酶	0.8mol/L NH$_4$Cl；pH6.0 0.2mol/L 磷酸缓冲液，5mL 酶液；28℃，振荡 2h；通过玻璃漏斗过滤
顶头孢霉 （*Cephalosporium acremonium*）	噬细胞菌裂解酶	0.7mol/LNaCl；pH7.2 柠檬酸-磷酸缓冲液；每种酶 2.5mg/mL；3~4h
总状毛霉 （*Mucor racemasus*）	自黏细菌的几丁质酶	0.35mol/L 山梨醇；pH5.7 0.01mol/L 磷酸缓冲液；每 10^6 个/mL 细胞加 3mg 粗酶；22℃ 处理几十分钟
微小毛霉 （*Mucor pusillus*）	几丁质酶硫酸脂壳多糖酶	35mol/L 山梨醇；pH6.0 9，.91mol/L 磷酸缓冲液；酶 2~5mg/mL；23℃，4h，$6×10^6$ 原生质体/mL
米曲霉 （*Asp. aryzae*）	蜗牛酶	0.6mol/L KCl；pH5.5 0.3mol/L 磷酸缓冲液；0.2mL 酶/150mg 湿菌体；30℃振荡，4h
产黄青霉 （*Pen chrysagenum*）	纤维素酶玛瑙螺酶	0.6mol/L NaCl；pH5.4~6.4；两种酶用量各 0.3%~0.5%；33℃，5h，$7×10^6$ 原生质体/mL

三、实验材料

1. 菌种

S. cerevisiae Y-1 a ade⁻，*S. cerevisiae* Y-2 a his⁻、leu⁻、thr⁻。

2. 培养基

（1）完全培养基（YPAD）　葡萄糖 2%，酵母膏 1%，盐酸腺嘌呤 0.04%，蛋白胨 2%，pH5.5。

（2）酵母基本培养基　葡萄糖 2%，YNB0.67%（见附录Ⅱ-68），pH5.5，琼脂 2%（处理琼脂）。

（3）再生完全培养基　每 100mL 完全培养基中加入 18.2g 山梨醇。固体再加入 2% 琼脂。

（4）再生完全培养基软琼脂　组分同再生完全培养基，加入 0.8%~1% 琼脂。

（5）再生基本培养基　与基本培养基组分相同，加入 18.2% 山梨醇，再加入处理过琼脂 2%。

（6）再生基本培养基软琼脂　组分同再生基本培养基，加入处理过琼脂 0.8%~1%。

（7）酵母生孢子培养基（见附录Ⅱ-66）。

3. 溶液

（1）ST 溶液　1mol/L 山梨醇，0.01mol/L Tris-HCl（pH7.4）。

（2）Zymolyase 酶混合液　10mL ST 溶液，0.2mL 0.05mol/L EDTA（pH7.5），Zymolyase 酶 1mg，过滤除菌。

（3）STC 溶液　ST 溶液中，加入 0.01mol/L $CaCl_2$。

（4）PTC 溶液　35%PEG-4000，0.01mol/L Tris-HCl（pH7.4），0.01mol/L $CaCl_2$。

（5）0.05mol/L EDTA 溶液。

（6）0.5mol/L β-巯基乙醇。

四、实验方法与步骤

1. 菌前体培养

分别从斜面取 1 环菌种接种于装有 20mL 完全培养基的 250mL 三角瓶中，30℃振荡培养 16~18h；分别取 2mL 培养物接种于装有 20mL 完全培养基的 250mL 三角瓶中，30℃振荡培养 6~8h，呈对数生长状态。

将上述培养液分别离心（3500r/min、10min）收集菌体，用 10mL 无菌水离心洗涤菌体二次，尽可能除去杂质。

2. 原生质体制备

（1）将两亲本细胞分别悬浮于 10mL 溶液（25mL0.05mol/L EDTA 和 1mL. 5mol/L β-巯基乙醇混合液）中，30℃振荡处理 10min。

（2）分别取 1mL 处理菌液，适当稀释后，以血球计数板直接测定或以活菌计数方法测定未经酶处理的细胞数。

（3）离心（3500r/min，10min）收集菌体。

（4）将菌体分别悬浮于 9mL Zymolyase 酶混合液中，30℃振荡反应 40~60min。随时用显微镜观察细胞形成原生质体情况。

（5）离心（3000r/min，10min）收集原生质体细胞；用 9mLST 溶液洗涤离心 1 次，之后将细胞悬浮于 9mLST 溶液中。

（6）测定剩余细胞数，即取 1mL 细胞悬液于 9mL 无菌水中摇匀，适当稀释后，以活菌计数法测定酶处理后剩余细胞数，并计数原生质体形成率。

（7）将剩余的原生质体细胞液离心（3000r/min，10min）收集原生质体，之后分别悬浮于 8mLSTC 溶液中。

3. 原生质体再生

分别取两亲本原生质体 1mL，以 STC 溶液作适当稀释，取 0.1mL 稀释液置于冷却至 45~50℃的再生完全培养基软琼脂（上层）4mL 中，摇匀迅速倒入底层为再生完全培养基平板上，30℃培养 3~4d，计算菌落数。该菌落数即为单菌原生质体的再生细胞数。分别计算两亲本的原生质体再生率。

4. 原生质体融合

（1）各取 1mL 亲本原生质体细胞（等量细胞，浓度为 10^6 个/mL）混合，30℃振荡培养 15min。离心（2000r/min，20min）收集细胞。

（2）于菌体中加入 1mL 促融剂 PTC 溶液，30℃振荡处理 20min。离心（2000r/min，20min）收集细胞，用 5mLSTC 溶液洗涤细胞 1 次，最后将细胞悬浮于 1mLSTC 溶液中。

（3）再生 取 0.1mL STC 菌液，加入到冷却至 45~50℃的 4mL 再生基本培养基软琼脂中混匀，迅速倒入底层为再生基本培养基平板上，30℃培养 5~7d，平板上菌落数，即为融合子数。计算融合率。

5. 融合子的确定

（1）融合子能在基本培养基平板上生长发育，形成菌落，而对照两亲本菌株均不能在此培养基平板上生长。

（2）生孢能力的测定 两亲本为相同接合型细胞，不能通过有性杂交实现细胞融合，形成二倍体杂合细胞；通过原生质体细胞融合，可获得同型二倍体细胞（a/a），该二倍体细胞不具生孢能力，但具有接合能力，可以与 α 型单倍体细胞杂交，生成三倍体细胞（a/a/α）。

（3）核 DNA 含量和核染色体组倍数的测定。

五、实验结果与分析

1. 原生质体形成率＝原生质体数/（原生质体数+完整细胞数）×100%

序号	原生质体数	完整细胞数	原生质体形成率/%

2. 原生质体再生率（%）$= \dfrac{再生培养基平板上总菌数-低渗处理后剩余菌数}{原生质体数} \times 100\%$

$\qquad\qquad\qquad\quad = \dfrac{再生培养基平板上总菌数-剩余菌数}{未经酶处理细胞总数-剩余菌数} \times 100\%$

序号	再生培养基平板上总菌数	低渗处理后剩余菌数	原生质体再生率/%

3. 原生质体融合率（%）

序号	融合子数	融合前原生质体数	融合率/%

六、注意事项

1. 操作过程轻柔，避免破坏原生质体，使再生率降低。

2. 注意软琼脂培养基保温，避免凝固。

七、思考题

若原生质体融合率较低，请分析可能出现的原因。

实验 94　应用原生质体细胞融合技术选育酱油曲霉

一、实验目的

学习以丝状真菌为材料的原生质体细胞融合的方法。

二、实验原理

选用生长速度快而蛋白酶活力偏低的米曲霉（Asp. oryzae）3. 951（沪酿 3042）菌株和蛋白酶活力高，但生长速度偏低的米曲霉 10B1 菌株，经紫外线、甲基磺酸乙酯诱变筛选营养缺陷型。采用蜗牛酶和溶壁酶混合液制备原生质体，以 30% PEG + 0. 01mol/1CaCl$_2$ + 0. 05mol/甘氨酸为融合剂，在 32℃条件下，融合 20min，其融合率达到 0. 30% ~ 0. 47%，获得异核体。融合子在完全培养基平板上出现绿色扇形角变，角变株为原养型，通过测定其孢子的 DNA 含量和孢子体积，确定为融合二倍体。以对氟苯丙氨酸（PFA）核紫外线做为重组剂对杂合二倍体菌株进行诱变分离，获得优良性状的单倍体菌株。

三、实验材料

1. 菌种

米曲霉 3. 951（沪酿 3042）菌株，经紫外线诱变获得 N120 菌株，精氨酸缺陷型（arg$^-$），孢子为绿色；N112 菌株为苯丙氨酸缺陷型（phe$^-$），孢子为绿色。

米曲霉 10B1 菌株，经紫外线和甲基磺酸乙酯（EMS）诱变获得的 N720 菌株，孢子绿色，腺嘌呤缺陷型（ade$^-$）。

2. 培养基

（1）基本培养基（MM）　葡萄糖 3%，NaNO$_3$0. 2%，K$_2$HPO$_4$0. 1%，FeSO$_4$0. 001%，KCl 0. 05%，MgSO$_4$ · 7H$_2$O 0. 05%，琼脂 2%，pH6. 6。

（2）完全培养基（CM）　豆芽汁液体和固体培养基。

（3）高渗再生完全培养基　用 0. 8mol/L NaCl 溶液配制的完全培养基。

（4）高渗再生基本培养基　用 0. 8mol/L NaCl 溶液配制的基本培养基。

（5）酪素培养基（见附录Ⅱ-21）

（6）麸曲培养基　豆饼粉 15%，麸皮 85%，水 85%，充分混匀。500mL 三角瓶装 30g 混合料，0. 14MPa，40min 灭菌。

3. 溶液

（1）融合剂 30%PEG+0.01mol/L CaCl$_2$+0.05mol/L 甘氨酸。

（2）0.8mol/L NaCl 溶液。

（3）酶液 用 0.8mol/L NaCl 溶液配制 1%溶壁酶+1%蜗牛酶，过滤除菌。

四、实验方法与步骤

1. 原生质体的制备

（1）将两亲株浓度为 10^7 个/mL 的孢子悬浮液，分别接种于装有 50mL 豆汁液体培养基的 250mL 三角瓶中，于 28℃ 静止培养 12~14h，过滤收集菌丝，用 0.8mol/L NaCl 溶液离心洗涤两次。

（2）于菌丝沉淀中，分别加入酶液 10mL，摇匀，在 32℃ 水浴条件下酶解 3h，随时用显微镜观察原生质体形成情况。然后用 G3 漏斗过滤除去菌丝碎片，收集滤液。离心（1000r/min，10min）收集原生质体，并用 0.8mol/L NaCl 溶液离心洗涤 2 次。

2. 原生质体再生

将浓度为 10^6 个/mL 的原生质体，用 0.8mol/L NaCl 溶液作适当稀释，分别涂布于高渗再生完全培养基平板上和普通的完全培养基平板上，28℃ 培养 2d 后，观察平板形成的菌落，并计算两亲本菌株的再生率。

3. 原生质体的融合

等量混合两亲本的原生质体，调整原生质体浓度为 10^6 个/mL，总体积为 1mL。加入预先于 32℃ 预热的融合剂 3mL，使其充分接触，于 32℃ 保温处理 20min，离心（2000r/min，10min）收集原生质体。用高渗液体基本培养基洗涤离心 1 次。最后悬浮于 4mL 液体基本培养基中。用高渗液体基本培养基作适当稀释，分别取 0.1mL 涂布于高渗基本培养基和高渗完全培养基平板上，28℃ 培养 3d，观察菌落生长情况，并计算融合率。

4. 融合二倍体的分离及倍性测定

经融合而形成的异核体菌株，可见到白色、黄色、绿色的菌落形态。培养在基本培养基平板上能互补生长，基本可确定为融合株。将融合株接种于完全培养基平板上，28℃ 培养两周后在平板上出现亲本类型的分离现象，并形成绿色孢子的扇形角变，此绿色孢子能在基本培养基平板上生长，且生长旺盛，自孢子 DNA 含量和孢子体积，确定为二倍体。

5. 融合二倍体的诱发分离及单倍体的选育

以对氟苯丙氨酸和紫外线对杂合二倍体菌株进行诱发分离。

五、实验结果与分析

1. 原生质体形成率=原生质体数/（原生质体数+完整细胞数）×100%

序号	原生质体数	完整细胞数	原生质体形成率/%

2. 原生质体再生率（%）

$$= \frac{再生培养基平板上总菌数-低渗处理后剩余菌数}{原生质体数} \times 100\%$$

$$= \frac{再生培养基平板上总菌数-剩余菌数}{未经酶处理细胞总数-剩余菌数} \times 100\%$$

序号	再生培养基平板上总菌数	低渗处理后剩余菌数	原生质体再生率/%

3. 原生质体融合率（%）

序号	融合子数	融合前原生质体数	融合率/%

六、注意事项

1. 在菌丝沉淀中加入酶液后要充分摇匀，使酶液与菌体充分接触。

2. 操作过程轻柔。

七、思考题

1. 简述蜗牛酶作用。

2. 比较丝状真菌与细菌原生质体制备过程中的异同。

实验 95　电诱导酵母与短梗霉属属间融合

一、实验目的

学习电诱导原生质体细胞融合操作技术。

二、实验原理

本实验采用 GH-401 型电诱导细胞融合/基因转移仪，用低浓度聚乙二醇代替电介质电泳的方法凝集细胞，在高压方波电脉冲作用下，进行酵母原生质体属间融合的研究。为实现酵母远缘杂交提供新途径。

三、实验材料

1. 菌株

Saccharomyces cerevisiae NK-419 菌株；不产孢子，不同化和发酵可溶性淀粉，是酒精生产菌株。出芽短梗霉（*Aureobasidium pullulans*）NKB93-006 菌株：亮氨酸营养缺陷型（Leu^-），回复突变率低于 10^{-8}，产生胞外淀粉酶，可同化淀粉，不发酵淀粉。

2. 培养基

（1）完全培养基（YPAD）（见附录Ⅱ-67）。

（2）基本培养基（YNB）（见附录Ⅱ-69）。

（3）高渗完全培养基　同完全培养基组分，加入 1mol/L 山梨醇。

（4）选择性基本培养基　以 2% 可溶性淀粉为唯一碳源，其他成分与 YNB 相同。

（5）高渗选择性培养基　以 2% 可溶性淀粉为唯一碳源，加入 1mol/L 山梨醇，其他成分与 YNB 相同。

（6）淀粉发酵培养基（YEPSF）　5% 可溶性淀粉，0.5% 蛋白胨，0.025% 酵母浸出汁，0.025% $CaCl_2 \cdot 2H_2O$，0.025%（NH_4）$_2SO_4$，0.2% KH_2PO_4。

3. 溶液

（1）0.2mol/L 高渗磷酸缓冲液（PBS）　0.2mol/L 磷酸缓冲液（pH5.8）中加入 1mol/L 山梨醇。

（2）1% 蜗牛酶液　PBS 溶液中加入 1% 蜗牛酶，过滤除菌。

（3）5mg/mL 蜗牛酶液　在 PBS 液中加入终浓度为 5mg/mL 蜗牛酶，过滤除菌。

（4）5mg/mL 纤维素酶液　配制方法同（3）。

（5）0.1%β-巯基乙醇　将 PBS 溶液灭菌后，冷却至 60~70℃时，加入 0.1%β-巯基乙醇。

（6）加脉冲缓冲液（PM）　0.2mol/L 磷酸缓冲液（pH5.8）中，加入 10% PEG-400、1mol/L 山梨醇、0.01mol/L $CaCl_2$，用电导率低于 10^{-6}S/cm 的去离子水配制。

四、实验方法与步骤

1. 原生质体的制备

（1）菌体培养　将两亲本 NK-419 和 NKB93-006 菌株 1 环接种在 10mL 完全培养基中，28℃振荡培养 16~18h。各取 1mL 培养物转接入装有 30mL 完全培养基的 250mL 三角瓶中，28℃振荡培养 6~8h，使细胞呈对数期生长状态。

各取 5mL 培养物，离心（3500r/min，10min）收集菌体，用 PBS 液离心洗涤二次。

（2）原生质体制备　于各菌体中加入 5mL0.1%β-巯基乙醇溶液，28℃预处理 10min，离心收集菌体。

在 NK-419 菌株的菌体中加入 5mL1% 蜗牛酶，28℃水浴振荡处理 40~50min，取样镜检，当 90% 以上细胞转变成为原生质体后，终止酶处理，离心收集原生质体，用 PM 液洗涤离心二次。即得原生质体。

在 NKB93-006 菌株的菌体中加入 15mg/g 菌体蜗牛酶和 5mg/g 菌体纤维素酶混合液，在 37℃水浴振荡处理 1.5h，使原生质体形成率达 90% 以上，终止酶处理，离心收集原生质体，用 PM 液洗涤离心二次。即得原生质体。

2. 原生质体的电诱导融合

将两亲本的原生质体以 1:1 的比例混合，离心收集原生质体，用 PM 液洗涤离心 1 次，之后用 PM 液悬浮混合的原生质体，使之浓度达 10^8 个/mL。将原生质体悬浮液注入融合小罐中。小罐结构如图 3-37 所示。

小罐的一侧顶端有进样孔，罐内两电极距离 2mm，容积为 0.4mL。装有样品的融合小罐的两电极分别于电融合仪高压电脉冲输出端相接，调定电脉冲强度为 11kV/cm，脉冲时程为 10μs，脉冲个数 3，脉冲间隔时间 1s。在上述条件下作原生质体的可逆电击穿，诱发原生质体融合。为了使融合过程稳定，加脉冲后，样品在小罐内静置 5min。静置后将原生质体悬液从小罐内吸出，稀释后分别与高渗完全培养基和高渗选择性培养基混合倒平板；同时，将两亲本的原生质体分别与上述培养基混合倒平板做对照。将全部平板置于 28℃培养 4~5d，观察菌落生长情况。

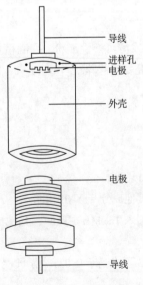

图 3-37　融合小罐示意图

导线
进样孔
电极
外壳
电极
导线

3. 融合子的检出和鉴定

（1）融合子的检出　在高渗选择性培养基平板上生长的菌落，移接入选择性基本培养基平板上连续传代，淘汰长势弱的不稳定融合子。将稳定的融合子移接于完全培养基斜面上继续传代后，再移接入选择性基本培养基平板上，检查融合子的分离现象。

（2）融合子细胞的大小测定。

（3）融合子核 DNA 含量的测定及核倍性测定。

（4）淀粉发酵能力的测定。

五、实验结果与分析

序号	融合子数	融合前原生质体数	原生质体融合率/%

六、注意事项

1. 操作时，使原生质体充分悬浮，避免结块接触不均匀。

2. 无菌操作，避免原生质体污染。

七、思考题

1. 电诱导原生质体融合的优点是什么？

2. 电诱导原生质体融合的原理是什么？

八、 微生物基因组洗牌育种技术

实验 96　酿酒酵母的基因组洗牌育种

一、实验目的

学习洗牌（Genome shuffling）育种的操作流程。

二、实验原理

Genome shuffling 技术是近年来出现的一种新型细胞水平育种技术，它是 DNA shuffling 技术在全基因组水平上的延伸。DNA shuffling 技术模拟并加速了 DNA 分子或亚基因组片断的进化速度。Genome shuffling 是一种全基因组的进化方法，它整合了 DNA shuffling 的多亲杂交和原生质体融合的全基因组重组，将改良的对象从单个基因扩展到整个基因组，因此可以在更广泛的范围内对菌株的目标性状进行优化组合。传统的原生质体融合育种是一种双亲杂交方式，要实现多亲杂交则需要多次双亲杂交和筛选过程，整合有多个亲本优良形状的重组体往往在多轮筛选过程中被漏掉。而 Genome shuffling 采用多轮递归原生质体融合的方式实现了高效多亲杂交，多轮融合过程中并不进行筛选，每一轮融合的作用等同于 DNA shuffling 中的每一轮 PCR 热循环。多亲杂交实现的多亲本优良性状整合导致了菌株目标表型的较大改良，高性能生产菌株在筛选中更容易获得。Genome shuffling 原理如图 3-38 所示。

从另一角度也可以认为 Genome shuffling 技术是一个传统工业微生物菌株遗传改良方法的浓缩，它巧妙地把菌株变异的本质——突变和重组过程整合到一个过程中，极大地提高了菌株改

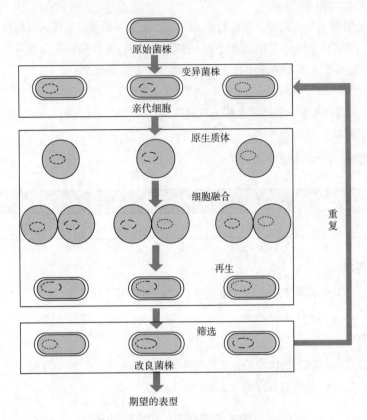

图 3-38 Genome shuffling 育种原理图

良的效率。

Genome shuffling 育种技术相对于经典的育种技术具有多个优点，它能整合多个优良突变到一个菌株中，并且消除有害突变的积累，而且还可能通过激活一些沉默基因的表达来提高目的产物的产量。Genome shuffling 育种技术分为两步进行，第一步是通过突变筛选手段获得野生菌株的遗传多样性高性能突变菌株，第二步是通过多轮原生质体递归融合把上步获得的多个优良突变整合到一个菌株中去，从而获得更高性能的突变菌株。

三、实验材料

1. 菌种

S. cerevisiae Y-1 a ade-、*S. cerevisiae* Y-2 a his-、*S. cerevisiae* Y-3 a leu-、*S. cerevisiae* Y-4 a thr-。

2. 培养基

（1）完全培养基（YPAD）（附录Ⅱ-67）。

（2）基本培养基　葡萄糖 2%，YNB0.67%（见附录Ⅱ-68），pH5.5，琼脂 2%（处理琼脂）。

（3）再生完全培养基　每 100mL 完全培养基中加入 18.2g 山梨醇。固体再加入 2% 琼脂。

（4）再生完全培养基软琼脂　组分同再生完全培养基，加入 0.8%~1% 琼脂。

（5）再生基本培养基　与基本培养基组分相同，加入 18.2% 山梨醇，再加入处理过琼脂2%。

（6）再生基本培养基软琼脂 组分同再生基本培养基，加入处理过琼脂0.8%~1%。

（7）生孢子培养基（见附录Ⅱ-66）。

3. 溶液

（1）ST溶液 1mol/L山梨醇，0.01mol/L Tris-HCl（pH7.4）。

（2）Zymolyase酶混合液 10mL ST溶液，0.2mL 0.05mol/L EDTA（pH7.5），Zymolyase酶1mg，过滤除菌。

（3）STC溶液 ST溶液中，加入0.01mol/L CaCl$_2$。

（4）PTC溶液 35%PEG-4000，0.01mol/L Tris-HCl（pH7.4），0.01mol/L CaCl$_2$。

（5）0.05mol/L EDTA溶液。

（6）0.5mol/L β-巯基乙醇。

四、实验方法与步骤

1. 菌前体培养

分别从斜面取1环菌种接种丁装有20mL完全培养基的250mL三角瓶中，30℃振荡培养16~18h；分别取2mL培养物接种于装有20mL完全培养基的250mL三角瓶中，30℃振荡培养6~8h，呈对数生长状态。

将上述培养液分别离心（3500r/min，10min）收集菌体，用10mL无菌水离心洗涤菌体二次，尽可能除去杂质。

2. 原生质体制备

（1）将出发菌株细胞分别悬浮于10mL溶液（25mL0.05mol/L EDTA和1mL.5mol/L β-巯基乙醇混合液）中，30℃振荡处理10min。

（2）分别取1mL处理菌液，适当稀释后，以血球计数板直接测定或以活菌计数方法测定未经酶处理的细胞数。

（3）离心（3500r/min，10min）收集菌体。

（4）将菌体分别悬浮于9mL Zymolyase酶混合液中，30℃振荡反应40~60min。随时用显微镜观察细胞形成原生质体情况。

（5）离心（3000r/min，10min）收集原生质体细胞；用9mL ST溶液洗涤离心1次，之后将细胞悬浮于9mL ST溶液中。

（6）测定剩余细胞数，即取1mL细胞悬液于9mL无菌水中摇匀，适当稀释后，以活菌计数法测定酶处理后剩余细胞数，并计数原生质体形成率。

（7）将剩余的原生质体细胞液离心（3000r/min，10min）收集原生质体，之后分别悬浮于8mL STC溶液中。

3. 原生质体再生

分别取两亲本原生质体1mL，以STC溶液作适当稀释，取0.1mL稀释液置于冷却至45~50℃的再生完全培养基软琼脂（上层）4mL中，摇匀迅速倒入底层为再生完全培养基平板上，30℃培养3~4d，计算菌落数。该菌落数即为单菌原生质体的再生细胞数。分别计算两亲本的原生质体再生率。

4. 递归原生质体融合

（1）各取1mL亲本原生质体细胞（等量细胞，浓度10^{6}个/mL）混合，30℃振荡培养

15min。离心（2000r/min，20min）收集细胞。

（2）于菌体中加入 1mL 促融剂 PTC 溶液，30℃振荡处理20min。离心（2000r/min，20min）收集细胞，用 5mL STC 溶液洗涤细胞 1 次，最后将细胞悬浮于 1mLSTC 溶液中。

（3）再生　取 0.1mL STC 菌液，加入到冷却至 45~50℃的 4mL 再生完全培养基和基本培养基软琼脂中混匀，迅速倒入底层为再生基本培养基平板上，30℃培养 5~7d。记录基本培养基上的融合子生长情况；完全培养基上的生产菌作为下一轮原生质体融合的出发菌株。

（4）原生质第二轮融合　收集上步再生完全培养基平板上的菌体细胞，重复上面的原生质制备、融合和再生过程。

①用接种铲挂下再生平板上的菌体细胞悬浮于 10mL 溶液（25mL0.05mol/L EDTA 和 1mL0.5mol/L β-巯基乙醇混合液）中，30℃振荡处理 10min。

②离心（3500r/min，10min）收集菌体。将菌体悬浮于 9mL Zymolyase 酶混合液中，30℃振荡反应 40~60min。随时用显微镜观察细胞形成原生质体情况。

③离心（3000r/min，10min）收集原生质体细胞；用 9mLST 溶液洗涤离心 1 次，然后将细胞悬浮于 9mL ST 溶液中。

④取 1mL 原生质体 ST 悬液，离心（2000r/min，20min）收集原生质体。

⑤加入 1mL 促融剂 PTC 溶液，30℃振荡处理 20min。离心（2000r/min，20min）收集细胞，用 5mLSTC 溶液洗涤细胞 1 次，最后将细胞悬浮于 1mL STC 溶液中。

⑥取 0.1mL STC 菌液，加入到冷却至 45~50℃的 4mL 再生基本培养基软琼脂中混匀，迅速倒入底层为再生基本培养基平板上，30℃培养 5~7d。

（5）重复"原生质第二轮融合"实验过程 4 次。

融合子的确定：

①比较各轮融合子在基本培养基平板上生长情况。出发亲本菌株均不能在此培养基平板上生长，各轮融合子在基本培养基上的生长数目逐渐增加。

②核 DNA 含量和核染色体组倍数的测定。

五、实验结果与分析

序号	融合子数	出发原生质体数	原生质体融合率/%

六、注意事项

1. 清洗时勿使原生质体浮起。

2. 操作过程动作轻柔。

七、思考题

1. 基因组洗牌育种有何优点？

2. 基因组洗牌育种和常规原生质体融合育种的最大区别是什么？

第十节 食品卫生微生物学检测

我国卫生部颁发的食品卫生微生物指标包括三项：菌落总数、大肠菌群和致病菌。本章主要介绍食品卫生微生物学检验、空气中微生物检验和食品中常见致病菌的检验方法。一般食品中菌落总数和大肠菌群的检验方法，可参见第一章中的实验17和实验18。

致病菌的检测是食品卫生标准中要求提供的微生物指标之一。从食品卫生的要求来讲，食品中不允许有致病菌的存在。

由于致病菌的种类繁多，而通常受污染食品中所存在的致病菌数量不多，另外，某些致病菌的检测方法还存在着一定的局限性，因此，无法对所有的致病菌进行逐一检验。在实际检测中，往往根据不同食品的理化性质和加工、储藏条件等情况的不同，选定较有代表性的致病菌进行检验，并以此来判断某种食品中有无致病菌的存在。例如，蛋粉、冷冻禽类、肉类食品，常明确规定沙门氏菌是必须检验的重点项目；海产品以副溶血性弧菌为检验重点；酸度不高的罐头食品，肉毒梭菌是必须检查的对象；米、面类食品以蜡样芽孢杆菌、霉菌等作为检测重点。另外，在不同的场合下，还可以根据不同的情况增加一定的致病菌作为必须检验的重点内容，例如，在有食物中毒发生时，或某种传染病流行的疫区，就有必要、有重点地对食品进行有关致病菌的检验。

本节介绍了食品原料及食品中几种常见致病菌如沙门氏菌、志贺氏菌、致泻大肠埃希氏菌、副溶血性弧菌、小肠结肠炎耶尔森氏菌、金黄色葡萄球菌、β型溶血性链球菌、肉毒梭菌、蜡样芽孢杆菌的检验方法，还介绍了各类粮食、食品和饮料中霉菌和酵母菌计数的检验方法。以上各种致病菌的检验方法引自2012-2016年中华人民共和国卫生部和中国国家标准化管理委员会发布的《中华人民共和国食品安全国家标准 食品微生物学检验》GB 4789.11—2014；GB 4789.14—2014；GB 4789.5—2012；GB 4789.7—2013；GB/T 4789.4~4789.15—2016。

实验97 沙门氏菌检验

一、实验目的

1. 了解沙门氏菌检验的原理。
2. 掌握沙门氏菌的检验方法。

二、实验原理

沙门氏菌为革兰氏阴性短杆菌，无芽孢，一般无荚膜，周生鞭毛（鸡白痢和鸡伤寒沙门氏菌除外）。兼性厌氧，最适生长温度37℃。在普通显微镜下和在普通培养基中不能与大肠杆菌进行区分。但沙门氏菌不发酵乳糖，在肠道菌鉴别培养基上形成无色透明菌落，而易与大肠杆菌区别。沙门氏菌有着复杂的抗原构造，一般分为菌体（O）抗原、鞭毛（H）抗原和毒力（Vi）抗原三种。沙门氏菌属包括2000个以上血清型，但多数国家从人体、动物和食品中经常分离到的约有40~50种血清型。

沙门氏菌病在动物中广泛传播，人的沙门氏菌感染和带菌也非常普遍。由于动物的生前感染或食品受到污染，均可使人发生食物中毒，世界各地的食物中毒中，沙门氏菌食物中毒常占首位或第二位。

食品中沙门氏菌的含量较少，且常由于食品加工过程中使其受到损伤而处于濒死的状态，故为了分离食品中的沙门氏菌，必须经过增菌操作。目前，用于食品中沙门氏菌的检验方法，包括五个基本步骤：（1）前增菌，用无选择性的培养基使处于濒死状态的沙门氏菌恢复活力；（2）选择性增菌，使沙门氏菌得以增殖，而大多数其他细菌受到抑制；（3）选择性平板分离沙门氏菌；（4）生化试验，鉴定到属；（5）血清学分型鉴定。

三、实验材料

1. 设备和材料

冰箱：(2~5)℃；恒温培养箱：(36±1)℃，(42±1)℃；均质器；振荡器；电子天平：感量0.1g；500mL和250mL的无菌锥形瓶；1mL（具0.01mL刻度）、10mL（具0.1mL刻度）无菌吸管或微量移液器及吸头；直径60mm，90mm的无菌培养皿；无菌小试管：3mm×50mm、10mm×75mm；无菌毛细管；pH计或pH比色管或精密pH试纸；全自动微生物生化鉴定系统。

2. 培养基和试剂

（1）缓冲蛋白胨水（BPW）　见附录Ⅱ-70。

（2）四硫磺酸钠煌绿（TTB）增菌液　见附录Ⅱ-71。

（3）亚硒酸盐胱氨酸（SC）增菌液　见附录Ⅱ-72。

（4）亚硫酸铋（BS）琼脂　见附录Ⅱ-73。

（5）HE琼脂　见附录Ⅱ-74。

（6）木糖赖氨酸脱氧胆盐（XLD）琼脂　见附录Ⅱ-75。

（7）沙门氏菌属显色培养基。

（8）三糖铁琼脂　见附录Ⅱ-76。

（9）蛋白胨水、靛基质试剂　见附录Ⅱ-77。

（10）尿素琼脂（pH 7.2）　见附录Ⅱ-78。

（11）氰化钾（KCN）培养基　见附录Ⅱ-79。

（12）赖氨酸脱羧酶试验培养基　见附录Ⅱ-80。

（13）糖发酵管　见附录Ⅱ-81。

（14）邻硝基酚 β-D 半乳糖苷（ONPG）培养基　见附录Ⅱ-82。

（15）半固体琼脂　见附录Ⅱ-59。

（16）丙二酸钠培养基　见附录Ⅱ-83。

（17）沙门氏菌O、H和Vi诊断血清。

（18）生化鉴定试剂盒。

四、检验程序

沙门氏菌检验程序见图3-39。

五、实验方法与步骤

1. 预增菌

无菌操作取25g（mL）样品，加在装有225mL BPW的无菌均质杯或合适容器内，以

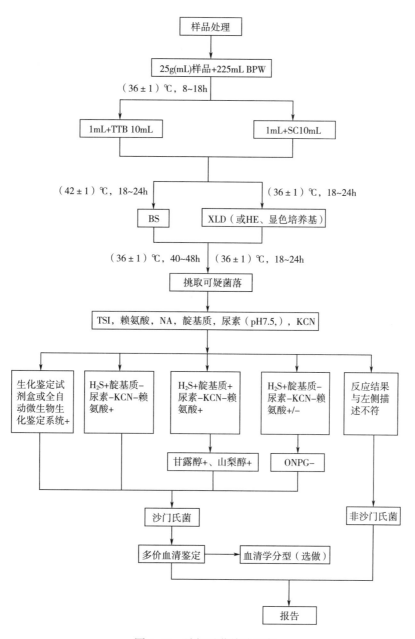

图 3-39 沙门氏菌检验程序

8000~10 000r/min均质 1~2min，或置于盛有 225mL BPW 的无菌均质袋中，用拍击式均质器拍打 1~2min。若样品为液态，不需要均质，振荡混匀。如需调整 pH，用 1mol/mL 无菌 NaOH 或 HCl 调 pH 至 6.8±0.2。无菌操作将样品转至 500mL 锥形瓶或其他合适容器内（如均质杯本身具有无孔盖，可不转移样品），如使用均质袋，可直接进行培养，于（36±1）℃ 培养 8~18h。

如为冷冻产品，应在 45℃以下不超过 15min，或 2~5℃不超过 18h 解冻。

2. 增菌

轻轻摇动培养过的样品混合物，移取 1mL，转种于 10mL TTB 内，于（42±1）℃ 培养

18~24h。同时，另取 1mL，转种于 10mL SC 内，于（36±1）℃培养 18~24h。

3. 分离

分别用直径 3mm 的接种环取增菌液 1 环，划线接种于一个 BS 琼脂平板和一个 XLD 琼脂平板（或 HE 琼脂平板或沙门氏菌属显色培养基平板），于（36±1）℃分别培养 40~48h（BS 琼脂平板）或 18~24h（XLD 琼脂平板、HE 琼脂平板、沙门氏菌属显色培养基平板），观察各个平板上生长的菌落，各个平板上的菌落特征见表 3-16。

表 3-16　　　　　　　　　沙门氏菌属在不同选择性琼脂平板上的菌落特征

选择性琼脂平板	沙门氏菌
BS 琼脂	菌落为黑色有金属光泽、棕褐色或灰色，菌落周围培养基可呈黑色或棕色；有些菌株形成灰绿色的菌落，周围培养基不变
HE 琼脂	蓝绿色或蓝色，多数菌落中心黑色或几乎全黑色；有些菌株为黄色，中心黑色或几乎全黑色
XLD 琼脂	菌落呈粉红色，带或不带黑色中心，有些菌株可呈现大的带光泽的黑色中心，或呈现全部黑色的菌落；有些菌株为黄色菌落，带或不带黑色中心
沙门氏菌属显色培养基	按照显色培养基的说明进行判定

4. 生化试验

（1）自选择性琼脂平板上分别挑取 2 个以上典型或可疑菌落，接种三糖铁琼脂，先在斜面划线，再于底层穿刺；接种针不要灭菌，直接接种赖氨酸脱羧酶试验培养基和营养琼脂平板，于（36±1）℃培养 18~24h，必要时可延长至 48h。在三糖铁琼脂和赖氨酸脱羧酶试验培养基内，沙门氏菌属的反应结果见表 3-17。

表 3-17　　　　沙门氏菌属在三糖铁琼脂和赖氨酸脱羧酶试验培养基内的反应结果

三糖铁琼脂				赖氨酸脱羧酶试验培养基	初步判断
斜面	底层	产气	硫化氢		
K	A	+ (-)	+ (-)	+	可疑沙门氏菌属
K	A	+ (-)	+ (-)	-	可疑沙门氏菌属
A	A	+ (-)	+ (-)	+	可疑沙门氏菌属
A	A	+/-	+/-	-	非沙门氏菌
K	K	+/-	+/-	+/-	非沙门氏菌

注：K：产碱，A：产酸；+：阳性，-：阴性；+（-）：多数阳性，少数阴性；+/-：阳性或阴性。

（2）接种三糖铁琼脂和赖氨酸脱羧酶试验培养基的同时，可直接接种蛋白胨水（供做靛基质试验）、尿素琼脂（pH7.2）、氰化钾（KCN）培养基，也可在初步判断结果后从营养琼脂平板上挑取可疑菌落接种。于（36±1）℃培养 18~24h，必要时可延长至 48h，按表 3-18 判定结果。将已挑菌落的平板储存于 2~5℃或室温至少保留 24h，以备必要时复查。

表 3-18　　　　　　　　　　　沙门氏菌属生化反应初步鉴别表

反应序号	硫化氢（H₂S）	靛基质	pH7.2 尿素	氰化钾（KCN）	赖氨酸脱羧酶
A1	+	−	−	−	+
A2	+	+	−	−	+
A3	−	−	−	−	+/−

注：+阳性；−阴性；+/−阳性或阴性。

①反应序号 A1：典型反应判定为沙门氏菌属。如尿素、KCN 和赖氨酸脱羧酶 3 项中有 1 项异常，按表 3-19 可判定为沙门氏菌。如有 2 项异常为非沙门氏菌。

表 3-19　　　　　　　　　　　沙门氏菌属生化反应初步鉴定表

pH7.2 尿素	氰化钾（KCN）	赖氨酸脱羧酶	判 定 结 果
−	−	−	甲型副伤寒沙门氏菌（要求血清学鉴定结果）
−	+	+	沙门氏菌Ⅳ或Ⅴ（要求符合本群生化特性）
+	−	+	沙门氏菌个别变体（要求血清学鉴定结果）

注：+ 表示阳性；− 表示阴性。

②反应序号 A2：补做甘露醇和山梨醇试验，沙门氏菌靛基质阳性变体两项试验结果均为阳性，但需要结合血清学鉴定结果进行判定。

③反应序号 A3：补做 ONPG。ONPG 阴性为沙门氏菌，同时赖氨酸脱羧酶阳性，甲型副伤寒沙门氏菌为赖氨酸脱羧酶阴性。

④必要时按表 3-20 进行沙门氏菌生化群的鉴别。

表 3-20　　　　　　　　　　　沙门氏菌属各生化群的鉴别

项　　目	Ⅰ	Ⅱ	Ⅲ	Ⅳ	Ⅴ	Ⅵ
卫矛醇	+	+	−	−	+	−
山梨醇	+	+	+	+	+	−
水杨苷	−	−	−	+	−	−
ONPG	−	−	+	−	−	−
丙二酸盐	−	+	+	−	−	−
氰化钾	−	−	−	+	+	−

注：+表示阳性；−表示阴性。

（3）如选择生化鉴定试剂盒或全自动微生物生化鉴定系统，可根据（1）的初步判断结果，从营养琼脂平板上挑取可疑菌落，用生理盐水制备成浊度适当的菌悬液，使用生化鉴定试剂盒或全自动微生物生化鉴定系统进行鉴定。

5. 血清学鉴定

（1）检查培养物有无自凝性　一般采用 1.2%～1.5% 琼脂培养物作为玻片凝集试验用的抗原。首先排除自凝集反应，在洁净的玻片上滴加一滴生理盐水，将待试培养物混合于生理盐水滴内，使成为均一性的混浊悬液，将玻片轻轻摇动 30~60s，在黑色背景下观察反应（必要时用放大镜观察），若出现可见的菌体凝集，即认为有自凝性，反之无自凝性。对无自凝的培养物参照下面方法进行血清学鉴定。

（2）多价菌体抗原（O）鉴定　在玻片上划出 2 个 1cm×2cm 的区域，挑取 1 环待测菌，各放 1/2 环于玻片上的每一区域上部，在其中一个区域下部加 1 滴多价菌体（O）抗血清，在另一区域下部加入 1 滴生理盐水，作为对照。再用无菌的接种环或针分别将两个区域内的菌苔研成乳状液。将玻片倾斜摇动混合 1min，并对着黑暗背景进行观察，任何程度的凝集现象皆为阳性反应。O 血清不凝集时，将菌株接种在琼脂量较高的（如 2%~3%）培养基上再检查；如果是由于 Vi 抗原的存在而阻止了 O 凝集反应时，可挑取菌苔于 1mL 生理盐水中做成浓菌液，于酒精灯火焰上煮沸后再检查。

（3）多价鞭毛抗原（H）鉴定　操作同（2）。H 抗原发育不良时，将菌株接种在 0.55%~0.65% 半固体琼脂平板的中央，待菌落蔓延生长时，在其边缘部分取菌检查；或将菌株通过接种装有 0.3%~0.4% 半固体琼脂的小玻管 1~2 次，自远端取菌培养后再检查。

6. 血清学分型（选做项目）

（1）O 抗原的鉴定　用 A~F 多价 O 血清做玻片凝集试验，同时用生理盐水做对照。在生理盐水中自凝者为粗糙型菌株，不能分型。

被 A~F 多价 O 血清凝集者，依次用 O4；O3、O10；O7；O8；O9；O2 和 O11 因子血清做凝集试验。根据试验结果，判定 O 群。被 O3、O10 血清凝集的菌株，再用 O10、O15、O34、O19 单因子血清做凝集试验，判定 E1、E4 各亚群，每一个 O 抗原成分的最后确定均应根据 O 单因子血清的检查结果，没有 O 单因子血清的要用两个 O 复合因子血清进行核对。

不被 A~F 多价 O 血清凝集者，先用 9 种多价 O 血清检查，如有其中一种血清凝集，则用这种血清所包括的 O 群血清逐一检查，以确定 O 群。每种多价 O 血清所包括的 O 因子如下：

O 多价 1　A，B，C，D，E，F 群（并包括 6，14 群）
O 多价 2　13，16，17，18，21 群
O 多价 3　28，30，35，38，39 群
O 多价 4　40，41，42，43 群
O 多价 5　44，45，47，48 群
O 多价 6　50，51，52，53 群
O 多价 7　55，56，57，58 群
O 多价 8　59，60，61，62 群
O 多价 9　63，65，66，67 群

（2）H 抗原的鉴定　属于 A~F 各 O 群的常见菌型，依次用表 3-21 所述 H 因子血清检查第 1 相和第 2 相的 H 抗原。

表 3-21　　　　　　　　　　　　　A~F 群常见菌型 H 抗原表

O 群	第 1 相	第 2 相
A	a	无
B	g，f，s	无

续表

O 群	第 1 相	第 2 相
B	i, b, d	2
C1	k, v, r, c	5, z15
C2	b, d, r	2, 5
D (不产气的)	d	无
D (产气的)	g, m, p, q	无
E1	h, v	6, w, x
E4	g, s, t	无
E4	i	

不常见的菌型，先用 8 种多价 H 血清检查，如有其中一种或两种血清凝集，则再用这一种或两种血清所包括的各种 H 因子血清逐一检查，以第 1 相和第 2 相的 II 抗原。8 种多价 H 血清所包括的 H 因子如下：

H 多价 1　　　a, b, c, d, i

H 多价 2　　　eh, enx, enz_{15}, fg, gms, gpu, gp, gq, mt, gz_{51}

H 多价 3　　　k, r, y, z, z_{10}, lv, 1w, lz_{13}, lz_{28}, lz_{40}

H 多价 4　　　1, 2; 1, 5; 1, 6; 1, 7; z_6

H 多价 5　　　z_4z_{23}, z_4z_{24}, z_4z_{32}, z_{29}, z_{35}, z_{36}, z_{38}

H 多价 6　　　z_{39}, z_{41}, z_{42}, z_{44}

H 多价 7　　　z_{52}, z_{53}, z_{54}, z_{55}

H 多价 8　　　z_{56}, z_{57}, z_{60}, z_{61}, z_{62}

每一个 H 抗原成分的最后确定均应根据 H 单因子血清的检查结果，没有 H 单因子血清的要用两个 H 复合因子血清进行核对。

检出第 1 相 H 抗原而未检出第 2 相 H 抗原的或检出第 2 相 H 抗原而未检出第 1 相 H 抗原的，可在琼脂斜面上移种 1 代~2 代后再检查。如仍只检出一个相的 H 抗原，要用位相变异的方法检查其另一个相。单相菌不必做位相变异检查。

位相变异试验方法如下：

①简易平板法：将 0.35%~0.4% 半固体琼脂平板烘干表面水分，挑取因子血清 1 环，滴在半固体平板表面，放置片刻，待血清吸收到琼脂内，在血清部位的中央点种待检菌株，培养后，在形成蔓延生长的菌苔边缘取菌检查。

②小玻管法：将半固体管（每管 1~2mL）在酒精灯上溶化并冷至 50℃，取已知相的 H 因子血清 0.05~0.1mL，加入于溶化的半固体内，混匀后，用毛细吸管吸取分装于供位相变异试验的小玻管内，待凝固后，用接种针挑取待检菌，接种于一端。将小玻管平放在平皿内，并在其旁放一团湿棉花，以防琼脂中水分蒸发而干缩，每天检查结果，待另一相细菌解离后，可以从另一端挑取细菌进行检查。培养基内血清的浓度应有适当的比例，过高时细菌不能生长，过低时同一相细菌的动力不能抑制。一般按原血清 1：200~1：800 的量加入。

③小导管法：将两端开口的小玻管（下端开口要留一个缺口，不要平齐）放在半固体管

内，小玻管的上端应高出于培养基的表面，灭菌后备用。临用时在酒精灯上加热溶化，冷至50℃，挑取因子血清1环，加入小套管中的半固体内，略加搅动，使其混匀，待凝固后，将待检菌株接种于小套管中的半固体表层内，每天检查结果，待另一相细菌解离后，可从套管外的半固体表面取菌检查，或转种1%软琼脂斜面，于36℃培养后再做凝集试验。

（3）Vi 抗原的鉴定　用 Vi 因子血清检查。已知具有 Vi 抗原的菌型有：伤寒沙门氏菌，丙型副伤寒沙门氏菌，都柏林沙门氏菌。

（4）菌型的判定　根据血清学分型鉴定的结果，按照表 3-22 或有关沙门氏菌属抗原表判定菌型。

表 3-22　　　　　　　　　　　　常见沙门氏菌抗原表

菌　　名	拉丁菌名	O 抗原	H 抗原 第 1 相	H 抗原 第 2 相
A 群				
甲型副伤寒沙门氏菌	*S. paratyphi* A	1, 2, 12	a	[1, 5]
B 群				
基桑加尼沙门氏菌	*S. kisangani*	1, 4, [5], 12	a	1, 2
阿雷查瓦莱塔沙门氏菌	*S. arechavaleta*	4, [5], 12	a	1, 7
马流产沙门氏菌	*S. abortusequi*	4, 12	—	e, n, x
乙型副伤寒沙门氏菌	*S. paratyphi* B	1, 4, [5], 12	b	1, 2
利密特沙门氏菌	*S. limete*	1, 4, 12, [27]	b	1, 5
阿邦尼沙门氏菌	*S. abony*	1, 4, [5], 12, 27	b	e, n, x
维也纳沙门氏菌	*S. wien*	1, 4, 12, [27]	b	l, w
伯里沙门氏菌	*S. bury*	4, 12, [27]	c	z6
斯坦利沙门氏菌	*S. stanley*	1, 4, [5], 12, [27]	d	1, 2
圣保罗沙门氏菌	*S. saintpaul*	1, 4, [5], 12	e, h	1, 2
里定沙门氏菌	*S. reading*	1, 4, [5], 12	e, h	1, 5
彻斯特沙门氏菌	*S. chester*	1, 4, [5], 12	e, h	e, n, x
德尔卑沙门氏菌	*S. derby*	1, 4, [5], 12	f, g	[1, 2]
阿贡纳沙门氏菌	*S. agona*	1, 4, [5], 12	f, g, s	[1, 2]
埃森沙门氏菌	*S. essen*	4, 12	g, m	—
加利福尼亚沙门氏菌	*S. california*	4, 12	g, m, t	[z_{67}]
金斯敦沙门氏菌	*S. kingston*	1, 4, [5], 12, [27]	g, s, t	[1, 2]
布达佩斯沙门氏菌	*S. budapest*	1, 4, 12, [27]	g, t	—
鼠伤寒沙门氏菌	*S. typhimurium*	1, 4, [5], 12	i	1, 2
拉古什沙门氏菌	*S. lagos*	1, 4, [5], 12	i	1, 5

续表

菌 名	拉丁菌名	O 抗原	H 抗原	
			第 1 相	第 2 相
布雷登尼沙门氏菌	*S. bredeney*	1，4，12，[27]	l，v	1，7
基尔瓦沙门氏菌 II	*S. kilwa* II	4，12	l，w	e，n，x
海德尔堡沙门氏菌	*S. heideberg*	1，4，[15]，12	r	1，2
印第安纳沙门氏菌	*S. indiana*	1，4，12	z	1，7
斯坦利维尔沙门氏菌	*S. stanleyville*	1，4，[5]，12，[27]	z_4，z_{23}	[1，2]
伊图里沙门氏菌	*S. ituri*	1，4，12	Z_{10}	1，5
C1 群				
奥斯陆沙门氏菌	*S. oslo*	6，7，14	a	e，n，x
爱丁堡沙门氏菌	*S. edinburg*	6，7，14	b	1，5
布隆方丹沙门氏菌 II	*S. bloemfontein* II	6，7	b	⌊e，n，x⌋：z_{42}
丙型副伤寒沙门氏菌	*S. paratyphi* C	6，7，[Vi]	c	1，5
猪霍乱沙门氏菌	*S. choleraesuis*	6，7	c	1，5
猪伤寒沙门氏菌	*S. typhisuis*	6，7	c	1，5
罗米他沙门氏菌	*S. lomita*	6，7	e，h	1，5
布伦登卢普沙门氏菌	*S. braenderup*	6，7，14	e，h	e，n，z_{15}
里森沙门氏菌	*S. rissen*	6，7，14	f，g	—
蒙得维的亚沙门氏菌	*S. montevideo*	6，7，14	g，m，[p]，s	[1，2，7]
里吉尔沙门氏菌	*S. riggil*	6，7	g，[t]	—
奥雷宁堡沙门氏菌	*S. oranienburg*	6，7，14	m，t	[2，5，7]
奥里塔蔓林沙门氏菌	*S. oritamerin*	6，7	i	1，5
汤卜逊沙门氏菌	*S. thompson*	6，7，14	k	1，5
康科德沙门氏菌	*S. concord*	6，7	l，v	1，2
伊鲁木沙门氏菌	*S. irumu*	6，7	l，v	1，5
姆卡巴沙门氏菌	*S. mkamba*	6，7	l，v	1，6
波恩沙门氏菌	*S. bonn*	6，7	l，v	e，n，x
波茨坦沙门氏菌	*S. potsdam*	6，7，14	l，v	e，n，z_{15}
格但斯克沙门氏菌	*S. gdansk*	6，7，14	l，v	Z_6
维尔肖沙门氏菌	*S. virchow*	6，7，14	r	1，2
婴儿沙门氏菌	*S. infantis*	6，7，14	r	1，5
巴布亚沙门氏菌	*S. papuana*	6，7	r	e，n，z_{15}
巴累利沙门氏菌	*S. bareilly*	6，7，14	y	1，5

续表

菌　　名	拉丁菌名	O 抗原	H 抗原 第 1 相	H 抗原 第 2 相
哈特福德沙门氏菌	S. hartford	6, 7	y	e, n, x
三河岛沙门氏菌	S. mikawasima	6, 7, 14	y	e, n, z_{15}
姆班达卡沙门氏菌	S. mbandaka	6, 7, 14	z_{10}	e, n, z_{15}
田纳西沙门氏菌	S. tennessee	6, 7, 14	z_{29}	[1, 2, 7]
布伦登卢普沙门氏菌	S. Braenderup	6, 7, 14	e, h	e, n, z_{15}
耶路撒冷沙门氏菌	S. Jerusalem	6, 7, 14	Z_{10}	1, w
C2 群				
习志野沙门氏菌	S. narashino	6, 8	a	e, n, x
名古屋沙门氏菌	S. nagoya	6, 8	b	1, 5
加瓦尼沙门氏菌	S. gatuni	6, 8	b	e, n, x
慕尼黑沙门氏菌	S. muenchen	6, 8	d	1, 2
蔓哈顿沙门氏菌	S. manhattan	6, 8	d	1, 5
纽波特沙门氏菌	S. newport	6, 8, 20	e, h	1, 2
科特布斯沙门氏菌	S. kottbus	6, 8	e, h	1, 5
茨昂威沙门氏菌	S. tshiongwe	6, 8	e, h	e, n, z_{15}
林登堡沙门氏菌	S. lindenburg	6, 8	i	1, 2
塔科拉迪沙门氏菌	S. takoradi	6, 8	i	1, 5
波那雷恩沙门氏菌	S. bonariensis	6, 8	i	e, n, x
利齐菲尔穗沙门氏菌	S. 1itchfield	6, 8	l, v	1, 2
病牛沙门氏菌	S. bovismorbificans	6, 8, 20	r, [i]	1, 5
查理沙门氏菌	S. chailey	6, 8	z_4, z_{23}	e, n, z_{15}
C3 群				
巴尔多沙门氏菌	S. bardo	8	e, h	1, 2
依麦克沙门氏菌	S. emek	8, 20	g, m, s	—
肯塔基沙门氏菌	S. kentucky	8, 20	i	z_6
D 群				
仙台沙门氏菌	S. sendai	1, 9, 12	a	1, 5
伤寒沙门氏菌	S. typhi	9, 12, [Vi]	d	—
塔西沙门氏菌	S. tarshyne	9, 12	d	1, 6
伊斯特本沙门氏菌	S. eastbourne	1, 9, 12	e, h	1, 5
以色列沙门氏菌	S. israel	9, 12	e, h	e, n, z_{15}

续表

菌　名	拉丁菌名	O 抗原	H 抗原 第 1 相	H 抗原 第 2 相
肠炎沙门氏菌	*S. enteritidis*	1，9，12	g，m	[1，7]
布利丹沙门氏菌	*S. blegdam*	9，12	g，m，q	—
沙门氏菌Ⅱ	*Salmonella* Ⅱ	1，9，12	g，m，[s]，t	[1，5，7]
都柏林沙门氏菌	*S. dublin*	1，9，12，[Vi]	g，p	—
芙蓉沙门氏菌	*S. seremban*	9，12	i	1，5
巴拿马沙门氏菌	*S. panama*	1，9，12	l，v	1，5
戈丁根沙门氏菌	*S. goettingen*	9，12	l，v	e，n，z_{15}
爪哇安纳沙门氏菌	*S. javiana*	1，9，12	L，z_{28}	1，5
鸡-雏沙门氏菌	*S. gallinarum-pullorum*	1，9，12	—	—
E1 群				
奥凯福科沙门氏菌	*S. okefoko*	3，10	c	z_6
瓦伊勒沙门氏菌	*S. vejle*	3，{10}，{15}	e，h	1，2
明斯特沙门氏菌	*S. muenster*	3，{10}{15}{15，34}	e，h	1，5
鸭沙门氏菌	*S. anatum*	3，{10}{15}{15，34}	e，h	1，6
纽兰沙门氏菌	*S. newlands*	3，{10}，{15，34}	e，h	e，n，x
火鸡沙门氏菌	*S. meleagridis*	3，{10}{15}{15，34}	e，h	l，w
雷根特沙门氏菌	*S. regent*	3，10	f，g，[s]	[1，6]
西翰普顿沙门氏菌	*S. westhampton*	3，{10}{15}{15，34}	g，s，t	—
阿姆德尔尼斯沙门氏菌	*S. amounderness*	3，10	i	1，5
新罗歇尔沙门氏菌	*S. new-rochelle*	3，10	k	l，w
恩昌加沙门氏菌	*S. nchanga*	3，{10}{15}	l，v	1，2
新斯托夫沙门氏菌	*S. sinstorf*	3，10	l，v	1，5
伦敦沙门氏菌	*S. london*	3，{10}{15}	l，v	1，6
吉韦沙门氏菌	*S. give*	3，{10}{15}{15，34}	l，v	1，7
鲁齐齐沙门氏菌	*S. ruzizi*	3，10	l，v	e，n，z_{15}
乌干达沙门氏菌	*S. uganda*	3，{10}{15}	l，z_{13}	1，5
乌盖利沙门氏菌	*S. ughelli*	3，10	r	1，5
韦太夫雷登沙门氏菌	*S. weltevreden*	3，{10}{15}	r	z_6
克勒肯威尔沙门氏菌	*S. clerkenwell*	3，10	z	l，w
列克星敦沙门氏菌	*S. lexington*	3，{10}{15}{15，34}	z_{10}	1，5

续表

菌 名	拉丁菌名	O 抗原	H 抗原	
			第 1 相	第 2 相
E4 群				
萨奥沙门氏菌	*S. sao*	1, 3, 19	e, h	e, n, z_{15}
卡拉巴尔沙门氏菌	*S. calabar*	1, 3, 19	e, h	1, w
山夫登堡沙门氏菌	*S. sanftenberg*	1, 3, 19	g, [s], t	—
斯特拉特福沙门氏菌	*S. stratford*	1, 3, 19	i	1, 2
塔克松尼沙门氏菌	*S. taksony*	1, 3, 19	i	z_6
索恩堡沙门氏菌	*S. schoeneberg*	1, 3, 19	z	e, n, z_{15}
F 群				
昌丹斯沙门氏菌	*S. chandans*	11	d	[e, n, x]
阿柏丁沙门氏菌	*S. aberdeen*	11	i	1, 2
布里赫姆沙门氏菌	*S. brijbhumi*	11	i	1, 5
威尼斯沙门氏菌	*S. veneziana*	11	i	e, n, x
阿巴特图巴沙门氏菌	*S. abaetetuba*	11	k	1, 5
鲁比斯劳沙门氏菌	*S. rubislaw*	11	r	e, n, x
其 他 群				
浦那沙门氏菌	*S. poona*	1, 13, 22	z	1, 6
里特沙门氏菌	*S. ried*	1, 13, 22	z_4, z_{23}	[e, n, z_{15}]
密西西比沙门氏菌	*S. mississippi*	1, 13, 23	b	1, 5
古巴沙门氏菌	*S. cubana*	1, 13, 23	z_{29}	—
苏拉特沙门氏菌	*S. surat*	[1], 6, 14, [25]	r, [i]	e, n, z_{15}
松兹瓦尔沙门氏菌	*S. sundsvall*	[1], 6, 14, [25]	z	e, n, x
非丁伏斯沙门氏菌	*S. hvittingfoss*	16	b	e, n, x
威斯敦沙门氏菌	*S. weston*	16	e, h	z_6
上海沙门氏菌	*S. shanghai*	16	l, v	1, 6
自贡沙门氏菌	*S. zigong*	16	l, w	1, 5
巴圭达沙门氏菌	*S. baguida*	21	z_4, z_{23}	—
迪尤波尔沙门氏菌	*S. dieuoppeul*	28	i	1, 7
卢肯瓦尔德沙门氏菌	*S. luckenwalde*	28	z_{10}	e, n, z_{15}
拉马特根沙门氏菌	*S. ramatgan*	30	k	1, 5
阿德莱沙门氏菌	*S. adelaide*	35	f, g	—

续表

菌　　名	拉丁菌名	O 抗原	H 抗原	
			第 1 相	第 2 相
旺兹沃思沙门氏菌	*S. wandsworth*	39	b	1, 2
雷俄格伦德沙门氏菌	*S. riogrande*	40	b	1, 5
莱瑟沙门氏菌Ⅱ	*S. lethev* Ⅱ	41	g, t	—
达莱姆沙门氏菌	*S. dahlam*	48	k	e, n, z_{15}
沙门氏菌Ⅲ	*Salmonella* Ⅲ	61	l, v	1, 5, 7

注：关于表内符号的说明：

∣ ∣ = ∣ ∣ 内 O 因子具有排他性。在血清型中 ∣ ∣ 内的因子不能与其他 ∣ ∣ 内的因子同时存在，例如在 O : 3, 10 群中当菌株产生 O : 15 或 O : 15, 34 因子时它替代了 O : 10 因子。

[ ] = O（无下划线）或 H 因子的存在或不存在与噬菌体转化无关，例如 O : 4 群中的 [5] 因子。H 因子在 [ ] 内时表示在野生菌株中罕见，例如绝大多数 *S. Paratyphi* A 具有一个位相（a），罕有第 2 相（1, 5）菌株。因此，用 1, 2, 12 : a : [1, 5] 表示。

— = 下划线时表示该 O 因子是由噬菌体溶原化产生的。

六、实验结果与分析

1. 综合以上生化试验和血清学鉴定的结果，报告 25g（mL）样品中检出或未检出沙门氏菌。

2. 根据沙门氏菌和大肠杆菌的生理生化特性，如何利用 HE 琼脂平板将这两种微生物区分开？

七、注意事项

1. 沙门氏菌判定时以生化试验结果为主，在生化试验的基础上进行血清学判定。

2. 在检验时，如果只需要鉴定某个菌株是否属于沙门氏菌，只需要做 O 多价和 H 多价血清就可以。如果需要鉴定某个菌株具体是什么沙门氏菌，比如是否为鼠伤寒沙门氏菌或是否为肠炎沙门氏菌，那就需要进行血清学分型试验，从多价血清一直做到 O 抗原和 H 抗原的单因子，然后参照表 3-22 查找对应的沙门氏菌菌名。

实验 98　志贺氏菌检验

一、实验目的

1. 了解志贺氏菌的生物学特性。

2. 掌握食品中志贺氏菌的检验方法。

二、实验原理

志贺氏菌属于肠杆菌科，为革兰氏阴性短杆菌，无芽孢、无荚膜、无鞭毛，个别有菌毛，需氧或兼性厌氧，但厌氧时，生长不旺盛，最适生长温度为 37℃，最适 pH 7.2。志贺氏菌与肠杆菌科各属细菌的主要区别为不运动，对各种糖和醇的利用能力较差、并且在含糖培养基内一般不形成可见气体。本属菌均不能发酵水杨苷；大多数不发酵乳糖（宋内氏志贺氏菌迟缓发酵）；但都能分解葡萄糖，产酸不产气（福氏志贺氏菌6型可产生少量气体）。氧化酶阴性，在柠檬酸盐作为唯一碳源时不生长，氰化钾培养基上不生长，不产生硫化氢、尿素酶阴性、赖氨酸脱羧酶阴性。

志贺氏菌抗原结构由菌体（O）抗原和表面（K）抗原组成。利用O抗原的复杂性，可将志贺氏菌分成A、B、C、D四群，相当于痢疾志贺氏菌、福氏志贺氏菌、鲍氏志贺氏菌和宋内氏志贺氏菌。每一群又可利用O抗原进行分型。引起食物中毒的主要是福氏志贺氏菌和宋内氏志贺氏菌。

三、实验材料

1. 设备和材料

恒温培养箱：（36±1）℃；冰箱：2~5℃；膜过滤系统；厌氧培养装置：（41.5±1）℃；电子天平：感量0.1g；显微镜：10×~100×；均质器；振荡器；无菌吸管：1mL（具0.01mL刻度）、10mL（具0.1mL刻度）或微量移液器及吸头；无菌均质杯或无菌均质袋：容量500mL；无菌培养皿：直径90mm；pH计或pH比色管或精密pH试纸；全自动微生物生化鉴定系统。

2. 培养基和试剂

（1）志贺氏菌增菌肉汤-新生霉素：见附录Ⅱ-84。

（2）麦康凯（MAC）琼脂：见附录Ⅱ-85。

（3）木糖赖氨酸脱氧胆酸盐（XLD）琼脂：见附录Ⅱ-75。

（4）志贺氏菌显色培养基。

（5）三糖铁（TSI）琼脂：见附录Ⅱ-86。

（6）营养琼脂斜面：见附录Ⅱ-87。

（7）半固体琼脂：见附录Ⅱ-59。

（8）葡萄糖铵培养基：见附录Ⅱ-58。

（9）尿素琼脂：见附录Ⅱ-88。

（10）β-半乳糖苷酶培养基：见附录Ⅱ-89。

（11）氨基酸脱羧酶试验培养基：见附录Ⅱ-90。

（12）糖发酵管：见附录Ⅱ-91。

（13）西蒙氏柠檬酸盐培养基：见附录Ⅱ-11。

（14）黏液酸盐培养基：见附录Ⅱ-92。

（15）蛋白胨水、靛基质试剂：见附录Ⅱ-77。

（16）志贺氏菌属诊断血清。

（17）生化鉴定试剂盒。

四、检验程序

志贺氏菌检验程序如图3-40所示。

五、实验方法与步骤

1. 增菌

以无菌操作取检样25g（mL），加入装有灭菌225mL志贺氏菌增菌肉汤的均质杯，用旋转刀片式均质器以8 000~10 000r/min均质；或加入装有225mL志贺氏菌增菌肉汤的均质袋中，用拍击式均质器连续均质1~2min，液体样品振荡混匀即可。于（41.5±1）℃，厌氧培养

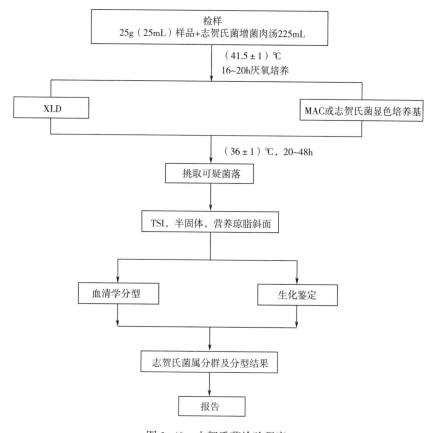

图 3-40　志贺氏菌检验程序

16~20h。

2. 分离

取增菌后的志贺氏增菌液分别划线接种于 XLD 琼脂平板和 MAC 琼脂平板或志贺氏菌显色培养基平板上，于（36±1）℃培养 20~24h，观察各个平板上生长的菌落形态。宋内氏志贺氏菌的单个菌落直径大于其他志贺氏菌。若出现的菌落不典型或菌落较小不易观察，则继续培养至 48h 再进行观察。志贺氏菌在不同选择性琼脂平板上的菌落特征如表 3-23 所示。

表 3-23　　　　　　　　　　志贺氏菌在不同选择性琼脂平板上的菌落特征

选择性琼脂平板	志贺氏菌的菌落特征
MAC 琼脂	无色至浅粉红色，半透明、光滑、湿润、圆形、边缘整齐或不齐
XLD 琼脂	粉红色至无色，半透明、光滑、湿润、圆形、边缘整齐或不齐
志贺氏菌属显色培养基	按照显色培养基的说明进行判定

3. 初步生化试验

（1）自选择性琼脂平板上分别挑取 2 个以上典型或可疑菌落，分别接种 TSI、半固体和营养琼脂斜面各一管，置（36±1）℃培养 20~24h，分别观察结果。

（2）凡是三糖铁琼脂中斜面产碱、底层产酸（发酵葡萄糖，不发酵乳糖，蔗糖）、不产气（福氏志贺氏菌 6 型可产生少量气体）、不产硫化氢、半固体管中无动力的菌株，挑取其（1）中已培养的营养琼脂斜面上生长的菌苔，进行生化试验和血清学分型。

4. 生化试验及附加生化试验

（1）生化试验 用 3（1）中已培养的营养琼脂斜面上生长的菌苔，进行生化试验，即 β-半乳糖苷酶、尿素、赖氨酸脱羧酶、鸟氨酸脱羧酶以及水杨苷和七叶苷的分解试验。除宋内氏志贺氏菌、鲍氏志贺氏菌 13 型的鸟氨酸阳性；宋内氏菌和痢疾志贺氏菌 1 型，鲍氏志贺氏菌 13 型的 β-半乳糖苷酶为阳性以外，其余生化试验志贺氏菌属的培养物均为阴性结果。另外由于福氏志贺氏菌 6 型的生化特性和痢疾志贺氏菌或鲍氏志贺氏菌相似，必要时还需加做靛基质、甘露醇、棉子糖、甘油试验，也可做革兰氏染色检查和氧化酶试验，应为氧化酶阴性的革兰氏阴性杆菌。生化反应不符合的菌株，即使能与某种志贺氏菌分型血清发生凝集，仍不得判定为志贺氏菌属。志贺氏菌属生化特性如表 3-24 所示。

表 3-24　　　　　　　　　　　志贺氏菌属四个群的生化特性

生化反应	A 群：痢疾志贺氏菌	B 群：福氏志贺氏菌	C 群：鲍氏志贺氏菌	D 群：宋内氏志贺氏菌
β-半乳糖苷酶	-[1]	-	-[1]	+
尿素	-	-	-	-
赖氨酸脱羧酶	-	-	-	-
鸟氨酸脱羧酶	-	-	-[2]	+
水杨苷	-	-	-	-
七叶苷	-	-	-	-
靛基质	-/+	(+)	-/+	-
甘露醇	-	+[3]	+	+
棉子糖	-	+	-	+
甘油	(+)	-	(+)	d

注：+表示阳性；-表示阴性；-/+表示多数阴性；+/-表示多数阳性；（+）表示迟缓阳性；d 表示有不同生化型。

①痢疾志贺 1 型和鲍氏 13 型为阳性。

②鲍氏 13 型为鸟氨酸阳性。

③福氏 4 型和 6 型常见甘露醇阴性变种。

（2）附加生化实验 由于某些不活泼的大肠埃希氏菌（anaerogenic E. coli）、A-D（Alkalescens-D isparbiotypes 碱性-异型）菌的部分生化特征与志贺氏菌相似，并能与某种志贺氏菌分型血清发生凝集；因此前面生化实验符合志贺氏菌属生化特性的培养物还需另加葡萄糖胺、西蒙氏柠檬酸盐、黏液酸盐试验（36℃培养 24~48h）。志贺氏菌属和不活泼大肠埃希氏菌、A-D 菌的生化特性区别如表 3-25 所示。

表 3-25　　　　志贺氏菌属和不活泼大肠埃希氏菌、A-D 菌的生化特性区别

生化反应	A 群：痢疾志贺氏菌	B 群：福氏志贺氏菌	C 群：鲍氏志贺氏菌	D 群：宋内氏志贺氏菌	大肠埃希氏菌	A-D 菌
葡萄糖胺	-	-	-	-	+	+
西蒙氏柠檬酸盐	-	-	-	-	d	d
黏液酸盐	-	-	-	d	+	d

注：+表示阳性；-表示阴性；d 表示有不同生化型。

在葡萄糖铵、西蒙氏柠檬酸盐、黏液酸盐试验三项反应中志贺氏菌一般为阴性，而不活泼的大肠埃希氏菌、A-D（碱性-异型）菌至少有一项反应为阳性。

（3）如选择生化鉴定试剂盒或全自动微生物生化鉴定系统，可根据 3（2）的初步判断结果，用 3（1）中已培养的营养琼脂斜面上生长的菌苔，使用生化鉴定试剂盒或全自动微生物生化鉴定系统进行鉴定。

5. 血清学鉴定

（1）抗原的准备　志贺氏菌属没有动力，所以没有鞭毛抗原。志贺氏菌属主要有菌体（O）抗原。菌体 O 抗原又可分为型和群的特异性抗原。

一般采用 1.2%~1.5% 琼脂培养物作为玻片凝集试验用的抗原。

注 1：一些志贺氏菌如果因为 K 抗原的存在而不出现凝集反应时，可挑取菌苔于 1mL 生理盐水做成浓菌液，100℃煮沸 15~60min 去除 K 抗原后再检查。

注 2：D 群志贺氏菌既可能是光滑型菌株也可能是粗糙型菌株，与其他志贺氏菌群抗原不存在交叉反应。与肠杆菌科不同，宋内氏志贺氏菌粗糙型菌株不一定会自凝。宋内氏志贺氏菌没有 K 抗原。综合生化和血清学的试验结果判定菌型并作出报告。

（2）凝集反应　在玻片上划出 2 个约 1cm×2cm 的区域，挑取一环待测菌，各放 1/2 环于玻片上的每一区域上部，在其中一个区域下部加 1 滴抗血清，在另一区域下部加入 1 滴生理盐水，作为对照。再用无菌的接种环或针分别将两个区域内的菌落研成乳状液。将玻片倾斜摇动混合 1min，并对着黑色背景进行观察，如果抗血清中出现凝结成块的颗粒，而且生理盐水中没有发生自凝现象，那么凝集反应为阳性。如果生理盐水中出现凝集，视作为自凝。这时，应挑取同一培养基上的其他菌落继续进行试验。

如果待测菌的生化特征符合志贺氏菌属生化特征，而其血清学试验为阴性的话，则按 5（1）注 1 进行试验。

（3）血清学分型（选做项目）　先用四种志贺氏菌多价血清检查，如果呈现凝集，则再用相应各群多价血清分别试验。先用 B 群福氏志贺氏菌多价血清进行实验，如呈现凝集，再用其群和型因子血清分别检查。如果 B 群多价血清不凝集，则用 D 群宋内氏志贺氏菌血清进行实验，如呈现凝集，则用其Ⅰ相和Ⅱ相血清检查；如果 B、D 群多价血清都不凝集，则用 A 群痢疾志贺氏菌多价血清及 1~12 各型因子血清检查，如果上述三种多价血清都不凝集，可用 C 群鲍氏志贺氏菌多价检查，并进一步用 1~18 各型因子血清检查。福氏志贺氏菌各型和亚型的型

抗原和群抗原鉴别如表 3-26 所示。

表 3-26　　　　福氏志贺氏菌各型和亚型的型抗原和群抗原的鉴别表

型和亚型	型抗原	群抗原	在群因子血清中的凝集		
			3, 4	6	7, 8
1a	I	4	+	−	−
1b	I	(4), 6	(+)	+	−
2a	II	3, 4	+	−	−
2b	II	7, 8	−	−	+
3a	III	(3, 4), 6, 7, 8	(+)	+	+
3b	III	(3, 4), 6	(+)	+	−
4a	IV	3, 4	+	−	−
4b	IV	6	−	+	−
4c	IV	7, 8	−	−	+
5a	V	(3, 4)	(+)	−	−
5b	V	(3, 4)	+	−	−
6	VI	4	+	−	−
X	−	7, 8	−	−	+
Y	−	3, 4	+	−	−

注：+表示凝集；−表示不凝集；( ) 表示有或无。

六、实验结果与分析

1. 综合以上生化试验和血清学鉴定的结果，报告 25g（mL）样品中检出或未检出志贺氏菌。

2. 在志贺氏菌检验中，选用 XLD 琼脂平板和 MAC 琼脂平板两种分离培养基的目的是什么？

七、注意事项

1. 在分离培养时，挑取平板上的多个可疑菌落，防止漏检。

2. TSI 接种时，当接种针消毒后，挑取菌落，沿培养基中心穿刺，一直插到接近管底，再延原路返回，注意勿左右移动，以使穿刺线整齐，然后在斜面上划迂回 S 型。

实验99　致泻大肠埃希氏菌的检验

一、实验目的

1. 了解病原性大肠埃希氏菌的种类。

2. 掌握食品中致泻大肠埃希氏菌检验各步骤的原理。

二、实验原理

致泻大肠埃希氏菌是一类能引起人体以腹泻症状为主的大肠埃希氏菌，可经过污染食物引起人类发病。常见的致泻大肠埃希氏菌主要包括肠道致病性大肠埃希氏菌、肠道侵袭性大肠埃希氏菌、产肠毒素大肠埃希氏菌、产志贺毒素大肠埃希氏菌（包括肠道出血性大肠埃希氏菌）和肠道集聚性大肠埃希氏菌。

1. 肠道致病性大肠埃希氏菌（Enteropathogenic *Escherichia coli*，EPEC）

能够引起宿主肠黏膜上皮细胞黏附及擦拭性损伤，且不产生志贺毒素的大肠埃希氏菌。该菌是婴幼儿腹泻的主要病原菌，有高度传染性，严重者可致死。

2. 肠道侵袭性大肠埃希氏菌（Enteroinvasive *Escherichia coli*，EIEC）

能够侵入肠道上皮细胞而引起痢疾样腹泻的大肠埃希氏菌。该菌无动力、不发生赖氨酸脱羧反应、不发酵乳糖，生化反应和抗原结构均近似痢疾志贺氏菌。侵入上皮细胞的关键基因是侵袭性质粒上的抗原编码基因及其调控基因，如 *ipa*H 基因、*ipa*（又称 *inv*E 基因）。

3. 产肠毒素大肠埃希氏菌（Enterotoxigenic *Escherichia coli*，ETEC）

能够分泌热稳定性肠毒素或/和热不稳定性肠毒素的大肠埃希氏菌。该菌可引起婴幼儿和旅游者腹泻，一般呈轻度水样腹泻，也可呈严重的霍乱样症状，低热或不发热。腹泻常为自限性，一般 2~3d 即自愈。大肠埃希氏菌所产生的肠毒素有两种，即不耐热的肠毒素（LT）和耐热的肠毒素（ST）。

4. 产志贺毒素大肠埃希氏菌（Shigatoxin-producing *Escherichia coli*，STEC）［肠道出血性大肠埃希氏菌（Enterohemorrhagic *Escherichia coli*，EHEC）］

能够分泌志贺毒素、引起宿主肠黏膜上皮细胞黏附及擦拭性损伤的大肠埃希氏菌。有些产志贺毒素大肠埃希氏菌在临床上引起人类出血性结肠炎（HC）或血性腹泻，并可进一步发展为溶血性尿毒综合征（HUS），这类产志贺毒素大肠埃希氏菌为肠道出血性大肠埃希氏菌。

5. 肠道集聚性大肠埃希氏菌（Enteroaggregative *Escherichia coli*，EAEC）

肠道集聚性大肠埃希氏菌不侵入肠道上皮细胞，但能引起肠道液体蓄积。不产生热稳定性肠毒素或热不稳定性肠毒素，也不产生志贺毒素。唯一特征是能对 Hep-2 细胞形成集聚性黏附，也称 Hep-2 细胞黏附性大肠埃希氏菌。

牛和猪的带菌是传播本菌引起食物中毒的重要原因。人的带菌亦可以污染食品，引起食物中毒。本实验是根据致泻大肠埃希氏菌的主要特征设置的。

三、实验材料

1. 设备

恒温培养箱：(36 ± 1)℃，(42 ± 1)℃；冰箱：2~5℃；恒温水浴箱：(50 ± 1)℃，100℃或适配 1.5mL 或 2.0mL 金属浴 $(95\sim100)$℃；电子天平：感量 0.1g 和 0.01g；显微镜：10×~100×；均质器；振荡器；无菌吸管或：1mL（具 0.01mL 刻度），10mL（具 0.1mL 刻度）或微量移液器及吸头；无菌均质杯或无菌均质袋：容量 500mL；直径 90mm 的无菌培养皿；pH 计或精密 pH 试纸；微量离心管：1.5mL 或 2.0mL；接种环：1μL；低温高速离心机：转速≥13 000r/min，控温 4~8℃；

微生物鉴定系统；PCR 仪；微量移液器及吸头：0.5 ~ 2μL，2 ~ 20μL，20 ~ 200μL，200~1000μL；水平电泳仪：包括电源、电泳槽、制胶槽（长度>10cm）和梳子；8 联排管和 8

联排盖（平盖/凸盖）；凝胶成像仪。

2. 培养基和试剂

（1）营养肉汤　见附录Ⅱ-93。

（2）肠道菌增菌肉汤　见附录Ⅱ-94。

（3）麦康凯琼脂（MAC）　见附录Ⅱ-85。

（4）伊红美蓝琼脂（EMB）　见附录Ⅱ-95。

（5）三糖铁（TSI）琼脂　见附录Ⅱ-86。

（6）蛋白胨水、靛基质试剂　见附录Ⅱ-77。

（7）半固体琼脂　见附录Ⅱ-59。

（8）尿素琼脂（pH 7.2）　见附录Ⅱ-88。

（9）氰化钾（KCN）培养基　见附录Ⅱ-79。

（10）氧化酶试剂　见附录Ⅱ-96。

（11）革兰氏染色液　见附录Ⅰ-1，Ⅰ-2，Ⅰ-3。

（12）BHI 肉汤　见附录Ⅱ-97。

（13）福尔马林（含 38%~40% 甲醛）。

（14）鉴定试剂盒。

（15）大肠埃希氏菌诊断血清。

（16）灭菌去离子水。

（17）0.85% 灭菌生理盐水。

（18）TE（pH8.0）　见附录Ⅰ-16。

（19）10×PCR 反应缓冲液　见附录Ⅰ-17。

（20）25mmol/L $MgCl_2$。

（21）dNTPs　dATP、dTTP、dGTP、dCTP 每种浓度为 2.5mmol/L。

（22）5U/L Taq 酶。

（23）引物。

（24）50×TAE 电泳缓冲液　见附录（Ⅰ-18）。

（25）琼脂糖。

（26）溴化乙锭（EB）或其他核酸染料。

（27）6×上样缓冲液　见附录（Ⅰ-19）。

（28）Marker 包含 100、200、300、400、500、600、700、800、900、1000、1500bp 的 DNA 条带。

（29）致泻大肠埃希氏菌 PCR 试剂盒。

四、检验程序

致泻大肠埃希氏菌检验程序包括增菌→分离→生化试验→PCR 确认试验四步，具体程序如图 3-41 所示。

五、实验方法与步骤

1. 样品制备

（1）固态或半固态样品　固体或半固态样品，以无菌操作称取检样 25g，加入装有 225mL

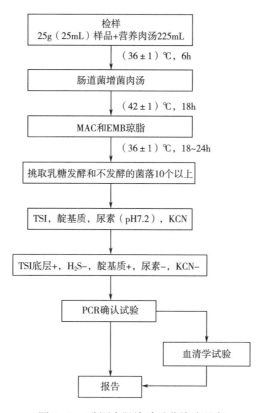

图 3-41 致泻大肠埃希氏菌检验程序

营养肉汤的均质杯中，用旋转刀片式均质器以 8000～10000r/min 均质 1～2min；或加入装有 225mL 营养肉汤的均质袋中，用拍击式均质器均质 1～2min。

（2）液态样品　以无菌操作量取检样 25mL，加入装有 225mL 营养肉汤的无菌锥形瓶（瓶内可预置适当数量的无菌玻璃珠），振荡混匀。

2. 增菌

将 1 制备的样品匀液于（36±1）℃培养 6h。取 10μL，接种于 30mL 肠道菌增菌肉汤管内，于（42±1）℃培养 18h。

3. 分离

将增菌液划线接种 MAC 和 EMB 琼脂平板，于（36±1）℃培养 18～24h，观察菌落特征。在 MAC 琼脂平板上，分解乳糖的典型菌落为砖红色至桃红色，不分解乳糖的菌落为无色或淡粉色；在 EMB 琼脂平板上，分解乳糖的典型菌落为中心紫黑色带或不带金属光泽，不分解乳糖的菌落为无色或淡粉色。

4. 生化试验

（1）选取平板上可疑菌落 10～20 个（10 个以下全选），应挑取乳糖发酵，以及乳糖不发酵和迟缓发酵的菌落，分别接种 TSI 斜面。同时将这些培养物分别接种蛋白胨水、尿素琼脂（pH7.2）和 KCN 肉汤。于（36±1）℃培养 18～24h。

（2）TSI 斜面产酸或不产酸，底层产酸，靛基质阳性，H_2S 阴性和尿素酶阴性的培养物为大肠埃希氏菌。TSI 斜面底层不产酸，或 H_2S、KCN、尿素有任一项为阳性的培养物，均非大肠埃希氏菌。必要时做革兰氏染色和氧化酶试验。大肠埃希氏菌为革兰氏阴性杆菌，氧化酶阴性。

（3）如选择生化鉴定试剂盒或微生物鉴定系统，可从营养琼脂平板上挑取经纯化的可疑菌落用无菌，稀释液制备成浊度适当的菌悬液，使用生化鉴定试剂盒或微生物鉴定系统进行鉴定。

5. PCR 确认试验

（1）取生化反应符合大肠埃希氏菌特征的菌落进行 PCR 确认试验。

（2）使用 $1\mu L$ 接种环刮取营养琼脂平板或斜面上培养 18~24h 的菌落，悬浮在 $200\mu L$ 0.85% 灭菌生理盐水中，充分打散制成菌悬液，于 13000r/min 离心 3min，弃掉上清液。加入 1mL 灭菌去离子水充分混匀菌体，于 100℃ 水浴或者金属浴维持 10min；冰浴冷却后，13000r/min 离心 3min，收集上清液；按 1:10 的比例用灭菌去离子水稀释上清液，取 $2\mu L$ 作为 PCR 检测的模板；所有处理后的 DNA 模板直接用于 PCR 反应或暂存于 4℃，且当天进行 PCR 反应；否则，应在 -20℃ 以下保存备用（1 周内）。也可用细菌基因组提取试剂盒提取细菌 DNA，操作方法按照细菌基因组提取试剂盒说明书进行。

（3）每次 PCR 反应使用 EPEC、EIEC、ETEC、STEC/EHEC、EAEC 标准菌株作为阳性对照。同时，使用大肠埃希氏菌 ATCC25922 或等效标准菌株作为阴性对照，以灭菌去离子水作为空白对照，控制 PCR 体系污染。致泻大肠埃希氏菌特征性基因如表 3-27 所示。

表 3-27 致泻大肠埃希氏菌特征基因

致泻大肠埃希氏菌类别	特征性基因	
EPEC	*esc*V 或 *eae*、*bfp*B	
STEC/EHEC	*esc*V 或 *eae*、*stx*1、*stx*2	
EIEC	*inv*E 或 *ipa*H	*uid*A
ETEC	*lt*、*stp*、*sth*	
EAEC	*ast*A 、*agg*R、*pic*	

注：*esc*V：蛋白分泌物调节基因；*eae*：紧密素基因；*bfp*B：束状菌毛 B 基因；*stx*1：志贺毒素 Ⅰ 基因；*stx*2：志贺毒素 Ⅱ 基因；*lt*：热不稳定性肠毒素基因；*st*：热稳定性肠毒素基因；*stp* (*stIa*)：猪源热稳定性肠毒素基因；*sth* (*stIb*)：人源热稳定性肠毒素基因；*inv*E：侵袭性质粒调节基因；*ipa*H：侵袭性质粒抗原 H 基因；*agg*R：集聚黏附菌毛调节基因；*uid*A：β-葡萄糖苷酶基因；*ast*A：集聚热稳定性毒素 A 基因；*pic*：肠定植因子基因；LEE：肠细胞损伤基因座；EAF：EPEC 黏附子。

（4）PCR 反应体系配制　每个样品初筛需配制 12 个 PCR 扩增反应体系，对应检测 12 个目标基因，具体操作如下：使用 TE 溶液（pH 8.0）将合成的引物干粉稀释成 $100\mu mol/L$ 储存液。根据表 3-28 中每种目标基因对应 PCR 体系内引物的终浓度，使用灭菌去离子水配制 12 种目标基因扩增所需的 10× 引物工作液（以 *uid*A 基因为例，如表 3-29 所示）。将 10× 引物工作液、10×PCR 反应缓冲液、25mmol/L $MgCl_2$、2.5mmol/L dNTPs、灭菌去离子水从 -20℃ 冰箱中取出，融化并平衡至室温，使用前混匀；5U/μL Taq 酶在加样前从 -20℃ 冰箱中取出。每个样品按照表 3-30 的加液量配制 12 个 $25\mu L$ 反应体系，分别使用 12 种目标基因对应的 10× 引物工作液。

表 3-28 五种致泻大肠埃希氏菌目标基因引物序列及每个 PCR 体系内的终浓度③

引物名称	引物序列³	菌株编号及对应 Genbank 编码	引物所在位置	终浓度 $n/$ (μmol/L)	PCR 产物 长度/bp
uidA-F	5′-ATG CCA GTC CAG CGT TTT TGC-3′	*E. coli* DH1Ec169 (accession no. CP012127. 1)	673870-1673890	0. 2	1487
uidA-R	5′-AAA GTG TGG GTC AAT AAT CAG GAA GTG-3′		1675356-1675330	0. 2	
escV-F	5′-ATT CTG GCT CTC TTC TTC TTT ATG GCT G-3′	*E. coli* E2348/69 (accession no. FM180568. 1)	4122765-4122738	0. 4	544
escV-R	5′-CGT CCC CTT TTA CAA ACT TCA TCG C-3′		4122222-4122246	0. 4	
eae-F①	5′-ATT ACC ATC CAC ACA GAC GGT-3′	EHEC (accession no. Z11541. 1)	2651-2671	0. 2	397
eae-R①	5′-ACA GCG TGG TTG GAT CAA CCT-3′		3047-3027	0. 2	
bfpB-F	5′-GAC ACC TCA TTG CTG AAG TCG-3′	*E. coli* E2348/69 (accession no. FM180569. 1)	3796-3816	0. 1	910
bfpB-R	5′-CCA GAA CAC CTC CGT TAT GC-3′		4702-4683	0. 1	
stx1-F	5′-CGA TGT TAC GGT TTG TTA CTG TGACAGC-3′	*E. coli* EDL933 (accession no. AE005174. 2)	2996445-2996418	0. 2	244
stx1-R	5′-AAT GCC ACG CTT CCC AGA ATT G-3′		2996202-2996223	0. 2	
Stx2-F	5′-GTT TTG ACC ATC TTC GTC TGA TTA TTG AG-3′	*E. coli* EDL933 (accession no. AE005174. 2)	1352543-1352571	0. 4	324
Stx2-R	5′-AGC GTA AGG CTT CTG CTG TGA C-3′		1352866-1352845	0. 4	
lt-F	5′-GAA CAG GAG GTT TCT GCG TTA GGT G-3′	*E. coli* E24377A (accession no. CP000795. 1)	17030-17054	0. 1	655
lt-R	5′-CTT TCA ATG GCT TTT TTTGGGAGTC-3′		7684-17659	0. 1	
stp-F	5′-CCT CTT TTAGYC AGA CAR CTG AAT CAS TTG-3′	*E. coli*EC2173 (accession no. AJ555214. 1) ///	1979-1950/// 14-43	0. 4	157
stp-R	5′-CAG GCA GGA TTA CAA CAA AGT TCA CAG-3′	*E. coli* F7682 (accession no. AY342057. 1)	823-1849/// 170-144	0. 4	

续表

引物名称	引物序列[3]	菌株编号及对应Genbank 编码	引物所在位置	终浓度 n/（μmol/L）	PCR 产物长度/bp
sth-F	5'-TGT CTT TTT CAC CTT TCG CTC-3'	*E. coli* E24377A（accession no. CP000795.1）	1389-11409	0.2	171
sth-R	5'-CGG TAC AAG CAG GAT TAC AAC AC-3'		11559-11537	0.2	
*inv*E-F	5'-CGA TAG ATG GCG AGA AAT TAT ATC CCG-3'	*E. coli* serotypeO164（accession no. AF283289.1）	921-895	0.2	766
*inv*E-R	5'-CGA TCAAGA ATC CCT AACAGAAGAATCAC-3'		156-184	0.2	
*ipa*H-F[2]	5'-TTG ACC GCC TTT CCG ATA CC-3'	*E. coli*53638（accession no. CP001064.1）	11471-11490	0.1	647
*ipa*H-R[2]	5'-ATC CGC ATC ACC GCT CAG AC-3'		2117-12098	0.1	
*agg*R-F	5'-ACG CAG AGT TGC CTG ATA AAG-3'	*E. coli* enteroaggregative17-accession no. Z18751.1）	59-79	0.2	400
*agg*R-R	5'-AAT ACA GAA TCG TCA GCA TCA GC-3'		458-436	0.2	
pic-F	5'-AGC CGT TTC CGC AGA AGC C-3'	*E. coli*042（accession no. AF097644.1）	3700-3682	0.2	1111
pic-R	5'-AAA TGT CAG TGA ACC GAC GATTGG-3'		2590-2613	0.2	
*ast*A-F	5'-TGC CAT CAA CAC AGT ATAT CCG-3'	*E. coli* ECOR33（accession no. AF161001.1）	2-23	0.4	102
*ast*A-R	5'-ACG GCT TTG TAG TCC TTC CAT-3'		103-83	0.4	
16S *rDNA*-F	5'-GGA GGC AGC AGT GGG AAT A-3'	*E. coli* ST2747（accession no. CP007394.1）	149585-149603	0.25	1062
16S *rDNA*-R	5'-TGA CGG GCG GTG TGT ACA AG-3'		150645-150626	0.25	

注：①*esc*V 和 *eae* 基因选作其中一个；

②*inv*E 和 *ipa*H 基因选作其中一个；

③表中不同基因的引物序列可采用可靠性验证的其他序列代替。

表 3-29   每种目标基因扩增所需 10×引物工作液配制表

引物名称	体积/μL	引物名称	体积/μL
100μmol/L*uid*A-F	10×n	灭菌去离子水	100-2×（10×n）
100μmol/L*uid*A-R	10×n	总体积	100

注：*n*—每条引物在反应体系内的终浓度（如表 3-28 所示）。

表 3-30 五种致泻大肠埃希氏菌目标基因扩增体系配制表

试剂名称	加样体积/μL	试剂名称	加样体积/μL
灭菌去离子水	12.1	10×引物工作液	2.5
10×PCR 反应缓冲液	2.5	5U/μL Taq 酶	0.4
25mmol/L MgCl$_2$	2.5	DNA 模板	2.0
2.5mmol/L dNTPs	3.0	总体积	25

（5）PCR 循环条件 预变性 94℃ 5min；变性 94℃ 30s，复性 63℃ 30s，延伸 72℃ 1.5min，30 个循环；72℃ 延伸 5min。将配制完成的 PCR 反应管放入 PCR 仪中，核查 PCR 反应条件正确后，启动反应程序。

（6）称量 4.0g 琼脂糖粉，加入至 200mL 的 1×TAE 电泳缓冲液中，充分混匀。使用微波炉反复加热至沸腾，直到琼脂糖粉完全融化形成清亮透明的溶液。待琼脂糖溶液冷却至 60℃ 左右时，加入溴化乙锭（EB）至终浓度为 0.5μg/mL，充分混匀后，轻轻倒入已放置好梳子的模具中，凝胶长度要大于 10cm，厚度为 3~5mm。检查梳齿下或梳齿间有无气泡，用一次性吸头小心排掉琼脂糖凝胶中的气泡。当琼脂糖凝胶完全凝结硬化后，轻轻拔出梳子，小心将胶块和胶床放入电泳槽中，样品孔放置在阴极端。向电泳槽中加入 1×TAE 电泳缓冲液，液面高于胶面 1~2mm。将 5μL PCR 产物与 1μL 6×上样缓冲液混匀后，用微量移液器吸取混合液垂直伸入液面下胶孔，小心上样于孔中；阳性对照的 PCR 反应产物加入到最后一个泳道；第一个泳道中加入 2μL 分子质量。接通电泳仪电源，根据公式：电压=电泳槽正负极间的距离（cm）×5V/cm 计算并设定电泳仪电压数值；启动电压开关，电泳开始以正负极铂金丝出现气泡为准。电泳 30~45min 后，切断电源。取出凝胶放入凝胶成像仪中观察结果，拍照并记录数据。

（7）结果判定。电泳结果中空白对照应无条带出现，阴性对照仅有 uidA 条带扩增，阳性对照中出现所有目标条带，PCR 试验结果成立。根据电泳图中目标条带大小，判断目标条带的种类，记录每个泳道中目标条带的种类，在表 3-31 中查找不同目标条带种类及组合所对应的致泻大肠埃希氏菌类别。

表 3-31 五种致泻大肠埃希氏菌目标条带与型别对照表

致泻大肠埃希氏菌类别	目标条带的种类组合	
EAEC	aggR，astA，pic 中一条或一条以上阳性	
EPEC	bfpB（+/-），escV[①]（+），stx1（-），stx2（-）	
STEC/EHEC	escV[①]（+/-），stx1（+），stx2（-），bfpB（-） escV[①]（+/-），stx1（-），stx2（+），bfpB（-） escV[①]（+/-），stx1（+），stx2（+），bfpB（-）	uidA[③]（+/-）
ETEC	lt、stp、sth 中一条或一条以上阳性	
EIEC	invE[②]（+）	

注：①在判定 EPEC 或 SETC/EHEC 时，escV 与 eae 基因等效；

②在判定 EIEC 时，invE 与 ipaH 基因等效。

③97% 以上大肠埃希氏菌为 uidA 阳性。

（8）如用商品化 PCR 试剂盒或多重聚合酶链反应（MPCR）试剂盒，应按照试剂盒说明书进行操作和结果判定。

6. 血清学试验（选做项目）

（1）取 PCR 试验确认为致泻大肠埃希氏菌的菌株进行血清学试验。

注：应按照生产商提供的使用说明进行 O 抗原和 H 抗原的鉴定。当生产商的使用说明与下面的描述可能有偏差时，按生产商提供的使用说明进行。

（2）O 抗原鉴定

①假定试验：挑取经生化试验和 PCR 试验证实为致泻大肠埃希氏菌的营养琼脂平板上的菌落，根据致泻大肠埃希氏菌的类别，选用大肠埃希氏菌单价或多价 OK 血清做玻片凝集试验。当与某一种多价 OK 血清凝集时，再与该多价血清所包含的单价 OK 血清做凝集试验。致泻大肠埃希氏菌所包括的 O 抗原群如表 3-32 所示。如与某一单价 OK 血清呈现凝集反应，即为假定试验阳性。

②证实试验：用 0.85% 灭菌生理盐水制备 O 抗原悬液，稀释至与 MacFarland 3 号比浊管相当的浓度。原效价为 1：160~1：320 的 O 血清，用 0.5% 盐水稀释至 1：40。将稀释血清与抗原悬液于 10mm×75mm 试管内等量混合，做单管凝集试验。混匀后放于（50±1）℃ 水浴箱内，经 16h 后观察结果。如出现凝集，可证实为该 O 抗原。

表 3-32　　　　　　　　　　致泻大肠埃希氏菌主要的 O 抗原

DEC 类别	DEC 主要的 O 抗原
EPEC	O26 O55 O86 O111ab O114 O119 O125ac O127 O128ab O142 O158 等
STEC/EHEC	O4 O26 O45 O91 O103 O104 O111 O113 O121 O128 O157 等
EIEC	O28ac O29 O112ac O115 O124 O135 O136 O143 O144 O152 O164 O167 等
ETEC	O6 O11 O15 O20 O25 O26 O27 O63 O7 8O85 O114 O115 O128ac O148 O149 O159O166 O167 等
EAEC	O9 O62 O73 O101 O134 等

（3）H 抗原鉴定

①取菌株穿刺接种半固体琼脂管，（36±1）℃ 培养 18~24h，取顶部培养物 1 环接种至 BHI 液体培养基中，于（36±1）℃ 培养 18~24h。加入福尔马林至终浓度为 0.5%，做玻片凝集或试管凝集试验。

②若待测抗原与血清均无明显凝集，应从首次穿刺培养管中挑取培养物，再进行 2~3 次半固体管穿刺培养，按照①进行试验。

六、实验结果与分析

1. 根据生化试验、PCR 确认试验的结果，报告 25g（或 25mL）样品中检出或未检出某类致泻大肠埃希氏菌。

2. 如果进行血清学试验，根据血清学试验的结果，报告 25g（或 25mL）样品中检出的某类致泻大肠埃希氏菌血清型别。

3. 五种致病性大肠埃希氏菌的检测依据是什么？

七、注意事项

1. 在分离培养时，不但要注意乳糖发酵的菌落，同时也要注意乳糖不发酵和迟缓发酵的菌落，以防止漏检。

2. 样品采集后应尽快送检，除易腐食品在检验之前可以冷藏外，一般不冷藏。

实验 100　副溶血性弧菌检验

一、实验目的

1. 了解副溶血性弧菌（*Vibrio parahaemolyticus*）检测的原理和步骤。

2. 掌握副溶血性弧菌检验时常用的生化鉴定方法。

二、实验原理

副溶血性弧菌是广泛分布于海水、海底泥沙、浮游生物和鱼贝类中的海洋性细菌，为海产品引起食物中毒重要的病原细菌之一，尤其是在夏秋季节（6~9 月）的沿海地区，经常由于食用带有大量副溶血性弧菌的海产品，引起爆发性食物中毒。在非沿海地区，因食用受此菌污染的食品也常有中毒发生。

本实验是根据副溶血性弧菌的主要特征设置的。本菌为革兰氏阴性、多形态、无芽孢杆菌、有嗜盐特性，在无盐的情况下不生长，在 30~37℃ 最适生长温度范围时，该菌生长繁殖较快；一般在冬季不易检出。在氯化钠血琼脂上，可见溶血环；氯化钠蔗糖琼脂上不发酵蔗糖，菌落呈绿色。

三、实验材料

1. 设备和材料

除微生物实验室常规灭菌及培养设备外，其他设备和材料如下：恒温培养箱：（36±1）℃；冰箱：2~5℃、7~10℃；恒温水浴箱：（36±1）℃；均质器或无菌乳钵；天平：感量 0.1g；无菌试管：18mm×180mm、15mm×100mm；无菌吸管：1mL（具 0.01mL 刻度）、10mL（具 0.1mL 刻度）或微量移液器及吸头；无菌锥形瓶：容量 250mL、500mL、1000mL；无菌培养皿：直径 90mm；全自动微生物生化鉴定系统；无菌手术剪、镊子。

2. 培养基和试剂

（1）3% 氯化钠碱性蛋白胨水　见附录Ⅱ-98。

（2）硫代硫酸盐-柠檬酸盐-胆盐-蔗糖（TCBS）琼脂　见附录Ⅱ-99。

（3）3% 氯化钠胰蛋白胨大豆琼脂　见附录Ⅱ-100。

（4）3% 氯化钠三糖铁琼脂　见附录Ⅱ-101。

（5）嗜盐性试验培养基　见附录Ⅱ-102。

（6）3% 氯化钠甘露醇试验培养基　见附录Ⅱ-103。

（7）3% 氯化钠赖氨酸脱羧酶试验培养基　见附录Ⅱ-104。

（8）3% 氯化钠 MR-VP 培养基　见附录Ⅱ-105。

（9）3% 氯化钠溶液　见附录Ⅰ-20。

（10）我妻氏血琼脂　见附录Ⅱ-106。

（11）氧化酶试剂　见附录Ⅱ-97。

（12）革兰氏染色液　见附录Ⅰ-1，Ⅰ-2，Ⅰ-3。

（13）ONPG 试剂　见附录Ⅱ-55。

（14）Voges-Proskauer（V-P）试剂　见附录Ⅱ-107。

（15）弧菌显色培养基。

（16）生化鉴定试剂盒。

四、检测程序

副溶血性弧菌检验程序如图3-42所示。

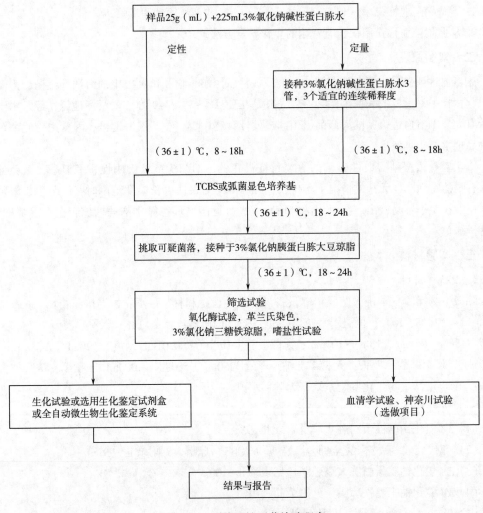

图3-42　副溶血性弧菌检验程序

五、实验方法与步骤

1. 样品制备

（1）非冷冻样品采集后应立即置7~10℃冰箱保存，尽可能及早检验；冷冻样品应在45℃以下不超过15min或在2~5℃不超过18 h解冻。

（2）鱼类和头足类动物取表面组织、肠或鳃。贝类取全部内容物，包括贝肉和体液；甲壳类取整个动物，或者动物的中心部分，包括肠和鳃。如为带壳贝类或甲壳类，则应先在自来水中洗刷外壳并甩干表面水分，然后以无菌操作打开外壳，按上述要求取相应部分。

（3）以无菌操作取样品25g（mL），加入3%氯化钠碱性蛋白胨水225mL，用旋转刀片式均质器以 8 000r/min 均质 1min，或拍击式均质器拍击 2min，制备成 1：10 的样品匀液。如无均质器，则将样品放入无菌乳钵，自 225mL 3%氯化钠碱性蛋白胨水中取少量稀释液加入无菌乳钵，样品磨碎后放入 500mL 无菌锥形瓶，再用少量稀释液冲洗乳钵中的残留样品 1~2 次，洗液放入锥形瓶，最后将剩余稀释液全部放入锥形瓶，充分振荡，制备 1：10 的样品匀液。

2. 增菌

（1）定性检测　将 1（3）制备的 1：10 样品匀液于（36±1）℃培养 8~18h。

（2）定量检测

①用无菌吸管吸取 1：10 样品匀液 1mL，注入含有 9mL 3%氯化钠碱性蛋白胨水的试管内，振摇试管混匀，制备 1：100 的样品匀液。

②另取 1mL 无菌吸管，按①操作程序，依次制备 10 倍系列稀释样品匀液，每递增稀释一次，换用一支 1mL 无菌吸管。

③根据对检样污染情况的估计，选择 3 个适宜的连续稀释度，每个稀释度接种 3 支含有 9mL 3%氯化钠碱性蛋白胨水的试管，每管接种 1mL。置（36±1）℃恒温箱内，培养 8~18h。

3. 分离

（1）对所有显示生长的增菌液，用接种环在距离液面以下 1cm 内沾取一环增菌液，于 TCBS 平板或弧菌显色培养基平板上划线分离。一支试管划线一块平板。（36±1）℃培养 18~24h。

（2）典型的副溶血性弧菌在 TCBS 上呈圆形、半透明、表面光滑的绿色菌落，用接种环轻触，有类似口香糖的质感，直径 2~3mm。从培养箱取出 TCBS 平板后，应尽快（不超过 1 h）挑取菌落或标记要挑取的菌落。典型的副溶血性弧菌在弧菌显色培养基上的特征按照产品说明进行判定。

4. 纯培养

挑取 3 个或以上可疑菌落，划线接种 3%氯化钠胰蛋白胨大豆琼脂平板，（36±1）℃培养 18~24h。

5. 初步鉴定

（1）氧化酶试验　挑选纯培养的单个菌落进行氧化酶试验，副溶血性弧菌为氧化酶阳性。

（2）涂片镜检　将可疑菌落涂片，进行革兰氏染色，镜检观察形态。副溶血性弧菌为革兰氏阴性，呈棒状、弧状、卵圆状等多形态，无芽孢，有鞭毛。

（3）挑取纯培养的单个可疑菌落，转种 3%氯化钠三糖铁琼脂斜面并穿刺底层，（36±1）℃培养 24h 观察结果。副溶血性弧菌在 3%氯化钠三糖铁琼脂中的反应为底层变黄不变黑，无气泡，斜面颜色不变或红色加深，有动力。

（4）嗜盐性试验　挑取纯培养的单个可疑菌落，分别接种 0、6%、8%和 10%不同氯化钠浓度的胰胨水，（36±1）℃培养 24h，观察液体混浊情况。副溶血性弧菌在无氯化钠和 10%氯化钠的胰胨水中不生长或微弱生长，在 6%氯化钠和 8%氯化钠的胰胨水中生长旺盛。

6. 确定鉴定

取纯培养物分别接种含 3%氯化钠的甘露醇试验培养基、赖氨酸脱羧酶试验培养基、MR-VP 培养基，（36±1）℃培养 24~48h 后观察结果；3%氯化钠三糖铁琼脂隔夜培养物进行 ONPG 试验。可选择生化鉴定试剂盒或全自动微生物生化鉴定系统。

六、实验结果与分析

1. 根据检出的可疑菌落生化性状，报告 25g（mL）样品中检出或未检出副溶血性弧菌。

2. 如果进行定量检测，根据证实为副溶血性弧菌阳性的试管管数，查最可能数（MPN）检索表，报告每 g（mL）副溶血性弧菌的 MPN 值。副溶血性弧菌菌落生化性状与其他弧菌的鉴别见表 3-33、表 3-34。

表 3-33　　　　　　　　　　　　　　副溶血性弧菌的生化性状

试验项目	结果	试验项目	结果
革兰氏染色镜检	阴性，无芽孢	分解葡萄糖产气	－
氧化酶	＋	乳糖	－
动力	＋	硫化氢	－
蔗糖	－	赖氨酸脱羧酶	＋
葡萄糖	＋	V-P	－
甘露醇	＋	ONPG	－

注：+表示阳性；-表示阴性。

七、注意事项

1. 在分离时，从培养箱取出 TCBS 平板后应尽快（不超过 1h）挑取菌落或标记要挑取的菌落，防止培养时间过长，TCBS 平板上面黄色菌落后来变成绿色。

2. 在 ONPG 试验时使用隔夜培养物进行接种。

八、思考题

在 TSI 实验中，如何区分副溶血性弧菌和沙门氏菌？

实验 101　小肠结肠炎耶尔森氏菌检验

一、实验目的

1. 了解小肠结肠炎耶尔森氏菌（*Yersinia enterocolitica*）的生物学特性。

2. 掌握小肠结肠炎耶尔森氏菌的检验原理。

二、实验原理

小肠结肠炎耶尔森氏菌食物中毒是近年来国际上引起重视的一种肠道传染病，至今已在世界上 40 多个国家发现。本菌广泛分布于自然界中，如陆地和各种水源等环境，是一种引起人畜共患疾病的病原微生物。该菌感染动物后，多数无症状；对人以肠道感染为主。由于该菌能在食物中大量生长，因此，在食品和饮水受到本菌污染时，往往可使人发生食物中毒，引起胃肠炎暴发，其症状表现与沙门氏菌食物中毒相似。

小肠结肠炎耶尔森氏菌为革兰氏阴性杆菌或球杆菌。在 30℃以下培养时有周身鞭毛，能运动；而在 37℃培养时无运动性。需氧或兼性厌氧。生长温度在 -2～45℃，最适生长温度为 22～29℃，可在 0～4℃缓慢生长，因此，被该菌污染的食品，虽在冰箱保存，但不能防止其生存和繁殖，这与其他肠道致病菌有所不同。

表 3-34　副溶血性弧菌主要性状与其他弧菌的鉴别

名称	氧化酶	赖氨酸	精氨酸	鸟氨酸	明胶	脲酶	V-P	42℃生长	蔗糖	D-纤维二糖	乳糖	阿拉伯胺糖	D-甘露糖	D-甘露醇	ONPG	泳动嗜盐性试验 氯化钠含量/% 0	3	6	8	10
副溶血性弧菌 (V. parahaemolyticus)	+	+	-	+	+	V	-	+	-	V	-	+	+	+	-	-	+	+	+	-
创伤弧菌 (V. vulnificus)	+	+	-	+	+	-	-	+	-	+	+	-	+	V	+	-	+	+	+	-
溶藻弧菌 (V. alginolyticus)	+	+	-	+	+	-	+	+	+	-	-	-	+	+	-	-	+	+	+	+
霍乱弧菌 (V. cholerae)	+	+	-	+	+	-	V	+	+	-	-	-	-	+	+	+	+	+	-	-
拟态弧菌 (V. mimicus)	+	+	-	+	+	-	-	+	-	-	-	-	+	+	+	-	+	+	-	-
河弧菌 (V. fluvialis)	+	-	+	-	+	-	-	V	+	+	-	+	+	+	+	-	+	+	V	-
弗氏弧菌 (V. furnissii)	+	-	+	-	+	-	+	+	+	-	-	+	+	+	+	-	+	+	+	-
梅氏弧菌 (V. metschnikovii)	-	+	+	-	+	-	-	V	+	-	-	-	+	+	+	-	+	+	V	-
霍利斯弧菌 (V. hollisae)	+	-	+	-	+	+	-	nd	-	-	-	+	-	-	-	-	+	+	-	-

注：+ 表示阳性；- 表示阴性；nd 表示未试验；V 表示可变。

本实验是根据小肠结肠炎耶尔森氏菌选择分离培养基为 CIN-1 平板及改良 Y 琼脂的主要特征设计的。CIN-1 平板是一种对耶尔森氏菌选择性较强的培养基，胰胨和酵母浸膏提供氮源和微量元素；甘露醇为可发酵糖；去氧胆酸钠和结晶紫抑制革兰氏阳性菌；中性红是 pH 指示剂。小肠结肠炎耶尔森氏菌在 CIN 琼脂上生长良好，发酵甘露醇产酸能使指示剂变红，所以菌落呈现红色。不同型的菌株，菌落大小有明显不同。

改良 Y 琼脂中蛋白胨和水解酪蛋白提供氮源和微量元素；乳糖用于糖发酵试验；氯化钠维持正常的渗透压，去氧胆酸钠和三号胆盐抑制革兰氏阳性菌；丙酮酸钠刺激目标菌的生长；琼脂是培养基的凝固剂。小肠结肠炎耶尔森氏菌不分解乳糖，所以在改良 Y 琼脂上不产酸，不能使指示剂孟加拉红变红，细菌不着色，故小肠结肠炎耶尔森氏菌为无色透明菌落。

三、实验材料

1. 设备和材料

除微生物实验室常规灭菌及培养设备外，其他设备和材料如下：冰箱：0~4℃；显微镜：10~100 倍；均质器；天平：感量 0.1g；灭菌试管：16mm×160mm、15mm×100mm；灭菌吸管：1mL（具 0.01mL 刻度）、10mL（具 0.1mL 刻度）；锥形瓶：200mL、500mL；灭菌平皿：直径 90mm；微生物生化鉴定试剂盒或微生物生化鉴定系统。

2. 培养基和试剂

（1）改良磷酸盐缓冲液 PSB　见附录 Ⅰ-21。

（2）CIN-1 培养基（Cepulodin Irgasan Novobiocin Agar）　见附录 Ⅱ-108。

（3）改良 Y 培养基（AgarY，Modified）　见附录 Ⅱ-109。

（4）改良克氏双糖　见附录 Ⅱ-110。

（5）山梨醇、鼠李糖、蔗糖，甘露醇等糖发酵管　见附录 Ⅱ-111。

（6）鸟氨酸脱羧酶试验培养基　见附录 Ⅱ-112。

（7）半固体琼脂　见附录 Ⅱ-59。

（8）缓冲葡萄糖蛋白胨水［甲基红（MR）和 V-P 试验用］　见附录 Ⅰ-22。

（9）碱处理液　0.5%氮化物-0.5%氢氧化钾混合液。

（10）尿素培养基　见附录 Ⅱ-113。

（11）营养琼脂　见附录 Ⅱ-87。

（12）小肠结肠炎耶尔森氏菌诊断血清。

四、检验程序

小肠结肠炎耶尔森氏菌检验程序如图 3-43 所示。

五、实验方法与步骤

1. 增菌

以无菌操作取 25g（或 25mL）样品放入含有 225mL 改良磷酸盐缓冲液增菌液的无菌均质杯或均质袋内，以 8 000r/min 均质 1min 或拍击式均质器均质 1min。液体样品或粉末状样品，应振荡混匀。均质后于（26±1）℃增菌 48~72h。增菌时间长短可根据对样品污染程度的估计来确定。

2. 碱处理

除乳与乳制品外，其他食品的增菌液 0.5mL 与碱处理液 4.5mL 充分混合 15s。

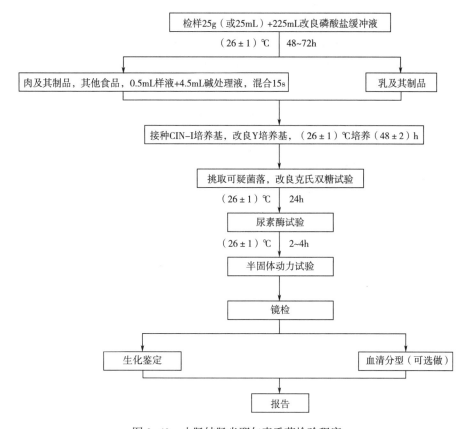

图 3-43　小肠结肠炎耶尔森氏菌检验程序

3. 分离

将乳与乳制品增菌液或经过碱处理的其他食品增菌液分别接种于 CIN-1 琼脂平板和改良 Y 琼脂平板，(26±1)℃培养（48±2）h。典型菌落在 CIN-1 上为深红色中心，周围具有无色透明圈（红色牛眼状菌落），菌落大小为 1~2mm，在改良 Y 琼脂平板上为无色透明、不黏稠的菌落。

4. 改良克氏双糖试验

分别挑取 3 中的可疑菌落 3~5 个，分别接种于改良克氏双糖铁琼脂，接种时先在斜面划线，再于底层穿刺，(26±1)℃培养 24h，将斜面和底部皆变黄且不产气的培养物做进一步的生化鉴定。

5. 尿素酶试验和动力观察

用接种环挑取一满环 4 得到的可疑培养物，接种到尿素培养基中，接种量应足够大，振摇几秒钟，(26±1)℃培养（2~4）h。将尿素酶试验阳性菌落分别接种于两管半固体培养基中，于 (26±1)℃和 (36±1)℃培养 24h。将在 26℃有动力而 36℃无动力的可疑菌培养物划线接种营养琼脂平板，进行纯化培养，用纯化物进行革兰氏染色镜检和生化试验。

6. 革兰氏染色镜检

将纯化的可疑菌进行革兰氏染色。小肠结肠炎耶尔森氏菌呈革兰氏阴性球杆菌，有时呈椭圆或杆状，大小为（0.8~3.0μm）×0.8μm。

7. 生化鉴定

（1）从 5 中的营养琼脂平板上挑取单个菌落接种生化反应管，生化反应在（26±1）℃进行。小肠结肠炎耶尔森氏菌的主要生化特征以及与其他相似菌的区别如表 3-35 所示。

表 3-35　　　　　小肠结肠炎耶尔森氏菌与其他相似菌的生化性状鉴别表

项　目	小肠结肠炎耶尔森氏菌（*Yersinia enterocolitica*）	中间型耶尔森氏菌（*Yersinia intermedia*）	弗氏耶尔森氏菌（*Yersinia frederiksenii*）	克氏耶尔森氏菌（*Yersinia kirstensenii*）	假结核耶尔森氏菌（*Yersinia pseudotuberculosis*）	鼠疫耶尔森氏菌（*Yersinia pestis*）
动力（26℃）	+	+	+	+	+	−
尿素酶	+	+	+	+	+	−
V-P 试验（26℃）	+	+	+	−	−	−
鸟氨酸脱羧酶	+	+	+	+	−	−
蔗糖	d	+	+	−	−	−
棉子糖	−	+	−	−	−	d
山梨醇	+	+	+	−	−	−
甘露醇	+	+	+	+	+	+
鼠李糖	−	+	+	−	+	+

注：+阳性；−阴性；d 有不同生化型。

（2）如选择微生物生化鉴定试剂盒或微生物生化鉴定系统，可根据 6 部分的镜检结果，选择革兰氏阴性球杆菌菌落作为可疑菌落，从 5 部分所接种的营养琼脂平板上挑取单菌落，使用微生物生化鉴定试剂盒或微生物生化鉴定系统进行鉴定。

8. 血清型鉴定（选做项目）

除进行生化鉴定外，可选择做血清型鉴定。在洁净的载玻片上加一滴 O 因子血清，将待试培养物混入其内，使成为均一性混浊悬液，将玻片轻轻摇动 0.5~1min，在黑色背景下观察反应。如在 2min 内出现比较明显的小颗粒状凝集者，即为阳性反应，反之则为阴性，另用生理盐水作对照试验，以检查有无自凝现象；具体操作方法可按实验 131 中沙门氏菌 O 因子血清分型方法进行。

六、实验结果与分析

综合以上及生化特征报告结果，报告 25g（或 25mL）样品中检出或未检出小肠结肠炎耶尔森氏菌。

七、注意事项

1. 采取的样品以无菌操作放灭菌容器内，应立即送检，并注意冷藏。

2. 为使受损伤的小肠结肠炎耶尔森氏菌得到较好的恢复和繁殖或由污染少量细菌的样品中检出，必须采用增菌的方法，根据该菌能在 0~4℃生长的特点，采用 4℃冷增菌，有利于耶氏菌存活和缓慢繁殖，而对大多数其他细菌不利或保持不变，特别适用于含菌量少的被检材料，同时改良磷酸盐缓冲液对本菌有一定的选择性，经冷增菌培养后，分别在 7，14，21d 时进行分离，可获得较好的检出效果，虽然增菌时间较长，但可提高检出率。

3. 碱处理时，必须严格掌握处理方法，不宜超过时间，以免影响检出效果。

八、思考题

在 TSI 实验中，如何区分副溶血性弧菌和沙门氏菌？

实验 102　金黄色葡萄球菌检验

一、实验目的

1. 了解金黄色葡萄球菌（*Staphylococcus aureus*）的病理学特性。
2. 掌握金黄色葡萄球菌的鉴定要点及检验各步骤的原理。

二、实验原理

葡萄球菌（*Staphylococcus*）是微球菌科的一个属，该属包括 20 多个种，在自然界分布广泛，水、空气、土壤、饲料、食品（剩饭、糕点、牛奶、肉品等）以及人和动物的体表黏膜等处均有存在，其大部分是不致病的腐物寄生菌。而金黄色葡萄球菌为致病菌，可通过化脓性炎症病人或带菌者在接触食品时而使食品受到污染，另外，患乳腺炎的奶牛产的奶、有化脓症的牲畜肉尸常带有致病性葡萄球菌。金黄色葡萄球菌食品中生长金黄色葡萄球菌是食品卫生上的一种潜在危险，因为金黄色葡萄球菌可以产生肠毒素，食后能引起食物中毒。因此，检查食品中金黄色葡萄球菌有现实意义。引起葡萄球菌食物中毒的食品主要是肉、奶、蛋、鱼及其制品等动物性食品。

金黄色葡萄球菌为革兰氏阳性球菌，呈葡萄串状排列，直径约为 0.5~1μm，无芽孢、无鞭毛、无荚膜。在普通肉汤培养基上，形成圆形、凸起、边缘整齐、表面光滑的菌落，菌落色素不稳定，但多数为金黄色。需氧或兼性厌氧；生长温度 6.5~46℃，最适生长温度为 30~37℃；生长 pH 为 4.0~9.8，最适生长 pH 为 6~7。耐盐性强，能在含 7%~15% 氯化钠的培养基中生长。对亚碲酸盐、氯化汞、新霉素、多黏菌素和叠氮化钠具有很强的抗性，可在含有这些化合物的培养基中生长。多数产肠毒素的菌株，在血琼脂平板上能形成溶血圈，并能产生血浆凝固酶。在 Baird-Parker 平板上生长时，可将亚碲酸钾还原成碲酸钾使菌落呈灰黑色；产生脂酶使菌落周围有一浑浊带，而在其外层因产生蛋白质水解酶有一透明带。

三、实验材料

1. 设备和材料

除微生物实验室常规灭菌及培养设备外，其他设备和材料如下：恒温培养箱：（36±1）℃；冰箱：2~5℃；恒温水浴箱：36~56℃；天平：感量 0.1g；均质器；振荡器；无菌吸管：1mL（具 0.01mL 刻度）、10mL（具 0.1mL 刻度）或微量移液器及吸头；无菌锥形瓶：容量 100mL、500mL；无菌培养皿：直径 90mm；涂布棒；pH 计或 pH 比色管或精密 pH 试纸。

2. 培养基和试剂

（1）7.5% 氯化钠肉汤　见附录 Ⅱ-114。

（2）血琼脂平板　见附录 Ⅱ-115。

（3）Baird-Parker 琼脂平板　见附录 Ⅱ-116。

（4）脑心浸出液肉汤（BHI）　见附录Ⅱ-117。

（5）兔血浆　见附录Ⅱ-118。

（6）稀释液：磷酸盐缓冲液　见附录Ⅰ-23。

（7）营养琼脂小斜面　见附录Ⅱ-119。

（8）革兰氏染色液　见附录Ⅰ-1，Ⅰ-2，Ⅰ-3。

（9）无菌生理盐水　见附录Ⅰ-24。

四、检验程序

金黄色葡萄球菌定性检验程序如图3-44所示。

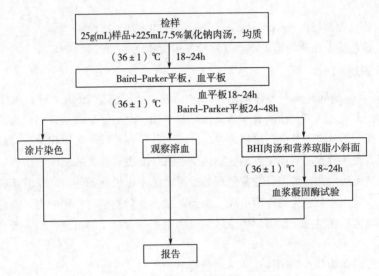

图3-44　金黄色葡萄球菌检验程序

五、实验方法与步骤

1. 样品的处理

称取25g样品至盛有225mL7.5%氯化钠肉汤的无菌均质杯内，8000～10000r/min均质1～2min，或放入盛有225mL7.5%氯化钠肉汤无菌均质袋中，用拍击式均质器拍打1～2min。若样品为液态，吸取25mL样品至盛有225mL7.5%氯化钠肉汤的无菌锥形瓶（瓶内可预置适当数量的无菌玻璃珠）中，振荡混匀。

2. 增菌

将上述样品匀液于（36±1)℃培养18～24h。金黄色葡萄球菌在7.5%氯化钠肉汤中呈混浊生长。

3. 分离

将增菌后的培养物，分别划线接种到Baird-Parker平板和血平板，血平板（36±1)℃培养18～24h。Baird-Parker平板（36±1)℃培养24～48h。

4. 初步鉴定

金黄色葡萄球菌在Baird-Parker平板上呈圆形，表面光滑、凸起、湿润、菌落直径为2～3mm，颜色呈灰黑色至黑色，有光泽，常有浅色（非白色）的边缘，周围绕以不透明圈（沉淀），其外常有一清晰带。当用接种针触及菌落时具有黄油样黏稠感。有时可见到不分解脂肪的菌株，除没有不透明圈和清晰带外，其他外观基本相同。从长期贮存的冷冻或脱水食品中分离的菌落，其黑色常较典型菌落浅些，且外观可能较粗糙，质地较干燥。在血平板上，形成菌落较大，圆形、光滑凸起、湿润、金黄色（有时为白色），菌落周围可见完全透明溶血圈。挑取上述可疑菌落进行革兰氏染色镜检及血浆凝固酶试验。

5. 确证鉴定

（1）染色镜检 金黄色葡萄球菌为革兰氏阳性球菌，排列呈葡萄球状，无芽孢，无荚膜，直径为 0.5~1μm。

（2）血浆凝固酶试验 挑取 Baird-Parker 平板或血平板上至少 5 个可疑菌落（小于 5 个全选），分别接种到 5mL BHI 和营养琼脂小斜面，（36±1）℃培养 18~24h。

取新鲜配制兔血浆 0.5mL，放入小试管中，再加入 BHI 培养物 0.2~0.3mL，振荡摇匀，置（36±1）℃温箱或水浴箱内，每半小时观察一次，观察 6h，如呈现凝固（即将试管倾斜或倒置时，呈现凝块）或凝固体积大于原体积的一半，被判定为阳性结果。同时以血浆凝固酶试验阳性和阴性葡萄球菌菌株的肉汤培养物作为对照。也可用商品化的试剂，按说明书操作，进行血浆凝固酶试验。

结果如可疑，挑取营养琼脂小斜面的菌落到 5mL BHI，（36±1）℃培养 18~48h，重复试验。

6. 葡萄球菌肠毒素的检验（选做）

可疑食物中毒样品或产生葡萄球菌肠毒素的金黄色葡萄球菌菌株的鉴定，应检测葡萄球菌肠毒素。检验方法按 GB 4789.10 附录 B 进行。

六、实验结果与分析

1. 结果判定：符合步骤 4、5，可判定为金黄色葡萄球菌。

2. 结果报告：在 25g（mL）样品中检出或未检出金黄色葡萄球菌。

七、注意事项

1. 将金黄色葡萄球菌接种到兔血浆上后，每半小时观察一次，观察凝固时，将血浆轻轻倒置，如有流动既证明没有凝固。如若不明显，可补做 DNA 酶实验。

2. 实验中操作者须注意生物安全防护，实验结束后要消毒环境，把实验室材料高压灭菌后方可清洗或弃之。

八、思考题

鉴定致病性金黄色葡萄球菌的重要指标是什么？为什么？

实验 103 β-溶血性链球菌检验

一、实验目的

1. 了解 β-溶血性链球菌（*Strptococcus hemolyticus*）的分类及致病性。

2. 掌握 β-溶血性链球菌的检验原理。

二、实验原理

链球菌（*Strptococcus*）在自然界分布较广，可存在于水、空气、尘埃、牛乳、粪便及健康人的咽喉、鼻腔和病灶中。链球菌的种类很多，根据其抗原结构，即族特异性"C"抗原的不同，可进行血清学分类，分为 A~T 18 个族；按其在血平板上的溶血情况，可分为甲型（α-）溶血性链球菌、乙型（β-）溶血性链球菌、丙型（γ-）溶血性链球菌。与人类疾病有关的大多数属于 β 型溶血性链球菌，其血清型分族为 A、C、G 族，其中 90% 属于 A 族。β 型溶血性链球菌常可引起皮肤和皮下组织的化脓性炎症及呼吸道感染，还可通过多种途径污染乳、乳制品和肉类制品，并大量增殖而引起食物中毒。因此，检查食品中是否有溶血性链球菌具有很重要的现实意义。

三、实验材料

1. 设备和材料

除微生物实验室常规灭菌及培养设备外，还需冰箱：2~5℃；恒温培养箱：（36±1）℃；厌氧培养装置；显微镜：10~100 倍；均质器与配套均质袋；天平：感量 0.1g；无菌吸管：1mL（具 0.01mL 刻度）、10mL（具 0.1mL 刻度）或微量移液器及吸头；灭菌锥形瓶：容量 100mL、200mL、2000mL；无菌培养皿：直径 90mm；pH 计或 pH 比色管或精密 pH 试纸；水浴装置：（36±1）℃；微生物生化鉴定系统等。

2. 培养基和试剂

（1）改良胰蛋白胨大豆肉汤（Modified tryptone soybean broth，mTSB）　见附录Ⅱ-120。

（2）哥伦比亚 CNA 血琼脂（Columbia CNA blood agar）　见附录Ⅱ-121。

（3）哥伦比亚血琼脂（Columbia blood agar）　见附录Ⅱ-122。

（4）革兰氏染色液　见附录Ⅰ-1，Ⅰ-2，Ⅰ-3。

（5）0.25%氯化钙（$CaCl_2$）溶液　见附录Ⅰ-25。

（6）草酸钾血浆　见附录Ⅰ-26。

（7）3%过氧化氢（H_2O_2）溶液　见附录Ⅰ-27。

（8）生化鉴定试剂盒或生化鉴定卡。

四、检验程序

β-溶血性链球菌的检验程序见图 3-45。

五、实验方法与步骤

1. 样品处理及增菌

按无菌操作称取检样 25g（mL），加入盛有 225mL mTSB 的均质袋中，用拍击式均质器均质 1~2min；或加入盛有 225mL mTSB 的均质杯中，以 8000~10000r/min 均质 1~2min。若样品为液态，振荡均匀即可。（36±1）℃培养 18~24h。

2. 分离

将增菌液划线接种于哥伦比亚 CNA 血琼脂平板，（36±1）℃厌氧培养 18~24h，观察菌落形态。

溶血性链球菌在哥伦比亚 CNA 血琼脂平板上的典型菌落形态为直径 2~3mm，灰白色、半透明、光滑、表面突起、圆形、边缘整齐，并产生 β 型溶血。

3. 鉴定

（1）分纯培养　挑取 5 个（如小于 5 个则全选）可疑菌落分别接种哥伦比亚血琼脂平板和 TSB 增菌液，（36±1）℃培养 18~24h。

（2）革兰氏染色镜检　挑取可疑菌落染色镜检。β 型溶血性链球菌为革兰氏染色阳性，球

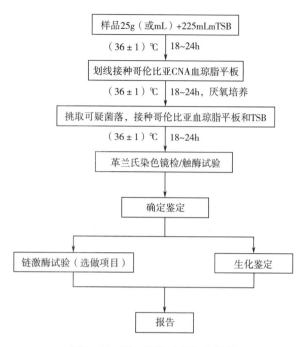

图 3-45　溶血性链球菌检验程序

形或卵圆形，常排列成短链状。

（3）触酶试验　挑取可疑菌落于洁净的载玻片上，滴加适量 3% 过氧化氢溶液，立即产生气泡者为阳性。β 型溶血性链球菌触酶为阴性。

（4）链激酶试验（选做项目）　吸取草酸钾血浆 0.2mL 于 0.8mL 灭菌生理盐水中混匀，再加入经（36±1）℃培养 18~24h 的可疑菌的 TSB 培养液 0.5mL 及 0.25% 氯化钙溶液 0.25mL，振荡摇匀，置于（36±1）℃水浴中 10min，血浆混合物自行凝固（凝固程度至试管倒置，内容物不流动）。继续（36±1）℃培养 24h，凝固块重新完全溶解为阳性，不溶解为阴性，β 型溶血性链球菌为阳性。

（5）其他检验　使用生化鉴定试剂盒或生化鉴定卡对可疑菌落进行鉴定。

六、实验结果与分析

综合以上试验结果，报告每 25g（mL）检样中检出或未检出溶血性链球菌。

七、注意事项

1. 触酶试验时，挑取可疑菌落于洁净的载玻片上，滴加适量 3% 过氧化氢溶液，立即产生气泡者为阳性。

2. 实验中操作者须注意生物安全防护，实验结束后要消毒环境，把实验室材料高压灭菌后方可清洗或弃之。

3. 注意厌氧培养的条件。

八、思考题

在上述检测流程中，划线接种哥伦比亚 CNA 血琼脂平板用厌氧培养，而接种哥伦比亚血琼脂平板和 TSB 不用厌氧培养，为什么？

实验 104　肉毒梭菌及肉毒毒素的检验

一、实验目的

1. 了解肉毒梭菌（*Clostridium borulinum*）的生长特性和产毒条件。
2. 掌握肉毒梭菌及其毒素检验的原理和方法。

二、实验原理

肉毒梭菌广泛分布于自然界特别是土壤中，易于污染食品，于适宜条件下可在食品中产生剧烈的向神经性毒素（称为肉毒毒素），能引起神经麻痹为主要症状且病死率甚高的食物中毒（称为肉毒中毒），故属于毒素型食物中毒。婴儿肉毒中毒虽属感染型中毒，但中毒病因有时也与食物或餐具受肉毒梭菌污染有关。肉毒毒素对热敏感，在 80℃ 加热 10min 或煮沸几分钟就可被破坏。故检验食品特别是不经加热处理而直接食用的食品中有无肉毒毒素或肉毒梭菌（例如罐头等密封保存的食品），至关重要。世界各国所引起肉毒菌中毒的食品，包括蔬菜、水果罐头、水产品、肉类、豆类和乳类制品。食盐浓度在 8% 以上，可抑制该菌的生长和毒素的产生。

肉毒梭菌为专性厌氧的革兰氏阳性的粗大杆菌，形成近端位的卵圆形芽孢，芽孢直径大于菌体直径，使细胞呈匙形或网球拍状。在疱肉培养基中生长时，混浊、产气、发散奇臭，有的能消化肉渣。营养细胞经 80℃、30min 或 100℃、10min，即可杀死；但其芽孢对热的抵抗力强，需要煮沸 6h，或 120℃ 加热 4~5min，才能杀死。

肉毒梭菌按其所产毒素的抗原特异性，分为 A、B、C、D、E、F、G 七型，引起人类食物中毒的主要为 A、B、E 三型，F 型也可引起人类的毒血症，E 型肉毒素可被胰酶激活而毒力增强；而 C、D 两型菌株主要是禽、畜肉毒中毒的病原菌。故肉毒梭菌的检验目标主要是其毒素。不论食品中的肉毒毒素检验或者肉毒梭菌的检验，均以毒素的检测及定型试验为判定的主要依据。

三、实验材料

1. 设备和材料

除微生物实验室常规灭菌及培养设备外，其他设备和材料如下：冰箱：2~5℃、−20℃；天平：感量 0.1g；无菌手术剪、镊子、试剂勺；均质器或无菌乳钵；离心机：3000r/min、14000r/min；厌氧培养装置；恒温培养箱：（35±1）℃、（28±1）℃；恒温水浴箱：（37±1）℃、（60±1）℃、（80±1）℃；显微镜：10~100 倍；PCR 仪；电泳仪或毛细管电泳仪；凝胶成像系统或紫外检测仪；核酸蛋白分析仪或紫外分光光度计；可调微量移液器：0.2~2μL、2~20μL、20~200μL、100~1000μL；无菌吸管：1.0mL、10.0mL、25.0mL；无菌锥形瓶：100mL；培养皿：直径 90mm；离心管：50mL、1.5mL；PCR 反应管；无菌注射器：1.0mL；小鼠：15~20g，每一批次试验应使用同一品系的 KM 或 ICR 小鼠。

2. 培养基和试剂

除另有规定外，PCR 试验所用试剂为分析纯或符合生化试剂标准，水应符合 GB/T6682 中一级水的要求。

（1）疱肉培养基　见附录 II-123。

（2）胰蛋白酶胰蛋白胨葡萄糖酵母膏肉汤（TPGYT）　见附录 II-124。

（3）卵黄琼脂培养基　见附录Ⅱ-125。

（4）明胶磷酸盐缓冲液　附录Ⅰ-28。

（5）革兰氏染色液　见附录Ⅰ-1，Ⅰ-2，Ⅰ-3）。

（6）10%胰蛋白酶溶液　见附录Ⅰ-29。

（7）磷酸盐缓冲液（PBS）　见附录Ⅰ-30。

（8）1mol/L 氢氧化钠溶液。

（9）1mol/L 盐酸溶液。

（10）肉毒毒素诊断血清。

（11）无水乙醇和95%乙醇。

（12）10mg/mL 溶菌酶溶液。

（13）10mg/mL 蛋白酶 K 溶液。

（14）3mol/L 乙酸钠溶液（pH5.2）。

（15）TE 缓冲液。

（16）引物　根据表 3-36 中序列合成，临用时用超纯水配制引物浓度为 10μmol/L。

（17）10×PCR 缓冲液。

（18）25mmol/L $MgCl_2$。

（19）dNTPs　dATP、dTTP、dCTP、dGTP。

（20）Taq 酶。

（21）琼脂糖　电泳级。

（22）溴化乙锭或 Goldview。

（23）5×TBE 缓冲液。

（24）6×加样缓冲液。

（25）DNA 分子质量标准。

四、检验程序

肉毒梭菌及肉毒毒素检验程序如图 3-46 所示。

五、实验方法与步骤

1. 样品制备

（1）样品保存　待检样品应放置 2~5℃冰箱冷藏。

（2）固态与半固态食品　固体或游离液体很少的半固态食品，以无菌操作称取样品 25g，放入无菌均质袋或无菌乳钵，块状食品以无菌操作切碎，含水量较高的固态食品加入 25mL 明胶磷酸盐缓冲液，乳粉、牛肉干等含水量低的食品加入 50mL 明胶磷酸盐缓冲液，浸泡 30min，用拍击式均质器拍打 2min 或用无菌研杵研磨制备样品匀液，收集备用。

（3）液态食品　液态食品摇匀，以无菌操作量取 25mL 检验。

（4）剩余样品处理　取样后的剩余样品放 2~5℃冰箱冷藏，直至检验结果报告发出后，按感染性废弃物要求进行无害化处理，检出阳性的样品应采用压力蒸汽灭菌方式进行无害化处理。

2. 肉毒毒素检测

（1）毒素液制备　取样品匀液约 40mL 或均匀液体样品 25mL 放入离心管，3000r/min 离心 10~20min，收集上清液分为两份放入无菌试管中，一份直接用于毒素检测，一份用于胰酶处理

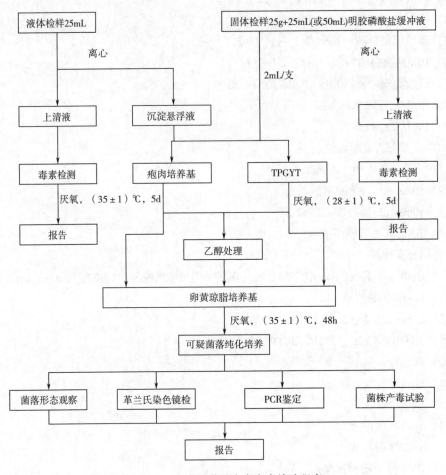

图 3-46 肉毒梭菌及肉毒毒素检验程序

后进行毒素检测。液体样品保留底部沉淀及液体约 12mL，重悬，制备沉淀悬浮液备用。

胰酶处理：用 1mol/L 氢氧化钠或 1mol/L 盐酸调节上清液 pH 至 6.2，按 9 份上清液加 1 份 10% 胰酶（活力 1∶250）水溶液，混匀，37℃孵育 60min，期间间歇或轻轻摇动反应液。

（2）检出试验　用 5 号针头注射器分别取离心上清液和胰酶处理上清液腹腔注射小鼠 3 只，每只 0.5mL，观察和记录小鼠 48h 内的中毒表现。典型肉毒毒素中毒症状多在 24h 内出现，通常在 6h 内发病和死亡，其主要表现为竖毛、四肢瘫软、呼吸困难，呈现风箱式呼吸、腰腹部凹陷，多因呼吸衰竭而死亡，可初步判定为肉毒毒素所致。若小鼠在 24h 后发病或死亡，应仔细观察小鼠症状，必要时浓缩上清液重复试验，以排除肉毒毒素中毒。若小鼠出现猝死（30min 内）导致症状不明显时，应将毒素上清液进行适当稀释，重复试验。

注：毒素检测动物试验应遵循 GB15193.2《食品安全国家标准 食品毒理学实验室操作规范》的规定。

（3）确证试验　上清液或（和）胰酶处理上清液的毒素试验阳性者，取相应试验液 3 份，每份 0.5mL，其中第一份加等量多型混合肉毒毒素诊断血清，混匀，37℃孵育 30min；第二份加等量明胶磷酸盐缓冲液，混匀后煮沸 10min；第三份加等量明胶磷酸盐缓冲液，混匀。将三份混合液分别腹腔注射小鼠各两只，每只 0.5mL，观察 96h 内小鼠的中毒和死亡情况。

结果判定：若注射第一份和第二份混合液的小鼠未死亡，而第三份混合液小鼠发病死亡，并出现肉毒毒素中毒的特有症状，则判定检测样品中检出肉毒毒素。

（4）毒力测定（选做项目）　取确证试验阳性的试验液，用明胶磷酸盐缓冲液稀释制备一定倍数稀释液，如 10 倍、50 倍、100 倍、500 倍等，分别腹腔注射小鼠各两只，每只 0.5mL，观察和记录小鼠发病与死亡情况至 96h，计算最低致死剂量（MLD/mL 或 MLD/g），评估样品中肉毒毒素毒力，MLD 等于小鼠全部死亡的最高稀释倍数乘以样品试验液稀释倍数。例如，样品稀释两倍制备的上清液，再稀释 100 倍试验液使小鼠全部死亡，而 500 倍稀释液组存活，则该样品毒力为 200 MLD/g。

（5）定型试验（选做项目）　根据毒力测定结果，用明胶磷酸盐缓冲液将上清液稀释至10~1000MLD/mL 作为定型试验液，分别与各单型肉毒毒素诊断血清等量混合（国产诊断血清一般为冻干血清，用 1mL 生理盐水溶解），37℃ 孵育 30min，分别腹腔注射小鼠两只，每只 0.5mL，观察和记录小鼠发病与死亡情况至 96h。同时，用明胶磷酸盐缓冲液代替诊断血清，与试验液等量混合作为小鼠试验对照。

结果判定：某一单型诊断血清组动物未发病且正常存活，而对照组和其他单型诊断血清组动物发病死亡，则判定样品中所含肉毒毒素为该型肉毒毒素。

注：未经胰酶激活处理的样品上清液的毒素检出试验或确证试验为阳性者，则毒力测定和定型试验可省略胰酶激活处理试验。

3. 肉毒梭菌检验

（1）增菌培养与检出试验

①取出庖肉培养基 4 支和 TPGY 肉汤管 2 支，隔水煮沸 10~15min，排除溶解氧，迅速冷却，切勿摇动，在 TPGY 肉汤管中缓慢加入胰酶液至液体石蜡液面下肉汤中，每支 1mL，制备成 TPGYT。

②吸取样品匀液或毒素制备过程中的离心沉淀悬浮液 2mL 接种至庖肉培养基中，每份样品接种 4 支，2 支直接放置（35±1）℃厌氧培养至 5d，另 2 支放 80℃保温 10min，再放置（35±1）℃厌氧培养至 5d；同样方法接种 2 支 TPGYT 肉汤管，（28±1）℃厌氧培养至 5d。

注：接种时，用无菌吸管轻轻吸取样品匀液或离心沉淀悬浮液，将吸管口小心插入肉汤管底部，缓缓放出样液至肉汤中，切勿搅动或吹气。

③检查记录增菌培养物的浊度、产气、肉渣颗粒消化情况，并注意气味。肉毒梭菌培养物为产气、肉汤浑浊（庖肉培养基中 A 型和 B 型肉毒梭菌肉汤变黑）、消化或不消化肉粒、有异臭味。

④取增菌培养物进行革兰氏染色镜检，观察菌体形态，注意是否有芽孢、芽孢的相对比例、芽孢在细胞内的位置。

⑤若增菌培养物 5d 无菌生长，应延长培养至 10d，观察生长情况。

⑥取增菌培养物阳性管的上清液，按步骤 2 中方法进行毒素检出和确证试验，必要时进行定型试验，阳性结果可证明样品中有肉毒梭菌存在。

注：TPGYT 增菌液的毒素试验无需添加胰酶处理。

（2）分离与纯化培养

①增菌液前处理，吸取 1mL 增菌液至无菌螺旋帽试管中，加入等体积过滤除菌的无水乙醇，混匀，在室温下放置 1h。

②取增菌培养物和经乙醇处理的增菌液分别划线接种至卵黄琼脂平板，（35±1）℃厌氧培养48h。

③观察平板培养物菌落形态，肉毒梭菌菌落隆起或扁平、光滑或粗糙，易成蔓延生长，边缘不规则，在菌落周围形成乳色沉淀晕圈（E型较宽，A型和B型较窄），在斜视光下观察，菌落表面呈现珍珠样虹彩，这种光泽区可随蔓延生长扩散到不规则边缘区外的晕圈。

④菌株纯化培养，在分离培养平板上选择5个肉毒梭菌可疑菌落，分别接种卵黄琼脂平板，（35±1）℃，厌氧培养48h，按③观察菌落形态及其纯度。

（3）鉴定试验

①染色镜检：挑取可疑菌落进行涂片、革兰氏染色和镜检，肉毒梭菌菌体形态为革兰氏阳性粗大杆菌、芽孢卵圆形、大于菌体、位于次端，菌体呈网球拍状。

②毒素基因检测：

a. 菌株活化：挑取可疑菌落或待鉴定菌株接种TPGY，（35±1）℃厌氧培养24h。

b. DNA模板制备：吸取TPGY培养液1.4mL至无菌离心管中，14000×g离心2min，弃上清，加入1.0mL PBS悬浮菌体，14000×g离心2min，弃上清用400μL PBS重悬沉淀，加入10mg/mL溶菌酶溶液100μL，摇匀，37℃水浴15min，加入10mg/mL蛋白酶K溶液10μL，摇匀，60℃水浴1h，再沸水浴10min，14000×g离心2min，上清液转移至无菌小离心管中，加入3mol/L NaAc溶液50μL和95%乙醇1.0mL，摇匀，−70℃或−20℃放置30min，14000×g离心10min，弃去上清液，沉淀干燥后溶于200μL TE缓冲液，置于−20℃保存备用。

注：根据实验室实际情况，也可采用常规水煮沸法或商品化试剂盒制备DNA模板。

c. 核酸浓度测定（必要时）：取5μL DNA模板溶液，加超纯水稀释至1mL，用核酸蛋白分析仪或紫外分光光度计分别检测260nm和280nm波段的吸光度A_{260}和A_{280}。按式（3-2）计算DNA浓度。当浓度在0.34~340μg/mL或A_{260}/A_{280}比值在1.7~1.9时，适宜于PCR扩增。

$$C = A_{260} \times N \times 50 \tag{3-2}$$

式中　C——DNA浓度，μg/mL；

A_{260}——260nm处的吸光度；

N——核酸稀释倍数。

d. PCR扩增：

1）分别采用针对各型肉毒梭菌毒素基因设计的特异性引物（如表3-36所示）进行PCR扩增，包括A型肉毒毒素（botulinum neurotoxin A，bont/A）、B型肉毒毒素（botulinum neurotoxin B，bont/B）、E型肉毒毒素（botulinum neurotoxin E，bont/E）和F型肉毒毒素（botulinum neurotoxin F，bont/F），每个PCR反应管检测一种型别的肉毒梭菌。

表3-36　　　　　　　　　　　肉毒梭菌毒素基因PCR检测的引物序列及其产物

检测肉毒梭菌类型	引物序列	扩增长度/bp
A型	F 5′-GTG ATA CAA CCA GAT GGT AGT TAT AG-3′ R 5′-AAA AAA CAA GTC CCA ATT ATT AAC TTT-3′	983
B型	F 5′-GAG ATG TTT GTG AAT ATT ATG ATC CAG-3′ R 5′-GTT CAT GCA TTA ATA TCA GGC TG G-3′	492

续表

检测肉毒梭菌类型	引物序列	扩增长度/bp
E 型	F 5′-CCA GGC GGT TGT CAA GAA TTT TAT-3′ R 5′-TCA AAT AAA TCA GGC TCT GCT CCC-3′	410
F 型	F 5′-GCT TCA TTA AAG AAC GGA AGC AGT GCT-3′ R 5′-GTG GCG CCT TTG TAC CTT TTC TAG G-3′	1137

2）反应体系配制如表 3-37 所示，反应体系中各试剂的量可根据具体情况或不同的反应总体积进行相应调整。

表 3-37　　　　　　　　　　肉毒梭菌毒素基因 PCR 检测的反应体系

试剂	最终浓度	加入体积/μL
10×PCR 缓冲液	1×	5.0
25mmol/L MgCl₂	2.5mmol/L	5.0
10mmol/L dNTPs	0.2mmol/L	1.0
10μmol/L 正向引物	0.5μmol/L	2.5
10μmol/L 反向引物	0.5μmol/L	2.5
5U/μL Taq 酶	0.05U/μL	0.5
DNA 模板	—	1.0
ddH₂O	—	32.5
总体积	—	50.0

3）反应程序，预变性 95℃、5min；循环参数 94℃、1min，60℃、1min，72℃、1min；循环数 40；后延伸 72℃、10min；4℃保存备用。

4）PCR 扩增体系应设置阳性对照、阴性对照和空白对照。用含有已知肉毒梭菌菌株或含肉毒毒素基因的质控品作阳性对照、非肉毒梭菌基因组 DNA 作阴性对照、无菌水做空白对照。

5）凝胶电泳检测 PCR 扩增产物，用 0.5×TBE 缓冲液配制 1.2%～1.5% 的琼脂糖凝胶，凝胶加热融化后冷却至 60℃左右加入溴化乙锭至 0.5μg/mL 或 Goldview 5μL/100mL 制备胶块，取 10μL PCR 扩增产物与 2.0μL 6×加样缓冲液混合，点样，其中一孔加入 DNA 分子质量标准。

0.5×TBE 电泳缓冲液，10 V/cm 恒压电泳，根据溴酚蓝的移动位置确定电泳时间，用紫外检测仪或凝胶成像系统观察和记录结果。

PCR 扩增产物也可采用毛细管电泳仪进行检测。

6）结果判定，阴性对照和空白对照均未出现条带，阳性对照出现预期大小的扩增条带（如表 13-22），判定本次 PCR 检测成立；待测样品出现预期大小的扩增条带，判定为 PCR 结果阳性，根据表 3-36 判定肉毒梭菌菌株型别，待测样品未出现预期大小的扩增条带，判定 PCR 结果为阴性。

注：PCR 试验环境条件和过程控制应参照 GB/T 27403《实验室质量控制规范 食品分子生物学检测》规定执行。

③菌株产毒试验：将 PCR 阳性菌株或可疑肉毒梭菌菌株接种疱肉培养基或 TPGYT 肉汤（用于 E 型肉毒梭菌），按步骤 3（1）②条件厌氧培养 5d，按步骤 2 方法进行毒素检测和（或）定型试验，毒素确证试验阳性者，判定为肉毒梭菌，根据定型试验结果判定肉毒梭菌型别。

注：根据 PCR 阳性菌株型别，可直接用相应型别的肉毒毒素诊断血清进行确证试验。

六、实验结果与分析

1. 肉毒毒素检测结果报告

根据步骤 2（2）和 2（3）试验结果，报告 25g（mL）样品中检出或未检出肉毒毒素。

根据步骤 2（5）定型试验结果，报告 25g（mL）样品中检出某型肉毒毒素。

2. 肉毒梭菌检验结果报告

根据步骤 3 各项试验结果，报告样品中检出或未检出肉毒梭菌或检出某型肉毒梭菌。

七、注意事项

检测毒素时，如果小白鼠注射经 1∶2 或 1∶5 倍数稀释的样品后死亡，但注射更高稀释度的样品后未死亡，一般为非特异性死亡。

八、思考题

根据肉毒梭菌的特性，在培养时需要注意哪些事项？

第十一节　微生物菌种保藏

菌种保藏工作的任务是把从自然界或实验室广泛收集到的有用菌种、菌株、病毒株等，用相对适宜的方法妥善保藏，使之不死、不衰、不变异、不污染，在长时间内保持原有的生产性状和生命活力，从而保证基础研究结果的良好重复性，保证生产应用的持续高产稳产。

一、 普通菌种保藏方法

1. 定期移植保藏法

定期移植保藏法又称传代培养保藏法，包括斜面培养、液体培养、穿刺培养等。因为它比较简便易行，存活率高，不需要特殊设备，能随时观察所保存的菌株是否死亡，变异、退化或污染，所以，在一些实验室或工厂中，即便同时并用了几种方法保藏同一种菌株，此方法也是必不可少的。细菌、酵母菌、放线菌、霉菌都可使用这种保藏方法。

2. 沙管保藏法

沙管保藏法又称载体保藏法。将需要保藏的菌种，先在斜面培养基上培养，再用无菌水制成细胞或孢子悬浮液，将悬浮液无菌地注入已灭菌的沙管中，使细胞或孢子吸附在载体（沙子）上，置干燥器中吸干管中的水分后加以保藏。

3. 液体石蜡保藏法

液体石蜡或称矿油，用它保藏菌种也比较简便易行，它是定期移植保藏和穿刺培养的辅助方法。此法是在需要保藏的培养物上覆盖一层已灭菌的液体石蜡，目的是抑制生长物代谢，推迟细胞老化，防止培养基水分蒸发，以延长微生物的寿命。

4. 液氮保藏法

液氮保藏法是将保存的菌种用保护剂制成菌悬液密封于安瓿管内，经控制速度冻结后，贮藏在 $-150 \sim -196$℃的液态氮超低温冰箱中。这是鉴于有些微生物用冷冻真空干燥法保存不易成功，采用其他方法也不易保存较长的时间，根据用液态氮冰箱贮藏冻结的精子和血液等先例的启示，发展而成的一种保藏方法。这种方法已被国外某些菌种保藏机构作为常规的方法应用。其操作程序并不复杂，关键在于要有液态氮冰箱等设备。

5. 冷冻真空干燥保藏法

冷冻真空干燥法又称低压冷冻干燥法，是指液体样品在冻结状态下使其中水分升华，最后达到干燥。此法建立后到目前为止，根据文献记载，除不生孢子只产生菌丝体的丝状真菌不宜采用该法外，其他各类微生物如病毒、细菌、放线菌、酵母菌、丝状真菌等，用冷冻真空干燥法保存都取得了良好的效果。

（1）保藏原理　低温、干燥和隔绝空气是保藏菌种的几个重要因素。在这些条件下，微生物的生命活动将处于休眠状态。冻干法保藏微生物正是使微生物处于低温、干燥、缺氧的条件下，因而它们的代谢是相对静止的，故可以保存较长时间。

在冻干过程中，为防止深冻和水分不断升华对细胞的损害，宜采用保护剂来制备细胞悬液，在冻结和脱水过程中，使保护性溶质通过氢和离子键对水和细胞所产生的亲和力来稳定细胞成分的构型。

（2）保护剂　保护剂是一种分散细胞的溶媒，它在微生物细胞冷冻真空干燥的脱水过程中，可代替结合水，起保护细胞膜的作用。

用于冷冻真空干燥的保护剂种类很多，如牛奶、血清、葡萄糖、半乳糖、甘露糖、蔗糖、乳糖、蜜二糖、棉子糖、糊精、甘油、山梨醇、谷氨酸、精氨酸，赖氨酸、苹果酸、抗坏血酸、明胶、蛋白胨等。无论哪一种保护剂都应具备两个基本特点：有使悬浮的生物细胞保持生活状态的能力；使生物细胞经冻干和保藏后再恢复培养时无困难。

保护剂选好后，根据其性质采用适当的方法灭菌。混有血清的保护剂应采用过滤法灭菌。

保护剂灭菌时应注意控制好灭菌的温度和时间，如灭菌不彻底，容易造成杂菌污染及降低保藏效果，若灭菌时间过长，牛奶发生褐变，也会影响保藏效果。

实验 105　普通菌种保藏实验

一、实验目的

1. 了解菌种常规保藏方法的基本原理，掌握几种常用的菌种保藏方法。

2. 理解冷冻干燥保藏菌种的原理，掌握冷冻干燥保藏菌种的方法。

二、实验原理

菌种是一种重要的生物资源，菌种保藏是重要的微生物基础工作。菌种保藏就是利用一切条件使菌种不死、不衰、不变，以便于研究与应用。菌种保藏的方法很多，其原理却大同小异，不外乎为优良菌株创造一个适合长期休眠的环境，即干燥、低温、缺乏氧气和养料等。使微生物的代谢活动处于最低的状态，但又不至于死亡，从而达到保藏的目的。依据不同的菌种或不同的需求，应该选用不同的保藏方法。一般情况下，斜面保藏、半固体穿刺，石蜡油封存和砂土管保藏法较为常用，也比较容易制作。

三、实验材料

1. 菌种

细菌、酵母菌、放线菌和霉菌。

2. 培养基

牛肉膏蛋白胨培养基斜面（培养细菌），麦芽汁培养基斜面（培养酵母菌），高氏1号培养基斜面（培养放线菌），马铃薯蔗糖培养基斜面（培养丝状真菌）。

3. 溶液或试剂

无菌水，液体石蜡，脱脂奶，10%HCl，干冰，95%乙醇，甘油。

4. 仪器或其他用具

无菌试管，无菌吸管（1mL及5mL），无菌滴管，接种环，40目及100目筛子，干燥器，安瓿管，冰箱，冷冻真空干燥装置，酒精喷灯，三角烧瓶（250mL），瘦黄土（有机物含量少的黄土），食盐，河沙，液氮保藏器。

四、实验方法与步骤

下面各方法可根据实验室具体条件与需要选做（表3-38）。

表3-38　　　　　　　　　几种常用保藏菌种方法的比较

方法名称	主要措施	适宜菌种	保藏期
斜面传代保藏法	低温	各大类	3~6月
液体石蜡保藏法	低温、缺氧	各大类（石蜡发酵微生物除外）	1~2年
沙土管保藏法	干燥、无营养	产孢子的微生物	1~10年
液氮冷冻保藏法	低温、缺氧、加保护剂	各大类（对低温损伤敏感微生物除外）	15年以上
甘油管保藏法	低温、缺氧、加保护剂	多用于细菌	2~4年
真空冷冻干燥保藏法	干燥、缺氧、低温、加保护剂	各大类	5~15年以上

（一）斜面传代保藏法

1. 贴标签

取各种无菌斜面试管数支，将注有菌株名称和接种日期的标签贴上，贴在试管斜面的正上方，距试管口2~3cm处。

2. 斜面接种

将待保藏的菌种用接种环以无菌操作法移接至相应的试管斜面上，细菌和酵母菌宜采用对数生长期的细胞，而放线菌和丝状真菌宜采用成熟的孢子。

3. 培养

细菌37℃恒温培养18~24h，酵母菌在28~30℃培养36~60h，放线菌和丝状真菌置于28℃培养4~7d。

4. 保藏

斜面长好后，可直接放入4℃冰箱保藏。为防止棉塞受潮长杂菌，管口棉花应用牛皮纸包扎，或换上无菌胶塞，亦可用熔化的固体石蜡熔封棉塞或胶塞。

保藏时间依微生物种类而不同，酵母菌、霉菌、放线菌及有芽孢的细菌可保存 3~6 个月，移种一次；而不产芽孢的细菌最好每月移种一次。此法的缺点是容易变异，污染杂菌的机会较多。

（二）沙土管保藏法

1. 沙土处理

（1）沙处理 取河沙经 40 目过筛，去除大颗粒，加 10% HCl 浸泡（用量以浸没沙面为宜）2~4h（或煮沸 30min），以除去有机杂质，然后倒去盐酸，用清水冲洗至中性，烘干或晒干，备用。

（2）土处理 取非耕作层瘦黄土（不含有机质），加自来水浸泡洗涤数次，直至中性，然后烘干，粉碎，用 100 目过筛，去除粗颗粒后备用。

2. 装沙土管

将沙与土按 2：1，3：1 或 4：1（W/W）比例混合均匀装入试管中（10mm×100mm），装置约 7cm 高，加棉塞，并外包牛皮纸，121℃湿热灭菌 30min，然后烘十。

3. 无菌试验

每 10 支沙土管任抽一支，取少许沙土接入牛肉膏蛋白胨或麦芽汁培养液中，在最适的温度下培养 2~4d，确定无菌生长时才可使用。若发现有杂菌，经重新灭菌后，再作无菌试验，直到合格。

4. 制备菌液

用 5mL 无菌吸管分别吸取 3mL 无菌水至待保藏的菌种斜面上，用接种环轻轻搅动，制成悬液。

5. 加样

用 1mL 吸管吸取上述菌悬液 0.1~0.5mL 加入沙土管中，用接种环拌匀。加入菌液量以湿润沙土达 2/3 高度为宜。

6. 干燥

将含菌的沙土管放入干燥器中，干燥器内用培养皿盛 P_2O_5 作为干燥剂，可再用真空泵连续抽气 3~4h，加速干燥。将沙土管轻轻一拍，沙土呈分散状即达到充分干燥［图 3-47（1）］。

7. 保藏沙土管可选择以列方法

（1）保存于干燥器中；

（2）用石蜡封住棉花塞后放入冰箱保存；

（3）将沙土管取出，管口用火焰熔封后放入冰箱保存；

（4）将沙土管装入有 $CaCl_2$ 等干燥剂的大试管中，塞上橡皮塞或木塞，再用蜡封口，放入冰箱中或室温下保存。

8. 恢复培养

使用时挑取少量混有孢子的沙土，接种于斜面培养基上，或液体培养基内培养即可，原沙土管仍可继续保藏。

此法适用于保藏能产生芽孢的细菌及形成孢子的霉菌和放线菌，可保存 2 年左右。但不能用于保藏营养细胞。

（三）液体石蜡保藏法

1. 液体石蜡灭菌

在 250mL 三角烧瓶中装入 100mL 液体石蜡，塞上棉塞，并用牛皮纸包扎，121℃湿热灭菌 30min，然后于 40℃温箱中使水汽蒸发后备用。

2. 接种培养

同斜面传代保藏法。

3. 加液体石蜡

用无菌滴管吸取液体石蜡以无菌操作加到已长好的菌种斜面上，加入量以高出斜面顶端约 1cm 为宜［图 3-47 (2)］。

4. 保藏

棉塞外包牛皮纸，将试管直立放置于 4℃冰箱中保存。

利用这种保藏方法，霉菌、放线菌、有芽孢细菌可保藏 2 年左右，酵母菌可保藏 1~2 年，一般无芽孢细菌也可保藏 1 年左右。

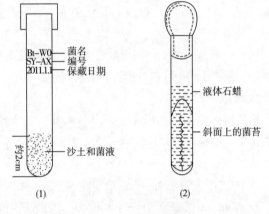

图 3-47 菌种保藏法

（1）沙土管保藏菌种 （2）液体石蜡保藏菌种

5. 恢复培养

用接种环从液体石蜡下挑取少量菌种，在试管壁上轻靠几下，尽量使石蜡油滴净，再接种于新鲜培养基中培养。由于菌体表面粘有液体石蜡，生长较慢且有黏性，故一般须转接 2 次才能获得良好菌种。

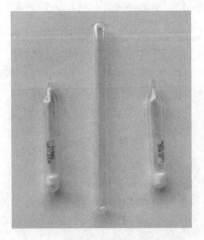

图 3-48 空管和制作好的安瓿管

（四）液氮冷冻保藏法

1. 准备安瓿管

用于液氮保藏的安瓿管，要求能耐受温度突然变化而不致破裂，因此，需要采用硼硅酸盐玻璃制造的安瓿管（图 3-48），安瓿管的大小通常使用 75mm×10mm 的。

2. 加保护剂与灭菌

保存细菌、酵母或霉菌孢子等容易分散的细胞时，则将空安瓿管塞上棉塞，121℃湿热灭菌 20min；若保存霉菌菌丝体，则需要在安瓿管内预先加入保护剂，如 10%的甘油蒸馏水溶液或 10%二甲亚砜蒸馏水溶液，加入量以能浸没以后加入的菌落圆块为限，而后再 121℃湿热灭菌 20min。

3. 接入菌种

将菌种用 10%的甘油蒸馏水溶液制成菌悬液，装入已灭菌的安瓿管；霉菌菌丝体则可用灭菌打孔器，从平板内切取菌落圆块，放入含有保护剂的安瓿管内，然后用火焰熔封。浸入水中检查有无漏洞。

4. 预冻

将已封口的安瓿管以每分钟下降1℃的慢速冻结至-35℃。若细胞急剧冷冻，则在细胞内会形成冰的结晶，因而降低存活率。一般采用二步控温，先将安瓿管放在-20～-40℃冰箱中1～2h，然后取出放入液氮罐中快速冷冻。这样冷冻速率每分钟下降1～1.5℃。

5. 保藏

将冻结至-30℃的安瓿管立即置于液氮冷冻保藏器（图3-49）的小圆筒内，然后再将小圆筒放入液氮保藏器内。液氮保藏器内的气相温度为-150℃，液相温度为-196℃。

6. 复苏方法

从液氮保藏器中取出安瓿管，立即放入38～40℃水浴中快速复苏并适当摇动，直到内部结冰全部溶解为止，一般需50～100s。开启安瓿管，将内容物移至适宜培养基上进行培养。

（五）甘油管保藏法

在5mL菌种保藏管中，将等体积的菌悬液和40%的甘油充分混匀后，于-20℃冰箱中保存。制备好的甘油管、空管及管盒如图3-50所示。

图3-49 液氮冷冻保藏器

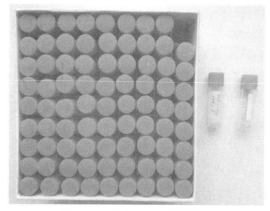

图3-50 甘油管、空管及管盒

（六）冷冻干燥保藏法

1. 准备安瓿管

选用内径5mm，长10.5cm的硬质玻璃试管，用10%HCl浸泡8～10h后用自来水冲洗多次，最后用去离子水洗1～2次，烘干，将印有菌名和接种日期的标签放入安瓿管内，有字的一面朝向管壁。管口加棉塞，121℃灭菌30min。

2. 制备脱脂牛奶

将脱脂乳粉配成20%乳液，然后分装，121℃灭菌30min，并作无菌试验。

3. 准备菌种

选用无污染的纯菌种，培养时间，一般细菌为24～48h，酵母菌为3d，放线菌与丝状真菌7～10d。

4. 制备菌液及分装

吸取3mL无菌牛奶直接加入斜面菌种管中，用接种环轻轻搅动菌落，再用手摇动试管，制成均匀的细胞或孢子悬液。用无菌长滴管将菌液分装于安瓿管底部，每管装 0.2mL。

5. 预冻

因为迅速超低温预冻可保持菌体细胞结构成分原状，利于细菌存活。故将分装好的安瓿管置于低温冰箱冷冻室-70℃下快速冷冻过夜。

6. 真空干燥

完成预冻后，将安瓿管置于冷冻干燥机的干燥箱内，开始冷冻干燥，时间一般为 8~20h。终止干燥时间应根据下列情况判断：安瓿管内冻干物呈酥块状或松散片状；真空度接近空载时的最高值。

7. 封口样品

干燥后继续抽真空达 1.33Pa 时，在安瓿管棉塞的稍下部位用酒精喷灯火焰灼烧，拉成细颈并熔封，然后置 4℃冰箱内保藏。

8. 恢复培养

用 75% 乙醇消毒安瓿管外壁后，在火焰上烧热安瓿管上部，然后将无菌水滴在烧热处，使管壁出现裂缝，放置片刻，让空气从裂缝中缓慢进入管内后，将裂口端敲断，再用无菌的长颈滴管吸取菌液至合适培养基中，放置在最适温度下培养。

冷冻真空干燥法保藏菌种的操作程序如图 3-51 所示。

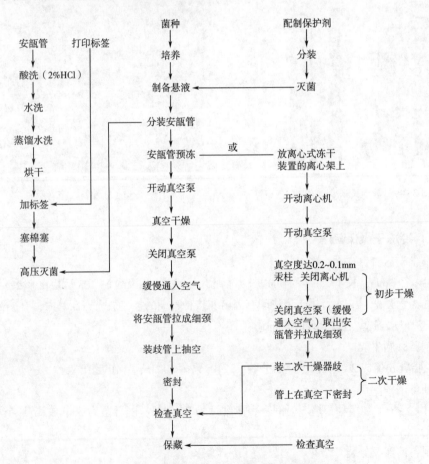

图 3-51　冷冻真空干燥法保藏菌种的流程图

五、实验结果与分析

1. 定期检测各种保藏方法保存的菌株的存活率，并做记录。
2. 检测真空冷冻干燥保藏法制备的安瓿管的真空度，并做记录。

六、注意事项

1. 从液体石蜡封藏的菌种管中挑菌后，接种环上带有石蜡油和菌，故接种环在火焰上灭菌时要先在火焰边烤干再直接灼烧，以免菌液四溅，引起污染。

2. 在真空干燥过程中安瓿管内样品应保持冻结状态，以防止抽真空时样品产生泡沫而外溢。

3. 熔封安瓿管时注意火焰大小要适中，封口处灼烧要均匀，若火焰过大，封口处易弯斜，冷却后易出现裂缝而造成漏气。

七、思考题

1. 简述真空冷冻干燥保藏菌种的原理。
2. 菌种保藏中，石蜡油的作用是什么？
3. 经常使用的细菌菌株，使用哪种保藏方法比较好？
4. 沙土管法适合保藏哪一类微生物？

二、　特殊菌种保藏方法

实验106　噬菌体和厌氧菌的保藏

一、实验目的

了解噬菌体和严格厌氧菌的菌种保藏原理，掌握常用的噬菌体和厌氧菌保藏方法。

二、实验原理

噬菌体比细菌和真菌容易保存。由于噬菌体需依靠寄主细菌，并在寄主体内繁殖，成熟后由寄主细胞内释放出噬菌体微粒，其本身无代谢活性，所以用低温保存时相当稳定。当噬菌体加在细菌上时，首先吸附在细胞表面，然后噬菌体的核酸侵入细胞中，经一定时间繁殖、成熟后，噬菌体微粒将菌体溶解而释放出来。由于这样的繁殖方式，构成寄主的代谢活性，影响着最后所得到的噬菌体微粒的数量。因而应考虑培养噬菌体的条件和方法。此外，只有获得效价高、数量多的噬菌体并用它自制成悬液后，才能有效地进行保存。

厌氧菌不同于好氧菌或兼性菌。厌氧微生物是一类需要在无分子氧或低氧化还原电势的条件下才能正常生长繁殖的微生物，在自然界中分布广泛，种类繁多。有些厌氧微生物具有临床致病性，有些却能在维持人畜肠道正常的微生态、清洁能源开发、环境治理、石油开采等方面发挥重要的作用，作为一类重要的特殊微生物资源日益引起重视。由于厌氧微生物的生理特殊性，其培养和保藏技术的关键是要使该类微生物处于无氧或氧化还原势低的环境中。对厌氧微生物菌种资源进行长期有效的保藏是这类资源实施有效共享的前提，采用操作简便、保藏周期长、遗传变异率低的保藏方法是首要选择。

三、实验材料

1. 菌种

噬菌体及其宿主菌，严格厌氧菌。

2. 溶液或试剂

L-cysteine、N_2S、脱脂奶粉、N_2、甘油。

3. 仪器或其他用具

移液器、离心机、针筒和针头、安瓿管、冷冻真空干燥装置、酒精喷灯、厌氧瓶、镊子。

四、实验方法与步骤

（一）噬菌体的冷冻真空干燥保藏方法

1. 噬菌体的制备

将宿主菌接种到合适的液体培养基中，振荡培养一定时间，再接种噬菌体继续培养至菌液彻底澄清。然后5000r/min离心5min，收集含噬菌体的上清，即获得噬菌体与培养基的混合液。

2. 脱脂牛奶的制备

将脱脂奶粉配成20%乳液，然后分装，121℃灭菌30min，并做无菌试验。

3. 准备安瓿管

选用内径5mm，长10.5cm的硬质玻璃试管，用10%HCl浸泡8~10h后用自来水冲洗多次，最后用去离子水洗1~2次，烘干，将印有菌名和接种日期的标签放入安瓿管内，有字的一面朝向管壁。管口加棉塞，121℃灭菌30min。

4. 制备噬菌体混合液及分装

按照1：1的比例将灭菌脱脂牛乳加至噬菌体与培养基的混合液，然后用移液器将混合液分装于安瓿管底部，每管装0.2mL。

5. 预冻

将分装好的安瓿管置于低温冰箱冷冻室-70℃下快速冷冻过夜。

6. 真空干燥

完成预冻后，将安瓿管置于冷冻干燥机的干燥箱内，开始冷冻干燥，时间一般为8~20h。终止干燥时间应根据下列情况判断：安瓿管内冻干物呈酥块状或松散片状；真空度接近空载时的最高值。

7. 封口样品

干燥后继续抽真空达1.33Pa时，在安瓿管棉塞的稍下部位用酒精喷灯火焰灼烧，拉成细颈并熔封，然后置4℃冰箱内保藏。

（二）厌氧细菌的甘油保藏方法

1. 厌氧甘油的制备

厌氧瓶中放置一定量的甘油，甘油的量根据需要加入，不要多加，因为厌氧甘油制备好以后不能反复灭菌，反复灭菌甘油会变性而呈黄色，且有一股芳香味道。加入终浓度为0.04%的L-cysteine和1%的5%的N_2S母液。往厌氧瓶中通入N_2后，盖上盖子。121℃，20min灭菌后备用。

2. 取新鲜菌液（对数期），在通N_2的情况下，用针筒和针头往有菌液的厌氧管中加入终浓度为15%~20%的厌氧甘油，混匀，冻于-80℃。

3. 活化

用针头和针头吸取一定甘油保藏的菌液，加到培养基当中，加的量一般要多于 1%，因为厌氧菌的生物量比较小，一般 2%~5%。目测加完甘油菌液的培养基是否浑浊，并作记录。如果加入的菌液太多，造成一开始培养基就比较浑浊，会干扰我们对菌是否生长的判断，而且甘油太多也会抑制菌的生长。

(三) 厌氧细菌的冷冻干燥保藏方法

1. 厌氧牛奶的制备

先配制 10% 脱脂奶粉的母液。和厌氧甘油配制方法一样，转移到厌氧瓶中，加入终浓度为 0.04% 的 L-cysteine 和 1% 的 5% 的 N_2S 母液。通 N_2，盖上盖子。121℃，20min 灭菌后放置过夜，于 4℃ 放置备用。放置过夜后牛奶不结块，溶液均匀，不沉淀才可以用，否则牛奶变性，需要重新配制。同样，厌氧牛奶只能灭菌一次，反复灭菌牛奶会变性。

2. 准备安瓿管

选用内径 5mm，长 10.5cm 的硬质玻璃试管，用 10% HCl 浸泡 8~10h 后用自来水冲洗多次，最后用去离子水洗 1~2 次，烘干，将印有菌名和接种日期的标签放入安瓿管内，有字的一面朝向管壁。管口加棉塞，121℃灭菌 30min。

3. 新鲜菌液离心，尽量除去上清，根据菌量加入 10% 的厌氧牛乳，一般大拇指盖大小的菌体能做 15~20 支安瓿管左右。将菌体打散后，迅速分装到安瓿管中，每支安瓿管 0.2mL，并用棉花封住管口，防止杂菌污染。

4. 预冻

将分装好的安瓿管置于低温冰箱冷冻室-70℃下快速冷冻过夜。

5. 真空干燥

完成预冻后，将安瓿管置于冷冻干燥机的干燥箱内，开始冷冻干燥，时间一般为 8~20h。终止干燥时间应根据下列情况判断：安瓿管内冻干物呈酥块状或松散片状；真空度接近空载时的最高值。

6. 封口样品

干燥后继续抽真空达 1.33Pa 时，在安瓿管棉塞的稍下部位用酒精喷灯火焰灼烧，拉成细颈并熔封，然后置 4℃冰箱内保藏。

7. 活化

用镊子夹住安瓿管底部，另一端用酒精灯外焰灼烧 30s，在灼烧部位滴几滴水，玻璃会因突然受冷而出现裂痕。用另一支镊子敲打裂痕部位至玻璃破裂。迅速向安瓿管中通入 N_2，吸取 0.5mL 的培养基注入管中，轻轻搅动几下并放置 1~2min，待粉末溶解后，2%~5% 接种量接入到培养基中。注意：培养基可能会因为牛奶变浑浊，要做好观察和记录，以判断菌株是否长出。

五、实验结果与分析

1. 定期检测各保存的菌株和噬菌体的存活率，并做记录。

2. 检测真空冷冻干燥保藏法制备的安瓿管的真空度，并做记录。

六、注意事项

1. 噬菌体的保藏中应严格控制活菌体排放，彻底灭菌后才能排放。

2. 对于严格厌氧菌的所有操作都应该在厌氧操作箱内进行。

七、思考题

1. 噬菌体的冷冻真空干燥保藏方法和一般细菌的冷冻真空干燥保藏方法有什么不同？
2. 厌氧细菌的甘油保藏法中甘油的作用是什么？

附录

附录 I　试　剂

I -1　草酸铵结晶紫染色液

成分：结晶紫 1g，95% 乙醇 20mL，1% 草酸铵水溶液 80mL。

制法：将结晶紫溶解于乙醇中，然后与草酸铵溶液混合。

I -2　路哥（lugol）氏碘液

成分：碘 1g，碘化钾 2g，蒸馏水 300mL。

制法：将碘与碘化钾先进行混合，加入蒸馏水少许，充分振摇，待完全溶解后，再加蒸馏水至 300mL。

I -3　番红染色液

成分：沙黄 0.25g，95% 乙醇 10mL，蒸馏水 90mL。

制法：将沙黄溶解于乙醇中，然后用蒸馏水稀释。

I -4　甲基红试剂

甲基红 0.1g，95% 酒精 300mL，蒸馏水 200mL。

I -5　柯凡克氏试剂

成分：对二甲氨基苯甲醛 5g，戊醇 75mL，浓盐酸 25mL。

制法：将 5g 对二甲氨基苯甲醛溶解于 75mL 戊醇中，然后缓慢加入浓盐酸 20mL。

I -6　欧波试剂

将 1g 对二甲氨基苯甲醛溶解于 95mL 乙醇（95%）中，然后缓慢加入浓盐酸 20mL。

I -7　硝酸盐还原试验试剂

硝酸盐还原试剂 I

A 液：称取 0.8g 对氨基苯磺酸溶解于 100mL 5mol/L 乙酸溶液中。

B 液：称取 0.5g α-萘胺溶解于 5mol/L 乙酸中。

硝酸盐还原试剂 II

A 液：2% 淀粉溶液。称取 2g 可溶性淀粉，用少量蒸馏水调成糊。慢慢加入 100mL 沸腾着的蒸馏水中，随加随搅拌至透明溶液为止。此液不可久存。

B 液：6mol/L 盐酸溶液。取 50mL 浓盐酸缓慢地加入 50mL 蒸馏水中，边加边慢搅。

C 液：5% KI 溶液。称取碘化钾 5g 溶解于 100mL 蒸馏水中。

I -8　石炭酸复红

A 液：碱性复红（Basic Fuchsin）0.3g，95% 酒精 10.0mL。

B 液：石炭酸 5.0g，蒸馏水 95.0mL。

制法：将碱性复红在非金属研钵中研磨后，逐渐加入 95% 酒精，继续研磨使之溶解，配成 A 液，将石炭酸溶解在蒸馏水中，配成 B 液。把 A 液和 B 液混合即成。通常可将混合液稀释 5~10 倍使用。稀释液易变质失效，一次不宜多配。

I -9　美蓝染色液

A 液：美蓝（Methylene blue）0.3g，95% 酒精 30mL。

B 液：氢氧化钾 0.01g，蒸馏水 100mL。

制法：将 A 液和 B 液混合即成。

I -10　金胺染色液

取金胺 0.01g 溶于 95% 酒精 10mL 内，加 5% 石炭酸至 100mL。

I -11　萋尔氏石炭酸复红液（鞭毛染色）

成分：碱性复红 1g，石炭酸（5%）100mL，95% 酒精 10mL。

制法：将碱性复红溶于酒精中，再加 5% 酚液，取上述萋尔氏石炭酸复红液 1mL 加 10mL 水即成稀的石炭酸复红液。

I -12　吕氏美蓝染色液

美蓝 0.3g，95% 乙醇 30mL，0.01% 氢氧化钾溶液 100mL。

将美蓝溶解于乙醇中，然后与氢氧化钾溶液混合。

I -13　黑色素溶液

黑色素 5g，蒸馏水 100mL，福尔马林（40% 甲醛）0.5mL。

将黑色素在蒸馏水中煮沸 5min，然后加入福尔马林作防腐剂。

I -14　鞭毛染色媒染剂

A 液：6% $FeCl_3 \cdot 6H_2O$ 6mL，10% 丹宁酸水溶液 18mL。

此液必须在使用前 4d 配好，可储存 1 个月，但临用前必须过滤。

B 液：A 液 3.5mL，0.5% 碱性复红酒精液 0.5mL，浓盐酸 0.5mL。

此液必须按顺序配成，应现配现用，超过 15h 则效果不好，24h 则不能使用。

I -15　孔雀绿染色液

孔雀绿 5g，95% 酒精 100mL。

I -16　TE（pH8.0）：

成分：1mol/L Tris-HCl（pH8.0）10.0mL，0.5mol/L EDTA（pH8.0）2.0mL，灭菌去离子

水 988mL。

制法：将 1mol/LTris-HCl 缓冲液（pH8.0）、0.5mol/LEDTA 溶液（pH8.0）加入约 800mL 灭菌去离子水均匀，再定容至 1000mL，121℃高压灭菌 15min，4℃保存。

Ⅰ-17 10×PCR 反应缓冲液

成分：1mol/LTris-HCl（pH8.5）840mL，氯化钾（KCl）37.25g，灭菌去离子水 160mL。

制法：将氯化钾溶于 1mol/LTris-HCl（pH8.5），定容至 1000mL，121℃高压灭菌 15min，分装后-20℃保存。

Ⅰ-18 50×TAE 电泳缓冲液

成分：Tris 242.0g，EDTA-2Na（Na2EDTA·2H$_2$O）37.2g，冰乙酸（CH$_3$COOH）57.1mL，灭菌去离子水 942.9mL。

制法：Tris 和 EDTA-2Na 溶于 800mL 灭菌去离子水，充分搅拌均匀；加入冰乙酸，充分溶解；用 1mol/l NaOH 调 pH 至 8.3，定容至 1L 后，室温保存。使用时稀释 50 倍即为 1×TAE 电泳缓冲液。

Ⅰ-19 6×上样缓冲液

成分：溴酚蓝 0.5g，二甲苯氰 FF 0.5g，0.5mol/LEDTA（pH8.0）0.06mL，甘油 360mL，灭菌去离子水 640mL。

制法：0.5mol/LEDTA（pH8.0）溶于 500mL 灭菌去离子水中，加入溴酚蓝和二甲苯氰 FF 溶解，与甘油混合，定容至 1000mL，分装后 4℃保存。

Ⅰ-20 3%氯化钠溶液

成分：氯化钠 30.0g 蒸馏水 1000.0mL。

制法：将氯化钠溶于蒸馏水中，校正 pH 至 7.2±0.2，121℃高压灭菌 15min。

Ⅰ-21 改良磷酸盐缓冲液 PSB（小肠结肠炎耶尔森氏菌专用）

成分：磷酸氢二钠（Na$_2$HPO$_4$）8.23g，磷酸二氢钠（NaH$_2$PO$_4$·H$_2$O）1.2g，氯化钠（NaCl）5.0g，三号胆盐 1.5g，山梨醇 20g。

制法：将磷酸盐及氯化钠溶于蒸馏水中，再加入三号胆盐及山梨醇，溶解后校正 pH 为 7.6，分装试管，于 121℃高压灭菌 15min，备用。

Ⅰ-22 缓冲葡萄糖蛋白胨水［甲基红（MR）和 V-P 试验用］

V-P 试剂

6%α-萘酚-乙醇溶液和 40%氢氧化钾溶液

Ⅰ-23 稀释液：磷酸盐缓冲液

成分：磷酸二氢钾（KH$_2$PO$_4$）34.0g，蒸馏水 500mL A。

制法：贮存液：称取 34.0g 的磷酸二氢钾溶于 500mL 蒸馏水中，用大约 175mL 的 1mol/L 氢氧化钠溶液调节 pH 至 7.2，用蒸馏水稀释至 1000mL 后贮存于冰箱。

稀释液：取贮存液 1.25mL，用蒸馏水稀释至 1000mL，分装于适宜容器中，121℃高压灭菌 15min。

Ⅰ-24 无菌生理盐水

成分：氯化钠 8.5g，蒸馏水 1000mL。

制法：称取 8.5g 氯化钠溶于 1000mL 蒸馏水中，121℃高压灭菌 15min。

Ⅰ-25 0.25%氯化钙（CaCl$_2$）溶液

成分：氯化钙（无水）22.2g，蒸馏水 1000.0mL。

制法：称取 22.2g 氯化钙（无水）溶于蒸馏水中，分装备用。

Ⅰ-26 草酸钾血浆

成分：草酸钾 0.01g，人血 5.0mL。

制法：草酸钾 0.01g 放入灭菌小试管中，再加入 5mL 人血，混匀，经离心沉淀，吸取上清液即为草酸钾血浆。

Ⅰ-27 3%过氧化氢（H$_2$O$_2$）溶液

成分：30%过氧化氢（H$_2$O$_2$）溶液 100.0mL，蒸馏水 900.0mL。

制法：吸取 100mL 30%过氧化氢（H$_2$O$_2$）溶液，溶于蒸馏水中，混匀，分装备用。

Ⅰ-28 明胶磷酸盐缓冲液

成分：明胶 2g，磷酸氢二钠 4g，蒸馏水 1000mL，pH 6.2。

制法：加热溶解，校正 pH，121℃高压灭菌 15min。

Ⅰ-29 10%胰蛋白酶溶液

成分：胰蛋白酶（1:250）10.0g 蒸馏水 100.0mL。

制法：将胰蛋白酶溶于蒸馏水中，膜过滤除菌，4℃保存备用。

Ⅰ-30 磷酸盐缓冲液（PBS）

成分：氯化钠 7.650g，磷酸氢二钠 0.724g，磷酸二氢钾 0.210g，超纯水 1000.0mL。

制法：准确称取上述化学试剂，溶于超纯水中，测试 pH7.4。

Ⅰ-31 过氧化氢溶液

成分：3%过氧化氢溶液临用时配制，用 H$_2$O$_2$ 配制。

制法：用细玻璃棒或一次性接种针挑取单个菌落，置于洁净试管内，滴加 3%过氧化氢溶液 2mL，观察结果。

Ⅰ-32 0.5%碱性复红

成分：碱性复红 0.5g，乙醇 20.0mL，蒸馏水 80.0mL。

制法：取碱性复红 0.5g 溶解于 20mL 乙醇中，再用蒸馏水稀释至 100mL，滤纸过滤后储存备用。

Ⅰ-33 荚膜染色液（Tyler）法

结晶紫 0.1g，冰醋酸 0.25mL，蒸馏水 100mL。

Ⅰ-34 棉蓝乳酚油染色液

Ⅰ-34.1 乳酸-苯酚液

成分：苯酚 10g，乳酸（密度 1.21kg/m^3）10g，甘油（密度 1.25kg/m^3）20g，蒸馏水 10mL。

制法：将苯酚在水中加热溶解，然后加入乳酸及甘油。

Ⅰ-34.2 棉蓝染色液

棉蓝 0.05g 溶于乳酸-苯酚液 100mL 中。

附录Ⅱ 培养基

Ⅱ-1 LB 培养基

蛋白胨 1g，酵母浸出汁 0.5g，NaCl 1g，水 100mL。pH7.5，121℃灭菌 20min。

Ⅱ-2 高氏Ⅰ号培养基（适用于多数放线菌，孢子生长良好，宜保藏）

可溶性淀粉 2%，KNO_3 0.1%，$MgSO_4 \cdot 7H_2O$ 0.05%，NaCl 0.05%，K_2HPO_4 0.05%。$Fe_2(SO_4)_3$ 0.001%。pH7.4，121℃灭菌 20min。

Ⅱ-3 高氏Ⅱ号培养基（菌丝生长良好）

蛋白胨 0.5%，葡萄糖 1%，氯化钠 0.5%。pH7.2~7.4，121℃灭菌 20min。

Ⅱ-4 YPD 培养基

蛋白胨 2%，酵母膏 1%，葡萄糖 2%。pH6.0，121℃灭菌 20min。

Ⅱ-5 察氏培养基

$NaNO_3$ 0.3%，KCl 0.05%，K_2HPO_4 0.1%，$FeSO_4$ 0.001%，$MgSO_4 \cdot 7H_2O$ 0.05%，蔗糖 3%，琼脂 2%。pH6.7，121℃灭菌 15min。

Ⅱ-6 麦芽汁培养基

取适量大麦芽，粉碎，加 4 倍于麦芽量的水（60℃），在 55~60℃下，保温糖化，不断搅拌，经 3~4h 后，用纱布过滤，除去残渣，煮沸后再重复用滤纸或脱脂棉过滤一次，即得澄清的麦芽汁（每 1000g 麦芽粉能制得 15~18°Bx 麦芽汁 3500~4000mL），加水稀释成 10~12°Bx 的麦芽汁。固体麦芽汁培养基还要加琼脂 2%。pH 自然，115℃灭菌 20min。

Ⅱ-7 马铃薯（土豆）葡萄糖培养基（PDA）

称取去皮马铃薯 200g，切成小块，加 1000mL 水煮沸 1h，用双层纱布滤成清液，加入 20g 葡萄糖，加水补充因蒸发而减少的水分。固体培养基加琼脂 2%。

Ⅱ-8 葡萄糖乳糖发酵培养基

成分：牛肉膏 0.5%，蛋白胨 1%，NaCl 0.3%，$Na_2HPO_4 \cdot 12H_2O$ 0.2%，0.2%溴麝香草酚蓝溶液 1.2%（体积分数）。蒸馏水配制，pH7.4。

制法：葡萄糖发酵管按上述成分配好后，加入 0.5%葡萄糖，分装于有一个倒置杜氏管的试管内，121℃高压灭菌 15min。

其他各种糖发酵管可按上述成分配好后，每管分装 10mL，121℃高压灭菌 15min。另将各种糖类分别配成 10%溶液，同时高压灭菌。用无菌吸管将 0.5mL 糖溶液加入 10mL 培养基内，以无菌操作分装试管。

注：蔗糖不纯，加热时会自行水解，应采用过滤法除菌。

Ⅱ-9　5%乳糖发酵培养基

成分：蛋白胨 0.2%，氯化钠 0.3%，Na_2HPO_4·12H_2O 0.2%，乳糖 5%，0.2%溴麝香草酚蓝溶液 1.2%。蒸馏水配制，pH7.4。

制法：除乳糖以外的其他各种成分溶解于 50mL 蒸馏水中，校正 pH7.4；将乳糖溶解于另外 50mL 蒸馏水内，分别以 121℃15min 灭菌。将两溶液混合，以无菌操作分装于灭菌的小试管内，保存备用。

Ⅱ-10　三糖铁高层斜面培养基

成分：蛋白胨 2%，牛肉膏 0.5%，乳糖 1%，蔗糖 1%，葡萄糖 0.1%，氯化钠 0.5%，硫酸亚铁铵 0.02%，硫代硫酸钠 0.02%，琼脂 1.2%，酚红 0.025%。蒸馏水配制，pH7.4。

制法：将除琼脂和酚红以外各成分溶解于蒸馏水中，校正 pH7.4，加入琼脂，加热煮沸，以融化琼脂。加入 0.2%酚红水溶液 1.25%，摇匀。分装试管，装量约 8mL，以便得到较高的底层。121℃高压灭菌 15min。放置高层斜面备用。

Ⅱ-11　西蒙氏柠檬酸盐培养基

成分：NaCl 5g，MgSO_4·7H_2O 0.2g，NH_4H_2PO_4 1g，K_2HPO_4 1g，柠檬酸钠 5g，琼脂 20g，蒸馏水 1000mL，0.2%溴麝香草酚蓝溶液 40mL。pH6.8。

制法：先将盐类溶解于水内，调 pH，再加琼脂，加热熔化，然后加入指示剂，混合均匀后分装试管，121℃灭菌 15min。

Ⅱ-12　缓冲葡萄糖蛋白胨水培养基

成分：蛋白胨 5g，葡萄糖 5g，K_2HPO_4 5g，蒸馏水 1000mL。

制法：调节 pH 7.0~7.2，分装试管，每管装 4~5mL，121℃灭菌 15min。

Ⅱ-13　蛋白胨水培养基

蛋白胨（或胰蛋白胨）20g，氯化钠 5g，蒸馏水 1000mL。pH7.4，121℃灭菌 15min。

注：蛋白胨中应含有丰富的色氨酸。每批蛋白胨买来后，应先用已知菌种鉴定后方可使用。

Ⅱ-14　石蕊牛奶培养基

脱脂牛奶 100mL，2.5%石蕊水溶液 4mL。配制后的石蕊牛奶应呈紫丁香色，分装小试管（10×100 毫米），0.05MPa 20min 灭菌。

Ⅱ-15　明胶培养基

蛋白胨 5g，明胶 120g，蒸馏水 1000mL。调节 pH 7.2~7.4，分装试管，培养基高度为 4~5 厘米，0.05MPa 20min 灭菌。

Ⅱ-16　硝酸盐培养基

硝酸钾 0.2g，蛋白胨 5g，牛肉膏 3g，蒸馏水 1000mL。调 pH 至 7.4，121℃灭菌 15min。

Ⅱ-17　硫酸亚铁琼脂培养基

牛肉膏 3g，酵母膏 3g，蛋白胨 10g，硫酸亚铁 0.2g，硫代硫酸钠 0.3g，氯化钠 5g，琼脂 12g，蒸馏水 1000mL。pH7.4，115℃高压灭菌 15min，取出直立等其凝固。（注：肠杆菌科细菌测定硫化氢的产生，应采用三糖铁琼脂或本培养基。）

Ⅱ-18　月桂基硫酸盐胰蛋白胨培养基

成分：胰蛋白胨或胰酪胨 20.0g，氯化钠 5.0g，乳糖 5.0g，磷酸氢二钾（K_2HPO_4）2.75g，磷酸二氢钾（KH_2PO_4）2.75g，月桂基硫酸钠 0.1g，蒸馏水 1000mL，pH 6.8。

制法：将上述成分溶解于蒸馏水中，调节 pH 至 6.8±0.2。分装到有玻璃小导管的试管中，每管 10mL。121℃高压灭菌 15min。

Ⅱ-19　煌绿乳糖胆盐培养基

成分：蛋白胨 10.0g，乳糖 10.0g，牛胆粉（oxgall 或 oxbile）溶液 200mL，0.1%煌绿水溶液 13.3mL，蒸馏水 800mL。

制法：将蛋白胨、乳糖溶于 500mL 蒸馏水中，加入牛胆粉溶液 200mL（将 20.0g 脱水牛胆粉溶于 200mL 蒸馏水中，调节 pH 至 7.0~7.5），用蒸馏水稀释到 975mL，调节 pH 至 7.2±0.1，再加入 0.1%煌绿水溶液 13.3mL，用蒸馏水补足至 1000mL，用棉花过滤后，分装到有玻璃小导管的试管中，每管 10mL。121℃高压灭菌 15min。

Ⅱ-20　肉汤培养基（牛肉膏蛋白胨培养基）

牛肉膏 0.5%，蛋白胨 1%，NaCl 0.5%。

pH 7.2~7.4，121℃灭菌 20min。

制法：（1）固体肉汤培养基时，在上述肉汤培养基中加琼脂 2%；

　　　　（2）半固体琼脂培养基时，在上述肉汤培养基中加琼脂 0.6~0.8%。

Ⅱ-21　酪素培养基

KH_2PO_4 0.036%，$MgSO_4 \cdot 7H_2O$ 0.05%，$ZnCl_2$ 0.0014%，$Na_2HPO_4 \cdot 7H_2O$ 0.107%，NaCl 0.016%，$CaCl_2$ 0.0002%，$FeSO_4$ 0.0002%，酪素 0.4%，Trypticase 0.005%，琼脂 2%。pH6.5~7.0，121℃灭菌 20min。

配制时酪素用 0.1%氢氧化钠溶液水浴加热溶解，然后再加微量元素，调节 pH，加琼脂。

Ⅱ-22　淀粉培养基

牛肉膏 0.5%，蛋白胨 0.5%，NaCl 0.5%，可溶性淀粉 2%，琼脂 1.8%。pH7.2，121℃灭菌 30min。

配制时，先用少量水将淀粉调成糊状，在火上加热，边搅边加水及其他成分，熔化后补足水分。

Ⅱ-23　细菌基本培养基（MM）

葡萄糖 0.5%，$(NH_4)_2SO_4$ 0.2%，柠檬酸钠 0.1%，$MgSO_4 \cdot 7H_2O$ 0.02%，K_2HPO_4 0.4%，KH_2PO_4 0.6%，琼脂 2%，蒸馏水配制。pH 7.0~7.2，121℃灭菌 20min。

注：处理琼脂的制作方法。

先将琼脂用低于 45℃的温水浸泡 1~2 次，除去可溶性杂质、无机盐、生长素和色素，然后放在自来水中流水冲洗 2~3d；至颜色变白为止，拧干，在 95%乙醇中浸泡过夜，次日取出，拧干乙醇，把洗净的琼脂放在两层纱布中间，铺成薄层，晾干后备用。

Ⅱ-24　细菌完全培养基（CM）

葡萄糖 0.5%，牛肉膏 0.3%，蛋白胨 1%，$MgSO_4 \cdot 7H_2O$ 0.2%，琼脂 2%。pH7.2，121℃

灭菌 20min。

Ⅱ-25　MD 固体培养基：1.34% YNB，0.4mg/L 生物素，2%葡萄糖，2%琼脂粉。

Ⅱ-26　半乳糖 EMB 固体培养基

伊红 0.4g，K_2HPO_4 2g，美蓝 0.05g，蛋白胨 10g，半乳糖 10g，琼脂 20g，蒸馏水 1000mL。pH7.0~7.2，115℃灭菌 20min。

配制时先调整 pH，然后加伊红、美蓝染料，最后加琼脂。

Ⅱ-27　中性红培养基

葡萄糖 40g，胰蛋白胨 6g，酵母膏 2g，牛肉膏 2g，醋酸铵 3g，KH_2PO_4 0.5g，$MgSO_4 \cdot 7H_2O$ 2g，$FeSO_4 \cdot 7H_2O$ 0.01g，中性红 0.2g，蒸馏水 1000mL。pH6.2，115℃灭菌 20min。

Ⅱ-28　6.5%玉米醪培养基

6.5g 筛过的玉米粉加 100mL 自来水，混匀，煮沸 10min，成糊状，分装于试管，每管 10mL，自然 pH，121℃灭菌 1h。

Ⅱ-29　碳酸钙明胶麦芽汁培养基

麦芽汁（10~12°Bx）1000mL，$CaCO_3$ 10g，明胶 10g，琼脂 20g，蒸馏水 1000mL。灭菌前调 pH6.8，115℃灭菌 20min。

Ⅱ-30　不含维生素的合成培养基

葡萄糖 5g，$MgSO_4 \cdot 7H_2O$ 0.07g，K_2HPO_4 0.1g，$CaCl_2$ 0.04g，$(NH_4)_2SO_4$ 0.1g，蒸馏水 1000mL。pH5.5~6.0，121℃灭菌 15min。

Ⅱ-31　乙醇醋酸盐培养基

醋酸钠 8g，$MgCl_2$ 200mg，NH_4Cl 500mg，$MnSO_4$ 2.5mg，$CaSO_4$ 10mg，$FeSO_4$ 5mg，钼酸钠 2.5mg，生物素 5μg，对氨基苯甲酸 100μg，蒸馏水 1000mL。自然 pH，121℃灭菌 20min，冷却后，无菌加入乙醇 25mL。

Ⅱ-32　米曲汁碳酸钙乙醇培养基

米曲汁（10~12°Bx）100mL，$CaCO_3$ 1g，琼脂 2g，95%乙醇 3~4mL。自然 pH。配制时，不加入乙醇，灭菌后，再加入乙醇。

Ⅱ-33　葡萄糖碳酸钙培养基

葡萄糖 1.5%，酵母膏 1%，$CaCO_3$ 1.5%，琼脂 2%。自然 pH，121℃灭菌 20min。

Ⅱ-34　阿须贝（Ashby）无氮培养基

葡萄糖 10g，K_2HPO_4 0.2g，$MgSO_4$ 0.2g，NaCl 0.2g，$CaSO_4 \cdot 2H_2O$ 0.1g，$CaCO_3$ 5.0g，琼脂 18g，蒸馏水 1000mL，pH 7.2。

Ⅱ-35　Burk′s 无氮培养基

K_2HPO_4 0.8g，KH_2PO_4 0.2g，$MgSO_4 \cdot 7H_2O$ 0.2g，$CaCl_2 \cdot 2H_2O$ 0.06g，$FeCl_3 \cdot 6H_2O$ 0.0027g，Na_2MoO_4 0.0024g，蔗糖 20g，琼脂 18g，蒸馏水 1000mL，pH 7.2。

Ⅱ-36　Do 氏低氮培养基

蔗糖 10g，苹果酸 5g，$K_2HPO_4 \cdot H_2O$ 0.1g，$KH_2PO_4 \cdot H_2O$ 0.4g，$MgSO_4 \cdot 7H_2O$ 0.2g，

NaCl 0.1g，CaCl$_2$·2H$_2$O 0.02g，FeCl$_3$ 0.01g，Na$_2$MoO$_4$·H$_2$O0.002g，蛋白胨 0.2g，琼脂 12g，蒸馏水 1000mL，pH 7.2。

Ⅱ-37 改良的斯蒂芬逊（Stepheson）培养基

培养基 A：(NH$_4$)$_2$SO$_4$ 2g，NaH$_2$PO$_4$ 0.25g，MnSO$_4$·4H$_2$O 0.01g，K$_2$HPO$_4$ 0.75g，MgSO$_4$·7H$_2$O 0.03g，CaCO$_3$ 5g，蒸馏水 1000mL。

培养基 B：NaNO$_2$ 1g，K$_2$HPO$_4$ 0.75g，NaH$_2$PO$_4$ 0.25g，Na$_2$CO$_3$ 1g，MgSO$_4$·7H$_2$O 0.03g，MnSO$_4$·4H$_2$O 0.01g，CaCO$_3$ 1g，蒸馏水 1000mL。

Ⅱ-38 反硝化细菌培养基

KNO$_3$2.0g，MgSO$_4$·7H$_2$O 0.2g，K$_2$HPO$_4$ 0.5g，酒石酸钾钠 20g，蒸馏水 1000mL，pH7.2。

Ⅱ-39 BTB 肉汤培养基

蛋白胨 1%，牛肉膏 0.5%，NaCl 0.5%，葡萄糖 0.1%，0.4% 的溴百里酚蓝（BTB），酒精溶液 2.5%（体积分数），琼脂 2%。pH7.0~7.2，121℃灭菌 30min。

配制时，待 pH 校正后，再加入 BTB 试剂。

Ⅱ-40 谷氨酸产生菌初筛培养基

葡萄糖 5%，K$_2$HPO$_4$ 0.1%，MgSO$_4$·7H$_2$O0.05%，玉米浆 0.2%，FeSO$_4$ 2mg/kg，MnSO$_4$ 2mg/kg，尿素 1.2%，pH7.0~7.2，分装大试管，用纱布作塞，121℃灭菌 30min。

注：尿素要单独灭菌，115℃维持 15min。

Ⅱ-41 谷氨酸产生菌复筛培养基

葡萄糖 2%，玉米浆 0.5%，K$_2$HPO$_4$ 0.1%，MgSO$_4$·7H$_2$O 0.05%，FeSO$_4$ 2mg/kg，MnSO$_4$ 2mg/kg，尿素 0.5%，pH6.8~7.2，分装大试管，用纱布作塞，121℃灭菌 30min。

注：尿素要单独灭菌，115℃维持 15min。

Ⅱ-42 MRS 培养基

蛋白胨 1%，牛肉膏 1%，酵母膏 0.5%，柠檬酸氢二铵 0.2%，葡萄糖 2%，吐温 80 0.1%，乙酸钠 0.5%，K$_2$HPO$_4$·3H$_2$O 0.2%，MgSO$_4$·7H$_2$O 0.058，MnSO$_4$·H$_2$O 0.025%，琼脂 1.8~2%，蒸馏水 1000mL，pH6.2~6.6。

Ⅱ-43 葡萄糖天门冬素琼脂培养基

葡萄糖 1%，天门冬素 0.05%，牛肉膏 0.2%，K$_2$HPO$_4$ 0.05%，琼脂 2%。pH6.8 或自然，115℃灭菌 30min。

Ⅱ-44 酵母菌完全培养基

蛋白胨 3%，酵母膏 0.5%，酪蛋白水解物 0.5%，葡萄糖 4%，硫酸锌 0.14%，琼脂 2%，pH 自然，117℃灭菌 10min。

Ⅱ-45 麦芽汁培养基

取大麦芽一定数量，粉碎，加 4 倍于麦芽量的 60℃的水，在 55~60℃下，保温糖化，不断搅拌，经 3~4h 后，用纱布过滤，除去残渣，煮沸后再重复用滤纸或脱脂棉过滤一次，即得澄清的麦芽汁（每 1000g 麦芽粉能制得 15~18°Bx 麦芽汁 3500~4000mL），加水稀释成 10~12°Bx 的麦芽汁。固体麦芽汁培养基还要加琼脂 2%。pH 自然条件，115℃灭菌 20min。

Ⅱ-46　葡萄汁培养基

葡萄汁（10°Bx）100mL，蛋白胨 0.5g 或（NH₄）₂SO₄ 0.3g，琼脂 2g。pH3.5~5.5，117℃灭菌 15min。

Ⅱ-47　TTC 琼脂平板培养基

成分：胰蛋白胨 17g，大豆胨 3g，葡萄糖 6g，NaCl2.5g，硫乙醇酸钠 0.5g，L-胱氨酸-盐酸（L-cys·HCl）15g，Na₂SO₃ 0.1g，琼脂 15g，1%氯化血红素溶液 0.5mL，1%维生素 K₁溶液 0.1mL，2、3、5-氯化三苯四氮唑（TTC）0.4g，蒸馏水 1000mL。

制法：除 1%氯化血红素、维生素 K₁和 TTC 外，将其他成分混合，加热溶解。L-胱氨酸先用少量氢氧化钠溶解后加入，校正 pH7.2，然后加入预先配成的氯化血红素和维生素 K₁，充分摇匀，装瓶，每瓶 100mL，121℃灭菌 15min。临用前，溶解基础琼脂，每 100mL 基础培养基中加入 TTC40mg，充分摇匀，倾注无菌平板。

注：1%氯化血红素溶液的配制方法是，称取氯化血红素 1g，加 1mol/L NaOH5mL，混合后再用蒸馏水稀释到 100mL；1%维生素 K₁溶液的配制方法是，1g 维生素 K₁和纯乙醇 99mL 混合或用维生素 K₁针剂。

Ⅱ-48　葡萄糖豆芽汁培养基

豆汁 100mL，酵母膏 2g，葡萄糖 3g。pH 自然。

豆汁制备：取黄豆 100g，加水 1000mL，煮 30~40min，取汁备用。

Ⅱ-49　酸性蔗糖培养基

蔗糖 15%，（NH₄）NO₃ 0.2%，KH₂PO₄ 0.1%，MgSO₄·7H₂O0.25%，1mol/L 盐酸 1.7%（体积分数）。117℃灭菌 10min。

Ⅱ-50　BUG 琼脂培养基

成分：BUG 琼脂培养基 57g，蒸馏水 1000mL。pH 7.3。

制法：加热溶解，校正 pH，121℃高压灭菌 15min，倾注平板。

Ⅱ-51　BUG+B 培养基

成分：BUG 琼脂培养基 57g，新鲜的脱纤羊血 50mL，蒸馏水 950mL，pH 7.3。

制法：加热溶解 BUG 琼脂培养基，校正 pH，121℃高压灭菌 15min，冷却至 45~50℃，加入 50mL 新鲜的脱纤羊血，摇匀，倾注平板。

Ⅱ-52　BUG+M 培养基

成分：BUG 琼脂培养基 57g，麦芽糖（浓度 25%）10mL，蒸馏水 990mL，pH 7.3。

制法：加热溶解 BUG 琼脂培养基，校正 pH，121℃高压灭菌 15min，冷却至 45-50℃，加入 10mL 已灭菌的麦芽糖（浓度 25%），摇匀，倾注平板。

Ⅱ-53　BUA+B 培养基

成分：BUA 琼脂培养基 51.7g，新鲜的脱纤羊血 50mL，蒸馏水 950mL，pH 7.2。

制法：用无氧的氮气吹洗下，轻微煮沸，搅拌以溶解 BUG 琼脂培养基和其他组分，校正 pH，121℃高压灭菌 15min，盖紧瓶盖，防止氧气进入，在无氧的氮气保护下，冷却至 45~50℃，加入 50mL 新鲜的脱纤羊血，摇匀，在厌氧环境中倒倾注平板。

Ⅱ-54　BUY 琼脂培养基

成分：BUY 琼脂培养基 60g，蒸馏水 1 000mL，pH 5.6。

制法：加热溶解，校正 pH，121℃高压灭菌 15min，倾注平板。

Ⅱ-55　ONPG 培养基

成分：邻硝基酚 β-D-半乳糖苷（ONPG）60mg，0.01mol/L 磷酸钠缓冲液（pH7.5）10mL，1%蛋白胨水（pH7.5）30mL。

制法：将 ONPG 溶于缓冲液内，加入蛋白胨水，以过滤法除菌，分装于 10mm×75mm 试管内，每管 0.5mL，用橡皮塞塞紧。

Ⅱ-56　细菌基础培养基

成分：$(NH_4)_2SO_4$ 0.2%，$NaH_2PO_4 \cdot H_2O$ 0.05%，K_2HPO_4 0.05%，$MgSO_4 \cdot 7H_2O$ 0.02%，$CaCl_2 \cdot 2H_2O$ 0.01%。蒸馏水配制，pH6.5。

制法：如进行液体培养，过滤灭菌后分装试管即可。如作固体培养，则配成双倍浓度溶液后过滤除菌，另配 3～4%水琼脂，进行加压灭菌，使用时，将双倍浓度的液体培养基和水琼脂等量混合，即可倒平板。

Ⅱ-57　丙二酸钠培养基

成分：酵母浸膏 0.1%，硫酸铵 0.2%，磷酸氢二钾 0.06%，磷酸二氢钾 0.04%，氯化钠 0.2%，丙二酸钠 0.3%，0.2%溴麝香草酚蓝溶液 1.2%（体积分数）。蒸馏水配制，pH6.8。

制法：先将酵母膏和盐类溶于水，校正 pH 后再加入指示剂，分装试管，121℃高压灭菌 15min。

Ⅱ-58　葡萄糖铵培养基

成分：NaCl 5g，$MgSO_4 \cdot 7H_2O$ 0.2g，$NH_4H_2PO_4$ 1g，K_2HPO_4 1g，葡萄糖 2g，琼脂（用自来水流水冲洗 3d）20g，蒸馏水 1000mL，0.2%溴麝香草酚蓝溶液 40mL。pH6.8。

制法：先将盐类和糖溶解于水内，校正 pH，再加琼脂，加热熔化，然后加入指示剂，混合均匀后分装试管，121℃灭菌 15min。

注：仪器使用前用清洁液清洗，再用清水、蒸馏水冲洗干净。用新棉花做棉塞，干热灭菌后备用。如果操作时不注意，有杂质污染时，易造成假阳性的结果。

Ⅱ-59　半固体琼脂培养基

蛋白胨 10g，牛肉膏 3g，氯化钠 5g，琼脂 4g，蒸馏水 1000mL。pH 7.4～7.6，121℃灭菌 15min。

Ⅱ-60　耐盐性试验培养基

蛋白胨 2g，氯化钠按不同量加，蒸馏水 1000mL。pH 7.7。

氯化钠的浓度可取 0，3%，7%，9%，11%。

Ⅱ-61　果罗德科瓦（Gorodkowa）培养基

葡萄糖 0.1%，蛋白胨 1%，NaCl 12%，水洗琼脂 2%。蒸馏水，装管。115℃灭菌 20min。

Ⅱ-62　产生类淀粉化合物培养基

固体培养基：$(NH_4)_2SO_4$ 0.1%，KH_2PO_4 0.1%，$MgSO_4 \cdot 7H_2O$ 0.05%，葡萄糖 1%，水洗琼脂 2.5%。pH4.5，115℃灭菌 20min。

液体培养基：$(NH_4)_2SO_4$ 0.5%，KH_2PO_4 0.1%，$MgSO_4 \cdot 7H_2O$ 0.05%，$CaCl_2 \cdot 2H_2O$ 0.01%，

NaCl 0.01%，酵母膏 0.1%，葡萄糖 3%。

分装于 50mL 三角瓶中，各装约 5mL，115℃灭菌 20min。

Ⅱ-63　水解尿素斜面培养基

成分：蛋白胨 0.1g，NaCl 0.5g，KH_2PO_4 0.2g，酚红 0.0012g，蒸馏水 100mL，琼脂 2g。pH6.8。

制法：将配好的培养基于每支试管中加 2.7mL，灭菌后，再向每管中加入 0.3mL 经过滤灭菌的 20%尿素溶液，混合后搁置斜面。

Ⅱ-64　杨梅苷琼脂培养基

成分：杨梅苷 0.5%，10%豆芽汁 100mL，水洗琼脂 2%。

制法：115℃灭菌 20min，使用时熔化培养基，并在每支试管中加入一滴 10%$FeCl_3$（用无菌水配制），搁置斜面。

Ⅱ-65　米曲汁培养基

米曲制备：

①蒸米称取大米 20g，洗净后，浸泡 24h，淋干，装入三角瓶，加棉塞，高压灭菌。

②接种培养大米灭菌后，待冷却至 28~32℃时，以无菌操作接入米曲霉的孢子，充分摇匀，置于 30~32℃培养 24h 后，摇动一次。再培养 5~6h 后，再摇动一次，2d 后，米曲成熟。

③将培养好的米曲取出，用纸包好，放入烘箱，40~42℃干燥 6~8h。

米曲汁培养基：

用 1 份米曲加 4 份水，于 55℃糖化 3~4h，然后煮沸过滤，测糖度，调节糖度为 10~12°Bx，加琼脂 2%，115℃灭菌 15min。

Ⅱ-66　酵母生孢子培养基

①含微量元素培养基：

醋酸钠 0.82g 或 $NaAC \cdot 3H_2O$ 1.36g，KCl 0.186g，微量元素溶液 0.1mL，琼脂 2g，蒸馏水 100mL。121℃灭菌 25min。

微量元素溶液：$Na_2B_4O_7 \cdot 10H_2O$ 0.8mg，$(NH_4)_6Mo_7O_{24} \cdot 4H_2O$ 1.9mg，KI 10mg，$Fe_2(SO_4)_3 \cdot 6H_2O$ 22.8mg，$MnCl_2 \cdot 4H_2O$ 3.6mg，$ZnSO_4 \cdot 7H_2O$ 30.8mg，$CuSO_4 \cdot 5H_2O$ 39mg，蒸馏水 100mL，加入 1mol/L 盐酸使不再混浊为止。

②棉子糖培养基：

醋酸钠 0.4g，棉子糖 0.04g，琼脂 2g，蒸馏水 100mL。pH6.0，115℃灭菌 15min。

③胰蛋白胨培养基：

NaCl 0.062g，醋酸钠 0.5g，胰蛋白胨 0.25g，琼脂 2g，蒸馏水 100mL。pH6~7，115℃灭菌 15min。

Ⅱ-67　酵母菌完全培养基（YPAD）

蛋白胨 3%，酵母膏 0.5%，酪蛋白水解物 0.5%，葡萄糖 4%，硫酸锌 0.14%，琼脂 2%。pH 自然，117℃灭菌 10min。

Ⅱ-68　酵母基本培养基

（1）葡萄糖 2%，KH_2PO_4 0.1%，$MgSO_4 \cdot 7H_2O$ 0.05%，$(NH_4)_2SO_4$ 0.5%，处理琼脂 2%。

蒸馏水配制，pH6.0，121℃灭菌15min。

（2）葡萄糖10g，NaCl 0.1g，（NH$_4$）$_2$SO$_4$ 1g，微量元素母液1mL，K$_2$HPO$_4$ 0.125g，维生素母液1mL，KH$_2$PO$_4$ 0.875g，MgSO$_4$·7H$_2$O0.5g，蒸馏水1000mL。pH5.3~6.0，115℃灭菌25min。

微量元素母液：H$_3$PO$_4$1mL，ZnSO$_4$·7H$_2$O 7mg，CuSO$_4$·5H$_2$O 1mg，CaCl$_2$·6H$_2$O 5mg，蒸馏水100mL。

维生素母液：烟碱酸40mg，肌醇200mg，泛酸20mg，对氨基苯甲酸20mg，核黄素20mg，维生素B$_1$40mg，生物素0.2mg，吡哆醇40mg，蒸馏水100mL。

Ⅱ-69　YNB培养基

成分：

A液：维生素混合液：维生素B$_1$1000mg，烟酸400mg，吡哆醇400mg，生物素20mg，泛酸钙2000mg，核黄素200mg，肌醇10000mg，对氨基苯甲酸200mg，去离子水1000mL。

B液：微量元素液：H$_3$BO$_4$500mg，MnSO$_4$·7H$_2$O 200mg，ZnSO$_4$·7H$_2$O 400mg，CuSO$_4$·5H$_2$O 40mg，FeCl$_3$·5H$_2$O 100mg，Na$_2$MnO$_4$ 200mg，去离子水1000mL。

C液：其他无机盐溶液：KI 0.1mg，CaCl$_2$·2H$_2$O0.1g，K$_2$HPO$_4$ 0.15g，KH$_2$PO$_4$ 0.85g，MgSO$_4$·7H$_2$O0.5g，NaCl 0.1g，去离子水1000mL。

制法：取A液1mL、B液1mL、C液10mL、去离子水1000mL，混合，调pH至6.5。

说明：①配制YNB培养基时，先分别将已灭菌分装的A液、B液各1mL与C液10mL，在无菌条件下混合，再将已灭菌的（NH$_4$）$_2$SO$_4$按0.5%的量加入到所需液体培养基的去离子水中，混匀即可。②配制糖发酵培养基时，方法同上，只是按2%浓度加入不同的糖液。

Ⅱ-70　缓冲蛋白胨水（BPW）：

缓冲蛋白胨水（BP）

蛋白胨10g，氯化钠5g，Na$_2$HPO$_4$·12H$_2$O 9g，磷酸二氢钾1.5g，蒸馏水1000mL。pH 7.2，121℃高压灭菌15min。（注：本培养基供沙门氏菌前增菌用。）

Ⅱ-71　四硫磺酸钠煌绿（TTB）增菌液

（1）基础培养基：多胨或胨5g，胆盐1g，碳酸钙10g，硫代硫酸钠30g，蒸馏水1000mL。

（2）碘溶液：碘6g；碘化钾5g；蒸馏水20mL。

制法：将基础培养基的各成分加入蒸馏水中，加热溶解，分装每瓶100mL。分装时应随时振摇，使其中的碳酸钙混匀。121℃高压灭菌15min备用。临用时每100mL基础培养基中加入碘溶液2mL、0.1%煌绿溶液1mL。

四硫磺酸钠煌绿增菌液（换用方法）

（1）基础液：蛋白胨10g，牛肉膏5g，氯化钠3g，碳酸钙45g，蒸馏水1 000mL。将各成分加入于蒸馏水中，加热至约70℃溶解，校正pH至7.0±0.1，121℃高压灭菌20min。

（2）硫代硫酸钠溶液：硫代硫酸钠（Na$_2$S$_2$O$_3$·5H$_2$O）50g；蒸馏水加至100mL。

（3）碘溶液：碘片20g；碘化钾25g；蒸馏水加至100mL。

将碘化钾充分溶解于最少量的蒸馏水中，加入碘片，振摇玻瓶至碘片全部溶解，再加入蒸馏水至规定量。储存于棕色玻瓶内，紧塞瓶盖备用。

（4）煌绿水溶液：煌绿0.5g；蒸馏水100mL。存放暗处，不少于1d，使其自然灭菌。

（5）牛胆盐溶液：干燥的牛胆盐 10g；蒸馏水 100mL。煮沸溶解，121℃高压灭菌 20min。

（6）制备：基础液 900mL，硫代硫酸钠溶液 100mL，碘液 20mL，煌绿溶液 2mL，牛胆盐溶液 50mL。

临用前，按上列顺序，以无菌操作依次加入于基础液中，每加入一种成分，均应摇匀后再加入另一种成分。分装于灭菌瓶中，每瓶 100mL。

Ⅱ-72　亚硒酸盐胱氨酸（SC）增菌液

成分：蛋白胨 5g，乳糖 4g，亚硒酸氢钠 4g，磷酸氢二钠 5.5g，磷酸二氢钾 4.5g，L-胱氨酸 0.01g，蒸馏水 1 000mL。

1%L-胱氨酸-氢氧化钠溶液的配法：称取 L-胱氨酸 0.1g（或 DL-胱氨酸 0.2g），加 1mol/L 氢氧化钠 1.5mL，使溶解，再加入蒸馏水 8.5mL 即成。

制法：将除亚硒酸氢钠和 L-胱氨酸以外的各成分溶解于 900mL 蒸馏水中，加热煮沸，待冷备用。另将亚硒酸氢钠溶解于 100mL 蒸馏水中，加热煮沸，待冷，以无菌操作与上液混合。再加入 1%L-胱氨酸-氢氧化钠溶液 1mL。分装于灭菌瓶中，每瓶 100mL，pH 7.0±0.1。

Ⅱ-73　亚硫酸铋（BS）琼脂

成分：蛋白胨 10g，牛肉膏 5g，葡萄糖 5g，硫酸亚铁 0.3g，磷酸氢二钠 4g，柠檬酸铋铵 2g，亚硫酸钠 6g，煌绿 0.025g，琼脂 18~20g，蒸馏水 1 000mL，pH 7.5。

制法：

（1）将前面五种成分溶解于 300mL 蒸馏水中。

（2）将柠檬酸铋铵和亚硫酸钠另用 50mL 蒸馏水溶解。

（3）将琼脂于 600mL 蒸馏水中煮沸溶解，冷至 80℃。

（4）将以上三液合并，补充蒸馏水至 1 000mL，校正 pH，加 0.5%煌绿水溶液 5mL，摇匀。冷却至 50~55℃，倾注平皿。

注：此培养基不需高压灭菌。制备过程不宜过分加热，以免降低其选择性。应在临用前一天制备，贮存于室温暗处. 超过 48h 不宜使用。

Ⅱ-74　HE 琼脂（Hektoen Enteric Agar）

成分：胨 12g，牛肉膏 3g，乳糖 12g，蔗糖 12g，水杨素 2g，胆盐 20g，氯化钠 5g，琼脂 18g~20g，蒸馏水 1000mL，0.4%溴麝香草酚蓝溶液 16mL，Andrade 指示剂 20mL，甲液 20mL，乙液 20mL，pH 7.5。

制法：将前面七种成分溶解于 400mL 蒸馏水内作为基础液；将琼脂加入于 600mL 蒸馏水内，加热溶解。加入甲液和乙液于基础液内，校正 pH。再加入指示剂，并与琼脂液合并，待冷至 50~55℃，倾注平板。

注 1：此培养基不可高压灭菌。

注 2：甲液的配制：硫代硫酸钠 34g，柠檬酸铁铵 4g，蒸馏水 100mL。

注 3：乙液的配制：去氧胆酸钠 10g，蒸馏水 100mL。

注 4：Andrade 指示剂：酸性复红 0.5g，1mol/L 氢氧化钠溶液 16mL，蒸馏水 100mL。

将复红溶解于蒸馏水中，加入氢氧化钠溶液。数小时后如复红褪色不全，再加氢氧化钠溶液 1~2mL。

Ⅱ-75　木糖赖氨酸脱氧胆盐（XLD）琼脂

成分：酵母膏 3.0g，L-赖氨酸 5.0g，木糖 3.75g，乳糖 7.5g，蔗糖 7.5g，脱氧胆酸钠 1.0g，

氯化钠 5.0g，硫代硫酸钠 6.8g，柠檬酸铁铵 0.8g，酚红 0.08g，琼脂 15.0g，蒸馏水 1 000.0mL。

制法：除酚红和琼脂外，将其他成分加入 400mL 蒸馏水中，煮沸溶解，校正 pH 至 7.4±0.2。另将琼脂加入 600mL 蒸馏水中，煮沸溶解。将上述两溶液混合均匀后，再加入指示剂，待冷至 50~55℃倾注平皿。

注：本培养基不需要高压灭菌，在制备过程中不宜过分加热，避免降低其选择性，贮于室温暗处。本培养基宜于当天制备，第二天使用。使用前必须去除平板表面上的水珠，在 37~55℃温度下，琼脂面向下、平板盖也向下烘干。另外，如果配制好的培养基不立即使用，在 2~8℃条件下可储存 2 周。

Ⅱ-76 三糖铁高层斜面培养基

成分：蛋白胨 2%，牛肉膏 0.5%，乳糖 1%，蔗糖 1%，葡萄糖 0.1%，氯化钠 0.5%，硫酸亚铁铵 0.02%，硫代硫酸钠 0.02%，琼脂 1.2%，酚红 0.025%。蒸馏水配制，pH7.4。

制法：将除琼脂和酚红以外各成分溶解于蒸馏水中，校正 pH7.4，加入琼脂，加热煮沸，以融化琼脂。加入 0.2%酚红水溶液 1.25%，摇匀。分装试管，装量约 8mL，得到较高的底层。121℃高压灭菌 15min。放置高层斜面备用。

Ⅱ-77 蛋白胨水、靛基质试剂

蛋白胨水培养基

蛋白胨（或胰蛋白胨）20g，氯化钠 5g，蒸馏水 1000mL。pH7.4，121℃灭菌 15min。

注：蛋白胨中应含有丰富的色氨酸。每批蛋白胨买来后，应先用已知菌种鉴定后方可使用。

Ⅱ-78 尿素琼脂（pH 7.2）

成分：蛋白胨 1g，NaCl 5g，葡萄糖 1g，KH_2PO_4 2g，0.4%酚红溶液 3mL，琼脂 20g，蒸馏水 1000mL。pH7.2±0.1

制法：除酚红外，溶解上述各种成分，并调节 pH 至 6.8~6.9，然后加入酚红指示剂。分装三角瓶，121℃灭菌 15min，待培养基冷至 50~55℃时，加入预先过滤除菌的 20%尿素水溶液，使其在培养基中的最终浓度为 2%，摇匀后（此时 pH 应为 7.2±0.1），分装无菌试管，搁成斜面备用。

Ⅱ-79 氰化钾（KCN）培养基

成分：蛋白胨 10g，NaCl 5g，KH_2PO_4 0.225g，$Na_2HPO_4 \cdot 2H_2O$ 5.64g，蒸馏水 1000mL。

制法：将以上各成分溶解，调节 pH 至 7.6，分装三角瓶，121℃灭菌 15min。放在冰箱内使其充分冷却。每 100mL 培养基加入 0.5%氰化钾溶液 2.0mL（最后浓度为 1：10000），分装于 12mm×100mm 灭菌试管，每管约 4mL，立刻用灭菌橡皮塞塞紧，放在 4℃冰箱内，至少可保存 2 个月。同时，将不加氰化钾的培养基作为对照培养基，分装试管备用。

注：氰化钾是剧毒药物，使用时应小心，切勿沾染，以免中毒。夏天分装培养基应在冰箱内进行。试验失败的主要原因是封口不严，氰化钾逐渐分解，产生氢氰酸气体逸出，以致药物浓度降低，细菌生长，因而造成假阳性反应。试验时对每一环节都要特别注意。

Ⅱ-80 赖氨酸脱羧酶试验培养基

成分：蛋白胨 5g，酵母浸膏 3g，葡萄糖 1g，蒸馏水 1000mL，1.6%溴甲酚紫乙醇溶液 1mL，L-氨基酸或 DL-氨基酸 5g 或 10g。pH 6.8。

制法：除氨基酸以外的成分加热溶解后分装每瓶 100mL，分别加入各种氨基酸：L-赖氨酸、L-精氨酸和 L-鸟氨酸，按 0.5%加入；若用 DL-型氨基酸，按 1%加入，再行校正 pH 至

6.8。对照培养基不加氨基酸，分装于灭菌的小试管内，每管 0.5mL，上面滴加一层液体石蜡。115℃灭菌 10min。

Ⅱ-81　糖发酵管

成分：牛肉膏 0.5%，蛋白胨 1%，NaCl 0.3%，Na$_2$HPO$_4$·12H$_2$O 0.2%，0.2%溴麝香草酚蓝溶液 1.2%（体积分数）。蒸馏水配制，pH7.4。

制法：葡萄糖发酵管按上述成分配好后，加入 0.5%葡萄糖，分装于有一个倒置杜氏管的试管内，121℃高压灭菌 15min。

其他各种糖发酵管可按上述成分配好后，每管分装 10mL，121℃高压灭菌 15min。另将各种糖类分别配成 10%溶液，同时高压灭菌。用无菌吸管将 0.5mL 糖溶液加入 10mL 培养基内，以无菌操作分装试管。

注：蔗糖不纯，加热时会自行水解，应采用过滤法除菌。

Ⅱ-82　邻硝基酚 β-D 半乳糖苷（ONPG）培养基

成分：邻硝基酚 β-D-半乳糖苷（ONPG）60mg，0.01mol/L 磷酸钠缓冲液（pH7.5）10mL，1%蛋白胨水（pH7.5）30mL。

制法：将 ONPG 溶于缓冲液内，加入蛋白胨水，以过滤法除菌，分装于 10mm×75mm 试管内，每管 0.5mL，用橡皮塞塞紧。

Ⅱ-83　丙二酸钠培养基

成分：酵母浸膏 0.1%，硫酸铵 0.2%，磷酸氢二钾 0.06%，磷酸二氢钾 0.04%，氯化钠 0.2%，丙二酸钠 0.3%，0.2%溴麝香草酚蓝溶液 1.2%（体积分数）。蒸馏水配制，pH6.8。

制法：先将酵母膏和盐类溶于水，校正 pH 后再加入指示剂，分装试管，121℃高压灭菌 15min。

Ⅱ-84　志贺氏菌增菌肉汤-新生霉素

GN 增菌液

成分：胰蛋白胨　20g，葡萄糖　1g，甘露醇　2g，柠檬酸钠　5g，去氧胆酸钠　0.5g，磷酸氢二钾　4g，磷酸二氢钾　1.5g，氯化钠　5g，蒸馏水　1 000mL，pH 7.0。115℃高压灭菌 15min。

Ⅱ-85　麦康凯（MAC）琼脂

成分：蛋白胨 17g，胨 3g，猪胆盐（或牛、羊胆盐）5g，氯化钠 5g，琼脂 17g，蒸馏水 1000mL，乳糖 10g，0.01%结晶紫水溶液 10mL，0.5%中性红水溶液 5mL。

制法：

（1）将蛋白胨、胨、胆盐和氯化钠溶解于 400mL 蒸馏水中，校正 pH7.2。将琼脂加入 600mL 蒸馏水中，加热溶解。将两液合并，分装于烧瓶内，121℃高压灭菌 15min 备用。

（2）临用时加热溶化琼脂，趁热加入乳糖，冷至 50~55℃时，加入结晶紫和中性红水溶液，摇匀后倾注平板。

注：结晶紫及中性红水溶液配好后须经高压灭菌。

Ⅱ-86　三糖铁（TSI）琼脂

三糖铁高层斜面培养基

成分：蛋白胨 2%，牛肉膏 0.5%，乳糖 1%，蔗糖 1%，葡萄糖 0.1%，氯化钠 0.5%，硫酸亚铁铵 0.02%，硫代硫酸钠 0.02%，琼脂 1.2%，酚红 0.025‰。蒸馏水配制，pH7.4。

制法：将除琼脂和酚红以外各成分溶解于蒸馏水中，校正 pH7.4，加入琼脂，加热煮沸，以融化琼脂。加入 0.2% 酚红水溶液 1.25%，摇匀。分装试管，装量约 8mL，以便得到较高的底层。121℃高压灭菌 15min。放置高层斜面备用。

三糖铁琼脂（换用方法）

成分：蛋白胨 15g，胨 5g，牛肉膏 3g，酵母膏 3g，乳糖 10g，蔗糖 10g，葡萄糖 1g，氯化钠 5g，硫酸亚铁 0.2g，硫代硫酸钠 0.3g，琼脂 12g，酚红 0.025g，蒸馏水 1000mL，pH 7.4。

制法：将除琼脂和酚红以外的各成分溶解于蒸馏水中，校正 pH。加入琼脂，加热煮沸，以溶化琼脂。加入 0.2% 酚红水溶液 12.5mL，摇匀。分装试管，装量宜多些，以便得到较高的底层。121℃高压灭菌 15min，放置高层斜面备用。

Ⅱ-87 营养琼脂

蛋白胨 10g，牛肉膏 3g，NaCl 5g，琼脂 15~20g，蒸馏水 1000mL。pH7.2~7.4，121℃灭菌 20min。

Ⅱ-88 尿素琼脂

尿素酶试验斜面培养基（尿素琼脂）

成分：蛋白胨 1g，NaCl 5g，葡萄糖 1g，KH_2PO_4 2g，0.4% 酚红溶液 3mL，琼脂 20g，蒸馏水 1000mL。pH7.2±0.1

制法：除酚红外，溶解上述各种成分，并调节 pH 至 6.8~6.9，然后加入酚红指示剂。分装三角瓶，121℃灭菌 15min，待培养基冷至 50~55℃时，加入预先过滤除菌的 20% 尿素水溶液，使其在培养基中的最终浓度为 2%，摇匀后（此时 pH 应为 7.2±0.1），分装无菌试管，搁成斜面备用。

Ⅱ-89 β-半乳糖苷酶培养基

液体法（ONPG 法）

成分：邻硝基苯 β-D-半乳糖苷（ONPG）60.0mg 0.01mol/L 磷酸钠缓冲液（pH7.5±0.2）10.0mL 1% 蛋白胨水（pH7.5±0.2）30.0mL

制法：将 ONPG 溶于缓冲液内，加入蛋白胨水，以过滤法除菌，分装于 10mm×75mm 试管内，每管 0.5mL，用橡皮塞塞紧。

试验方法：自琼脂斜面挑取培养物一满环接种，于（36±1）℃培养 1~3h 和 24h 观察结果。如果 β-D-半乳糖苷酶产生，则于 1~3h 变黄色，如无此酶则 24h 不变色。

Ⅱ-90 氨基酸脱羧酶试验培养基

成分：蛋白胨 5g，酵母浸膏 3g，葡萄糖 1g，蒸馏水 1000mL，1.6% 溴甲酚紫乙醇溶液 1mL，L-氨基酸或 DL-氨基酸 5g 或 10g。pH 6.8。

制法：除氨基酸以外的成分加热溶解后分装每瓶 100mL，分别加入各种氨基酸：L-赖氨酸、L-精氨酸和 L-鸟氨酸，按 0.5% 加入；若用 DL-氨基酸，按 1% 加入，再校正 pH 至 6.8。对照培养基不加氨基酸，分装于灭菌的小试管内，每管 0.5mL，上面滴加一层液体石蜡。115℃灭菌 10min。

Ⅱ-91 糖发酵管

成分：牛肉膏 0.5%，蛋白胨 1%，NaCl 0.3%，$Na_2HPO_4 \cdot 12H_2O$ 0.2%，0.2% 溴麝香草酚

蓝溶液 1.2%（体积分数）。蒸馏水配制，pH7.4。

制法：葡萄糖发酵管按上述成分配好后，加入 0.5% 葡萄糖，分装于有一个倒置杜氏管的试管内，121℃高压灭菌 15min。

其他各种糖发酵管可按上述成分配好后，每管分装 10mL，121℃高压灭菌 15min。另将各种糖类分别配成 10% 溶液，同时高压灭菌。用无菌吸管将 0.5mL 糖溶液加入 10mL 培养基内，以无菌操作分装试管。

注：蔗糖不纯，加热时会自行水解，应采用过滤法除菌。

Ⅱ-92 黏液酸盐培养基

测试肉汤：

成分：酪蛋白胨 10.0g，溴麝香草酚蓝溶液 0.024g，蒸馏水 1 000.0mL，黏液酸 10.0g。

制法：慢慢加入 5mol/L 氢氧化钠以溶解黏液酸，混匀。其余成分加热溶解，加入上述黏液酸，冷却至 25℃校正 pH 至 7.4±0.2，分装试管，每管约 5mL，于 121℃高压灭菌 10min。

质控肉汤：

成分：酪蛋白胨 10.0g 溴麝香草酚蓝溶液 0.024g 蒸馏水 1 000.0mL。

制法：所有成分加热溶解，冷却至 25℃校正 pH 至 7.4±0.2，分装试管，每管约 5mL，于 121℃高压灭菌 10min。

试验方法：将待测新鲜培养物接种测试肉汤和质控肉汤，于（36±1）℃培养 48 h 观察结果，肉汤颜色蓝色不变则为阴性结果，黄色或稻草黄色为阳性结果。

Ⅱ-93 营养肉汤

蛋白胨 10g，牛肉膏 3g，氯化钠 5g，蒸馏水 1000mL，pH7.4，121℃灭菌 15min。

Ⅱ-94 肠道菌增菌肉汤

蛋白胨 10g，葡萄糖 5g，牛胆盐 20g，磷酸氢二钠 8g，磷酸二氢钾 2g，煌绿 0.015g，蒸馏水 1 000mL。pH 7.2，115℃高压灭菌 15min。

Ⅱ-95 伊红美蓝琼脂（EMB）

蛋白胨 10g，乳糖 10g，磷酸氢二钾 2g，琼脂 17g，2% 伊红溶液 20mL，0.65% 美蓝溶液 10mL，蒸馏水 1 000mL，pH 7.1。

制法：将蛋白胨、磷酸盐和琼脂溶解于蒸馏水中，校正 pH，分装于烧瓶内，121℃高压灭菌 15min 备用。临用时加入乳糖并加热溶化琼脂，冷至 50~55℃，加入伊红和美蓝溶液，摇匀，倾注平板。

Ⅱ-96 氧化酶试剂

试剂：（1）1% 盐酸二甲基对苯二胺溶液：少量新鲜配制，于冰箱内避光保存。

（2）1%α-萘酚-乙醇溶液。

试验方法：（1）取白色洁净滤纸沾取菌落。加盐酸二甲基对苯二胺溶液一滴，阳性者呈现粉红色，并逐渐加深；再加 α-萘酚溶液一滴，阳性者于半分钟内呈现鲜蓝色。阴性于两分钟内不变色。

（2）以毛细吸管吸取试剂，直接滴加于菌落上，其显色反应与以上相同。

Ⅱ-97 BHI 肉汤

成分：小牛脑浸液 200g，牛心浸液 250g，蛋白胨 10.0g，NaCl 5.0g，葡萄糖 2.0g，磷酸氢二钠（Na_2HPO_4）2.5g，蒸馏水 1000mL。

制法：按以上成分配好，加热溶解，冷却至 25℃校正 pH 至 7.4±0.2，分装小试管。121℃灭菌 15min。

Ⅱ-98　3%氯化钠碱性蛋白胨水

成分：蛋白胨 10.0g，氯化钠 30.0g，蒸馏水 1 000mL。

制法：将各成分溶于蒸馏水中，校正 pH 至 8.5±0.2，121℃高压灭菌 10min。

Ⅱ-99　硫代硫酸盐-柠檬酸盐-胆盐-蔗糖（TCBS）琼脂

成分：蛋白胨 10.0g，酵母浸膏 5.0g，柠檬酸钠（$C_6H_5O_7Na_3 \cdot 2H_2O$）10.0g，硫代硫酸钠（$Na_2S_2O_3 \cdot 5H_2O$）10.0g，氯化钠 10.0g，牛胆汁粉 5.0g，柠檬酸铁 1.0g，胆酸钠 3.0g，蔗糖 20.0g，溴麝香草酚蓝 0.04g，麝香草酚蓝 0.04g，琼脂 15.0g，蒸馏水 1 000mL。

制法：将各成分溶于蒸馏水中，校正 pH 至 8.6±0.2，加热煮沸至完全溶解。冷至 50℃左右倾注平板备用。

Ⅱ-100　3%氯化钠胰蛋白胨大豆琼脂

成分：胰蛋白胨 15.0g，大豆蛋白胨 5.0g，氯化钠 30.0g，琼脂 15.0g，蒸馏水 1 000mL。

制法：将各成分溶于蒸馏水中，校正 pH 至 7.3±0.2，121℃高压灭菌 15min。

Ⅱ-101　3%氯化钠三糖铁琼脂

成分：蛋白胨 15.0g，胨蛋白胨 5.0g，牛肉膏 3.0g，酵母浸膏 3.0g，氯化钠 30.0g，乳糖 10.0g，蔗糖 10.0g，葡萄糖 1.0g，硫酸亚铁（$FeSO_4$）0.2g，苯酚红 0.024g，硫代硫酸钠（$Na_2S_2O_3$）0.3g，琼脂 12.0g，蒸馏水 1 000mL。

制法：将各成分溶于蒸馏水中，校正 pH 至 7.4±0.2。分装到适当容量的试管中。121℃高压灭菌 15min。制成高层斜面，斜面长 4~5cm，高层深度为 2~3cm。

Ⅱ-102　嗜盐性试验培养基

成分：胰蛋白胨 10.0g，氯化钠按不同量加入，蒸馏水 1 000mL。

制法：将胰蛋白胨成分溶于蒸馏水中，校正 pH 至 7.2±0.2，共配制 5 瓶，每瓶 100mL。每瓶分别加入不同量的氯化钠：（1）不加；（2）3g；（3）6g；（4）8g；（5）10g。分装试管，121℃高压灭菌 15min。

Ⅱ-103　3%氯化钠甘露醇试验培养基

成分：牛肉膏 5.0g，蛋白胨 10.0g，氯化钠 30.0g，磷酸氢二钠（$Na_2HPO_4 \cdot 12H_2O$）2.0g，甘露醇 5.0g，溴麝香草酚蓝 0.024g，蒸馏水 1 000mL。

制法：将各成分溶于蒸馏水中，校正 pH 至 7.4±0.2，分装小试管，121℃高压灭菌 10min。

试验方法：从琼脂斜面上挑取培养物接种，于（36±1）℃培养不少于 24h，观察结果。甘露醇阳性者培养物呈黄色，阴性者为绿色或蓝色。

Ⅱ-104　3%氯化钠赖氨酸脱羧酶试验培养基

成分：蛋白胨 5.0g，酵母浸膏 3.0g，葡萄糖 1.0g，溴甲酚紫 0.02g，L-赖氨酸 5.0g，氯化钠 30.0g，蒸馏水 1 000mL。

制法：除赖氨酸以外的成分溶于蒸馏水中，校正 pH 至 6.8±0.2。再按 0.5% 的比例加入赖氨酸，对照培养基不加赖氨酸。分装小试管，每管 0.5mL，121℃高压灭菌 15min。

试验方法：从琼脂斜面上挑取培养物接种，于（36±1）℃培养不少于 24h，观察结果。赖氨酸脱羧酶阳性者由于产碱中和葡萄糖产酸，故培养基仍应呈紫色。阴性者无碱性产物，但因葡萄糖产酸而使培养基变为黄色。对照管应为黄色。

Ⅱ-105　3%氯化钠 MR-VP 培养基

成分：多胨 7.0g，葡萄糖 5.0g，磷酸氢二钾（K$_2$HPO$_4$）5.0g，氯化钠 30.0g，蒸馏水 1 000mL。

制法：将各成分溶于蒸馏水中，校正 pH 至 6.9±0.2，分装试管，121℃高压灭菌 15min。

Ⅱ-106　我妻氏血琼脂

成分：酵母浸膏 3.0g，蛋白胨 10.0g，氯化钠 70.0g，磷酸氢二钾（K$_2$HPO$_4$）5.0g，甘露醇 10.0g，结晶紫 0.001g，琼脂 15.0g，蒸馏水 1 000.0mL。

制法：将各成分溶于蒸馏水中，校正 pH 至 8.0±0.2，加热至 100℃，保持 30min，冷至 45~50℃，与 50mL 预先洗涤的新鲜人或兔红细胞（含抗凝血剂）混合，倾注平板。干燥平板，尽快使用。

Ⅱ-107　Voges-Proskauer（V-P）试剂

成分：甲液 α-萘酚 5.0g，无水乙醇 100.0mL，乙液氢氧化钾 40.0g，用蒸馏水加至 100.0mL。

试验方法：将 3% 氯化钠胰蛋白胨大豆琼脂生长物接种 3% 氯化钠 MR-VP 培养基，（36±1）℃培养 48 h。取 1mL 培养物，转放到一个试管内，加 0.6mL 甲液，摇动。加 0.2mL 乙液，摇动。加入 3mg 肌酸结晶，4 h 后观察结果。阳性结果呈现伊红的粉红色。

Ⅱ-108　CIN-1 培养基（Cepulodin Irgasan Novobiocin Agar）

（1）基础培养基：胰胨 20.0g，酵母浸膏 2.0g，甘露醇 20.0g，氯化钠 1.0g，去氧胆酸钠 2.0g，硫酸镁（MgSO$_4$·7H$_2$O）0.01g，琼脂 12.0g，蒸馏水 950mL。pH7.5±0.1，121℃高压灭菌 15min。

（2）氯苯酚：以 95% 的乙醇作溶剂，溶解二苯醚，配成 0.4% 的溶液，待基础液冷至 80℃时，加入 1mL 混匀。

（3）冷至 50℃时加入：中性红（3mg/mL）10.0mL，头孢菌素（1.5mg/mL）10.0mL，结晶紫（0.1mg/mL）10.0mL，新生霉素（0.25mg/mL）10.0mL。

最后不断搅拌着加入 10.0mL 的 10% 氯化锶，倒平皿。

Ⅱ-109　改良 Y 培养基（AgarY, Modified）

成分：蛋白胨 15.0g，氯化钠 5.0g，乳糖 10.0g，草酸钠 2.0g，去氧胆酸钠 6.0g，三号胆盐 5.0g，丙酮酸钠 2.0g，孟加拉红 40mg，水解酪蛋白 5.0g，琼脂 17.0g，蒸馏水 1000mL。

制法：将上述成分混合，于 121℃高压灭菌 15min，待冷至 45℃左右时，倾注平皿。最终 pH7.4±0.1。

Ⅱ-110　改良克氏双糖

成分：蛋白胨 20g，牛肉膏 3g，酵母膏 3g，山梨醇 20g，葡萄糖 1g，氯化钠 5g，柠檬酸铁铵 0.5g，硫代硫酸钠 0.5g，琼脂 12g，酚红 0.025g，蒸馏水 1000mL，pH 7.4。

制法：将除琼脂和酚红以外的各成分溶解于蒸馏水中，校正 pH。加入 0.02% 酚红水溶液 12.5mL，摇匀。分装试管，装量宜多些，以便得到比较高的底层。121℃高压灭菌 15min，放置高层斜面备用。

Ⅱ-111 山梨醇、鼠李糖、蔗糖，甘露醇等糖发酵管

成分：牛肉膏 0.5%，蛋白胨 1%，NaCl 0.3%，$Na_2HPO_4 \cdot 12H_2O$ 0.2%，0.2% 溴麝香草酚蓝溶液 1.2%（体积分数）。蒸馏水配制，pH7.4。

制法：葡萄糖发酵管按上述成分配好后，加入 0.5% 葡萄糖，分装于有一个倒置杜氏管的试管内，121℃高压灭菌 15min。

其他各种糖发酵管可按上述成分配好后，每管分装 10mL，121℃高压灭菌 15min。另将各种糖类分别配成 10% 溶液，同时高压灭菌。用无菌吸管将 0.5mL 糖溶液加入 10mL 培养基内，以无菌操作分装试管。

注：蔗糖不纯，加热时会自行水解，应采用过滤法除菌。

Ⅱ-112 鸟氨酸脱羧酶试验培养基

成分：蛋白胨 5g，酵母浸膏 3g，葡萄糖 1g，蒸馏水 1000mL，1.6% 溴甲酚紫乙醇溶液 1mL，L-氨基酸或 DL-氨基酸 5g 或 10g。pH 6.8。

制法：除氨基酸以外的成分加热溶解后分装每瓶 100mL，分别加入各种氨基酸：L-赖氨酸、L-精氨酸和 L-鸟氨酸，按 0.5% 加入；若用 DL-型氨基酸，按 1% 加入，再行校正 pH 至 6.8。对照培养基不加氨基酸，分装于灭菌的小试管内，每管 0.5mL，上面滴加一层液体石蜡。115℃灭菌 10min。

Ⅱ-113 尿素培养基

Rustigian 氏尿素培养液

成分：尿素 20.0g，酵母浸膏 0.1g，磷酸二氢钾（KH_2PO_4）0.091g，磷酸氢二钠（Na_2HPO_4）0.095g，酚红 0.01g，蒸馏水 1 000mL。

制法：将上述成分于蒸馏水中溶解，校正 pH 至 6.8±0.2。不要加热，过滤除菌，无菌分装于灭菌小试管中，每管为约 3mL。

Ⅱ-114 7.5% 氯化钠肉汤培养基

蛋白胨 10g，牛肉膏 3g，氯化钠 75g，蒸馏水 1000mL。pH 7.4，121℃高压灭菌 15min。

Ⅱ-115 血琼脂平板

成分：豆粉琼脂（pH7.5±0.2）100mL，脱纤维羊血（或兔血）5~10mL。

制法：加热溶化琼脂，冷却至 50℃，以无菌操作加入脱纤维羊血，摇匀，倾注平板。

Ⅱ-116 Baird-Parker 氏培养基

成分：胰蛋白胨 10g，牛肉膏 5g，酵母膏 1g，丙酮酸钠 10g，甘氨酸 12g，$LiCl \cdot 6H_2O$ 5g，琼脂 20g，蒸馏水 950mL，pH7.0±0.2。

增菌剂的配法：30% 卵黄盐水 50mL 与除菌过滤的 1% 亚碲酸钾溶液 10mL 混合，保存于冰箱内。

制法：将各成分加到蒸馏水中，加热煮沸至完全溶解，冷至 25℃，校正 pH。分装每瓶 95mL，121℃高压灭菌 15min。临用时加热溶化琼脂，冷至 50℃，每 95mL 加入预热至 50℃的卵

黄亚碲酸钾增菌剂 5mL，摇匀后倾注平板。培养基应是致密不透明的，使用前在冰箱储存不得超过 48 h。

Ⅱ-117　脑心浸出液肉汤（BHI）

成分：胰蛋白质胨 10.0g，氯化钠 5.0g，磷酸氢二钠（12H$_2$O）2.5g，葡萄糖 2.0g，牛心浸出液 500mL。

制法：加热溶解，调节 pH 至 7.4±0.2，分装 16mm×160mm 试管，每管 5mL 置 121℃，15min 灭菌。

Ⅱ-118　兔血浆

3.8% 柠檬酸钠溶液

成分：柠檬酸钠 3.8g，蒸馏水 100mL。

制法：取柠檬酸钠 3.8g，加蒸馏水到 100mL，溶解后过滤，装瓶，121℃高压灭菌 15min。

注：兔（人）血浆制备：取 3.8% 柠檬酸钠溶液一份加兔（或人）全血四份，混好静置之，则血球下降，即可得血浆进行试验。

Ⅱ-119　营养琼脂小斜面

成分：蛋白胨 10.0g，牛肉膏 3.0g，氯化钠 5.0g，琼脂 15.0~20.0g，蒸馏水 1000mL。

制法：将除琼脂以外的各成分溶解于蒸馏水内，加入 15% 氢氧化钠溶液约 2mL 调节 pH 至 7.3±0.2。加入琼脂，加热煮沸，使琼脂溶化，分装 13mm×130mm 试管，121℃高压灭菌 15min。

Ⅱ-120　改良胰蛋白胨大豆肉汤（Modified tryptone soybean broth，mTSB）

成分：胰蛋白胨 17.0g，大豆蛋白胨 3.0g，氯化钠 5.0g，磷酸二氢钾（无水）2.5g，葡萄糖 2.5g，蒸馏水 1000.0mL。

制法：将各成分溶于蒸馏水中，加热溶解，调 pH 至 7.3±0.2，121℃灭菌 15min，备用。

Ⅱ-121　哥伦比亚 CNA 血琼脂（Columbia CNA blood agar）

成分：胰酪蛋白胨 12.0g，动物组织蛋白消化液 5.0g，酵母提取物 3.0g，牛肉提取物 3.0g，玉米淀粉 1.0g，氯化钠 5.0g，琼脂 13.5g，多黏菌素 0.01g，萘啶酸 0.01g。蒸馏水 1000mL。

制法：将各成分溶于蒸馏水中，加热溶解，校正 pH 至 7.3，121℃灭菌 12min，待冷却至 50℃左右时加 50mL；无菌脱纤维绵羊血，摇匀后倒平板。

Ⅱ-122　哥伦比亚血琼脂（Columbia blood agar）

（1）基础培养基

成分：动物组织酶解物 23.0g，淀粉 1.0g，氯化钠 5.0g，琼脂 8.0~18.0g，蒸馏水 1 000mL。

制法：将基础培养基成分溶解于蒸馏水中，加热促其溶解。121℃高压灭菌 15min。

无菌脱纤维绵羊血：无菌操作条件下，将绵羊血加入到盛有灭菌玻璃珠的容器中，振摇约 10min，静置后除去附有血纤维的玻璃珠即可。

（2）完全培养基

成分：基础培养基 1 000.0mL 无菌脱纤维绵羊血 50.0mL。

制法：当基础培养基的温度为 45℃左右时，无菌加入绵羊血，混匀。校正 pH 至 7.2±0.2。倾注 15mL 于无菌平皿中，静置至培养基凝固。使用前需预先干燥平板。预先制备的平板未干燥时在室温放置不得超过 4 h，或在 4℃冷藏不得超过 7 d。

Ⅱ-123　庖肉培养基

成分：牛肉浸液 1000mL，蛋白胨 30g，酵母膏 5g，磷酸二氢钠 5g，葡萄糖 3g，可溶性淀粉 2g，适量碎肉渣，pH 7.8。

制法：

（1）称取新鲜除脂肪和筋膜的碎牛肉 500g，加蒸馏水 1 000mL 和 1mol/L 氢氧化钠溶液 25mL，搅拌煮沸 15min，充分冷却，除去表层脂肪，澄清，过滤，加水补足至 1 000mL。加入除碎肉渣外的各种成分，校正 pH。

（2）碎肉渣经水洗后晾至半干，分装于 15mm×150mm 试管内 2~3cm 高，每管加入还原铁粉 0.1~0.2g 或铁屑少许。将上述液体培养基分装至每管内超过肉渣表面约 1cm。上面覆盖溶化的凡士林或液体石蜡 0.3~0.4cm。121℃高压灭菌 15min。

Ⅱ-124　胰蛋白酶胰蛋白胨葡萄糖酵母膏肉汤（TPGYT）

基础成分（TPGY 肉汤）：胰酪胨（trypticase）50.0g，蛋白胨 5.0g，酵母浸膏 20.0g，葡萄糖 4.0g，硫乙醇酸钠 1.0g，蒸馏水 1000.0mL。

胰酶液：称取胰酶（1∶250）1.5g，加入 100mL 蒸馏水中溶解，膜过滤除菌，4℃保存备用。

制法：将成分溶于蒸馏水中，调节 pH 至 7.2±0.1，分装 20mm×150mm 试管，每管 15mL，加入液体石蜡覆盖培养基 0.3~0.4cm，121℃高压蒸汽灭菌 10min。冰箱冷藏，两周内使用。临用接种样品时，每管加入胰酶液 1.0mL。

Ⅱ-125　卵黄琼脂培养基

（1）基础培养基：肉浸液 1000mL，蛋白胨 15g，氯化钠 5g，琼脂 25~30g，pH 7.5。

（2）50% 葡萄糖水溶液。

（3）50% 卵黄盐水悬液。

制法：制备基础培养基，分装每瓶 100mL，121℃高压灭菌 15min。临用时加热溶化琼脂，冷至 50℃，每瓶内加入 50% 葡萄糖水溶液 2mL 和 50% 卵黄盐水悬液 10~15mL，摇匀，倾注平板。

Ⅱ-126　酵母甘油培养基（YEPG 培养基）

酵母膏 1%，蛋白胨 2%，甘油 1%，121℃灭菌 15min。

Ⅱ-127　TTC 下层培养基

葡萄糖 10g，蛋白胨 2g，酵母膏 1.5g，KH_2PO_4 1g，$MgSO_4 \cdot 7H_2O$ 0.4g，水 1000mL，琼脂 30g，pH5.5~5.7，115℃灭菌 10min。

Ⅱ-128　TTC 上层培养基

葡萄糖 0.5g，琼脂 1.5g，TTC（三苯基四氮唑盐酸盐）0.05g，水 100mL。

注：培养基灭菌后，冷却至 60℃左右时，加入一定量的 TTC 溶液后，立即倾于底层平板上。

Ⅱ-129　*B. subtilis* 168 半合成培养基

K_2HPO_4 1.4%，KH_2PO_4 0.6%，$MgSO_4 \cdot 7H_2O$ 0.02%，$(NH_4)_2SO_4$ 0.2%，柠檬酸钠 0.1%，葡萄糖 0.5%，胰蛋白胨 1%，蒸馏水配制。pH7.2，121℃灭菌 20min。

Ⅱ-130　BPY 斜面培养基

蛋白胨 10g，NaCl 2g，酵母膏 2g，琼脂 2g，水 1000mL。pH7.2，121℃灭菌 20min。

Ⅱ-131　1/2 BPY 培养基（转化用）

组分同 BPY 培养基，用量减半。

Ⅱ-132　Spizizen 无机盐溶液

$(NH_4)_2SO_4$ 0.2%，K_2HPO_4 1.4%，KH_2PO_4 0.6%，柠檬酸钠 0.1%，$MgSO_4 \cdot 7H_2O$ 0.02%。无离子水配制。pH7.2，121℃灭菌 20min。

Ⅱ-133　GMI 培养基

在 Spizizen 无机盐溶液中补加：0.5% 葡萄糖，0.05% 水解酪素，0.06% 酵母膏，所需氨基酸 50μg/mL。

Ⅱ-134　GMI 培养基

在 Spizizen 无机盐溶液中补加：0.5% 葡萄糖，0.01% 水解酪素，0.025% 酵母膏，$MgSO_4 \cdot 7H_2O$ 5mg，$Ca(NO_3)_2$ 2.5mg。

参考文献

［1］杜连祥. 工业微生物学实验技术［M］. 天津：天津科学技术出版社，1992.

［2］杜连祥，路福平. 微生物学实验技术［M］. 北京：中国轻工业出版社，2005.

［3］吕岫华，刘伟，刘巧丽，等. 微生物教学实验室生物安全的探索与研究［J］. 中国教育技术装备，2011（30）：91-94

［4］都立辉，刘芳. 16SrRNA 基因在细菌菌种鉴定中的应用［J］. 乳业科学与技术，2006，29（5）：207-209

［5］段爱莉，雷玉山，孙翔宇，等. 猕猴桃果实贮藏期主要真菌病害的 rDNA-ITS 鉴定及序列分析［J］. 中国农业科学，2013，46（4）：810-818

［6］杨汝德. 现代工业微生物学教程［M］. 北京：高等教育出版社，2005

［7］陶兴无. 发酵工艺与设备［M］. 北京：化学工业出版社，2011：84-85

［8］胡豆，林凤英，梁钻好，等. 不同菌种组合对酸奶品质的影响研究［J］. 饮料工业，2015：18（2）：13-16

［9］Joanne Willey，Linda Sherwood，Chris Woolverton. Prescott's Microbiology，9th Edition［M］. McGraw-Hill Higher Education，2013.

［10］沈萍，陈向东. 微生物学实验（4 版）［M］. 北京：高等教育出版社，2007.

［11］杨革. 微生物学实验教程（3 版）［M］. 北京：科学出版社，2015.

［12］周德庆，徐德强. 微生物学实验教程（3 版）［M］. 北京：高等教育出版社，2013.

［13］林稚兰，罗大珍. 微生物学［M］. 北京：北京大学出版社，2011.

［14］韦革宏，王卫卫. 微生物学［M］. 北京：科学出版社，2015.

［15］Micheal J. Leboffe，Berton E. Pierce. Microbiology：Laboratory Theory & Application，3rd. san diego：Morton Publishing Company. 2016

［16］Madigan M T，Martinko J M，Parker J. Brock Biology of Microorganisms. 14th Edition［M］. Prentice-Hall，2015

［17］张爱萍，唐佳妮，孟瑞峰，等. 电化学法快速检测微生物的发展现状及趋势［J］. 生物技术进展，2011，1（5）：342-346

［18］胡珂文，王剑平，盖玲，等. 电化学方法在微生物快速检测中的应用［J］. 食品科学，2007，28（12）：526-560.

［19］李建宏. 优良植物根际促生菌 *Bacillus mycoides Gnyt*1 特性研究及全基因组测序分析［D］. 甘肃农业大学，2017.

［20］Veith B，Herzberg C，Steckel S，*et al.* The complete genome sequence of *Bacillus licheniformis* DSM13，an organism with great industrial potential［J］. Journal of Molecular Microbiology and Biotechnology，2004，7：204-211.